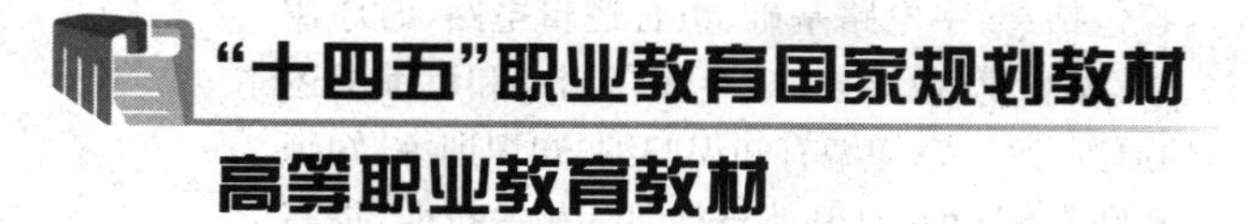

数字电子技术及应用

晏明军　于　玲　主　编
张　力　冀勇钢　徐绍桐　副主编
荆　珂　主　审

中国铁道出版社有限公司

2024年·北　京

内 容 简 介

本书是由具有多年职业教育工作经验的教师根据高等职业教育的培养目标和基本要求编写的一本实用教材。主要内容包括:数字电路基础、组合逻辑电路、时序逻辑电路、脉冲波形的产生与变换电路、数/模和模/数转换、半导体存储器和可编程逻辑器件。为宜教利学,本着精讲多练的原则,每一章均编有知识归纳、知识训练、知识自测、技能训练,使学生从各个角度理解和掌握相关知识,培养、训练相关技能,提高其利用所学知识和技能解决实际问题的能力。

本书可作为高等职业教育电子技术类、通信技术类、计算机应用、自动控制、机电一体化、工业企业电气化等专业的专业课或技术基础课教材,也可供从事电子技术的工程技术人员参考。

图书在版编目(CIP)数据

数字电子技术及应用/晏明军,于玲主编.—北京:中国铁道出版社,2018.5(2024.7 重印)
高等职业教育教材
ISBN 978-7-113-24400-2

Ⅰ.①数… Ⅱ.①晏… ②于… Ⅲ.①数字电路-电子技术-高等职业教育-教材 Ⅳ.①TN79

中国版本图书馆 CIP 数据核字(2018)第 068051 号

书　　名:数字电子技术及应用
作　　者:晏明军　于　玲

责任编辑:亢丽君　绳　超　　**编辑部电话:**(010) 51873205　　**电子邮箱:**1728656740@qq.com
封面设计:郑春鹏
责任校对:王　杰
责任印制:高春晓

出版发行:中国铁道出版社有限公司(100054,北京市西城区右安门西街 8 号)
印　　刷:北京铭成印刷有限公司
版　　次:2018 年 5 月第 1 版　2024 年 7 月第 5 次印刷
开　　本:787 mm×1 092 mm　1/16　**印张:**16.25　**字数:**416 千
书　　号:ISBN 978-7-113-24400-2
定　　价:42.00 元

前言 Preface

本书是根据高职教育的培养目标和学生特点，结合电子技术类及相关专业课程标准的要求，认真分析了现行电子技术的教学内容，总结多年教学实践的经验和体会，学习参考了多位专家学者的著作后编写而成的。本书以电子技术的基本概念、基本原理和基本分析方法为主线，以“必需”和“够用”为度，以培养学生的专业技能和实践能力为核心，以应用为目的，注重实用，理论联系实际，充分体现了高等职业教育的特色。

(1)教材内容与高职学生的知识、能力结构相适应，直接针对电类专业高等技术应用型人才岗位(群)所需的知识和能力，突出职业特色，加强工程针对性和实用性，不仅为专业课学习打好基础，为培养再学习能力服务，也为培养职业能力服务。

(2)在内容阐述方面，力求简明扼要，通俗易懂。强化理论知识与实践的结合，以应用为目的，用适当的应用实例说明问题，突出高职教学特色。

(3)淡化公式推导和过重的理论分析，重在教学生学会元器件及电子电路在实际中的应用，掌握基本分析工具和基本分析方法，注重结论性知识点的掌握和运用。

(4)为使教学内容适应电子技术飞速发展的新形势，突出教学内容的先进性，加强了集成电路及其应用的内容，如组合逻辑电路的编码器、译码器、数据选择器，时序逻辑电路、计数器、寄存器，以及波形产生与整形的555定时器等中规模数字集成电路。

(5)知识传授尽量建立在物理概念的基础上，力求做到由浅入深、由易到难、循序渐进，在通俗易懂、降低难度上下功夫，选用有代表性的例题突出重点，分散难点，促进读者的求知欲和提高学习的主动性。

(6)本着精讲多练的原则，每章均编有知识训练、知识自测和技能训练，便于知识的消化理解、巩固提高和专业技能的培养。

本书教学时数为60课时,加※部分为选学内容。可作为高等职业教育电子技术、通信技术、计算机应用、自动控制、机电一体化、工业企业电气化等专业的专业课或技术基础课教材,也可供从事电子技术的工程技术人员自学与参考,各专业或学习者可根据各自的实际情况对本书章节进行选取和删减。

本书由辽宁铁道职业技术学院晏明军、于玲任主编,辽宁铁道职业技术学院张力、冀勇钢、徐绍桐任副主编,营口理工学院荆珂主审。具体编写分工如下:冀勇钢编写第一章;张力编写第二章;晏明军编写第三章及所有章节的知识自测、附录;于玲编写第四章、第五章;徐绍桐编写第六章。

由于编者水平有限,书中难免有疏漏和不妥之处,敬请使用本书的读者给予批评指正。

编　者
2018年2月

目录 Contents

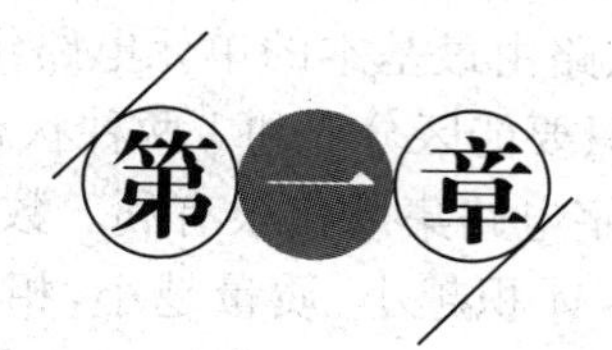

第一章 数字电路基础

现代电子技术分为两大类，一类是模拟电子技术，另一类是数字电子技术。两者既有联系，又具有各自的相对独立性，它们共同构成了完整的知识体系。随着各类数字集成电路的不断推出，数字电子技术的应用推向新的阶段，“数字技术”已渗透到各个领域，其发展速度令世人瞩目。

本章先介绍数字电路的特点和常用数制；接着从分立元件门电路入手，分析逻辑门电路的工作原理，它是构成各种数字电路的基本单元，而逻辑代数则以数学形式来分析研究逻辑电路；然后讲述集成逻辑门电路，重点分析各种门电路的功能。

第一节 数字电路概述

电子电路中，被传递和处理的信号可以分为两大类：一类是模拟信号，另一类是数字信号。信号在时间上和数值上都是连续变化的，称为模拟信号。例如温度、压力、速度等，如图 1-1(a)所示。处理模拟信号的电子电路称为模拟电路。信号在时间上和数值上都是离散的、不连续的，称为数字信号。如信号的有和无、电位的高和低、电路的通和断等，如图 1-1(b)所示。处理数字信号的电子电路称为数字电路。

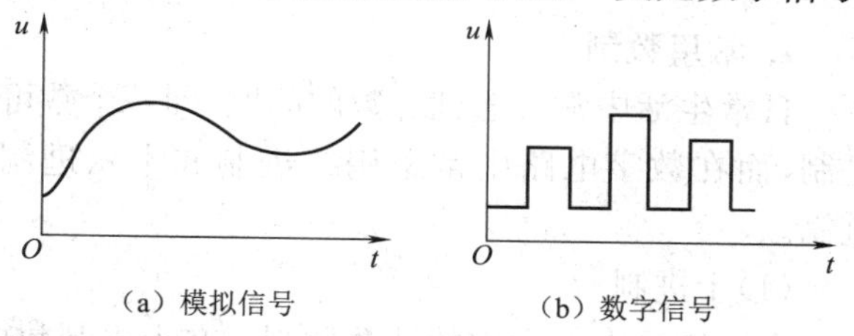

(a) 模拟信号　　(b) 数字信号

图 1-1　模拟信号和数字信号

一、数字电路的特点

为了更好地掌握数字电路的工作特点，不妨将模拟电路与数字电路做一比较。首先在研究问题的关注点上有所不同，在模拟电路中关注的是怎样不失真地放大模拟信号；而数字电路中关注的是电路的输入与输出之间的逻辑关系，即电路的逻辑功能。其次在分析方法上也有不同，模拟电路中分析的方法是利用图解法和微变等效电路法，对电路进行静态和动态分析；而数字电路中分析的方法是利用逻辑代数，主要用真值表、逻辑函数表达式、时序图等来描述电路的逻辑功能。第三是两者所用的电路单元不同，模拟电路中的基本单元是放大器，且晶体管一般处在放大状态；而数字电路中的基本单元是逻辑门电路、触发器及其他逻辑部件，晶体管一般工作在开关状态。

数字电路具有如下特点：

①数字信号是一种二值信号。数字信号常用 0 和 1 表示两种对立的逻辑状态，如表示信

号的有或无、电位的高或低等。凡具有两个稳定状态的元器件都可用在数字电路的基本单元电路，它们都能产生 0 和 1 的二值信号。

②数字电路结构简单、稳定可靠、易于集成。数字电路由最基本的单元电路组成，在这些基本单元中，对元件参数要求不高，允许有一定的误差，只要能区分 0 和 1 两种状态就可以了，因此数字电路具有较高的稳定性和可靠性，这对实现数字电路集成化很有利。数字电路中元件处于开关状态，功耗比较小，集成电路的集成度越高，体积越小、质量越小，相应的功耗会越小。

③数字电路抗干扰能力强、精度高、保密性好。由于数字信号在传送时采用二值信号，只涉及信号的有或无，外界干扰仅影响信号的幅度，不影响信号正常传送，因而抗干扰能力强。数字电路中采用二进制，故电路具有算术运算和逻辑判断能力，还可以用增加数字的位数来提高电路精度。数字信号能长期存储，使大量的信息资源得以保存，还可加密处理，使可贵的资源不易被盗窃。

由于数字电路具有上述特点，故发展十分迅速。在数字通信、数字控制技术、数字测量、数字仪表、电子计算机及家用电器等各个技术领域中都有广泛的应用。随着数字集成电路的迅速发展，更凸显出数字电路的主导地位。

二、数制与码制

数制是计数制的简称。选取一定的进位规则，用多位数码来表示某个数的值，这就是所谓的数制。

1. 常用数制

日常生活中常会遇到计数的问题，同一个数可以用不同的数制来表示，人们习惯于使用十进制，而在数字电路中常采用二进制和十六进制，下面介绍最常用的十进制、二进制、十六进制。

(1)十进制

十进制是人们常用的计数体制。在十进制数中，每一位有 0～9 十个数码，超过 9 的数必须用多位数表示，这十个数码按不同的组合就可表示一个数，低位与高位间采用“逢十进一”的计数规则，故称为十进制。例如 326.58 这个十进制数可写成：

$$326.58=3\times10^2+2\times10^1+6\times10^0+5\times10^{-1}+8\times10^{-2}$$

显然，任意一个十进制数 N，都可展开为

$$(N)_{10}=k_{n-1}\times10^{n-1}+k_{n-2}\times10^{n-2}+\cdots+k_1\times10^1+k_0\times10^0+k_{-1}\times10^{-1}+\cdots+k_{-m}\times10^{-m}$$

$$=\sum_{i=-m}^{n-1}k_i\times10^i \tag{1-1}$$

式中，$(N)_{10}$用下标 10 表示十进制数，也可以用 D 表示；k_i为第 i 位的系数，它可以是 0～9 十个数码中的任何一个；10^i为第 i 位的权，计数的基数为 10；n 为整数部分的位数，m 为小数部分的位数，则 i 包含从 $n-1$ 到 0 的所有正整数和从 -1 到 $-m$ 的所有负整数。

(2)二进制

二进制是数字电路中应用最广泛的一种数制。在二进制数中，每一位数仅有 0 与 1 两个可能的数码，所以计数基数为 2，低位向高位进位采用“逢二进一”的计数规则，故称为二进制。例如 1011.01 这个二进制数可写成：

$$(1011.01)_2=1\times2^3+0\times2^2+1\times2^1+1\times2^0+0\times2^{-1}+1\times2^{-2}$$

和十进制相仿，任意一个二进制数 N，都可展开为

$$(N)_2=\sum_{i=-m}^{n-1}k_i\times2^i \tag{1-2}$$

式中，$(N)_2$ 用下标 2 表示二进制数，也可以用 B 表示；k_i 为第 i 位的系数，只取 0 或 1 中的一个数码，2^i 为第 i 位的权；n 为整数部分的位数，m 为小数部分的位数。

由于二进制数中，仅有 0 与 1 两个“对立”的数码，这很容易与电路中的两种对立状态所对应，如三极管的饱和与截止、信号的有与无、电位的高与低等，都可以用 0 与 1 两个数码来表示。二进制运算规则简单、操作方便，这些特点使二进制在数字电路中的应用十分方便。

(3)十六进制

在十六进制中，每一位数有 16 个不同的数码，分别用 0～9、A(10)、B(11)、C(12)、D(13)、E(14)、F(15)表示，所以计数基数为 16，低位向高位进位采用“逢十六进一”的计数规则，故称为十六进制。例如 4AC.6F 这个十六进制数可写成：

$$(4AC.6F)_{16}=4\times16^2+10\times16^1+12\times16^0+6\times16^{-1}+15\times16^{-2}$$

和十进制相仿，任意一个十六进制数 N，都可展开为

$$(N)_{16}=\sum_{i=-m}^{n-1}k_i\times16^i \tag{1-3}$$

式中，$(N)_{16}$ 用下标 16 表示十六进制数，也可以用 H 表示；k_i 为第 i 位的系数，可取 0～F 中的任一个数码；16^i 为第 i 位的权。

目前，在微型计算机中较为普遍的采用 8 位、16 位和 32 位二进制并行运算。在编写程序时如用二进制数来表示，显得非常麻烦和冗长，若用十六进制数来表示，则非常简洁方便。如 8 位、16 位和 32 位的二进制数可以用 2 位、4 位和 8 位的十六进制数来表示，因此在编写程序时都用十六进制。

2. 数制转换

(1)二-十进制数转换

将二进制数转换为等值的十进制数称为二-十进制数转换。转换时可按式(1-2)展开，然后把所有各项的值按十进制数相加，即采用按权展开相加法，就可得到相应的十进制数。

【例 1-1】 将二进制数 1011.01 转换为十进制数。

解：
$$\begin{aligned}(1011.01)_2&=1\times2^3+0\times2^2+1\times2^1+1\times2^0+0\times2^{-1}+1\times2^{-2}\\&=8+0+2+1+0+0.25\\&=(11.25)_{10}\end{aligned}$$

(2)十-二进制数转换

将十进制数转换为等值的二进制数称为十-二进制数转换。十进制数转换为二进制数时，应按整数和小数两部分进行。整数部分可采用连续除 2 取余数法，直到商等于零为止，各次所得的余数为二进制数由低位到高位的数字；小数部分可采用连续乘 2 取整数法，先取出的整数为二进制数的最高位小数，后取出的整数依次为二进制数的次低位小数。最后，将所得的二进制整数和小数合并，就可得到相应的二进制数。

【例 1-2】 将十进制数 147.815 转换为二进制数。

解：

$$
\begin{array}{lll}
2\underline{|147} & \cdots\cdots & 余1即k_0=1 \\
2\underline{|73} & \cdots\cdots & 余1即k_1=1 \\
2\underline{|36} & \cdots\cdots & 余0即k_2=0 \\
2\underline{|18} & \cdots\cdots & 余0即k_3=0 \\
2\underline{|9} & \cdots\cdots & 余1即k_4=1 \\
2\underline{|4} & \cdots\cdots & 余0即k_5=0 \\
2\underline{|2} & \cdots\cdots & 余0即k_5=0 \\
2\underline{|1} & \cdots\cdots & 余1即k_6=1 \\
\ \ 0 & &
\end{array}
\qquad
\begin{array}{ll}
0.815 & \\
\underline{\times\ \ 2} & \\
1.630 & \cdots\cdots 取整1\ k_{-1}=1 \\
0.630 & \\
\underline{\times\ \ 2} & \\
1.260 & \cdots\cdots 取整1\ k_{-2}=1 \\
0.260 & \\
\underline{\times\ \ 2} & \\
0.520 & \cdots\cdots 取整0\ k_{-3}=0 \\
0.520 & \\
\underline{\times\ \ 2} & \\
1.040 & \cdots\cdots 取整1\ k_{-4}=1
\end{array}
$$

故$(147.815)_{10}=(10010011.1101)_2$。

(3)二-十六进制数转换

将二进制数转换为等值的十六进制数称为二-十六进制数转换。由于 4 位二进制数恰好有 16 个状态，把这 4 位二进制数看成一个整体时，它的进位输出正好是逢十六进一，所以只要从低位到高位按每 4 位二进制数划为一组，并代之以等值的十六进制数，即可得到相应的十六进制数。

【例 1-3】 将二进制数$(01011110.10110010)_2$转换为十六进制数。

解：

$$
\begin{array}{ccccccc}
(0101 & 1110 & . & 1011 & 0010)_2 \\
\downarrow & \downarrow & & \downarrow & \downarrow \\
(\ 5 & E & . & B & 2)_{16}
\end{array}
$$

故$(01011110.10110010)_2=(5E.B2)_{16}$。

反之，如将十六进制数转换为等值的二进制数，则可将十六进制数的每一位用等值的 4 位二进制数代替即可，这里不再赘述。

3. 码制

在数字系统中，可用多位二进制数码来表示数量的大小，也可以用它来表示某种特定意义的信息。对于后者，这些数码已失去了数值的含义，只表示某种特定的信息，例如，各种文字、符号等，这样的多位二进制数码称为代码。例如，在运动会上，为了便于识别运动员，通常给每位运动员编上一个号码，这些号码仅代表不同的运动员，已失去了数量大小的含义。

为了便于记忆和处理，在编制代码时需要遵循一定的规则。选取一定的编码规则用一组代码来表示某种特定的信息，这就是所谓的码制。码制是编码制的简称。

例如在用 4 位二进制数码来表示 1 位十进制数的 0～9 这 10 个状态时，就有许多不同的码制。常将这些代码称为二-十进制代码，简称 BCD(binary coded decimal)代码。它既有二进制数的形式，又有十进制数的特点。由于 4 位二进制数码能表示 16 个不同的状态，而十进制数中的 0～9 十个数码仅需其中的 10 个状态，其他的 6 个状态均为禁用码。究竟选用哪 10 个状态，它的编码规则有很多种。常见的 BCD 代码见表 1-1。

表 1-1　常见的 BCD 代码

十进制数	8421 码	2421 码	5211 码	余 3 码	余 3 循环码
0	0000	0000	0000	0011	0010

续上表

十进制数	8421码	2421码	5211码	余3码	余3循环码
1	0001	0001	0001	0100	0110
2	0010	0010	0100	0101	0111
3	0011	0011	0101	0110	0101
4	0100	0100	0111	0111	0100
5	0101	1011	1000	1000	1100
6	0110	1100	1001	1001	1101
7	0111	1101	1100	1010	1111
8	1000	1110	1101	1011	1110
9	1001	1111	1111	1100	1010
权	8421	2421	5211		

(1)8421码

8421码是BCD代码中最常见的一种，在数字系统中应用最多。在用4位二进制数码组成一个代码来表示1位十进制数码时，由于代码中从左到右每一位的1分别表示8、4、2、1，因此将这种代码称为8421码。每一位的1代表的十进制数称为这一位的权。8421码中每一位的权是固定不变的，它为恒权代码。在8421码中，将代码中每一位的1代表的十进制数加起来，所得的和就是它所代表的十进制数码。例如，表1-1中8421码的代码为0110时，所对应的十进制数为6，而代码0111对应的是7。反之，在编写程序时也可将一个十进制数用8421码来表示。

【例1-4】 将一个十进制数568.37用8421码表示。

解: 十进制数　5　6　8.　3　7

8421码　0101　0110　1000　0011　0111

即 $(568.37)_{10}=(0101\ 0110\ 1000.0011\ 0111)_{8421}$。

由于1位十进制数需要用4位二进制数表示，那么n位十进制数就需要n个4位二进制数表示。在二-十进制数中，每组4位二进制数的位与位之间是二进制关系，而组与组之间是十进制关系。

(2)2421码

2421码也用4位二进制代码来表示1位十进制数，它也是恒权代码。它的特点是0和9、1和8、2和7、3和6、4和5的代码互为反码，这为二-十进制运算带了方便。

(3)5211码

5211码也是恒权代码。它的每一位的权正好与8421码的十进制计数器4个触发器输出脉冲的分频比相对应，这种对应关系在某些数字系统中很有用。

(4)余3码

余3码不是恒权代码，即它的代码中的位无固定权值。它的编码规则与8421码不同，如果把每一个余3码看作4位二进制数，则它的数值要比它所表示的十进制数码多3，故称为余3码。它的特点和2421码相仿，即0和9、1和8、2和7、3和6、4和5的余3码互为反码，这对于求取对10的补码非常方便。另外，如果将两个余3码相加，所得的和将比十进制数和所对应的二进制数多6，因此，用余3码做十进制加法运算时，若两数之和为10，正好等于二进制的16，于是便从高位自动产生进位信号。

(5)余3循环码

余3循环码是一种变权代码，代码中每一位的1并不代表固定的数值。它的特点是相邻两个代码间仅有一位的状态不同。因此，按这种编码接成计数器时，每次状态转换中仅有一个触发器翻转，译码时可避免竞争-冒险现象。

第二节　逻辑门电路

一、逻辑电路、逻辑函数与逻辑变量

1. 逻辑电路

在数字电路中，我们常用0与1来表示某一事物的是与非、真与伪、有与无，也常常用来表示电路的通与断、电灯的亮与灭、电平的高与低、脉冲的有与无等现象。这里的0与1已不再表示数量的大小，只表示两种相互对立的逻辑状态。

通常，把反映条件与结果之间的关系称为逻辑关系。在数字电路中，用输入信号来反映条件，用输出信号来反映结果，此时，电路的输入与输出之间就建立了因果关系，即逻辑关系。数字电路就是实现特定逻辑关系的电路，因此，又称逻辑电路。

逻辑电路的基本单元是逻辑门，它们反映了基本的逻辑关系。所谓逻辑门就是一种开关电路，它有若干输入端和一个输出端，输入与输出之间存在着一定的逻辑关系，条件满足时信号能允许通过，条件不满足时信号不能通过。它像一扇门一样，满足一定的逻辑条件时门打开，否则门关闭，故又称逻辑门电路或逻辑开关电路。

2. 逻辑函数与逻辑变量

为了描述事物相互对立的两个逻辑状态，常采用仅有两个取值的变量来表示，这种二值变量称为逻辑变量。在逻辑分析中用大写字母表示逻辑变量，如用A、B、C等表示事件发生的条件，用Y、L、F等表示事件的结果。将条件具备和事件发生用逻辑1表示，条件不具备和事件不发生用逻辑0表示。

(1)逻辑函数及表示方法

在逻辑函数中，通常将表示条件的变量称为输入逻辑变量，将表示结果的变量称为输出逻辑变量。一般地说，如果输入逻辑变量A、B、C…的取值确定之后，输出逻辑变量Y的取值也就唯一地确定了，那么，我们就称Y是A、B、C…的逻辑函数。逻辑函数的一般表达式可写成：

$$Y=f(A,B,C,\cdots) \tag{1-4}$$

在逻辑代数中，逻辑变量和逻辑函数均只有0、1两种取值，这与普通代数有明显的区别。

逻辑函数的表示方式通常有逻辑真值表、逻辑函数表达式、逻辑图、时序图和卡诺图等多种，它们各有特点，而且可以相互转换。

(2)正逻辑与负逻辑

在逻辑电路中，存在着两种逻辑体制，即用0和1表示相互对立的逻辑状态时，可以有两种不同的表示方法：用1表示高电平，用0表示低电平时，这称为正逻辑体制(简称“正逻辑”)；用 0 表示高电平，用 1 表示低电平时，这称为负逻辑体制(简称“负逻辑”)。同一电路若采用了不同的逻辑体制，将会产生不同的逻辑功能。若无特别说明，本书中均采用正逻辑体制。

(3)高电平与低电平

在数字电路中，人们习惯用高、低电平一词来描述电位的高、低。实际的高电平和低电平常因某些原因而发生变化，并不是一个固定的值，因此通常规定一个电平的范围。

在实际应用中，对各类逻辑门电路，都规定了不同的高电平下限值和低电平上限值，具体应用时应保证它的工作范围，以防止逻辑功能的破坏和器件的损坏。例如，高电平可在 2.4～5 V 之间波动，低电平可在 0～0.8 V 之间波动，则高电平的下限值为 2.4 V，低电平的上限值为 0.8 V。

二、逻辑门电路基础

1. 基本逻辑门

在逻辑关系中，最基本的逻辑关系有三种，与逻辑、或逻辑和非逻辑。因此，实现这三种基本逻辑关系的门电路有与门、或门和非门。

(1)与门

①与逻辑。当决定某一事物结果的所有条件同时具备时，这件事才会发生，这种因果关系称为与逻辑关系。在图 1-2 所示电路中，以 Y 表示灯亮与灭的状态，$Y=1$ 表示灯亮，$Y=0$ 表示灯灭，即作为电路动作的结果；以 A、B 表示开关的状态，并以 1 表示开关闭合，以 0 表示开关断开，即作为电路动作的条件，显然，只有开关 A、B 都闭合时，灯才会亮，这种关系符合与逻辑关系。与逻辑关系的逻辑表达式为

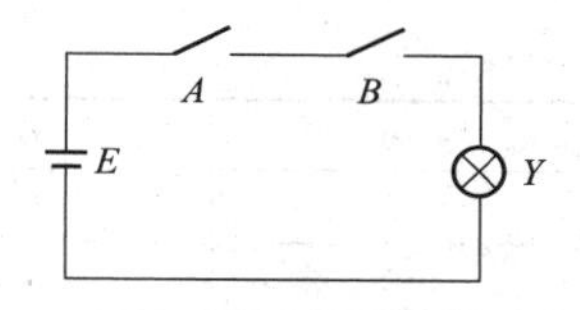

图 1-2　与逻辑关系电路

$$Y=A\cdot B \tag{1-5}$$

读作 Y 等于 A 与 B(或 Y 等于 A 乘 B)，与逻辑又称逻辑乘。

与逻辑关系还可以用真值表来表示，所谓真值表就是用表格形式列出输入变量和输出变量之间的逻辑关系。在真值表中，应将输入变量可能出现的状态排列出来，并列出对应的输出状态。与逻辑的真值表见表 1-2。

表 1-2　与逻辑的真值表

A	B	Y	A	B	Y
0	0	0	1	0	0
0	1	0	1	1	1

②二极管与门电路。把实现与逻辑的单元电路称为与门。二极管与门电路如图 1-3(a)所示，与门的逻辑符号如图 1-3(b)所示。在二极管与门电路中 A、B 为输入端，Y 为输出端。当 A、B 两输入端均为高电平(设高电平为 3 V)时，两个二极管 VD_1、VD_2 导通，$u_O=3$ V(忽略二极管导通压降)，Y 也为高电平，即“全 1 出 1”；当 A、B 两输入端中有一个输入端为低电平(设低电平为 0 V)，或全为低电平时，与低电平连接的二极管就导通，$u_O=0$ V，Y 就为低电平，即“有 0 出 0”。以上分析表明，该电路具有与的逻辑功能。

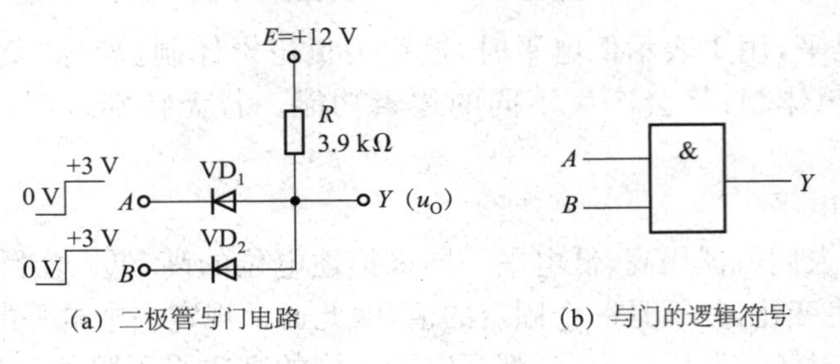

(a) 二极管与门电路　　(b) 与门的逻辑符号

图 1-3　与门

(2)或门

①或逻辑。当决定某一事物结果的各个条件中，只要具备一个或者一个以上的条件，这件事就会发生，这种因果关系称为或逻辑关系。在图 1-4 所示电路中，只要开关 A、B 中有一个闭合，灯就会亮，这就符合或的逻辑关系。或逻辑关系的逻辑表达式为

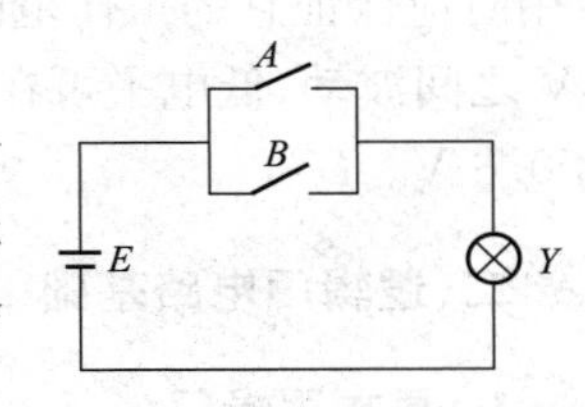

图 1-4　或逻辑关系电路

$$Y=A+B \tag{1-6}$$

读作 Y 等于 A 或 B(或 Y 等于 A 加 B)，或逻辑又称逻辑加，或逻辑的真值表见表 1-3。

表 1-3　或逻辑真值表

A	B	Y	A	B	Y
0	0	0	1	0	1
0	1	1	1	1	1

②二极管或门电路。把实现或逻辑的单元电路称为或门。二极管或门电路如图 1-5(a)所示，或门的逻辑符号如图 1-5(b)所示。当 A、B 两输入端中有一个为高电平(设为 3 V)时，与该端连接的二极管就导通，$u_O=3$ V，Y 也为高电平，即“有 1 出 1”；当 A、B 两输入端全为低电平(设为 0 V)，此时两个二极管均能导通，$u_O=0$ V，Y 就为低电平，即“全 0 出 0”，因此，该电路具有或的逻辑功能。

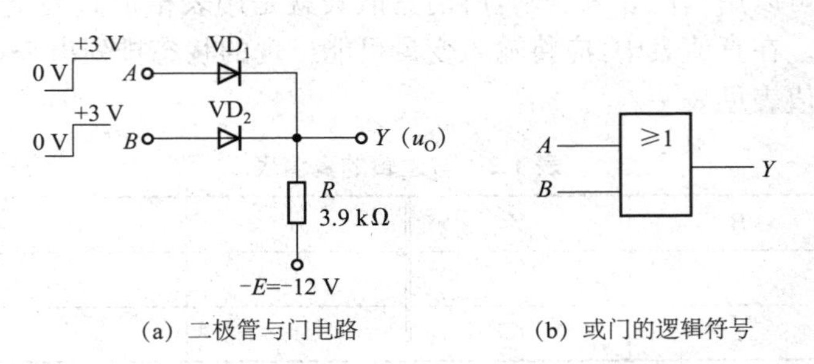

(a) 二极管与门电路　　(b) 或门的逻辑符号

图 1-5　或门

(3)非门

①非逻辑。当某一条件具备时，这件事不发生；而条件不具备时，这件事却发生，这种因果关系称为非逻辑关系。在图 1-6 所示电路中，开关 A 闭合，灯 Y 就会灭；而开关 A 打开，灯 Y 就会亮。这种非逻辑关系中，结果与条件总是相反的，非就是否

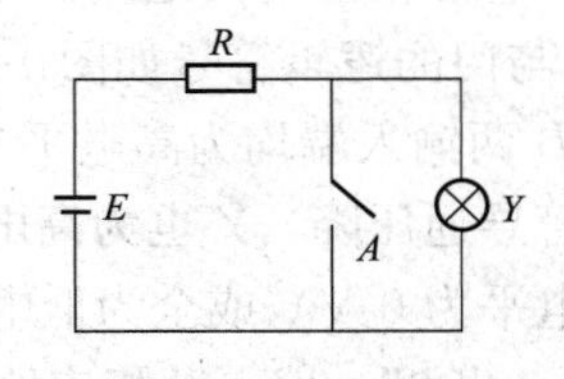

图 1-6　非逻辑关系电路

定。非逻辑关系的表达式为

$$Y=\overline{A} \tag{1-7}$$

读作 Y 等于 A 非(或 A 反)。

②三极管非门电路。把实现非逻辑的单元电路称为非门(又称反相器),三极管非门电路如图 1-7(a)所示,非门的逻辑符号如图 1-7(b)所示。在三极管非门电路中,当输入 A 为高电平(设为 5 V),三极管 V 导通,输出 Y 为低电平,即"有 1 出 0";当输入 A 为低电平,V 截止,输出 Y 为高电平,即"有 0 出 1"。因此,电路具有"非"的逻辑功能。

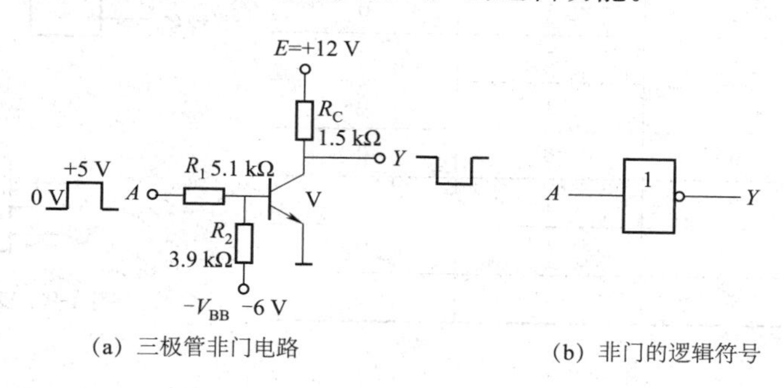

(a) 三极管非门电路　　(b) 非门的逻辑符号

图 1-7　非门

2. 复合逻辑门

在数字电路中除了使用基本的与门、或门、非门外,还经常使用由基本门电路组成的复合门电路。常见的复合门电路有与非门、或非门、与或非门、异或门、同或门等。

(1)与非门

与非门是与门和非门的组合。三输入端与非门的逻辑表达式为

$$Y=\overline{ABC} \tag{1-8}$$

与非门的逻辑功能是:所有输入端为高电平时,输出为低电平;而输入端中只要有一个为低电平时,输出就为高电平。可以概括为"有 0 出 1,全 1 出 0"。其真值表见表 1-4,与非门的逻辑符号如图 1-8 所示。

表 1-4　与非门真值表

A	B	C	Y
0	0	0	1
0	0	1	1
0	1	0	1
0	1	1	1
1	0	0	1
1	0	1	1
1	1	0	1
1	1	1	0

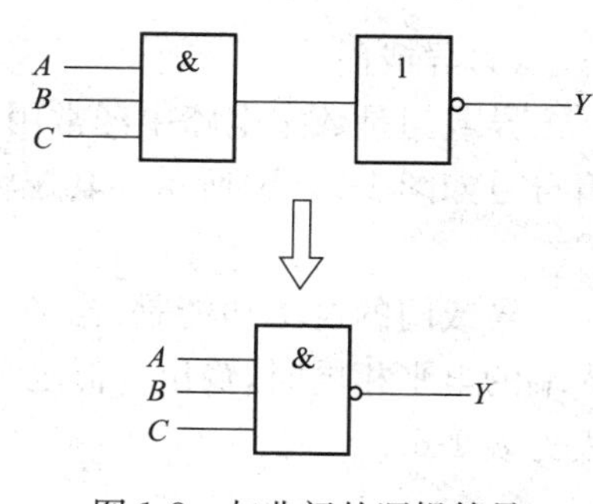

图 1-8　与非门的逻辑符号

(2)或非门

或非门是或门和非门的组合。三输入端或非门的逻辑表达式为

$$Y=\overline{A+B+C} \tag{1-9}$$

或非门的逻辑功能是:“有 1 出 0,全 0 出 1”。其真值表见表 1-5,或非门的逻辑符号如图 1-9所示。

表 1-5　或非门真值表

A	B	C	Y
0	0	0	1
0	0	1	0
0	1	0	0
0	1	1	0
1	0	0	0
1	0	1	0
1	1	0	0
1	1	1	0

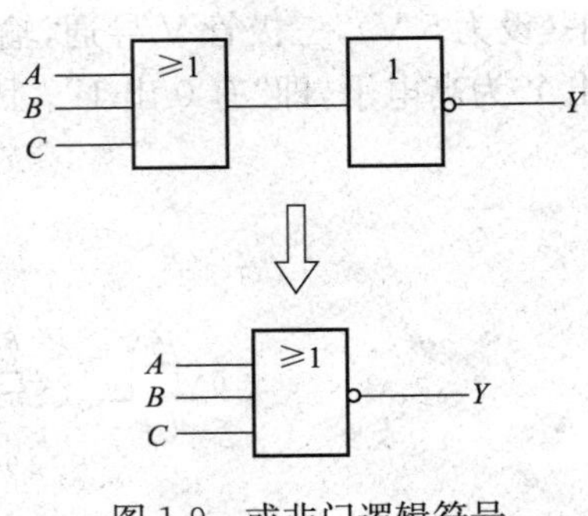

图 1-9　或非门逻辑符号

(3)与或非门

与或非门是与门、或门和非门的组合,如图 1-10(a)所示,与或非门的逻辑符号如图 1-10(b)所示。其逻辑表达式为

$$Y=\overline{AB+CD} \tag{1-10}$$

关于与或非门的真值表读者可自行列出。

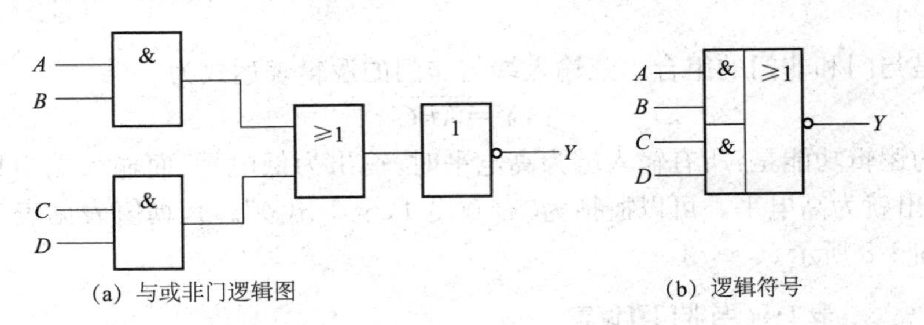

图 1-10　与或非门逻辑图和逻辑符号

(4)异或门

异或门是数字电路中经常用到的一种逻辑门,它的逻辑图如图 1-11(a)所示,异或门的逻辑符号如图 1-11(b)所示。其逻辑表达式为

$$Y=A\oplus B=A\overline{B}+\overline{A}B \tag{1-11}$$

异或门的逻辑功能是:当 A、B 两个输入端的电平不同时,输出为高电平;当 A、B 两个输入端的电平相同时,输出为低电平。因此,异或门常用来判断两个输入信号是否相同。其真值表见表 1-6。

表 1-6　异或门真值表

A	B	Y	A	B	Y
0	0	0	1	0	1
0	1	1	1	1	0

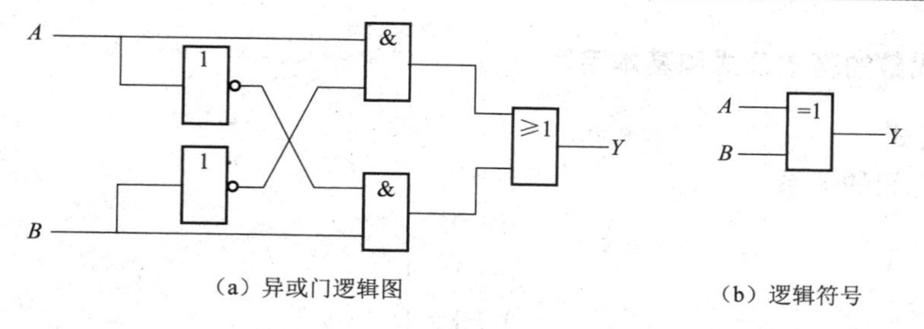

(a) 异或门逻辑图　　(b) 逻辑符号

图 1-11　异或门逻辑图和逻辑符号

(5)同或门

同或门也是数字电路中经常要用的一种逻辑门，它的逻辑图如图 1-12(a)所示，同或门的逻辑符号如图 1-12(b)所示。其逻辑表达式为

$$Y=A\odot B=\overline{A}\,\overline{B}+AB \tag{1-12}$$

同或门的逻辑功能是：当 A、B 两个输入端的电平相同时，输出为高电平；当 A、B 两个输入端的电平不同时，输出为低电平。可见，同或门和异或门的逻辑关系刚好相反，即$\overline{A\overline{B}+\overline{A}B}=\overline{A}\,\overline{B}+AB(\overline{A\oplus B}=A\odot B)$，其真值表见表 1-7。

表 1-7　同或门真值表

A	B	Y	A	B	Y
0	0	1	1	0	0
0	1	0	1	1	1

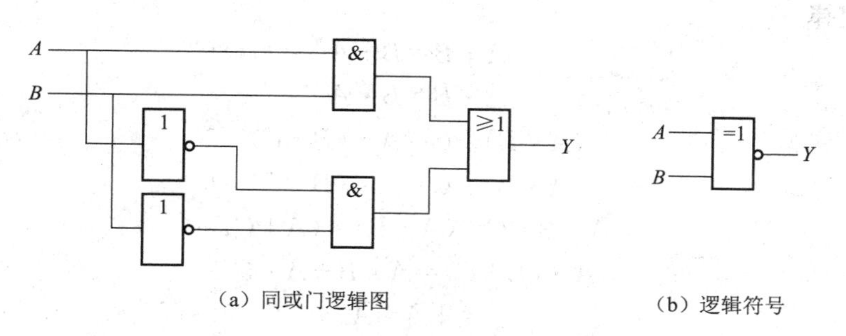

(a) 同或门逻辑图　　(b) 逻辑符号

图 1-12　同或门逻辑图和逻辑符号

第三节　逻辑代数及逻辑函数的化简

英国数学家乔治·布尔于 1849 年提出了研究事物间的逻辑关系的数学方法——布尔代数。继而，布尔代数被广泛应用于解决开关电路和数字逻辑电路的分析和计算上，因此，布尔代数也称为逻辑代数。它是分析和设计逻辑电路的数学工具，常用来研究逻辑函数与逻辑变量之间的关系。

本节在介绍逻辑代数基本公式、基本定律、基本定理的基础上，讲述逻辑函数的四种表示方法——真值表、逻辑函数表达式、逻辑图、卡诺图，以及逻辑函数的两种化简方法——公式法、卡诺图法。

一、逻辑代数的基本公式和基本定律

1. 基本公式

(1)常量之间的关系

逻辑加：
$$0+0=0 \tag{1-13}$$
$$0+1=1 \tag{1-14}$$
$$1+1=1 \tag{1-15}$$
逻辑乘：
$$0 \cdot 0=0 \tag{1-16}$$
$$0 \cdot 1=0 \tag{1-17}$$
$$1 \cdot 1=1 \tag{1-18}$$
逻辑非：
$$\overline{0}=1 \tag{1-19}$$
$$\overline{1}=0 \tag{1-20}$$

常量之间的关系，体现了逻辑代数中的基本运算规则，也称为公理。

(2)常量与变量之间的关系

逻辑加：
$$A+0=A \tag{1-21}$$
$$A+1=1 \tag{1-22}$$
$$A+\overline{A}=1 \tag{1-23}$$
逻辑乘：
$$A \cdot 0=0 \tag{1-24}$$
$$A \cdot 1=A \tag{1-25}$$
$$A \cdot \overline{A}=0 \tag{1-26}$$

2. 基本定律

交换律：
$$A+B=B+A \tag{1-27}$$
$$A \cdot B=B \cdot A \tag{1-28}$$
结合律
$$(A+B)+C=A+(B+C) \tag{1-29}$$
$$(A \cdot B) \cdot C=A \cdot (B \cdot C) \tag{1-30}$$
分配律：
$$A+B \cdot C=(A+B) \cdot (A+C) \tag{1-31}$$
$$A \cdot (B+C)=A \cdot B+A \cdot C \tag{1-32}$$
同一律：
$$A+A=A \tag{1-33}$$
$$A \cdot A=A \tag{1-34}$$
德·摩根定律(又称反演律)：
$$\overline{A+B}=\overline{A} \cdot \overline{B} \tag{1-35}$$
$$\overline{A \cdot B}=\overline{A}+\overline{B} \tag{1-36}$$
还原律：
$$\overline{\overline{A}}=A \tag{1-37}$$

3. 基本定理

(1)代入定理

在任何一个含有变量 A 的逻辑等式中，若以一个逻辑式 Y 代入等式两边所有的 A，则等式仍然成立，这就称为代入定理。利用代入定理可以扩大公式的应用范围。

【例 1-5】 证明在 $\overline{A \cdot B}=\overline{A}+\overline{B}$ 中，用 $Y=AC$ 代入等式两边中 A 的位置，等式仍成立。

证明： $\overline{(A \cdot C) \cdot B}=\overline{A \cdot C}+\overline{B}=\overline{A}+\overline{C}+\overline{B}$

可见，德·摩根定律也适用于多变量的情况。这里需要说明，为了书写方便，乘法运算的

"·"可以省略。另外,对一个乘积项求反时,乘积项外边的括号也可以省略。

(2)反演定理

对于任意一个逻辑式 Y,若将逻辑式 Y 中所有的"·"换成"+","+"换成"·";"1"换成"0","0"换成"1";原变量换成反变量,反变量换成原变量,则得到的结果就是反逻辑式 $\overline{Y}$。这个规律称为反演定理。这个定理为求取已知逻辑式的反逻辑式提供了方便。

在使用反演定理时需要注意两点:一是运算符号的先后次序,即先括号、然后乘、最后加;二是不属于单个变量上的反号应保持不变。

【例 1-6】 求 $Y=\overline{A}+\overline{B}+C+\overline{D+\overline{E}}$反逻辑式。

解:$\overline{Y}=A\cdot B\cdot \overline{C}\cdot \overline{\overline{D}\cdot E}$。同样也可以用德·摩根定律来求反逻辑式。

(3)对偶定理

若两个逻辑式相等,则它们的对偶式也相等,这就是对偶定理。对于任意一个逻辑式 Y,若将其中的"·"换成"+";"+"换成·";"0"换成"1";"1"换成"0",则得到一个新的逻辑式 Y',这个 Y'就称为 Y 的对偶式。

【例 1-7】 用对偶定理证明 $A+BC=(A+B)(A+C)$。

证明:等式左边的对偶式为　　$Y'=A(B+C)$

等式右边的对偶式为　　$Y'=AB+AC$

由分配律可知,这两个对偶式是相等的,则它们的逻辑式也相等。

4. 常用公式

$$A+AB=A \tag{1-38}$$

$$A+\overline{A}B=A+B \tag{1-39}$$

$$AB+A\overline{B}=A \tag{1-40}$$

$$AB+\overline{A}C=(A+C)(\overline{A}+B) \tag{1-41}$$

$$AB+\overline{A}C+BC=AB+\overline{A}C \tag{1-42}$$

$$A\,\overline{AB}=A\overline{B};\overline{A}\,\overline{AB}=\overline{A} \tag{1-43}$$

常用公式的证明可用基本公式,也可分别列出公式两边的真值表,若两边的真值表相等,则公式成立。

【例 1-8】 证明式(1-39):$A+\overline{A}B=A+B$。

证明:

$$A+\overline{A}B=(A+AB)+\overline{A}B=A+(A+\overline{A})B=A+B$$

式(1-39)表明,两个乘积项相加时,如果一个乘积项的反是另一个乘积项的因子,则这个因子是多余的。

【例 1-9】 证明式(1-42):$AB+\overline{A}C+BC=AB+\overline{A}C$。

证明:

$$\begin{aligned}AB+\overline{A}C+BC&=AB+\overline{A}C+BC(A+\overline{A})\\&=AB+\overline{A}C+ABC+\overline{A}BC\\&=AB(1+C)+\overline{A}C(1+B)\\&=AB+\overline{A}C\end{aligned}$$

式(1-42)表明,若两个乘积项中分别包含 A 和 $\overline{A}$ 两个因子,而这两个乘积项的其余因子组成第三个乘积项时,则第三个乘积项是多余的。不难发现,式(1-41)和式(1-42)是同出一辙的,只是表示方式不同而已。

【例 1-10】 证明式(1-43):$A\,\overline{AB}=A\overline{B};\overline{A}\,\overline{AB}=\overline{A}$。

证明： $$A\overline{AB}=A(\overline{A}+\overline{B})=A\overline{A}+A\overline{B}=A\overline{B}$$

上式表明，当 A 和一个乘积项的非相乘，且 A 为乘积项的因子时，则 A 这个因子可以消去。

证明： $$\overline{A}\,\overline{AB}=\overline{A}(\overline{A}+\overline{B})=\overline{A}\,\overline{A}+\overline{A}\,\overline{B}=\overline{A}(1+\overline{B})=\overline{A}$$

上式表明，当 $\overline{A}$ 和一个乘积项的非相乘，且 $\overline{A}$ 为乘积项的因子时，其结果就等于 $\overline{A}$。

二、逻辑函数的公式化简法

1. 化简的意义

前面已介绍，一个逻辑函数的表示方式通常有许多种，而且它们之间可以相互转换。在实际的工程设计中，往往根据解决实际问题的逻辑功能，列出逻辑真值表，并由真值表归纳出逻辑表达式，再经过适当化简，设计出逻辑电路图。要完成科学、合理的设计工作，化简这一步是非常必要的。我们经常看到，一个逻辑函数可以写成不同的逻辑表达式，而这些表达式的繁简程度相差较大。例如有两个逻辑函数：

$$Y=\overline{A}B+AB\overline{C}+C$$

$$Y=B+C$$

将它们的真值表分别列出后，可以看到实际上它们是同一个逻辑函数，所实现的功能完全一样。但通过比较分析，两个逻辑表达式所对应的逻辑电路图，如图 1-13(a)、(b)所示，其繁简程度也大不相同。显然，图 1-13(b)的逻辑电路简单明了，所用器件也少。因此，化简的意义就在于能得到最简的逻辑电路图，而且能节约器件，提高电路设计的合理性、经济性和可靠性。

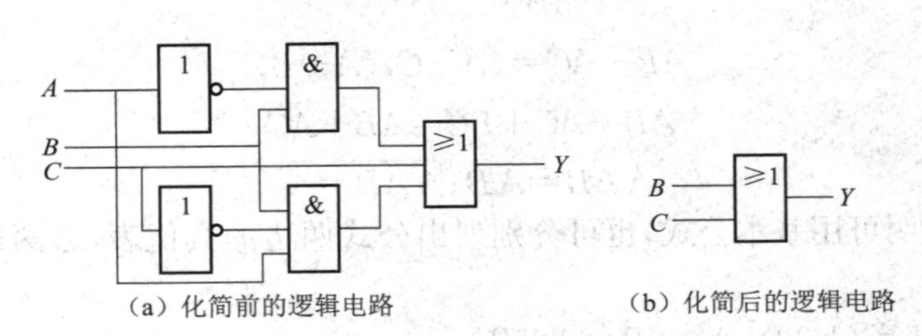

图 1-13　逻辑函数化简前后的电路比较

2. 逻辑函数的最简形式

一个逻辑函数确定后，其真值表是唯一的，实现的逻辑功能也是唯一的，但其函数表达形式却有许多种。各种表达形式有繁有简，其表达形式越简单，电路设计就越容易，所以要寻求最简的表达形式。

与或表达式是常见的最简表达式，它由几个乘积项相加组成，称为“积之和”。所谓最简与或表达式是指乘积项的项数最小，且每个乘积项中的变量数也最少。化简逻辑函数的目的就是要消去多余的乘积项和多余的变量数。因为，乘积项数目少，可减少或门的器件数量，而乘积项中的变量数少，可减少与门的输入端和连接线的数量。

由于逻辑代数的基本公式和常用公式多以与或表达式给出，用于化简与或表达式比较方便。有了与或表达式就能方便地同其他表达式进行变换，逻辑函数表达式的变换类型可分为五种形式。例如，$Y=A\overline{B}+BC$，可以有以下五种表达形式：

$Y=A\overline{B}+BC$　　与或表达式

$Y=(A+B)(\overline{B}+C)$　　或与表达式[利用式(1-41)可得]

$Y=\overline{\overline{A\overline{B}}\cdot\overline{BC}}$　　与非-与非表达式(用德·摩根定律,对原式两次求反)

$Y=\overline{\overline{(A+B)}+\overline{(\overline{B}+C)}}$　　或非-或非表达式(对或与表达式两次求反)

$Y=\overline{\overline{A}\,\overline{B}+B\overline{C}}$　　与或非表达式(用德·摩根定律,对或与表达式两次求反)

由上可见,一个逻辑函数的表达形式不是唯一的,在电路设计时可以用不同的逻辑电路、逻辑器件来实现同一逻辑功能。究竟选用何种表达形式(决定电路形式),由实际情况来确定。有时为了使用某种逻辑器件,就必须采用某种表达形式。但应该注意,用最简与或表达式变换为其他表达形式时,得到的结果不一定是最简的。

3. 公式化简法

公式化简法就是利用逻辑代数的基本公式和常用公式对逻辑函数进行化简,消去逻辑表达式中多余的乘积项和多余的变量数,以求得逻辑表达式的最简形式。公式化简法没有固定的步骤,经常使用的方法有以下几种。

(1)并项法

利用 $AB+A\overline{B}=A$,将两项合并成一项,消去 B 和 $\overline{B}$ 一对因子。且根据代入定理 A 和 B 可以是任何复杂的逻辑式。

【例 1-11】 化简 $Y=A\overline{\overline{B}CD}+A\overline{B}CD$。

解: $Y=A\overline{\overline{B}CD}+A\overline{B}CD=A(\overline{\overline{B}CD}+\overline{B}CD)=A$

【例 1-12】 化简 $Y=\overline{A}B\overline{C}+A\overline{C}+\overline{B}\,\overline{C}$

解: $Y=\overline{A}B\overline{C}+A\overline{C}+\overline{B}\,\overline{C}=\overline{A}B\overline{C}+(A+\overline{B})\overline{C}=\overline{A}B\overline{C}+\overline{\overline{A}B}\,\overline{C}=\overline{C}$

(2)吸收法

利用 $A+AB=A$,消去多余的 AB 项。A 和 B 同样也可以是任何一个复杂的逻辑式。

【例 1-13】 化简 $Y=A\overline{B}+A\overline{B}CD$。

解: $Y=A\overline{B}+A\overline{B}CD=A\overline{B}(1+CD)=A\overline{B}$

【例 1-14】 化简 $Y=AB+AB\overline{C}+ABD+AB(\overline{C}+\overline{D})$。

解: $Y=AB+AB[\overline{C}+D+(\overline{C}+\overline{D})]=AB$

(3)消去法

利用 $A+\overline{A}B=A+B$,消去多余因子。利用 $AB+\overline{A}C+BC=AB+\overline{A}C$,消去多余项。

【例 1-15】 化简 $Y=AB+\overline{A}C+\overline{B}C$。

解: $Y=AB+\overline{A}C+\overline{B}C=AB+(\overline{A}+\overline{B})C=AB+\overline{AB}C=AB+C$

【例 1-16】 化简 $Y=AC+A\overline{B}+\overline{B+C}$。

解: $Y=AC+A\overline{B}+\overline{B}\,\overline{C}=AC+\overline{B}\,\overline{C}+A\overline{B}=AC+\overline{B}\,\overline{C}$

(4)配项法

利用 $A+A=A$ 或 $A+\overline{A}=1$ 等方法,然后拆成两项,再分别与其他项合并,有时能获得更简单的化简结果。

【例 1-17】 化简 $Y=\overline{A}B\overline{C}+\overline{A}BC+ABC$。

解:

$$\begin{aligned}Y&=(\overline{A}B\overline{C}+\overline{A}BC)+(\overline{A}BC+ABC)\text{(多写一个 }\overline{A}BC\text{)}\\&=\overline{A}B(\overline{C}+C)+BC(\overline{A}+A)\\&=\overline{A}B+BC\end{aligned}$$

【例 1-18】 化简 $Y=A\overline{B}+\overline{A}B+B\overline{C}+\overline{B}C$。

解：

$$
\begin{aligned}
Y &= A\overline{B}+\overline{A}B(C+\overline{C})+B\overline{C}+\overline{B}C(A+\overline{A}) \\
&= A\overline{B}+\overline{A}BC+\overline{A}B\overline{C}+B\overline{C}+A\overline{B}C+\overline{A}\,\overline{B}C \\
&= (A\overline{B}+A\overline{B}C)+(B\overline{C}+\overline{A}B\overline{C})+(\overline{A}BC+\overline{A}\,\overline{B}C) \\
&= A\overline{B}+B\overline{C}+\overline{A}C
\end{aligned}
$$

应该指出，利用上述方法进行化简所取得的结果不是唯一的，有时还需要综合运用以上几种方法及相关的公式、定律来进行。由于实际的逻辑表达式多种多样，化简时又没有固定的步骤可循，需要我们多做练习，积累经验，掌握一定的技巧，才能迅速求得最简逻辑表达式。

三、逻辑函数的卡诺图化简法

公式化简法需要反复运用一些公式，并掌握一定的技巧，而且所得的结果是否为最简，往往难以判断，下面介绍一种比较简便、直观的卡诺图化简法，又称图形法。在介绍卡诺图化简法之前，先介绍一些相关知识。

1. 逻辑函数的最小项

(1)最小项定义

在 n 变量的逻辑函数中，若 m 为包含 n 个变量的一个乘积项，而且这 n 个变量都以原变量或反变量的形式在 m 中出现一次，则称这个 m 为这组变量的一个最小项。

例如，在 A、B、C 三个变量的逻辑函数中，共有 8 个(即 2^3 个)乘积项，$\overline{A}\,\overline{B}\,\overline{C}$、$\overline{A}\,\overline{B}C$、$\overline{A}B\overline{C}$、$\overline{A}BC$、$A\overline{B}\,\overline{C}$、$A\overline{B}C$、$AB\overline{C}$、$ABC$ 这 8 个乘积项都符合最小项定义，即每个乘积项都有三个变量，每个变量都以原变量或反变量的形式仅出现一次，因此，这 8 个乘积项是三变量 A、B、C 的最小项。n 个变量的最小项有 2^n 个，如 $n=4$，就有 2^4 个最小项，依次类推。

(2)最小项性质

为了分析最小项的性质，列出了三变量所有最小项取值表，见表 1-8。由该表及最小项定义可见最小项具有以下性质：

①每个最小项对应一组变量取值，对任意一个最小项，只有一组变量取值使它为 1，其他取值均为 0。例如，当 $A=0$、$B=0$、$C=1$ 时，$\overline{A}\,\overline{B}C=1$。

②任意两个最小项之积恒为 0。

③全体最小项之和恒为 1。

④具有相邻性的两个最小项之和可以合并成一项并消去一对变量。

(3)最小项编号

为了使用方便，常给最小项进行编号。编号的方法是：把该最小项所对应的那一组变量取值的二进制数，转换为相应的十进制数，就是该最小项的编号。例如，在三变量 A、B、C 的各最小项中，$\overline{A}\,\overline{B}\,\overline{C}$ 对应的变量取值的二进制数为 000，其十进制数为 0，因此，$\overline{A}\,\overline{B}\,\overline{C}$ 最小项的编号为 m_0。$\overline{A}BC$ 对应的取值为 011，编号为 m_3，依次类推。

表 1-8 三变量所有最小项取值表

最小项	变量取值	对应十进制数	编号
$\overline{A}\,\overline{B}\,\overline{C}$	0 0 0	0	m_0
$\overline{A}\,\overline{B}C$	0 0 1	1	m_1

续上表

最小项	变量取值	对应十进制数	编号
$\overline{A}B\overline{C}$	0 1 0	2	m_2
$\overline{A}BC$	0 1 1	3	m_3
$A\overline{B}\,\overline{C}$	1 0 0	4	m_4
$\overline{AB}C$	1 0 1	5	m_5
$AB\overline{C}$	1 1 0	6	m_6
ABC	1 1 1	7	m_7

(4)最小项表达式

任何一个逻辑函数都可以表示成最小项之和的形式，而且对某个逻辑函数来说，这种表达式只有一个，这种表达形式称为最小项表达式。

【例 1-19】 某逻辑函数的真值表见表 1-9，求它的最小项表达式。

解：将函数 $Y=1$ 的变量取值所对应的各最小项，用和的形式来表达，就能求得最小项表达式。根据表 1-9，逻辑函数的最小项表达式为

表 1-9　例 1-19 逻辑函数的真值表

A	B	C	Y
0	0	0	0
0	0	1	0
0	1	0	1
0	1	1	0
1	0	0	0
1	0	1	1
1	1	0	1
1	1	1	1

$$\begin{aligned} Y &= \overline{A}B\overline{C} + A\overline{B}C + AB\overline{C} + ABC \\ &= m_2 + m_5 + m_6 + m_7 \\ &= \sum m(2,5,6,7) \end{aligned}$$

可见，由真值表求得的逻辑表达式就是最小项表达式。

【例 1-20】 将 $Y=AB+AC+BC$ 展开为最小项表达式。

解：

$$\begin{aligned} Y &= AB(C+\overline{C}) + AC(B+\overline{B}) + BC(A+\overline{A}) \\ &= ABC + AB\overline{C} + ABC + A\overline{B}C + ABC + \overline{A}BC \\ &= ABC + AB\overline{C} + A\overline{B}C + \overline{A}BC \\ &= m_7 + m_6 + m_5 + m_3 \\ &= \sum m(3,5,6,7) \end{aligned}$$

2. 逻辑函数的卡诺图表示法

将 n 个变量的全部最小项用小方格表示出来，并按逻辑相邻性的规则排列起来，所得的图

形称为卡诺图。这里所谓的逻辑相邻性，是指两个相邻小方格内所代表的最小项仅有一个变量不同，且互为反变量，其余变量均相同。如$\overline{A}B\overline{C}$和$AB\overline{C}$这两个最小项，仅变量$A$不同，且$A$与$\overline{A}$互为反变量，所以它们具有逻辑相邻性。

(1)卡诺图的画法

卡诺图中小方格的个数取决于逻辑变量的个数，n个变量有2^n个小方格。两个变量有4个小方格，各方格分别代表$\overline{A}\,\overline{B}$、$\overline{A}B$、$A\overline{B}$、$AB$四个最小项，记作$m_0$、$m_1$、$m_2$、$m_3$。三变量逻辑函数有8个小方格，四变量有16个小方格，二～四变量的卡诺图画法如图1-14所示。

为画图方便，一般在卡诺图的左上角标注变量，在左边与上边标注对应变量的取值。为了使相邻的最小项具有逻辑相邻性，变量的取值不能按00→01→10→11的顺序排列，而应以00→01→11→10的顺序排列。按照这样的排列，不难发现相邻小方格的左右、上下、最左与最右、最上与最下都具有逻辑上的相邻性。按这样的规律，每个小方格所对应的最小项编号，即为该最小项的二进制代码的十进制数，并在此方格内标出相应的编号。

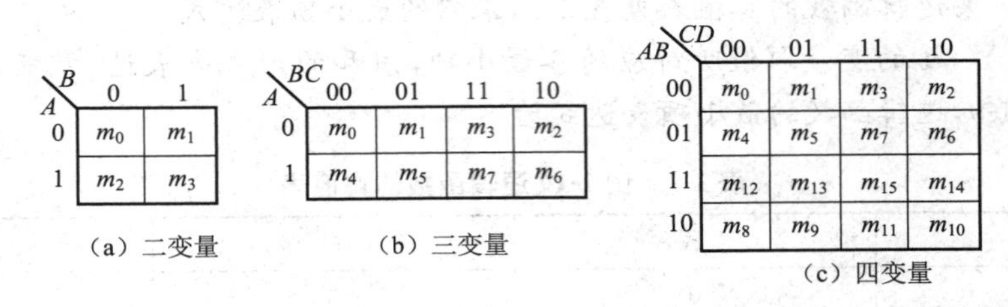

图1-14 二～四变量卡诺图

(2)用卡诺图表示逻辑函数

既然任何一个逻辑函数都能表示为若干最小项之和的形式，而各最小项与卡诺图中的各小方格相对应，自然可以用卡诺图来表示任何一个逻辑函数。具体的方法是先根据变量数画出卡诺图，然后将逻辑函数化成最小项之和的形式，找出这些最小项与小方格的对应位置，并在对应方格内填入1，其余的位置上填0(或空白)，这就得到表示该逻辑函数的卡诺图。

【例1-21】 用卡诺图表示逻辑函数$Y=AB+AC+BC$。

解：先将逻辑函数展开成最小项和的形式。

$$\begin{aligned}Y&=AB+AC+BC\\&=AB(C+\overline{C})+AC(B+\overline{B})+BC(A+\overline{A})\\&=ABC+AB\overline{C}+ABC+A\overline{B}C+ABC+\overline{A}BC\\&=ABC+AB\overline{C}+A\overline{B}C+\overline{A}BC\\&=m_7+m_6+m_5+m_3\end{aligned}$$

将上述最小项填入卡诺图，如图1-15所示。但应该注意的是上式中有三个ABC，只要在对应方格内填上一个1就够了。

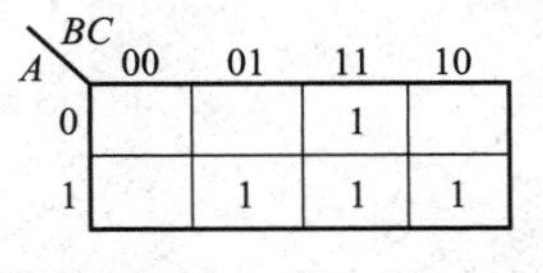

图1-15 例1-21的卡诺图

3. 逻辑函数的卡诺图化简法

利用卡诺图化简逻辑函数的方法称为卡诺图化简法。化简时依据的原理就是具有相邻性的最小项可以合并，并消去不同的变量。由于卡诺图上几何位置相邻性与逻辑上的相邻性是一致的，因而可在卡诺图上直接找出那些具有相邻性的最小项并将其合并。

(1)合并最小项的规律

①若两个最小项相邻,则可合并为一项,并消去一个变量,得到由相同变量组成的乘积项。图 1-16 所示为两个相邻最小项合并的例子。合并时可将两个为 1 的相邻小方格用圈圈起来。

在图 1-16(a)中,合并后消去了 $\overline{A}$ 和 A 一对变量,只剩下公共变量 B 和 C,即

$$\overline{A}BC+ABC=(\overline{A}+A)BC=BC$$

在图 1-16(b)中,$\overline{A}\,\overline{B}CD+\overline{A}BCD=(\overline{B}+B)\overline{A}CD=\overline{A}CD$

$$AB\overline{C}D+ABCD=(\overline{C}+C)ABD=ABD$$

在图 1-16(c)中,$\overline{A}\,\overline{B}C\overline{D}+A\overline{B}C\overline{D}=(\overline{A}+A)\overline{B}C\overline{D}=\overline{B}C\overline{D}$

$$\overline{A}B\overline{C}\,\overline{D}+\overline{A}BC\overline{D}=(\overline{C}+C)\overline{A}B\overline{D}=\overline{A}B\overline{D}$$

②若四个最小项相邻,合并为一项时可消去两个变量。图 1-17 为四个相邻最小项合并的例子。

在图 1-17(a)中,$\overline{A}\,\overline{B}\,\overline{C}\,\overline{D}+\overline{A}\,\overline{B}\,\overline{C}D+A\overline{B}\,\overline{C}\,\overline{D}+A\overline{B}\,\overline{C}D=\overline{B}\,\overline{C}$

$$\overline{A}\,\overline{B}C\overline{D}+\overline{A}BC\overline{D}+ABC\overline{D}+A\overline{B}C\overline{D}=C\overline{D}$$

在图 1-17(b)中 $\overline{A}B\overline{C}D+\overline{A}BCD+AB\overline{C}D+ABCD=BD$

$$\overline{A}\,\overline{B}\,\overline{C}\,\overline{D}+\overline{A}\,\overline{B}C\overline{D}+A\overline{B}\,\overline{C}\,\overline{D}+A\overline{B}C\overline{D}=\overline{B}\,\overline{D}$$

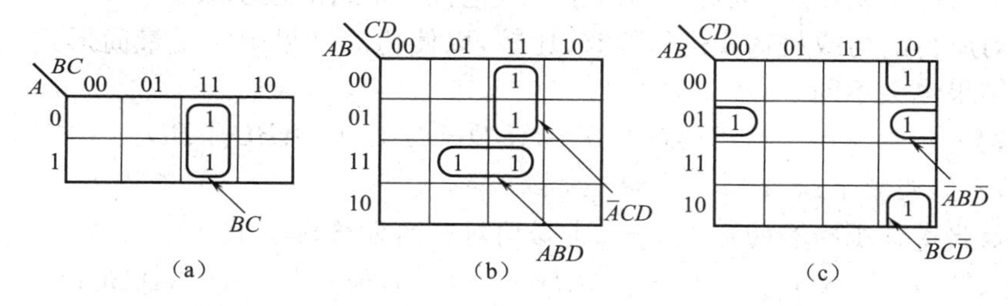

图 1-16 两个相邻最小项合并的例子

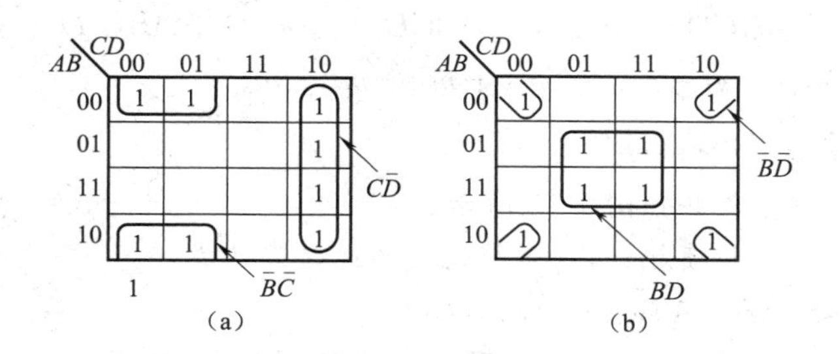

图 1-17 四个相邻最小项合并的例子

③若八个最小项相邻,合并为一项时可消去三个变量。图 1-18 为八个相邻最小项合并的例子。在图中可以用相邻性原理直观比较得出其结果。

一般地说,2^n 个最小项合并时,可消去 n 个变量。

(2)卡诺图化简法的步骤

用卡诺图化简逻辑函数时,一般按以下四个步骤进行:

①根据逻辑变量数画出卡诺图。

②将函数化成最小项之和,并在所有最小项对应的方格内填入 1。

③找出可以合并的最小项,将相邻为 1 的方格圈起来。

④ 将各个圈所得的乘积项相加,就得到化简后的逻辑表达式。

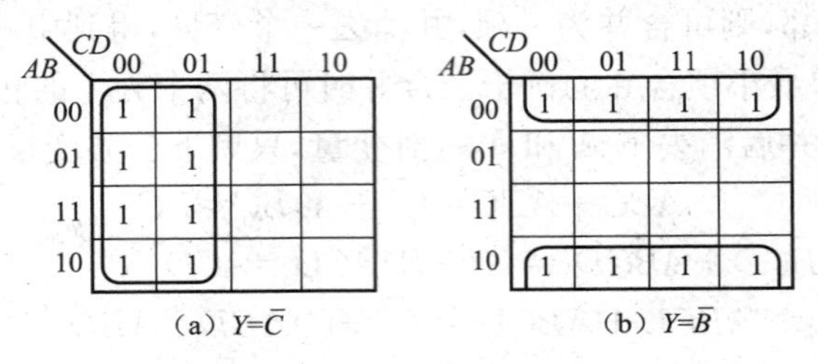

(a) $Y=\overline{C}$　　(b) $Y=\overline{B}$

图 1-18　八个相邻最小项合并的例子

应该指出,尽管卡诺图化简比较直观,容易掌握,但还是要有一定的技巧和方法。选取化简后的乘积项应掌握以下几个原则:

①圈越大越好,圈所包围的最小项越多,消去的变量越多,所得的乘积项越简单,对应的输入端数就越少。

②圈的个数要最少,圈的个数少,所得的乘积项就少,则所用的器件也少。但所有的最小项(即填 1 的方格)都必须覆盖到,不能遗漏。

③最小项可以重复使用,但每一圈内至少应包含一个新的最小项。

④最后对所得的与或表达式进行检查、比较,以使化简结果确实是最简形式。另外,圈法不同所得的结果也会不同。

【例 1-22】 用卡诺图化简逻辑函数 $Y=ABD+\overline{A}B\overline{C}D+AB\overline{D}+B\overline{D}+\overline{A}\,\overline{B}CD$。

解:①画出四变量卡诺图。

②将函数化成最小项和的形式,并在卡诺图对应的方格内填 1。

$$
\begin{aligned}
Y &= ABD(C+\overline{C})+\overline{A}B\overline{C}D+AB\overline{D}(C+\overline{C})+B\overline{D}(A+\overline{A})+\overline{A}\,\overline{B}CD \\
&= ABCD+AB\overline{C}D+\overline{A}B\overline{C}D+ABC\overline{D}+AB\overline{C}\,\overline{D}+AB\overline{D}+\overline{A}B\overline{D}+\overline{A}\,\overline{B}CD \\
&= ABCD+AB\overline{C}D+\overline{A}B\overline{C}D+ABC\overline{D}+AB\overline{C}\,\overline{D}+\overline{A}B\overline{C}\,\overline{D}+\overline{A}BC\overline{D}+\overline{A}\,\overline{B}CD \\
&= m_{15}+m_{13}+m_5+m_{14}+m_{12}+m_4+m_6+m_3 \\
&= \sum m(3,4,5,6,12,13,14,15)
\end{aligned}
$$

③合并最小项。画圈合并如图 1-19 所示。

④将各个圈所得的乘积项相加,得到简化后的逻辑表达式。

$$Y=AB+\overline{A}\,\overline{B}CD+B\overline{C}+B\overline{D}$$

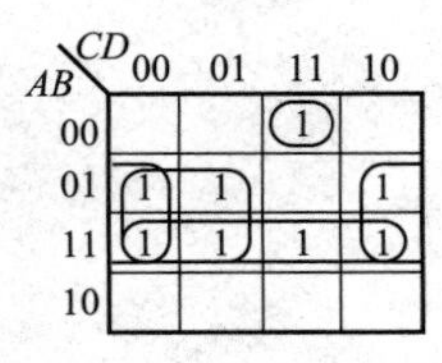

图 1-19　例 1-22 的卡诺图

【例 1-23】 试化简图 1-20 逻辑电路图所表示的逻辑函数,并以化简后的逻辑表达式,画出用与或非门器件组成的逻辑电路图。

解:①画出四变量卡诺图。

②根据给定逻辑电路图,写出函数最小项表达式,并在卡诺图对应的方格内填 1。

$$
\begin{aligned}
Y &= A\overline{B}+C+B\overline{C}D+\overline{A}\,\overline{C}D \\
&= \overline{A}\,\overline{B}\,\overline{C}D+\overline{A}\,\overline{B}CD+\overline{A}\,\overline{B}C\overline{D}+\overline{A}B\overline{C}D+\overline{A}BCD+\overline{A}BC\overline{D}+AB\overline{C}D+ \\
&\quad ABCD+ABC\overline{D}+A\overline{B}\,\overline{C}\,\overline{D}+A\overline{B}\,\overline{C}D+A\overline{B}CD+A\overline{B}C\overline{D} \\
&= m_1+m_2+m_3+m_5+m_6+m_7+m_{13}+m_{14}+m_{15}+m_8+m_9+m_{10}+m_{11} \\
&= \sum m(1,2,3,5,6,7,8,9,10,11,13,14,15)
\end{aligned}
$$

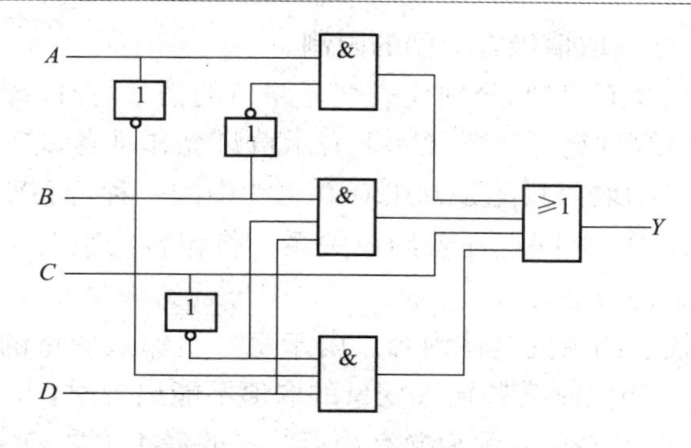

图 1-20　例 1-23 的逻辑电路图

③ 合并最小项，画圈合并如图 1-21 所示。

④ 将各圈所得的乘积项相加，得到最简的逻辑函数与或表达式：

$$Y=A\overline{B}+C+D$$

⑤ 因为要用与或非器件，就需要对最简与或表达式进行变换：

$$Y=\overline{\overline{Y}}=\overline{\overline{A\overline{B}+C+D}}=\overline{\overline{A\overline{B}}\,\overline{C}\,\overline{D}}=\overline{(\overline{A}+B)\overline{C}\,\overline{D}}=\overline{\overline{A}\,\overline{C}\,\overline{D}+B\overline{C}\,\overline{D}}$$

AB \ CD	00	01	11	10
00	0	1	1	1
01	0	1	1	1
11	0	1	1	1
10	1	1	1	1

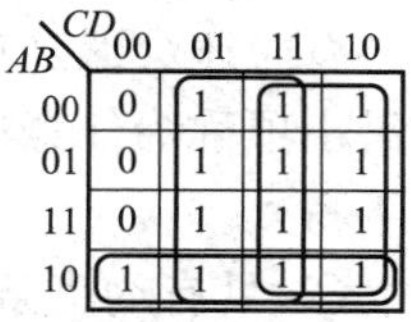

图 1-21　例 1-23 的卡诺图

最后画出经过化简、变换后，用与或非器件组成的逻辑电路图，如图 1-22所示。

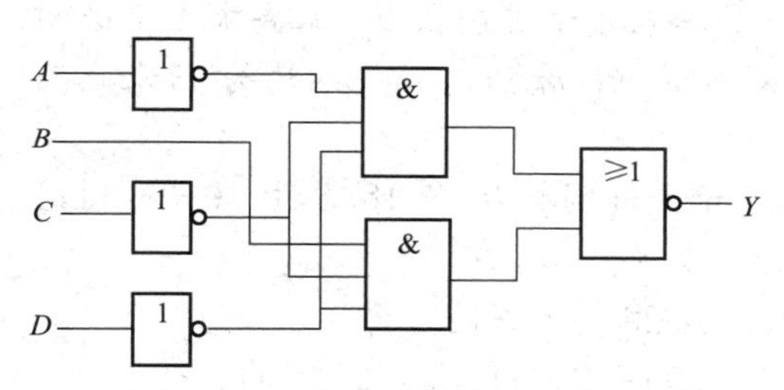

图 1-22　例 1-23 的简化电路图

值得注意的是，本例中采用圈 1 的方法来化简逻辑函数，反而显得不简便，因为 1 的最小项较多，书写表达式不便。如采用圈 0 的方法更为方便，尤其当 0 的数目远少于 1 的数目时，这种方法更为简单。其原理是因为全部最小项恒为 1，将全部最小项分成两部分，一部分是为 1 的那些最小项 Y，另一部分是为 0 的那些最小项 $\overline{Y}$，则 $Y+\overline{Y}=1$。例如在图 1-21 中，如采用圈 0 法，立即可得

$$\overline{Y}=\overline{A}\,\overline{C}\,\overline{D}+B\,\overline{C}\,\overline{D},Y=\overline{\overline{Y}}=\overline{\overline{A}\,\overline{C}\,\overline{D}+B\,\overline{C}\,\overline{D}}$$

所得结果与用圈 1 法一致。

通过例 1-23 的分析，不但使我们了解了卡诺图化简逻辑函数的方法，还可以证明三个问题，首先，用卡诺图化简逻辑函数时可以通过合并为 1 的最小项，即用圈 1 法，也可以通过合并为 0 的最小项，即用圈 0 法，尤其对要求为与或非表达时，圈 0 法更简便，究竟用何种方法应视具体情况而定。其次，一个逻辑函数可以用不同的形式来表示，如与或表达式可转换为与或非表达式。最后，一个逻辑函数表达式可以与逻辑电路图、真值表进行相互转换。

4. 具有约束的逻辑函数的化简

(1)逻辑函数中的约束项

在实际的逻辑问题中，经常会遇到输入变量的取值不是任意的，而是具有一定的制约关

系。因此，约束是指输入变量取值组合受到的限制。

例如，有三个变量 A、B、C，它们分别代表交通路口的信号灯红、绿、黄三种，$A=1$ 表示红灯亮禁止通行，$B=1$ 表示绿灯亮可通行，$C=1$ 表示黄灯亮作准备，三个灯中不允许有两个以上的灯同时亮，那么 ABC 的取值只能是 001、010、100 中的一种，而 000、011、101、110、111 等取值是不可能的。这样，ABC 之间存在着约束关系。将包含约束关系的最小项称为约束项，像上面所述的后五种都是约束项。

通常用约束条件来描述约束的具体内容。由于每一组输入变量的取值都使用一个，而且仅有一个最小项的值为 1，当限制某些输入变量的取值不能出现时，可用它们对应的最小项恒等于 0 来表示。因此，约束条件可表示为含有约束关系的最小项之和。本例中的约束条件为

$$\overline{A}\,\overline{B}\,\overline{C}+\overline{A}BC+A\overline{B}C+AB\overline{C}+ABC=0$$

有时还会遇到在输入变量的某些取值下函数值是 1 还是 0 都可以，并不影响电路功能，这些最小项称为任意项。任意项和约束项统称无关项，它们的最小项可以写入逻辑函数式，也可以不写入。

(2)具有约束条件的逻辑函数的化简

对具有约束条件的逻辑函数，可以利用约束项进行化简，使化简更简单。约束项在卡诺图中用“×”表示，在化简中既可将某些约束项看作 0，也可看作 1，因为，加上约束项与不加上约束项对函数的取值不会影响。

【例 1-24】 用 8421BCD 码表示十进制数 0～9，要求当十进制数为奇数时，输出为 1，即对应的 m_1、m_3、m_5、m_7、m_9 均为 1，求此函数的最简表达式。

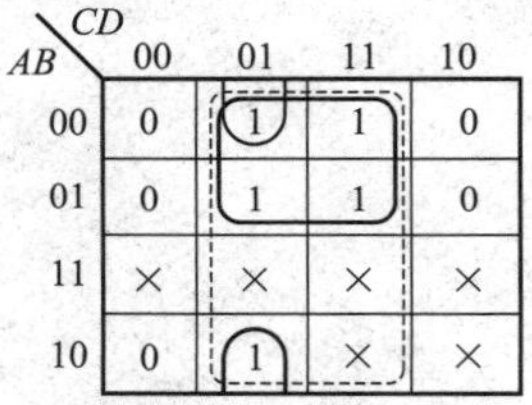

解：在用 8421BCD 码表示十进制数 0～9 时，其中 1010～1111 六个状态是不会出现的，为约束项。

①若不考虑约束项，由图 1-23 的卡诺图可得

$$Y=\overline{A}D+\overline{B}\,\overline{C}D$$

②若考虑约束项，由图 1-23 的卡诺图的虚线部分可得

$$Y=D$$

显然，利用约束项化简后得到的结果比较简单。

AB \ CD	00	01	11	10
00	0	1	1	0
01	0	1	1	0
11	×	×	×	×
10	0	1	×	×

图 1-23　例 1-24 的卡诺图

第四节　集成逻辑门电路

前面讨论的各种逻辑门电路称为分立元件门电路，讲述它们的目的，主要是为了分析各种门电路的原理和功能。由于集成电路体积小、质量小、可靠性好等优点，目前，几乎取代了分立元件门电路。将一个逻辑门电路的所有元件和连线都制作在一块半导体基片上，这种门电路称为集成逻辑门电路。

随着集成电路制造工艺的日益完善，以及科学技术的飞速发展，集成技术不断采用新技术、新工艺，沿着高速、低耗、体积小的方向发展，新产品层出不穷。近几十年里，数字电路按集成度分就经历了四个时期，有小规模集成电路 SSI(可包含十几个门电路的全部元器件和连线)、中规模集成电路 MSI(可包含上百个门电路的全部元器件和连线)、大规模集成电路 LSI(可包含上千个门电路的全部元器件和连线)、超大规模集成电路 VLSI(可包含上万个门电路

的全部元器件和连线)。其体积越来越小，功耗越来越低，集成度越来越高，速度越来越快。

数字集成电路按结构和工艺的不同，分为薄膜、厚膜集成电路，混合集成电路和半导体集成电路；按导电类型分为双极型集成电路和单极型集成电路两大类。TTL 电路是目前双极型半导体集成电路中应用最广泛的一种，而 CMOS 电路是单极型 MOS 集成电路中的主导产品。

TTL 电路以双极型晶体管为开关元件，电路的输入端和输出端都是三极管结构，故称为三极管-三极管逻辑门电路，简称 TTL 电路。它与分立元件电路相比，具有体积小、功耗低、可靠性好、速度快等优点。

一、TTL 集成逻辑门电路

1. TTL 集成与非门电路

(1)电路组成

图 1-24 是 74 系列 TTL 集成与非门的典型电路，该电路由三部分组成。

①输入级：由多发射极三极管 V_3、R_1 和 VD_1、VD_2 组成，V_3 和 R_1 组成与逻辑电路，V_3 的等效电路如图 1-25 所示。VD_1、VD_2 为输入保护二极管，在正常的输入电压 0.3～3.6 V 下，VD_1、VD_2 处于反偏状态，对电路无影响。当输入端出现负向干扰电压时，VD_1、VD_2 导通，保证负向输入电平在－0.7 V 以内，防止 V_3 发射极电流过大，从而起到保护作用。

② 倒相级：由 V_4、R_2 和 R_3 组成，从 V_4 的集电极和发射极输出相位相反的电压信号。倒相级对电路的工作速度有较大影响。

③ 输出级：由 V_5、VD_6、V_7 和 R_4 组成，V_5 和 V_7 构成推拉式的输出电路，V_5 导通时 V_7 截止，V_5 截止时 V_7 导通，为保证 V_7 导通时 V_5 可靠截止，在 V_5 发射极中串入 VD_6。采用这种电路结构可降低输出级静态损耗，提高带负载能力，并改善输出电压波形。

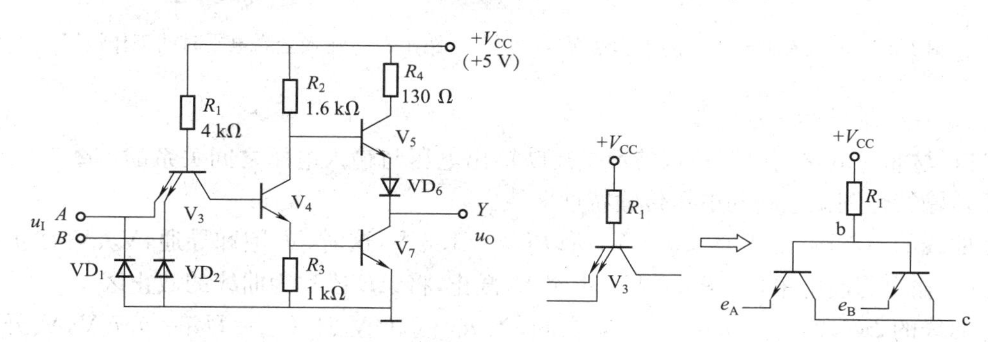

图 1-24 74 系列 TTL 集成与非门的典型电路　　图 1-25 多发射极三极管的等效电路

(2)工作原理

当输入端有一个为低电平时，输出就为高电平，工作情况如图 1-26 所示。只要输入端 A、B 中有一个为低电平 0.3 V 时，则 V_3 的发射结正向导通，I_{B3} 较大，并将 V_3 的基极电位钳位在 $U_{B3}=u_I+U_{BE3}=(0.3+0.7)\text{V}=1\text{ V}$，而 V_3 集电极回路的电阻是 R_2 和 V_4 的集电结反向电阻之和，其阻值非常大，故 I_{C3} 很小，即 V_3 处于深度饱和状态，它的饱和管压降为 $U_{CES3}=0.1\text{ V}$。这时：

$$U_{C3}=U_{B4}=U_{CES3}+u_I=(0.1+0.3)\text{V}=0.4\text{ V}$$

因此，V_4 处于截止状态，V_7 也处于截止状态。由于 V_4 截止，U_{C4} 接近 $+V_{CC}$，使 V_5 与 VD_6 导通，输出为高电平，即

$$u_O=V_{CC}-U_{BE5}-U_{VD6}=(5-0.7-0.7)\text{V}=3.6\text{ V}$$

通常将 V_7 截止电路输出高电平时，称为 TTL 与非门的关门状态，又称截止状态。

当输入端全为高电平时，输出就为低电平，工作情况如图 1-27 所示。如果输入端 A、B 均为高电平 3.6 V 时，如不考虑 V_4 的存在，则 $U_{B3}=u_I+U_{BE3}=(3.6+0.7)\text{V}=4.3\text{ V}$，这个电位必然使 V_4 和 V_7 的发射结充分导通。一旦它们导通，V_3 的基极电位就钳位在 $U_{B3}=U_{BC3}+U_{BE4}+U_{BE7}=2.1\text{ V}$，这时 V_3 各极的电位是 $U_{B3}=2.1\text{ V}$，$U_{E3}=3.6\text{ V}$，$U_{C3}=1.4\text{ V}$，所以 V_3 处于倒置工作状态，即集电极与发射极颠倒使用。由于 V_4 饱和导通，其集电极电压为

$$U_{C4}=U_{BE7}+U_{CES4}=(0.7+0.3)\text{V}=1\text{ V}$$

这个电位不能使 V_5 与 VD_6 导通，因此 V_5 与 VD_6 截止。相反 V_4 饱和导通给 V_7 送入足够大的基极电流，使 V_7 也处于饱和导通，输出为低电平。

$$u_O=U_{CES7}=0.3\text{ V}$$

通常将 V_7 饱和导通电路输出低电平时，称为 TTL 与非门的开门状态，或称导通状态。

综上所述，该 TTL 电路的输入与输出之间为与非逻辑关系，即 $Y=\overline{AB}$。

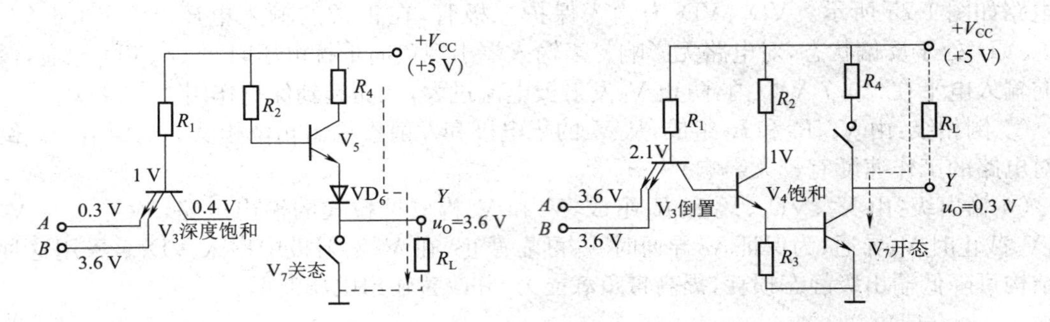

图 1-26 输入有低电平时的工作情况　　图 1-27 输入全高电平时的工作情况

(3)电压传输特性

TTL 与非门电路的电压传输特性是反映输出电压与输入电压之间关系的。图 1-28 所示为电压传输特性测试电路和电压传输特性曲线。

在曲线的 AB 段，由于 $u_I<0.6\text{ V}$，所以 $U_{B3}<1.3\text{ V}$，这时，V_3 饱和导通，V_4、V_7 截止，V_5、VD_6 导通，输出为高电平，$u_O\approx3.6\text{ V}$。由于 V_7 截止，将 AB 段称为曲线的截止区。

在曲线的 BC 段，u_I 在 0.6～1.3 V 之间，当 $u_I=0.6\text{ V}$ 时，$U_{B4}=U_{C3}=0.7\text{ V}$，$V_4$ 开始导通，B 点为 V_4 导通转折点。因为 V_4 处于放大状态，随着 u_I 的增加，U_{C4} 和 u_O 呈线性下降，将 BC 段称为线性区。在 $u_I<1.3\text{ V}$ 时，V_7 仍旧截止。

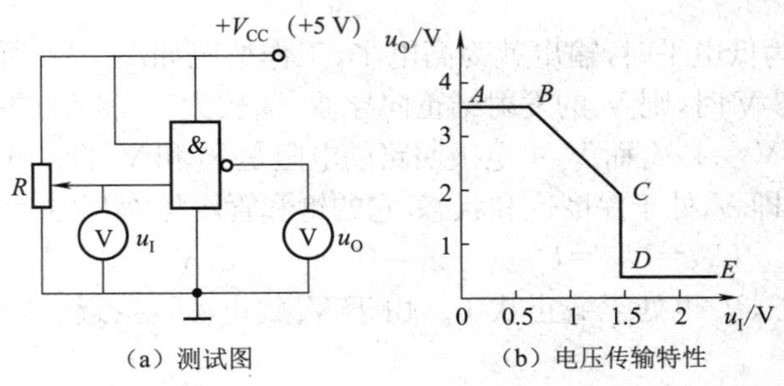

(a) 测试图　　(b) 电压传输特性

图 1-28 电压传输特性测试电路和电压传输特性曲线

在曲线的 CD 段，u_I 上升到 1.4 V 左右时，U_{B3} 接近 2.1 V，这时 u_I 稍有增加，会使 V_4 充分饱和导通，V_7 也同时导通，造成 u_O 迅速下降到低电平，$u_O \approx 0.3$ V。V_4 饱和后致使 V_5、VD_6 截止。将 CD 段称为转折区，而 C 点为 V_4 进入饱和的转折点，D 点为 V_7 进入饱和的转折点。

在曲线的 DE 段，$u_I > 1.4$ V 以后，u_I 的增加只能使 V_7 的饱和程度加深，u_O 已基本不变，因此将 DE 段称为饱和区。此时，V_3 处于倒置工作状态。

(4)主要参数

主要参数是衡量产品性能的技术指标，也是使用的主要依据，应注意各项参数的含义。

①电压电流参数

输出高电平 U_{OH}：当输入端中有低电平时，在输出端得到的高电平值。它对应于电压传输特性曲线上的 AB 段。74 系列门电路的 $U_{OH} \geqslant 2.4$ V，典型值为 3.6 V。

输出低电平 U_{OL}：当输入端全为高电平时，在输出端得到的低电平值。它对应于电压传输特性曲线上的 DE 段。74 系列门电路的 $U_{OL} \leqslant 0.4$ V，典型值为 0.3 V。

开门电平 U_{ON}：在保证输出为低电平时的最小输入高电平值。当输入电平大于 U_{ON} 时，与非门处于导通状态。通常要求 $U_{ON} \leqslant 2$ V。

关门电平 U_{OFF}：在保证输出为高电平时的最大输入低电平值。当输入电平小于 U_{OFF} 时，与非门处于截止状态。通常要求 $U_{OFF} \geqslant 0.8$ V。

输入短路电流 I_{IS}：与非门的一个输入端接地，其他输入端悬空时，流经该输入端的电流值。I_{IS} 的典型值为 1.1 mA。

高电平输入电流 I_{IH}：与非门一个输入端接高电平，其他输入端接低电平时，流经该输入端的电流值。通常要求 $I_{IH} \leqslant 70$ μA。

② 负载驱动能力

扇出系数 N_O：表示与非门能够驱动同类门电路的最大数目，它表示与非门的带负载能力。对 TTL 与非门而言 $N_O \geqslant 8$。各类 TTL 电路的驱动能力比较见表 1-10。

表 1-10 各类 TTL 电路的驱动能力

系列	输入低电平电流/mA	输入高电平电流/μA	输出低电平电流/mA	输出高电平电流/μA	输出低电平状态扇出数/输出高电平状态扇出数			
					74	74H	74S	74LS
74	−1.6	40	16	−400	10/10	8/8	8/8	44/20
74H	−2	50	20	−500	12.5/12.5	10/10	10/10	55/25
74S	−2	50	20	−1 000	12.5/12.5	10/20	10/20	55/50
74LS	−0.4	20	8	−400	5/4	4/8	4/8	20/20

③ 噪声容限——抗干扰能力

在数字集成电路中常以噪声容限来表示门电路的抗干扰能力。它是指保证 TTL 与非门实现正常逻辑功能下，允许输入端出现的最大干扰电压值。这里所讲的干扰电压含有输入电平的波动，且输入电平有高、低之分，在保证输出的高、低电平功能不变的条件下，可允许输入电平有一个波动范围。因此，输入端噪声容限分低电平噪声容限 U_{NL} 和高电平噪声容限 U_{NH}。

低电平噪声容限 U_{NL} 定义为：在保证输出为高电平时输入低电平的最大值与输入低电平之差，即

$$U_{NL} = U_{OFF} - U_{IL}$$

高电平噪声容限U_{NH}定义为：在保证输出为低电平时输入高电平的最小值与输入高电平之差，即

$$U_{NH}=U_{IH}-U_{ON}$$

74 系列门电路的标准参数为：$U_{OFF}=0.8$ V，$U_{ON}=2$ V，而输入电平值即为输出电平值，因为前级电路的输出就是后级电路的输入，所以$U_{IH}=U_{OH}=3.6$ V，$U_{IL}=U_{OL}=0.3$ V，故$U_{NL}=0.5$ V，$U_{NH}=1.6$ V。

为提高门电路的抗干扰能力，应尽可能提高输入电平的噪声容限。

④平均传输延迟时间 t_{pd}

平均传输延迟时间用来表示与非门的开关速度。在与非门工作时，输出波形相对于输入波形有一定的时间延迟，如图1-29所示。因为TTL与非门中二极管、三极管的状态转换需要一定时间，且电路中存在着寄生电容，使得理想矩形波加到输入端时，不仅使输出波形滞后于输入波形，而且波形的上升沿和下降沿也变坏。将输出波形滞后于输入波形的时间称传输延迟时间。将输入波形上升沿的50%到输出波形下降沿的50%的这段时间称为导通延迟时间 t_{pd1}；将输入波形下降沿的50%到输出波形上升沿的50%的这段时间称为截止延迟时间 t_{pd2}，手册上只给出平均传输延迟时间 t_{pd}并规定为

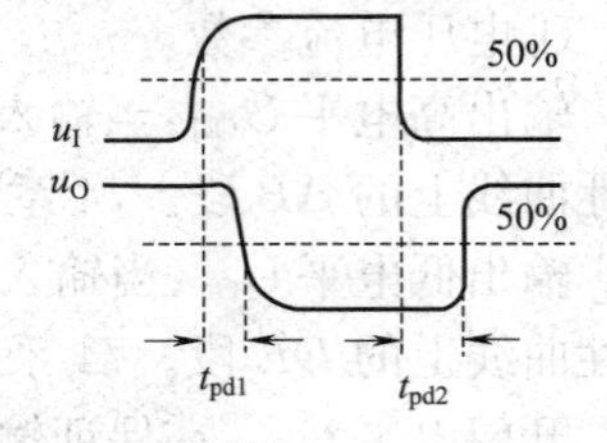

图 1-29　TTL 与非门传输延迟时间

$$t_{pd}=\frac{t_{pd1}+t_{pd2}}{2}$$

一般 t_{pd}通过实验方法测定，t_{pd}越小，开关速度越高。74H 系列的 t_{pd}在 6～10 ns。

2. TTL 电路的改进系列

随着数字集成电路应用领域的不断扩大，对数字集成电路提出了更高要求，主要体现在提高工作速度、减少功耗、增强抗干扰能力等方面。继74系列之后，又研制和生产了许多改进的TTL系列产品，它们沿着 74→74H→74L→74S→74LS→74AS→74ALS 系列向高速、低耗方向快速发展。

74系列是早期开发的TTL中速器件，为标准系列，现仍在使用；74H系列为高速系列，采用复合三极管作输出级，并减小了电路中电阻的阻值，其开关速度与74系列相比提高近一倍，但因为减小阻值造成功耗增大，改进效果不理想；74S系列为肖特基系列，采用了抗饱和三极管（肖特基三极管），并采用了有源泄放电路，使它的开关速度比74H更高，但功耗仍然较大，其品种比74LS系列少；74LS系列为低功耗肖特基系列，它沿用了74S的两项改进措施，提高了工作速度，同时为了降低功耗，加大了电路中电阻的阻值，因此74LS系列兼顾了速度和功耗，是比较理想的TTL器件，是目前TTL数字集成电路中的主导产品，且品种较多，价格较低；74AS系列为高速肖特基系列，是74S的后继产品，结构与74LS相同，但电路中采用了低值电阻，从而提高了速度，但功耗较大；74ALS系列为高速低功耗肖特基系列，通过在电路中加大电阻阻值和缩小器件尺寸等措施，取得了提高速度、减少功耗的双重效果，在所有的系列中它的功耗——延迟积最小。

集成电路型号命名方法、国产TTL与国外TTL型号对照说明见附录B。从说明中可见，国产TTL系列与国外TTL系列是完全可以互换的，两者有着一一对应的关系，即不同系列的TTL器件，只要器件后缀代号一样，则它们的逻辑功能、外形尺寸、引脚排列就完全相同，

完全可以直接互换。例如 7420、74S20、74LS20 都是双 4 输入与非门。

54 系列的 TTL 和 74 系列具有相同的电路结构，不同的是 54 系列（为军品）的工作环境温度和电源允许范围更大。54 系列的工作环境温度为 −55～125 ℃，电源电压工作范围为 5×(1±10%)V；而 74 系列的工作环境温度为 0～70 ℃，电源电压工作范围为 5×(1±5%)V。国产 TTL 系列常用 CT1000、CT2000、CT3000、CT4000 命名，常将 CT 简写成 T，它们依次对应国际优选系列 74、74H、74S 和 74LS，并互相兼容。

性能理想的集成门电路既要工作速度快，又要功耗小。然而，提高开关速度即缩短传输延迟时间和降低功耗对电路要求又往往是互相矛盾的，只有用传输延迟时间和功耗的乘积（简称功耗-延迟积）才能全面评价门电路性能的优劣。功耗-延迟积越小，电路的综合性能越好。表 1-11列出了不同系列 TTL 门电路的性能比较。由表可见，74LS、74ALS 的性能较好，因此使用较多。

表 1-11　不同系列 TTL 门电路的性能比较

参　　数	74	74H	74S	74LS	74AS	74ALS
平均传输延迟时间 t_{pd}/ns	10	6	4	10	1.5	4
平均功耗 P/mW	10	22	20	2	20	1
功耗-延迟积 Pt_{pd}/(mV·ns)	100	132	80	20	30	4

3. 典型集成 TTL 与非门的引脚排列和外形封装

在数字电路中与非门的应用十分广泛，现介绍几种常用的集成 TTL 与非门型号，见表 1-12。

表 1-12　几种常用的集成 TTL 与非门型号

功　能	常用器件型号
四 2 输入与非门	7400、74L00、74H00、74S00、74LS00、74ALS00
三 3 输入与非门	7410、74L10、74H10、74S10、74LS10、74ALS10
双 4 输入与非门	7420、74L20、74H20、74S20、74LS20、74ALS20

下面介绍 74LS00、74LS20 两种与非门。74LS00 为四 2 输入与非门，即该芯片内有 4 个独立的与非门，每个门各有 2 个输入端，使用时根据需要任选其中若干个与非门，其芯片引脚排列图如图 1-30 所示。凡是四 2 输入与非门的其他型号芯片，其引脚排列都与 74LS00 相同，互相之间可以直接代换。74LS20 为双 4 输入与非门，该芯片内有两个独立的与非门，每个门电路各有 4 个输入端，其芯片引脚排列图如图 1-31 所示。

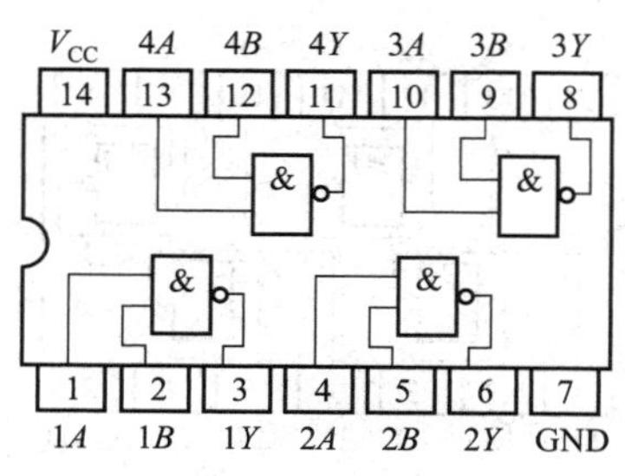

图 1-30　74LS00 引脚排列图

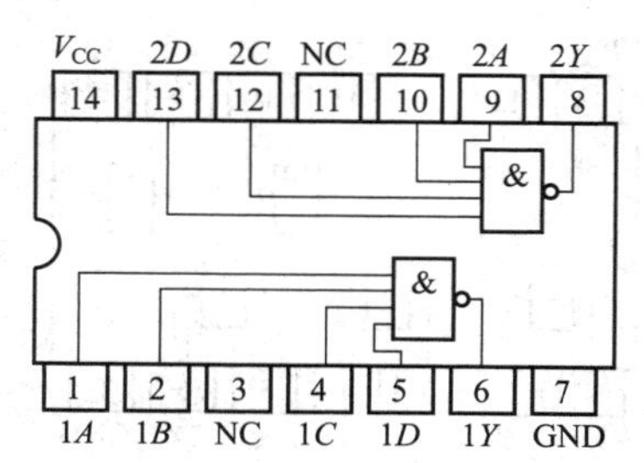

图 1-31　74LS20 引脚排列图

TTL 与非门电路的外形封装有好几种，但主要有陶瓷双列直插式封装及塑料双列直插式封装两种，如图 1-32 所示。

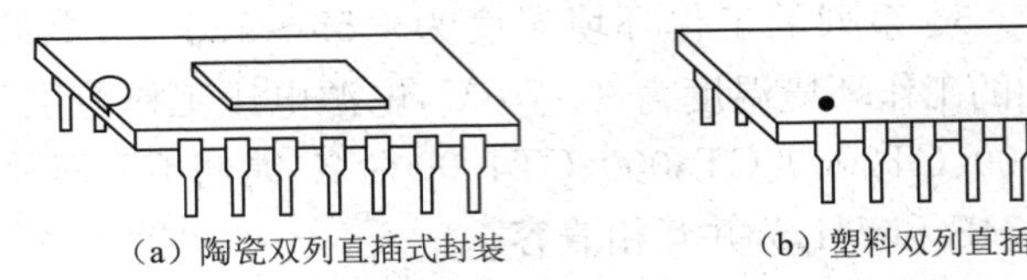

(a) 陶瓷双列直插式封装
(b) 塑料双列直插式封装

图 1-32　TTL 与非门电路的外形封装

二、其他类型的 TTL 门电路

在数字电路中，需要各种门电路来实现不同的逻辑功能，因此，在 TTL 门电路的系列产品中，除了与非门以外，还有与门、或门、非门、或非门、与或非门、异或门、集电极开路门(OC 门)及三态门(TS 门)等。

1. 几种常用的 TTL 集成门电路

下面介绍几种常用的 TTL 门电路，各类 TTL 门电路的典型产品型号见表 1-13。虽然，它们的功能各异，但其电路结构均和与非门相似，或是在与非门的基础上稍加变动而得到的。只要掌握了与非门电路的原理，就不难对其他各类门电路进行分析。从应用的角度讲，关键是掌握各类门电路的逻辑功能，特别是它们的引脚连接显得尤为重要。选用 TTL 集成门电路时，可从产品手册上查找其封装方法、引脚排列、逻辑功能和主要参数。

表 1-13　功能各类 TTL 门电路的典型产品型号

功　能	常用器件型号
非门	74LS04(六反相器)、74LS14(六反相器)、74LS19(六反相器)
与门	74LS08(四 2 输入)、74LS11(三 3 输入)、74LS21(双四输入)
或门	74LS32(四 2 输入)
或非门	74LS02(四 2 输入)、74LS27(三 3 输入)、74LS28(四 2 输入)
与或非门	74LS51(双 2/3 输入)
异或门	74LS86(四 2 输入)

图 1-33 为 74LS04 六反相器引脚排列图，图 1-34 为 74LS02 四 2 输入或非门引脚排列图，图 1-35 为 74LS51 双 2/3 输入与或非门引脚排列图，图 1-36 为 74LS86 四 2 输入异或门引脚排列图。它们都共有 1 个电源端和 1 个接地端，无论使用哪种门，都必须将 V_{CC} 端接＋5 V 电源，将 GND 端接地。

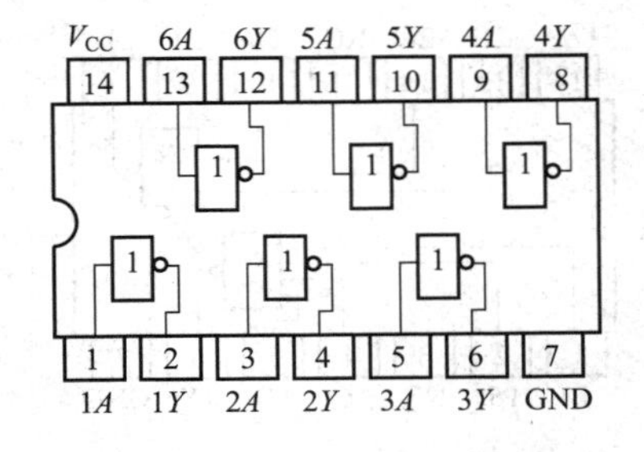

图 1-33　74LS04 六反相器引脚排列图

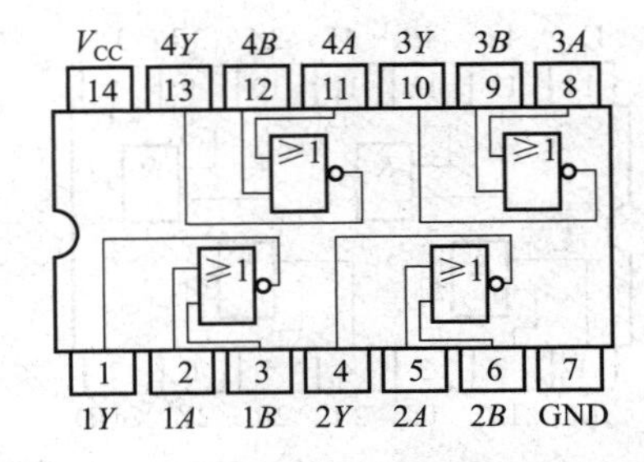

图 1-34　74LS02 四 2 输入或非门引脚排列图

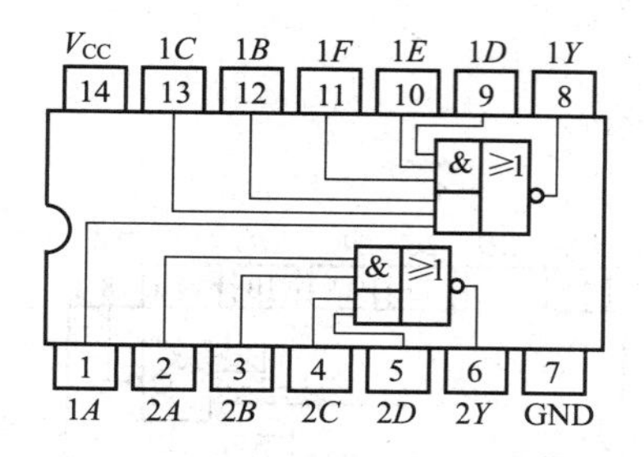

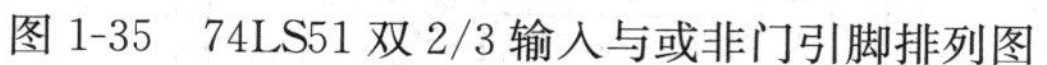
图 1-35　74LS51 双 2/3 输入与或非门引脚排列图

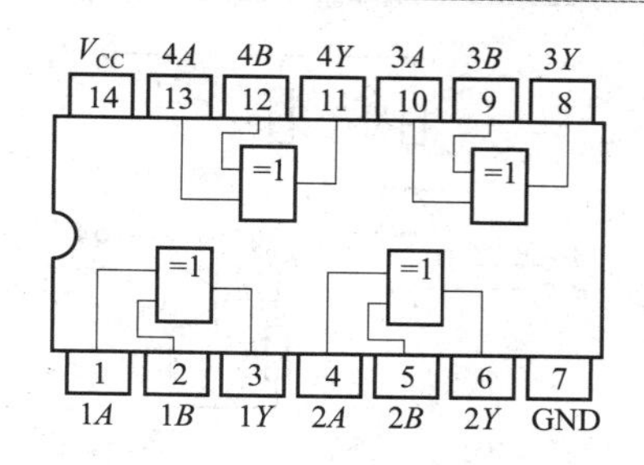

图 1-36　74LS86 四 2 输入异或门引脚排列图

2. 集电极开路的门电路(open collector gate,简称 OC 门)

由于 TTL 与非门的输出级是采用推拉式的结构,当需要将几个与非门的输出端直接并联使用时,会出现一些问题。分析图 1-37 可知,假如上面的与非门输出为高电平,下面的与非门输出为低电平,则两个输出端并联后,会有一个很大的电流同时流过这两个门的输出级,这个电流远大于正常的工作电流,这不仅会损坏门电路,而且会破坏逻辑关系,使输出电平非"高"非"低"。造成这种情况的原因是 TTL 与非门的输出电阻非常小,无论与非门输出高电平还是低电平,输出电阻都很小。当两个门的输出端直接并联时,由于两个门输出的电压差,就必然会产生较大的电流。为解决这个问题,专门生产了一种集电极开路与非门,简称 OC 门。

(1)电路组成

图 1-38 给出了集电极开路与非门的电路结构和逻辑符号。由图可见,输出管 V_5 的集电极开路,使用 OC 门时,需在电源 $+V_{CC}$ 和输出端之间外接一个上拉电阻 R_L。只要 R_L 的阻值和 $+V_{CC}$ 电压数值选取恰当,就能保证 V_7 在饱和时输出为低电平,而 V_7 在截止时因有上拉电阻使输出为高电平,确保其逻辑关系符合要求,并保证输出级的负载电流不会过大。

当输入端 A、B 中有一个为低电平时,V_3 饱和,V_4、V_7 截止,输出为高电平;当输入端 A、B 全为高电平时,V_3 倒置放大,V_4、V_7 饱和,输出为低电平。因此,OC 门仍具有与非逻辑关系。

常用 OC 门型号见表 1-14。图 1-39 为双 4 输入 OC 门 74LS22 引脚排列图。应该指出,OC 门常见的是与非门,其产品型号较多,但也有或非、与、非、异或等形式。

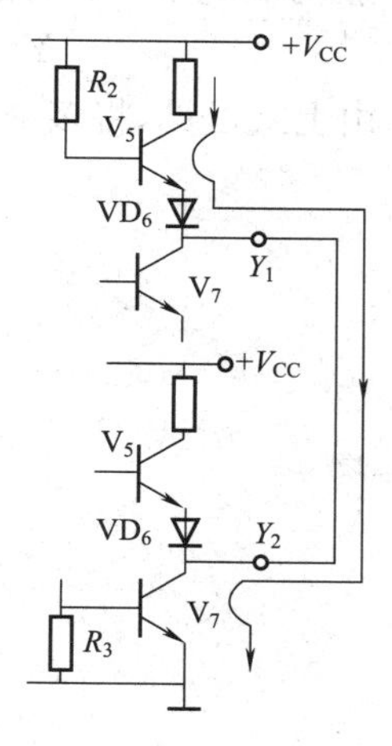

图 1-37　与非门输出端直接并联的情况

表 1-14　常用 OC 门型号

功　能	常 用 器 件 型 号
与非门	74LS01(四 2 输入)、74LS03(四 2 输入)、74LS38(四 2 输入)、74LS12(三 3 输入)、74LS22(双 4 输入)
或非门	74LS33(四 2 输入)
与门	74LS09(四 2 输入)、74LS15(三 3 输入)
非门	74LS05(六反相器)
异或门	74LS136(四 2 输入)

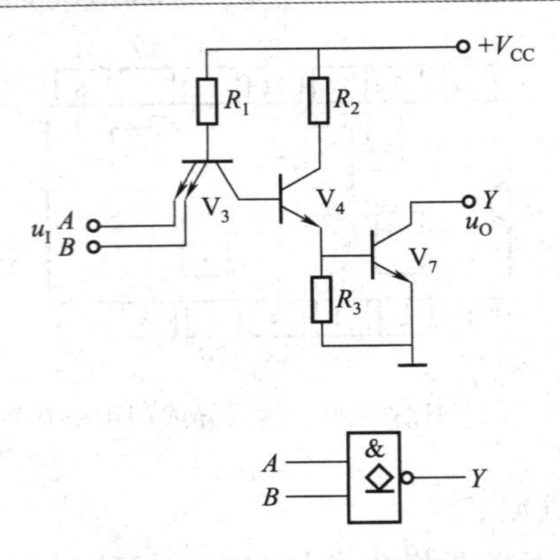

图 1-38　集电极开路与非门的电路结构和逻辑符号

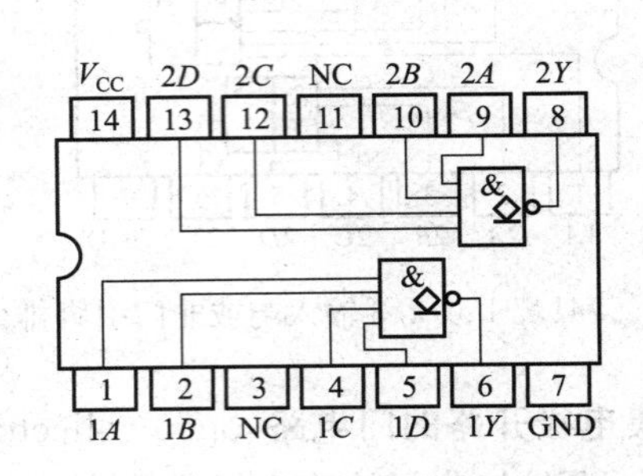

图 1-39　双 4 输入 OC 门 74LS22 引脚排列图

(2)OC 结构的与非门应用

利用 OC 结构的与非门能实现线与关系。图 1-40(a)为单个 OC 结构的与非门使用的接法,图 1-40(b)为多个 OC 结构的与非门直接并联使用的接法。显然,只有 3 个 OC 结构的与非门的输出 Y_1、Y_2、Y_3 均为高电平时,输出 Y 才为高电平;若有 1 个 OC 门输出为低电平时,输出 Y 就为低电平。这种连接方式称为"线与",线与逻辑关系为

$$Y=Y_1\cdot Y_2\cdot Y_3=\overline{AB}\cdot\overline{CD}\cdot\overline{EF}=\overline{AB+CD+EF}$$

由上式可见,将多个 OC 结构的与非门进行线与时,可得到与或非的逻辑功能。

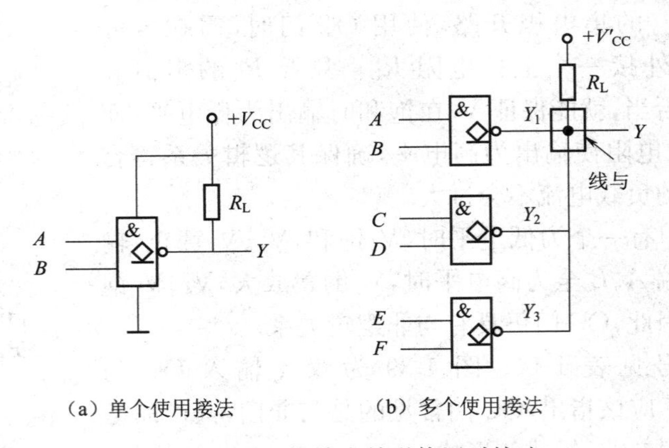

(a) 单个使用接法　　(b) 多个使用接法

图 1-40　OC 门输出并联使用时接法

OC 结构的与非门除了实现线与逻辑外,还可用作电平转换及驱动感性负载等场合。图 1-41是 OC 门用作电平转换,图中 $V_{DD}=10$ V,当输入高电平 $u_{IH}=3.6$ V 时,经 OC 门后,输出低电平为 $u_{OL}=0.3$ V;当输入低电平 $u_{IL}=0.3$ V 时,经 OC 门后,输出高电平为 $u_{OH}=10$ V,以实现电平转换。

图 1-42 是 OC 门直接驱动微型继电器的电路,当 OC 门输出为低电平时,继电器线圈得电,常开触点闭合,灯通电发光;当 OC 门输出为高电平时,继电器线圈无电流流过,常开触点断开。

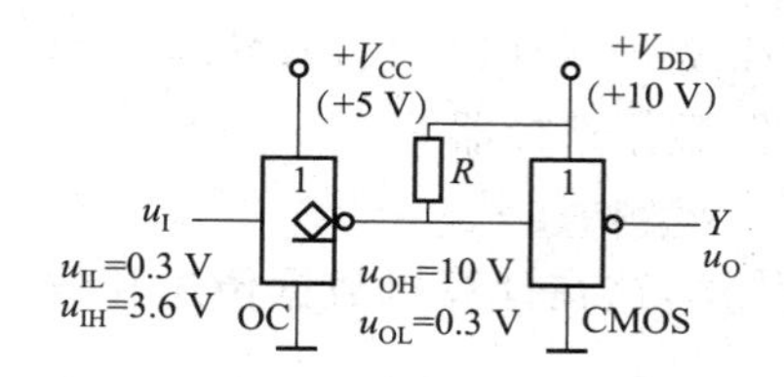

图 1-41 OC 门用作电平转换

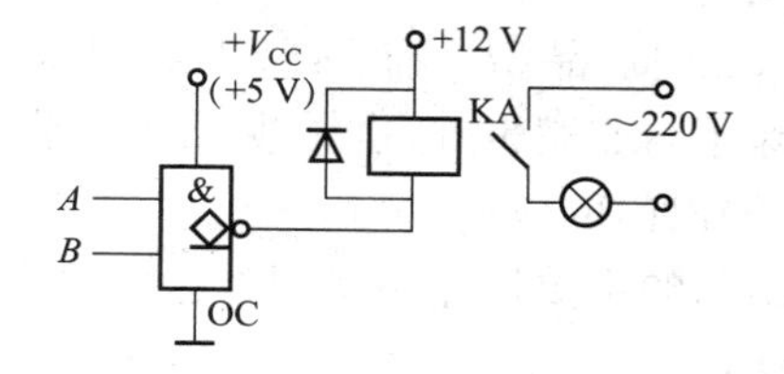

图 1-42 OC 门直接驱动微型继电器的电路

3. 三态输出门电路(three state output gate,简称 TS 门)

TS 门是数字电路中使用较多的一种特殊门电路。它有三种输出状态,即输出高电平、输出低电平和高阻状态,故称三态输出门电路。

(1)电路组成

三态输出门电路是在 TTL 与非门的基础上附加控制电路 VD_8 和反相器而构成的。电路组成与逻辑符号如图 1-43 所示。

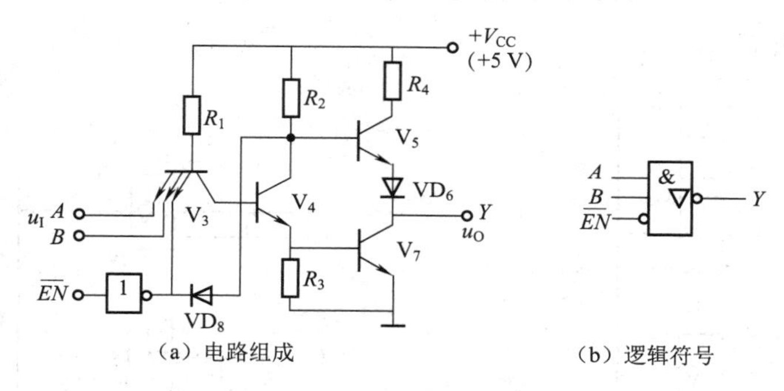

(a)电路组成 (b)逻辑符号

图 1-43 三态输出门的电路组成与逻辑符号

当$\overline{EN}$(低电平有效)为低电平时,VD_8 截止,此时电路工作状态与原与非门没有区别,这时 $Y=\overline{AB}$,输出 Y 状态仍取决于输入 A、B 的状态。当$\overline{EN}$为高电平时,经非门后为低电平,VD_8 导通,VD_8 导通后使 U_{B5} 电位下降,致使 V_5、VD_6 无法导通,同时,V_3 发射极因处于低电位而饱和,$U_{B4} \leqslant 1$ V,使 V_4、V_7 也无法导通,由于上、下输出管均截止,所以输出端呈高阻状态。这就是 TS 门的第三个状态。

此电路由于$\overline{EN}=0$ 时,为正常的与非门工作状态,所以称为低电平有效。事实上也有 $EN=1$ 时为正常的与非门工作状态,这时称为高电平有效,只要在它的控制电路中再加一个非门即可,其基本原理相同,就不再重复了。它们的真值表见表 1-15。

表 1-15 三态输出门真值表

输入		输出		输入		输出	
控制$\overline{EN}$	数据 $A \cdot B$	Y		控制 EN	数据 $A \cdot B$	Y	
0	0	1	$\overline{AB}$	1	0	1	$\overline{AB}$
0	1	0		1	1	0	
1	0	×	高阻	0	0	×	高阻
1	1	×		0	1	×	

常用的 TS 门产品型号有 74LS244、74LS245、74LS240、74LS241、74LS230、74LS231 等。三态输出门除了与非逻辑外，也做成了缓冲器、寄存器、数据选择器等。

(2)三态输出门的应用

三态输出门的主要用途是实现数据单向或双向传送，这在计算机数据传送和数字通信中应用相当广泛。

①多路信息分时传送。在微型计算机中，为减少各单元电路间的连接线，希望在一条总路线上分时传送若干个门电路的输出信号，采用多路信息分时传送的方式，连接方式如图 1-44 所示。工作时只要按顺序控制各个门的$\overline{EN}$端轮流为低电平，且任何时刻仅有一个门的$\overline{EN}$端为低电平，就可以将各个门的输出信号轮流送到总线上。例如，当$\overline{EN_1}=0$ 时，则 G_1将输入信号 A_1B_1传送到总线上，而其余控制端均为 1，则 $G_2 \sim G_n$处高阻状态，它们与总线隔离，使总线上的信号互不干扰。

②信息双向传送。信息双向传送连接方式如图 1-45 所示。当 $EN=1$ 时，G_1工作，G_2为高阻状态，信息 D_1经 G_1反相后送到总线上。当 $EN=0$ 时，G_2工作，G_1为高阻状态，总线上的数据经 G_2反相后由 $\overline{D}_2$ 端送出。

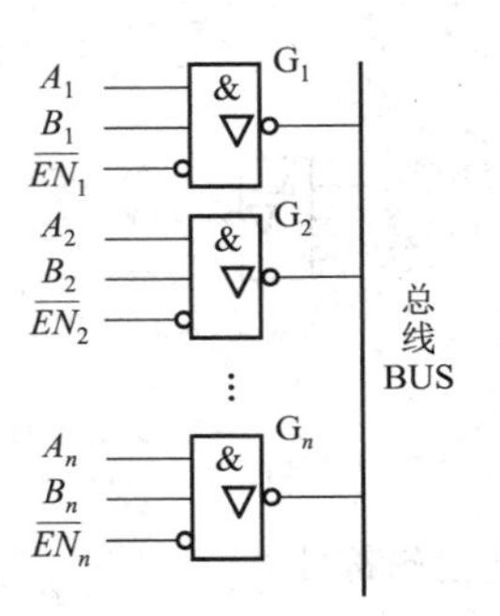

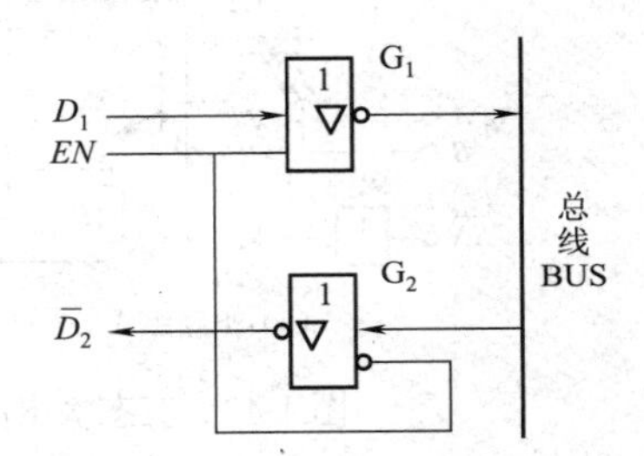

图 1-44　多路信息分时传送连接方式　　图 1-45　信息双向传送连接方式

三、CMOS 集成逻辑门电路

以单极型 MOS 管作为开关元件的门电路称为 MOS 门电路。就逻辑功能而言，它们与 TTL 电路并无区别，但 MOS 管制造工艺简单、体积小、集成度高，尤其在大规模集成电路中更显出优越性。另外，MOS 管的输入阻抗高(达 $10^{10}\,\Omega$ 以上)，直流功耗小，因而发展迅速，具有广阔的应用前景。

MOS 门电路按导电沟道分有 PMOS、NMOS 和 CMOS 三种形式。由 P 沟道 MOS 管构成的逻辑门称为 PMOS 门电路；由 N 沟道 MOS 管构成的逻辑门称为 NMOS 门电路；由 PMOS 管与 NMOS 管构成的互补逻辑门称为 CMOS 门电路。由于 CMOS 门电路具有工作电压范围宽、抗干扰能力强、扇出系数大、功耗低、速度快等优点，目前在 MOS 电路中处于主导地位。

1. CMOS 门电路主要系列简介

CMOS 门电路系列沿着 CC4000A→CC4000B/ CC4500B→74HC→74HCT 系列方向发展，既保持了低功耗的优势，又提高了工作速度。HC、HCT 为高速 CMOS 器件，它们能与 54/74LS 系列的TTL 电平相兼容。目前，国内外生产的 TTL 和 CMOS 产品，由于各国都采用了相同的器件系列和品种代号，型号上区别仅在于前缀的不同，只要器件系列的后缀代号相同，其功能和引脚排列也就相同，可直接互换和互相兼容，这为74HC、74HCT系列产品替代74LS系列产品提供了方便。

2. 常用CMOS集成门电路

在CMOS集成门电路的系列产品中，根据逻辑功能的不同，有CMOS反相器（非门）、与门、或门、与非门、或非门、与或非门、异或门、漏极开路门（OD门）、三态输出门、传输门和模拟开关等。下面分别介绍有关CMOS门电路。常用的各类CMOS门电路型号见表1-16。

表1-16　常用的各类CMOS门电路型号

功　能	常用器件型号
非门	CC4007（双互补对反相器）、CC4009（六反相缓冲器）、CC4069（六反相器）
与门	CC4081（四2输入）、CC4073（三3输入）、CC4082（双4输入）
或门	CC4071（四2输入）、CC4075（三3输入）、CC4072（双4输入）
与非门	CC4011（四2输入）、CC4023（三3输入）、CC4012（双4输入）
或非门	CC4001（四2输入）、CC4025（三3输入）、CC4002（双4输入）
与或非门	CC4086（四2输入可扩展）、CC4085（双2路2输入）
异或门	CC4070（四异或）

（1）CMOS反相器

①电路组成。图1-46为CMOS有源负载反相器的电路图。V_1为增强型NMOS管，作为驱动管，V_2为增强型PMOS管，作为负载管，两管的栅极相连作为反相器的输入端，漏极相连作为输出端，V_1的源极接地，V_2的源极接$+V_{DD}$。V_1、V_2的开启电压分别为U_{TN}、U_{TP}，通常取电源电压$V_{DD}>U_{TN}+|U_{TP}|$。

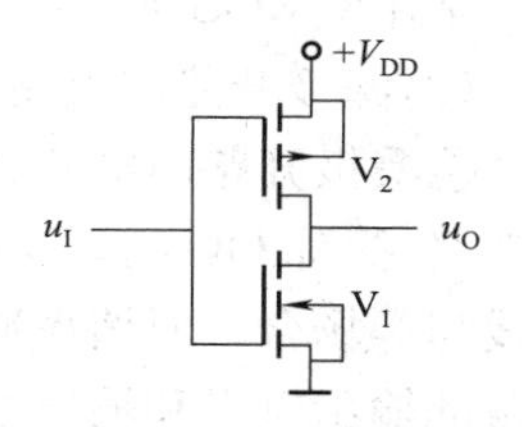

图1-46　CMOS有源负载反相器的电路图

②工作原理。当输入低电平$U_{IL}=0$ V时，$U_{GS1}=0$ V，V_1截止，其等效电阻极大，而$U_{GS2}=-V_{DD}$，V_2导通，其等效电阻极小，故输出为高电平，$U_{OH}\approx V_{DD}$；当输入高电平$U_{IH}=V_{DD}$时，$U_{GS2}=0$ V，V_2截止，而$U_{GS1}=V_{DD}$，V_1导通，输出为低电平，$U_{OL}\approx 0$ V。可见，输出与输入之间为逻辑非的关系。

由于CMOS反相器工作时，总是一个管导通，另一个管截止，所以称为互补工作方式。由于总处于互补工作状态，总有一个MOS管截止，所以静态功耗较小。又因为CMOS反相器不管在输出高电平还是低电平时，其导通管的等效电阻很小，加快了负载电容的充放电，因此其开关速度较高。

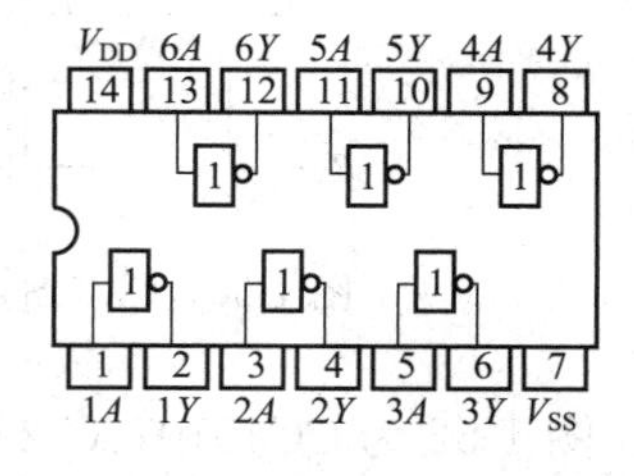

图1-47　CC4069引脚排列图

常用CMOS反相器型号见表1-16。图1-47为CC4069引脚排列图。

（2）CMOS与非门和或非门

①CMOS与非门。CMOS与非门电路如图1-48所示。由两个增强型NMOS管V_1、V_2串联作为驱动管，两个增强型PMOS管V_3、V_4并联作为负载管。A、B为输入端，Y为输出端。

当A、B均为高电平时，V_1、V_2同时导通，V_3、V_4同时截止，输出Y为低电平；当A、B中有一个或全为低电平时，V_1、V_2中必有一个截止，V_3、V_4中必有一个导通，输出Y为高电平。这就实现了与非功能。

常用 CMOS 与非门型号见表 1-16。图 1-49 为 CC4023 引脚排列图。

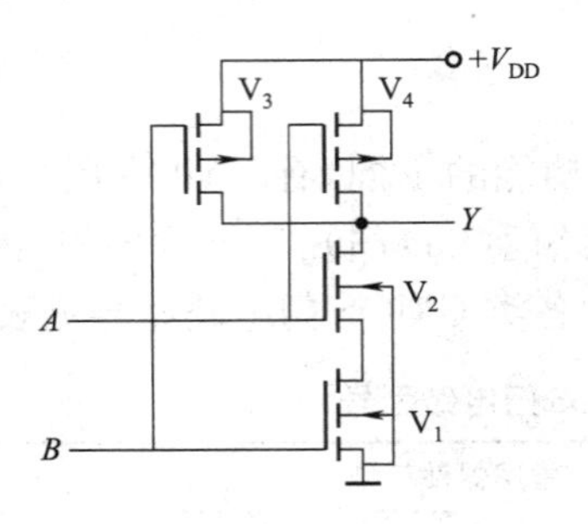

图 1-48　CMOS 与非门电路

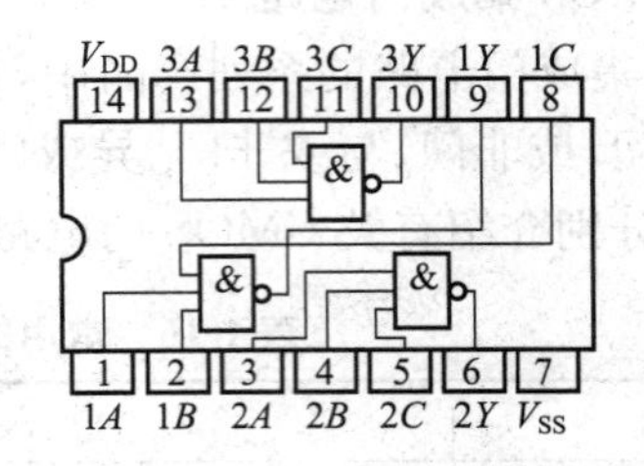

图 1-49　CC4023 引脚排列图

②CMOS 或非门。CMOS 或非门电路如图 1-50 所示。由两个增强型 NMOS 管 V_1、V_2 并联作为驱动管，两个增强型 PMOS 管 V_3、V_4 串联作为负载管。

当 A、B 均为低电平时，V_1、V_2 同时截止，V_3、V_4 同时导通，输出 Y 为高电平；当 A、B 中有一个或全为高电平时，则 V_1、V_2 中至少有一个导通，而 V_3、V_4 中至少有一个截止，输出 Y 为低电平。这就实现了或非门功能。

常用 CMOS 或非门型号见表 1-16。图 1-51 为 CC4001 引脚排列图。

(3)漏极开路门电路(OD 门)及 CMOS 三态门

①漏极开路门电路(OD 门)。如同 TTL 电路的 OC 门一样，CMOS 门电路也有漏极开路门电路，简称 OD 门。这种输出结构常用在输出缓冲器、输出电平转换、满足大负载电流及实现线与等场合。所谓缓冲器，就是在门电路的输入、输出端各增设一级反相器，以保持门电路正常的输出电平和输出电阻。

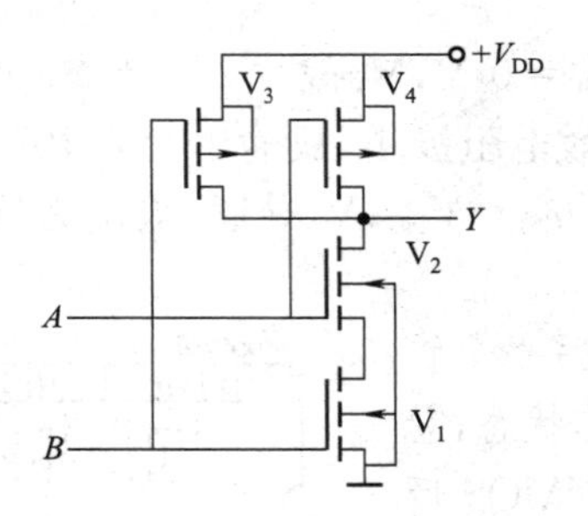

图 1-50　CMOS 或非门电路

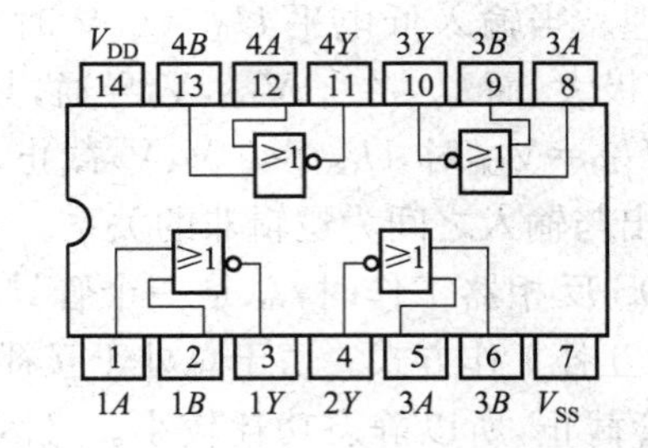

图 1-51　CC4001 引脚排列图

图 1-52 为 CC40107 双 2 输入与非缓冲器的电路图，其输出电路为漏极开路的增强型 NMOS 管。在输出低电平 $U_{OL}<0.5$ V 的情况下，它能吸收最大负载电流 50 mA。

如输入高电平 $U_{IH}=V_{DD1}$，而输出端外接电源为 V_{DD2}，则输出高电平将为 $U_{OH}=V_{DD2}$。这就将从 V_{DD1} 到 0 V 的输入高、低电平转换成 0 V 到 V_{DD2} 的输出电平。

②CMOS 三态门。从逻辑功能上讲，CMOS 三态门与 TTL 电路的三态门一样，但 CMOS 三态门的电路结构更简单。

图 1-53 所示为 CMOS 三态门的电路。它是在 CMOS 反相器上增加一对附加管 V_3 和

V_4，通过控制附加管的导通和截止，可实现三态控制。当控制端$\overline{EN}=1$时，附加管V_3和V_4同时截止，将电源和地与输出端同时隔离，输出端呈高阻状态；当控制端$\overline{EN}=0$时，附加管V_3和V_4同时导通，反相器正常工作，输出Y与输入A反相，即$Y=\overline{A}$。

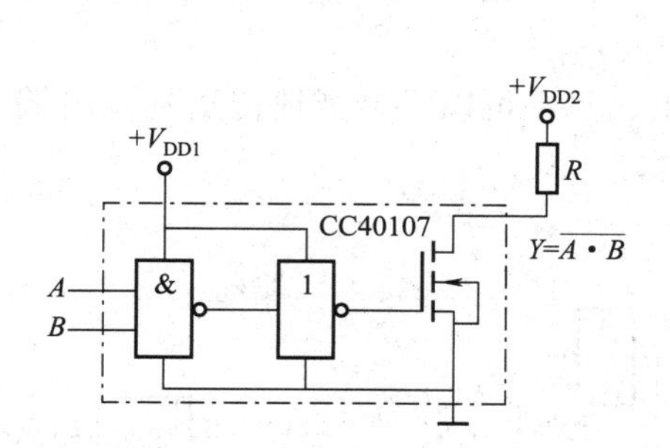

图 1-52　CC40107 双 2 输入与非缓冲器的电路图

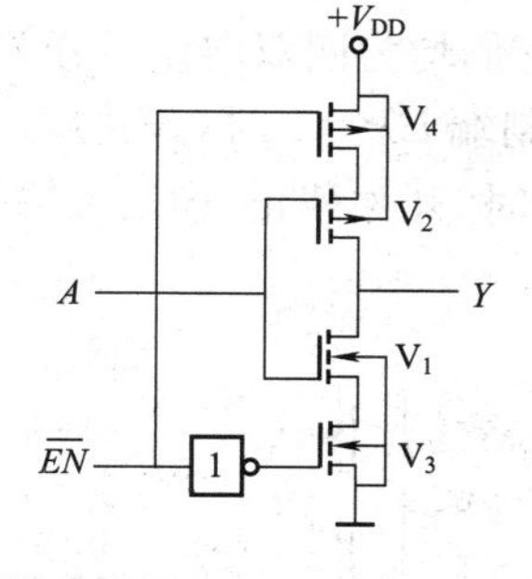

图 1-53　CMOS 三态门的电路

(4)CMOS 传输门和模拟开关

①CMOS 传输门。CMOS 传输门(TG)是一种传输信号的可控开关电路。CMOS 传输门电路图如图 1-54(a)所示，图 1-54(b)是它的逻辑符号。它由一个增强型的 PMOS 管与一个增强型的 NMOS 管并联而成，两管的源极相接作为输入端，漏极相接作为输出端，两管的栅极作为控制端，分别接互为反相的控制信号CP和$\overline{CP}$。

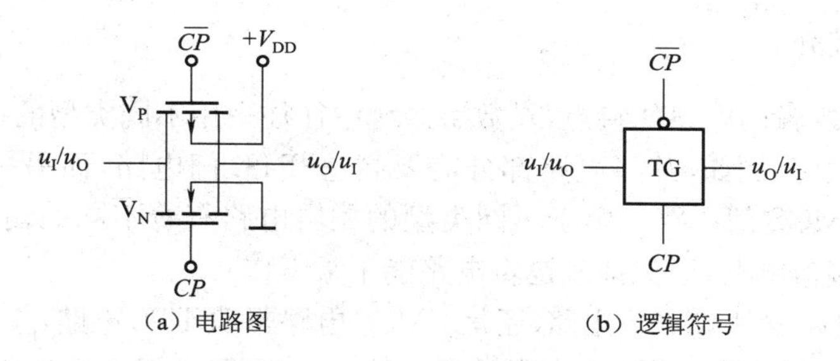

(a) 电路图　　(b) 逻辑符号

图 1-54　CMOS 传输门

设控制信号的高、低电平分别为V_{DD}、0 V，那么当$CP=0$、$\overline{CP}=1$时，只要u_I在$0\sim V_{DD}$之间，则V_N和V_P同时截止，输入与输出之间呈高阻状态(大于$10^9\ \Omega$)，相当于开关断开，传输门截止。

反之，若$CP=1$、$\overline{CP}=0$，且当$0\ V\leqslant u_I\leqslant V_{DD}-U_{TN}$时，则$V_N$导通；而当$|U_{TP}|\leqslant u_I\leqslant V_{DD}$时，则$V_P$导通。因此，$\overline{EN}$在$0\sim V_{DD}$之间变化时，总有一个 MOS 管导通，使传输门打开，输入与输出之间呈低阻状态(约几百欧)，相当于开关接通。

综上所述，$CP=0$、$\overline{CP}=1$时，传输门截止；$CP=1$、$\overline{CP}=0$，传输门导通，传输门的导通与截止取决于控制端的信号。导通时，输入信号可传送到输出端，即

$$u_O=u_I$$

由于 MOS 管结构的对称性，即源极和漏极可互换，其输入端和输出端也可以互换，因此，CMOS 传输门具有双向性，所以可作为双向开关。

在数字电路中，利用 CMOS 传输门和反相器可组成各种功能的逻辑电路，如触发器、寄存

器、计数器等，用途十分广泛。

②模拟开关。CMOS 传输门的另一个重要用途是作为模拟开关，用来传输模拟信号，这是一般逻辑门无法实现的。模拟开关由 CMOS 传输门和反相器组成，如图 1-55(a)所示，图 1-55(b)是它的逻辑符号，它也是双向器件。常见的 CMOS 双向模拟开关有 CC4016、CC4066，它们均为四双向模拟开关。

当控制端 $CP=1$ 时，开关接通，输入电压 u_I 几乎可以无衰减地传送到输出端，使 $u_O=u_I$；当 $CP=0$ 时，开关截止，输出和输入之间被隔断。

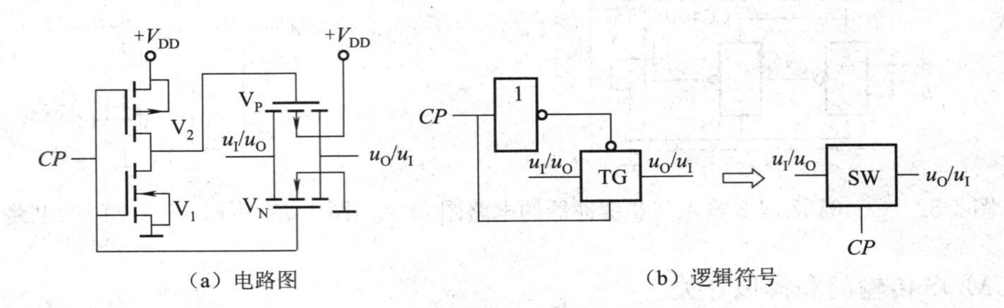

(a) 电路图 (b) 逻辑符号

图 1-55 模拟开关

第五节 接口电路

一、接口电路简介

为了发挥各类逻辑门电路的特点，在数字系统中往往采用不同类型的逻辑门电路，以实现数字系统的最佳配合。例如，某些电路部分需要高速 TTL 门电路，而另一部分需要低功耗、抗干扰能力强的 CMOS 门电路。由于不同类型的逻辑电路有着不同的输入电平及输入电流值，所以必须插入接口电路，以保证各逻辑电路能正常工作。

无论是 TTL 电路驱动 CMOS 电路，还是 CMOS 电路驱动 TTL 电路，应考虑三个问题：第一是驱动门的输出电平与负载门的输入电平是否匹配；第二是驱动门能否为负载门提供足够的输入电流；第三是前级电路与后级电路之间的隔离问题。能解决这类问题的电路称为接口电路。

1. TTL 电路驱动 CMOS 电路

TTL 电路的驱动电流大，而 CMOS 电路的输入阻抗高，所以在正常情况下 TTL 电路驱动 CMOS 电路是完全可以的，这时的接口电路主要是解决电平匹配问题。图 1-56 所示为 TTL 与非门电路驱动 CMOS 电路常用的几种接口方式。

在图 1-56(a)中，TTL 和 CMOS 电路的电源相同，可直接相连。但 TTL 的输出高电平 $U_{OH}\geqslant 2.4$ V，不能满足 CMOS 的输入高电平 $U_{IH}\geqslant 3.5$ V 的要求，解决的办法是在 TTL 输出端和电源之间接一个上拉电阻(2～6 kΩ)，可将 TTL 的输出高电平提到 5 V。目前生产的 74HCT 系列 CMOS 电路，其输入高电平 U_{IH} 降到 2 V，完全可以直接对接。在图 1-56(b)中，CMOS 电路的电源大于 5 V，此时可采用 OC 门作为接口电路，将上拉电阻接到 $+V_{DD}$ 处，使 OC 门的输出电平值与 CMOS 电路的输入电平值一致。在图 1-56(c)中，用反相器作为接口电路，实现电平转换。在图 1-56(d)中，采用了双电源供电的电平转换器 CC40109，电源分别接 $+V_{DD}$ 和 $+V_{CC}$，实现电平转换。

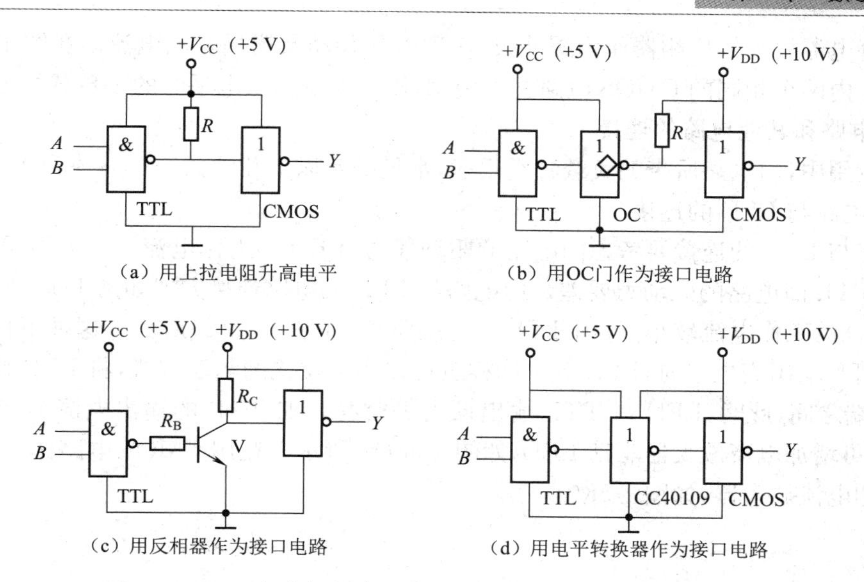

（a）用上拉电阻升高电平 （b）用OC门作为接口电路

（c）用反相器作为接口电路 （d）用电平转换器作为接口电路

图 1-56 TTL 与非门电路驱动 CMOS 电路常用的几种接口方式

2. CMOS 电路驱动 TTL 电路

CMOS 电路驱动 TTL 电路时，主要考虑怎样降低电平和 CMOS 能够提供驱动 TTL 的负载电流的问题。图 1-57 是 CMOS 电路驱动 TTL 电路常用的接口方式。

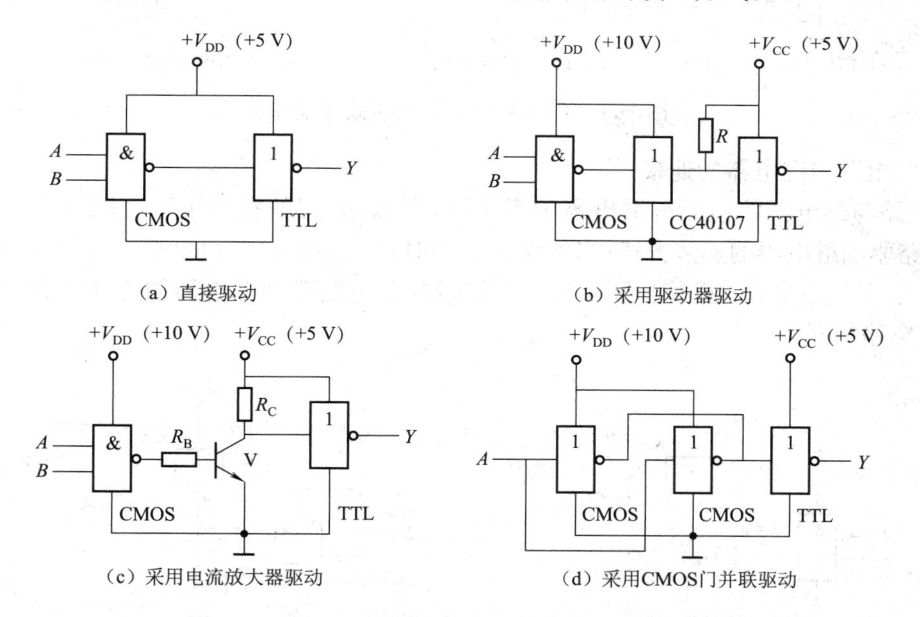

（a）直接驱动 （b）采用驱动器驱动

（c）采用电流放大器驱动 （d）采用CMOS门并联驱动

图 1-57 CMOS 电路驱动 TTL 电路常用的接口方式

在图 1-57(a)中，CMOS 电路的电源为＋5 V 时，可用 CC4000 系列的 CMOS 电路直接驱动一个 74LS 系列的 TTL 电路。如驱动多个 TTL 电路，则可用 74HC 或 74HCT 的 CMOS 电路，直接驱动 74 系列或 74LS 系列的 TTL 电路。在图 1-57(b)中，在 CMOS 电路的输出级增加一级 CMOS 驱动器 CC40107，可同时驱动 10 个 74 系列的 TTL 电路。若采用 CC4049(反相)或 CC4010(同相)驱动器，可驱动两个 74 系列的 TTL 电路。在图 1-57(c)中，采用三极管电流放大的反相器作为缓冲级，实现电平移动及增加驱动电流。在图 1-57(d)中，将同一芯片内两个相同的 CMOS 电路并联使用，以扩大输出低电平时的带负载能力。

3. 门电路和其他电路的连接

实际应用中，门电路所带的负载种类很多，常见的有以下几种：

(1)门电路与 LED 的连接

门电路与 LED 的连接要考虑门电路的驱动能力、LED 的工作电流。一般情况下，CMOS 门电路比 TTL 门电路的驱动力要差。门电路与 LED 的电路连接方式如图 1-58 所示。

因 LED 的工作电流较小，可用 TTL 门直接驱动，如图 1-58(a)所示。这种下拉式的驱动方式，在 TTL 输出高电平时，LED 亮。同样也可以用上拉式的驱动方式，将 LED 接在电源与 TTL 输出端之间，此时，LED 在 TTL 输出低电平时亮。如 TTL 的输出电流不能满足 LED 的要求时，可增加电流放大器驱动 LED，如图 1-58(b)所示。在用 CMOS 电路作为驱动门时，同样要增加电流放大器，如图 1-58(c)所示。

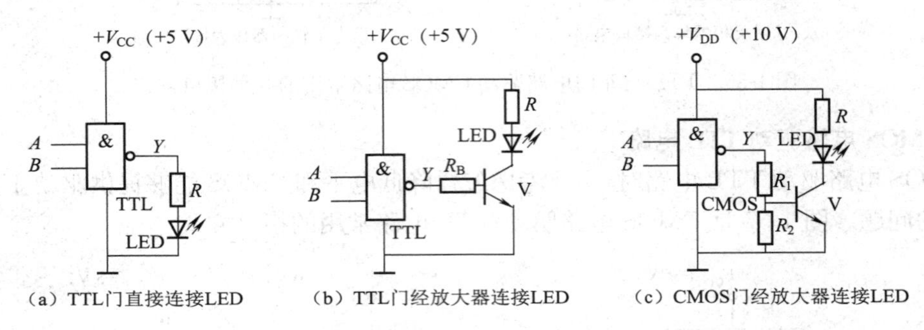

(a) TTL门直接连接LED　(b) TTL门经放大器连接LED　(c) CMOS门经放大器连接LED

图 1-58　门电路与 LED 的电路连接方式

(2)门电路与继电器的连接

门电路与继电器的连接因继电器种类不同，所以，采用的接口也不相同。图 1-59(a)为 TTL 电路驱动继电器的连接方式，当 Y 为高电平时，V_1 饱和导通，继电器 KA 吸合，常开触点闭合，灯亮，VD 为续流二极管。图 1-59(b)为 CMOS 电路驱动继电器的连接方式，工作原理与 TTL 电路相同。

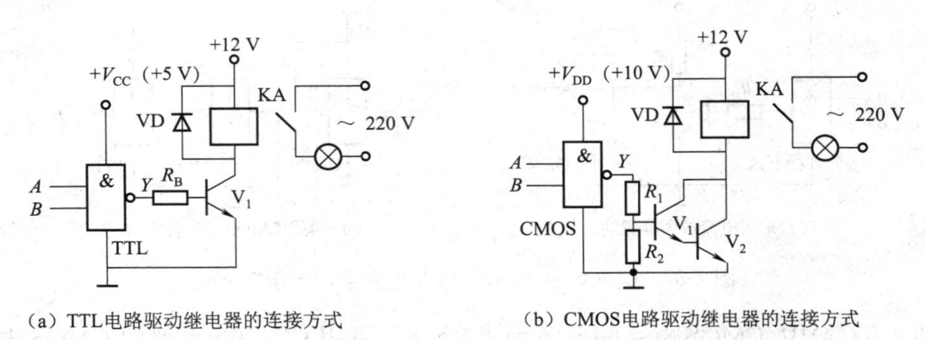

(a) TTL电路驱动继电器的连接方式　(b) CMOS电路驱动继电器的连接方式

图 1-59　门电路与继电器的连接

(3)光耦合器的连接

在许多场合中，有时需要将低压的控制电路与高压主电路在电气上进行隔离，这就需要在它们之间插入接口电路，光耦合器是一种理想的接口电路。图1-60是晶闸管触发电路与主电路的接口电路(有关晶闸管的内容，将在后续课程内介绍)。

触发控制信号A、B经过与非门后，输入光耦合器(TI117)，光耦合器将电信号转换成光信号，再经放大电路去控制晶闸管。当控制信号A、B使与非门输出为低电平时，光电二极管亮，在光激发下使光电三极管导通，放大电路输出信号，晶闸管就能触发导通。

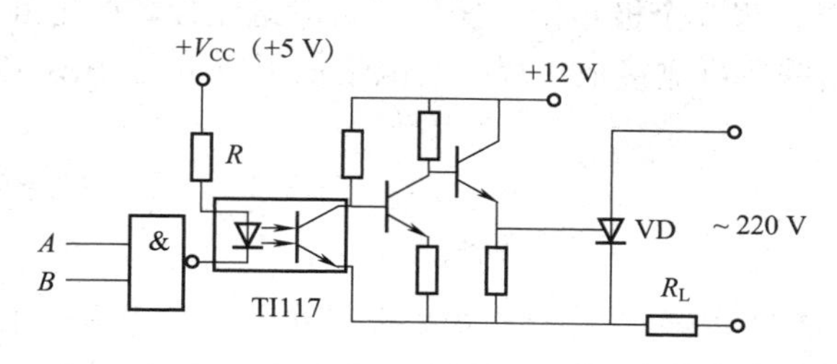

图1-60　晶闸管触发电路与主电路的接口电路

二、TTL和CMOS电路在使用中应注意的问题

1. TTL门电路在使用中应注意的问题

(1)多余输入端的处理

对多余输入端处理的原则是不改变电路的逻辑功能和电路的可靠性。一般不宜用悬空办法处理，除非在干扰信号很小时才可采用悬空。对多余输入端有以下几种处理方法：

①并联使用。将多余输入端和已用输入端并联，如图1-61(a)所示。但这种方法会影响前级负载并增加输入电容，降低工作速度。

②将多余输入端接电源或接地。这种方法较为可取，如图1-61(b)、(c)所示。对TTL与非门，则将多余输入端接电源，当电源电压较高时，可通过上拉电阻接电源；对TTL或非门，则将多余输入端接地。

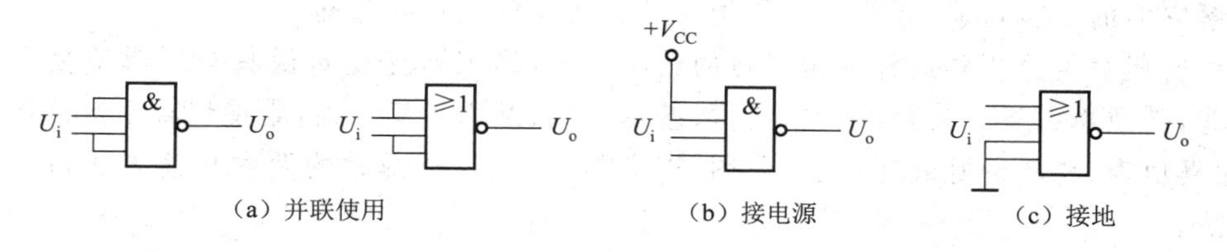

图1-61　TTL门电路多余输入端的处理

(2)TTL门电路在使用中应注意的问题

TTL门电路的输入端不能直接与高于＋5.5 V的电源连接，防止过电流烧损器件。除三态门和OC门外，输出端不允许并联使用。系统连线不宜过长，防止引入干扰信号，整个装置应有良好的接地。插件板上的电源部分要并联去耦电容，防止尖峰电流产生的干扰。

2. CMOS门电路在使用中应注意的问题

(1)多余输入端的处理

CMOS的栅极与衬底之间绝缘，其输入阻抗很高，易受外界干扰的影响，所以，CMOS电路多余输入端不能悬空。其处理办法同 TTL。

(2)防止静电击穿

因 CMOS 输入阻抗很高，静电感应会造成电荷堆积，引起感应高电压击穿绝缘层，造成器件永久性损坏。为防止静电损坏，使用 CMOS 门电路时应注意如下的安全措施：

① CMOS 器件应存放在金属包装容器内，在安装、使用过程中应尽量避免栅极悬空。使用和测量之前，应先用导线将 3 个极短接。操作人员应避免穿着产生静电的化纤物。

② 测试仪器和电烙铁要可靠接地。焊接时电烙铁不要带电，用余热焊接。

知识归纳

①数字电路不同于模拟电路，它的特点首先表现在数字信号是一种二值信号；其次，数字电路结构简单、稳定可靠、易于集成；第三，数字电路抗干扰能力强、精度高、保密性好。

②常用计数制有十、二、八、十六进制等，在数字电路中主要用二进制。二进制数转换成十进制数时，采用按权展开逐位相加的方法；十进制数转换成二进制数时，应分整数和小数两部分进行，整数部分采用除 2 取余法，小数部分采用乘 2 取整数法。

③用 4 位二进制数来表示 1 位十进制数的编码方法称为二-十进制编码，简称 BCD 码。由于 4 位二进制数码能表示 16 种不同的组合来作为代码，而十进制数的 0～9 只需其中的 10 种组合作代码，选用哪 10 种组合来编码，方法有很多种，常用编码方法有 8421、5421、2421 等几种。

④所谓逻辑关系就是因果关系，因此将数字电路中输入与输出之间的因果关系称为逻辑关系。在逻辑电路中，通常将表示条件的输入量称为输入逻辑变量，将表示结果的输出量称为输出逻辑变量。输入逻辑变量 A、B、C…与输出逻辑变量 Y 之间是一种逻辑函数关系。

⑤基本逻辑门电路有与门、或门、非门三种，在数字电路中，还经常使用由基本门电路组成的复合门电路，它们有与非门、或非门、与或非门和异或门等。学习分立元件构成的门电路，主要是了解它们的逻辑功能，因为它们是构成各种集成门电路的基础。

⑥逻辑代数是分析和设计逻辑电路的数学工具，用来研究逻辑函数与逻辑变量之间的关系。因此，必须熟悉逻辑代数的基本定律、基本公式、基本运算规则，掌握逻辑函数的四种表示方法，即真值表、逻辑函数表达式、逻辑图、卡诺图，以及逻辑函数的两种化简方法，即公式法、卡诺图法。

⑦公式化简法就是利用逻辑代数的公式、定理，经过运算对逻辑表达式进行化简，以求得最简的表达式。它的优点是使用起来不受任何条件限制，但它没有固定的步骤可循，对一些复杂的逻辑函数不仅需要熟练地运用各种公式和定理，而且需要一定的技巧。

⑧卡诺图化简法就是利用卡诺图进行化简。它的优点是简单、直观，而且有一定的步骤可循，容易掌握，化简过程中又可避免差错。然而，在逻辑变量多于 5 个以上时，卡诺图化简法的优点也难以体现了。

⑨集成逻辑门电路按导电类型分为双极型和单极型两大类，双极型主要介绍了 TTL 门电路，单极型主要介绍了 CMOS 门电路。TTL 门电路是目前双极型集成电路中用得最多的，而 CMOS 门电路是单极型集成电路中用得最多的。TTL 主要系列有 74、74H、74S、74LS、74AS、74ALS，CMOS 主要系列有 CC4000、74HC、74HCT。

⑩由于 TTL 门电路具有开关速度高、抗干扰能力强、带载能力好等优点，因此发展快、应用广。在 TTL 门电路中，与非门的应用最多，但实际的数字电路中，需要实现的逻辑功能是多种多样的，因此，在 TTL 系列产品中，除了与非门以外，还有或非门、与或非门、与门、或门、异或门、集电极开路门(OC 门)及三态输出门(TS 门)等。虽然它们的功能各异，但其电路的输入与输出结构均和与非门基本相同。从应用的角度讲，关键是掌握各类门电路的逻辑功能，特别是掌握它们的引脚连接显得更为重要。

⑪CMOS 门是由 PMOS 管与 NMOS 管构成的互补逻辑门。由于 CMOS 门电路具有制造工艺简单、体积小、集成度高、输入阻抗大等优点，且工作电压范围宽、噪声容限大、扇出系数大、功耗低、速度快，因此发展也很快，应用也很广泛。CMOS 门电路除了基本逻辑门以外，还有 CMOS 传输门、模拟开关、OD 门、三态门等，使用时应注意它们各自的逻辑功能及引脚连接。

⑫接口电路是为了发挥各类逻辑门电路的特点，以实现数字系统的最佳配合。设计接口电路应考虑三个问题：一是驱动门与负载门的电平匹配，二是为负载门提供足够的输入电流，三是前后级之间的隔离问题。TTL 门电路驱动 CMOS 门电路时主要考虑电平匹配问题，CMOS 门电路驱动 TTL 门电路时主要考虑驱动电流问题。

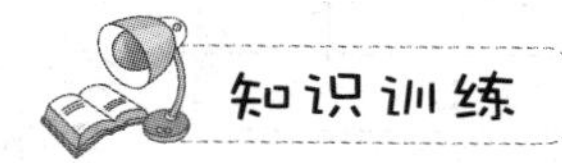

题 1-1　数字电路与模拟电路相比较有哪些不同？数字电路的主要特点是什么？

题 1-2　将下列二进制数转换成十进制数：

(1)11011.001。

(2)101101.11。

题 1-3　将下列十进制数转换成二进制数：

(1)47.56。

(2)156.34。

题 1-4　将十进制数 178.24 转换成 8421BCD 码。

题 1-5　将 8421BCD 码 1001 0111 0101 转换成十进制数。

题 1-6　将十六进制数 3AE.6B 转换成十进制数。

题 1-7　电路连接及输入 A、B 波形如图 1-62 所示，试画出输出 Y_1、Y_2 的波形。

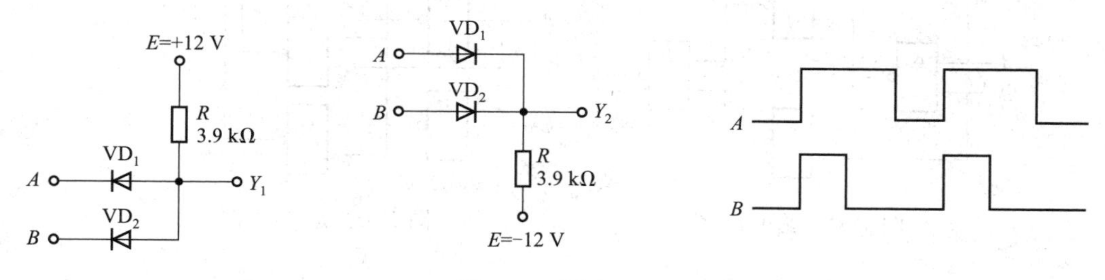

图 1-62　题 1-7 图

题 1-8　各种门电路及输入 A、B 波形如图 1-63 所示，试求：

(1)Y_1、Y_2、Y_3、Y_4的逻辑表达式。

(2)画出 Y_1、Y_2、Y_3、Y_4 的波形。

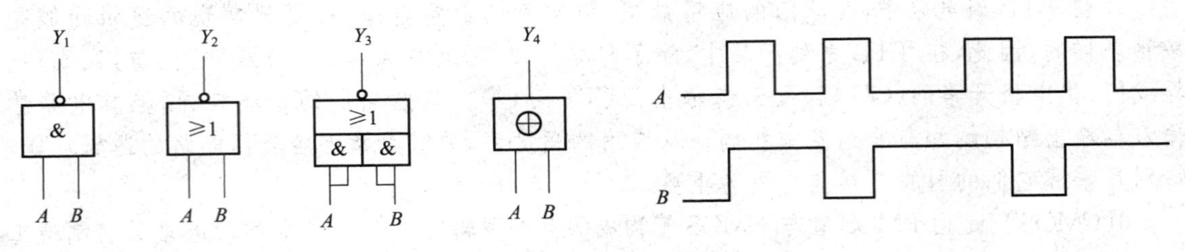

图 1-63　题 1-8 图

题 1-9　已知某逻辑函数的真值表如表 1-17 所示，试写出 Y 的逻辑表达式。

题 1-10　试根据表 1-18 所示的逻辑函数真值表，写出它的与或表达式。

表 1-17　题 1-9 真值表

A	B	C	Y
0	0	0	0
0	0	1	1
0	1	0	1
0	1	1	0
1	0	0	1
1	0	1	0
1	1	0	0
1	1	1	1

表 1-18　题 1-10 真值表

A	B	C	Y
0	0	0	0
0	0	1	1
0	1	0	1
0	1	1	0
1	0	0	0
1	0	1	1
1	1	0	0
1	1	1	1

题 1-11　已知同或门的逻辑表达式为 $Y=\overline{A}\,\overline{B}+AB$，试列出 Y 的真值表，并归纳出逻辑关系。

题 1-12　写出图 1-64 所示逻辑电路的函数表达式。

题 1-13　写出图 1-65 所示逻辑电路的函数表达式。

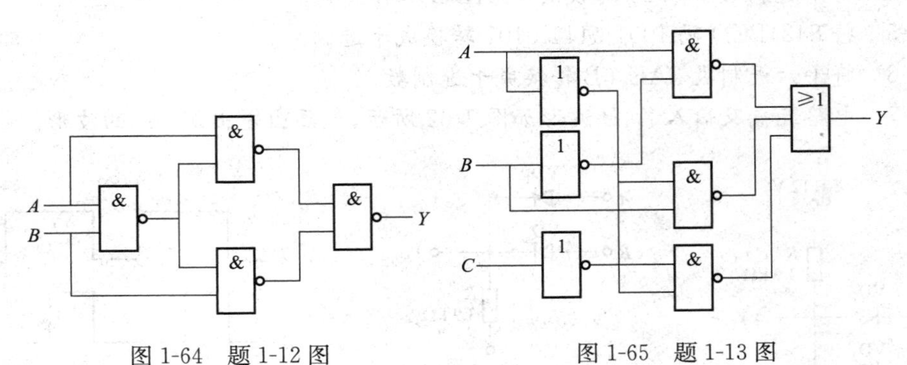

图 1-64　题 1-12 图　　图 1-65　题 1-13 图

题 1-14　画出下列逻辑函数的逻辑电路图。

(1)$Y_1=\overline{A+B}\ \overline{AC}$。

(2)$Y_2=A\overline{BC}+B\overline{AC}+C\overline{AB}$。

题 1-15　在下列各个函数表达式中，变量 A、B、C 为哪些取值组合时，函数 Y 的值为 1。

(1)$Y=\overline{A}B+BC+AC$。

(2)$Y=A\overline{B}C+A\overline{B}\,\overline{C}+\overline{A}\,\overline{B}C+ABC$。

题 1-16　证明下列等式成立：

(1)$AB+A\overline{B}+\overline{A}B=A+B$。

(2)$\overline{A+B+C}=\overline{A}\,\overline{B}\,\overline{C}$。

(3)$AB+BCD+\overline{A}C+BC=AB+\overline{A}C$。

(4)$\overline{A\oplus B}=\overline{A}\oplus B+A\oplus\overline{B}$。

题 1-17　用反演规则求反函数：

(1)$Y=\overline{\overline{A}BC}(B+\overline{C})$。

(2)$F=AB+\overline{AB+\overline{AB}+\overline{C}}$。

题 1-18　用公式法化简下列逻辑函数：

(1)$Y=A\overline{B}+B\overline{C}+\overline{B}C+\overline{A}B$。

(2)$Y=ABC+A\overline{B}C+AB\overline{C}$。

(3)$Y=\overline{A}\,\overline{B}\,\overline{C}+A+B+C$。

(4)$Y=(A\oplus B)C+ABC+\overline{A}\,\overline{B}C$。

(5)$Y=AD+A\overline{D}+AB+\overline{A}C+BD+ACEF+\overline{B}EF+DEFG$。

题 1-19　什么是最小项？若逻辑函数有 3 个变量，其最小项有哪些？哪些最小项是逻辑相邻的？

题 1-20　将下列函数展开成最小项表达式。

(1)$Y=AB+BC+CA$。

(2)$Y=\overline{AB+AD+BC}$。

(3)$Y=AB\overline{C}+D$。

(4)$Y=\overline{A+\overline{B}C}(A+B)$。

题 1-21　用卡诺图法化简下列逻辑函数：

(1)$Y=\overline{A}\,\overline{B}\,\overline{C}+\overline{A}B\overline{C}+\overline{A}C$。

(2)$Y=\overline{A}\,\overline{B}\,\overline{C}+\overline{A}\,\overline{B}C+\overline{A}B\overline{C}+\overline{A}BC+A\overline{B}C+ABC$。

(3)$Y=A\overline{B}C\overline{D}+\overline{A}B+\overline{A}B\,\overline{D}+B\overline{C}+BCD$。

(4)$Y=A\,\overline{B}CD+A\,\overline{B}+\overline{A}+A\,\overline{D}$。

(5)$Y=\overline{(\overline{A}+\overline{B})D}+(\overline{A}\,\overline{B}+BD)\overline{C}+\overline{A}B\overline{C}D+\overline{D}$。

题 1-22　用卡诺图法化简下列逻辑函数，写出最简与或表达式，后转换成与非-与非表达式。

(1)$Y(A,B,C)=\sum m(0,1,3,4,5)$。

(2)$Y(A,B,C)=\sum m(1,4,5,6,7)$。

(3)$Y(A,B,C,D)=\sum m(3,4,5,7,9,13,14,15)$。

题 1-23　用卡诺图法化简下列具有约束条件的逻辑函数。

(1)$Y(A,B,C,D)=\sum m(1,2,3,5,6,8,9)$，约束条件为 $AB+AC=0$。

(2)$Y(A,B,C,D)=\sum m(0,2,4,5,6,7,8)$，约束条件为 $AB+AC=0$。

(3)$Y(A,B,C,D)=\sum m(0,1,2,3,6,8)+\sum d(10,11,12,13,14,15)$。

(4)$Y(A,B,C,D)=\sum m(2,4,6,7,12,15)+\sum d(0,1,3,8,9,11)$。

(5)$Y(A,B,C,D)=\sum m(0,13,14,15)+\sum d(1,2,3,9,10,11)$。

题 1-24　TTL 与非门的内部电路分哪几个部分？各部分的主要作用是什么？

题 1-25　有两个同型号的 TTL 与非门，甲门的 $U_{ON}=1.4$ V，乙门的 $U_{ON}=1.6$ V，试问输入高电平时的抗干扰能力 U_{NH} 哪个大？若甲门的 $U_{OFF}=1.1$ V，乙门的 $U_{OFF}=0.9$ V，试问输入低电平时的抗干扰能力 U_{NL} 哪个大？

题 1-26　写出图 1-66 所示门电路的逻辑表达式。当 $A=B=C=E=1,D=F=0$ 时，判断输出 Y 的状态。

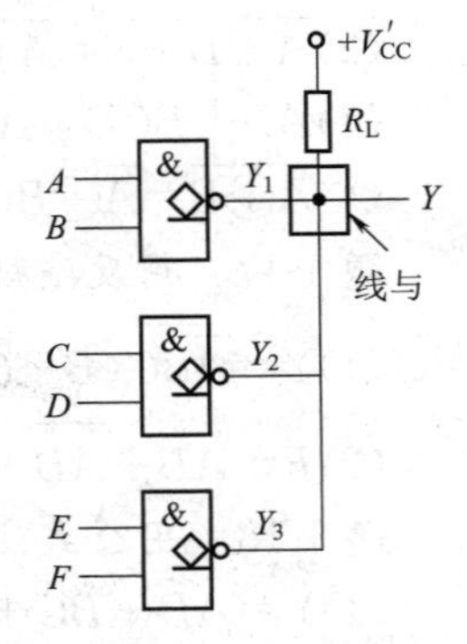

图 1-66　题 1-26 图

题 1-27　试分析图 1-67 所示电路，将不同输入组合时的输出状态填入表 1-19 中。

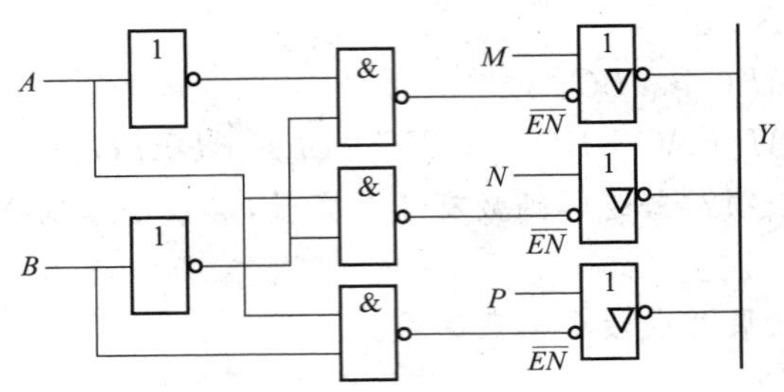

图 1-67　题 1-27 图

表 1-19　题 1-27 表

A	B	Y
0	0	
0	1	
1	0	
1	1	

题 1-28　什么叫 MOS 门电路？MOS 门电路有哪几种形式？CMOS 门电路有哪些优点？

题 1-29　试列出图 1-68 所示电路的真值表，分析其逻辑功能，写出输出 Y 的逻辑函数表达式。

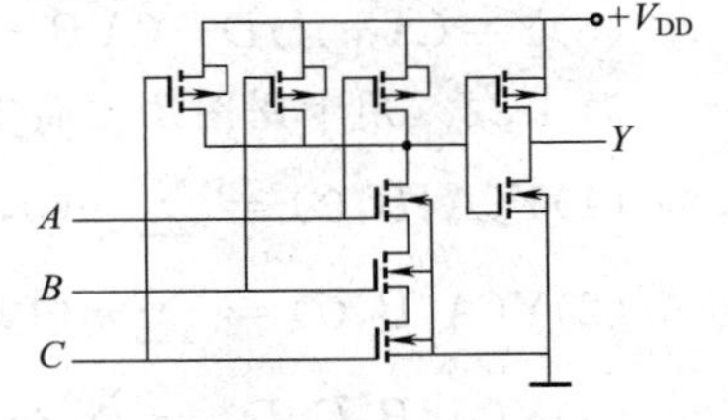

图 1-68　题 1-29 图

题 1-30　CMOS 模拟开关电路如图 1-69(a)所示，根据输入 A、B 的波形[见图 1-69(b)]，试画出对应输出 Y 的波形。

题 1-31　在检修某一数字电路时，发现一个 CMOS 异或门已损坏，为应急处理，试用两片 CC4023(三 3 输入与非门)和一片 CC4001(四 2 输入或非门)组成异或门来代替，试画出电路的连接图，并注意多余引脚的处理。

题 1-32　图 1-70 所示的 TTL 门电路中，对于多余引脚的处理，哪些接法是正确的？

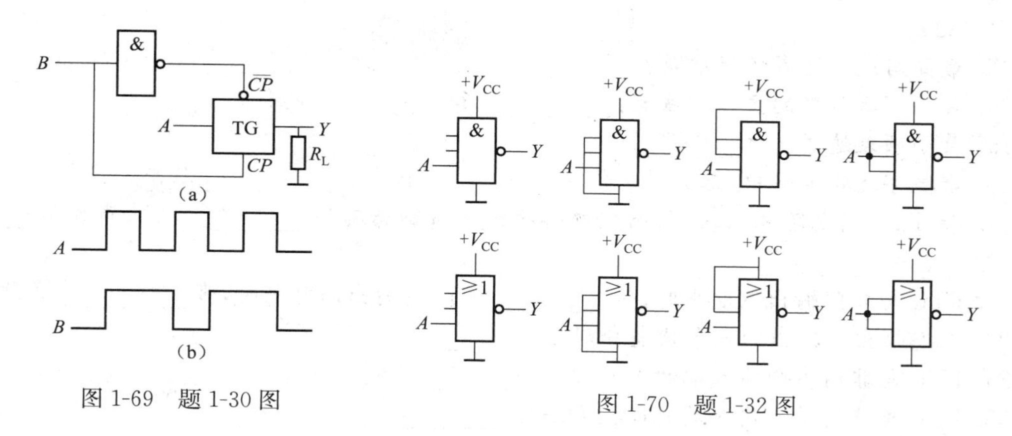

图 1-69　题 1-30 图

图 1-70　题 1-32 图

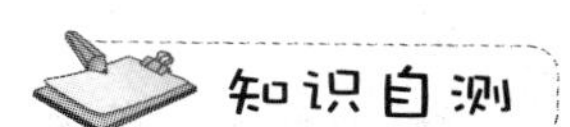

一、填空题

1. 二进制数是以__________为基数的计数体制，十六进制数是以__________为基数的计数体制。

2. 二进制数只有__________和__________两个数码，其计数的基数是__________，加法运算的进位规则为__________。

3. 十进制数转换为二进制数的方法是：整数部分用__________，小数部分用__________，十进制数 23.75 对应的二进制数为__________。

4. 二进制数转换为十进制数的方法是__________，二进制数 10110011 对应的十进制数为__________。

5. 用 8421BCD 码表示十进制数时，则每位十进制数可用__________二进制代码表示，其位权值从高位到低位依次为__________。

6. 十进制数 25 的二进制数是__________，其对应的 8421BCD 码是__________。

7. $(39.75)_{10}=(\_\_\_\_\_\_)_2=(\_\_\_\_\_\_)_8=(\_\_\_\_\_\_)_{16}$。

8. $(5E.C)_{16}=(\_\_\_\_\_\_)_2=(\_\_\_\_\_\_)_8=(\_\_\_\_\_\_)_{10}=(\_\_\_\_\_\_)_{8421BCD}$。

9. $(0111\ 1000)_{8421BCD}=(\_\_\_\_\_\_)_2=(\_\_\_\_\_\_)_8=(\_\_\_\_\_\_)_{10}=(\_\_\_\_\_\_)_{16}$。

10. 逻辑代数中三种最基本的逻辑运算是__________、__________、__________。

11. 逻辑代数中的三条重要规则是__________、__________、__________。

12. 写出同或运算的逻辑表达式：____________________。

13. 逻辑函数的五种表示方式是__________、__________、__________、__________和__________。

14. 完成以下基本定律：$A+1=$__________、$AA=$__________、$A+B=$__________。

15. 完成以下常用公式 $AB+A\overline{B}=$__________、$AB+\overline{A}C+BC=$__________。

16. 由 n 个变量构成逻辑函数的全部最小项有________个,4 变量卡诺图由________个小方格组成。

17. 最简与或表达式的标准是:________________。

18. 化简逻辑函数的主要方法有:________和________两种。

19. 最小项表达式又称________。

20. 在数字逻辑电路中,三极管工作在________状态和________状态。

21. 和 TTL 门电路相比,CMOS 门电路的优点为静态功耗________、噪声容限________、输入电阻________。

22. TTL 与非门输出低电平时,带________负载;输出高电平时,带________负载。

23. 三态输出门输出的三个状态分别为________。

24. TTL 与非门多余输入端的连接方法为________。

25. TTL 或非门多余输入端的连接方法为________。

26. 逻辑函数 $F=\overline{A}+B+\overline{C}D$ 的反函数 $\overline{F}=$________。

27. 公式 $AB+\overline{A}C+BC=AB+\overline{A}C$ 的对偶式为________。

28. 已知函数的对偶式为$\overline{A\overline{B}}+\overline{\overline{C}D+BC}$,则它的原函数为________,原函数的反函为________。

29. $Y=AC+\overline{A}B$ 的或与表达式为________,与非-与非表达式为________,或非-或非表达式为________,与或非表达式为________。

二、判断题

1. 二进制数有 0~9 十个数码,进位关系为逢十进一。 (　　)
2. 格雷码为无权码,8421BCD 码为有权码。 (　　)
3. 一个 n 位的二进制数,最高位的权值是 2^n+1。 (　　)
4. 十进制数转换为二进制数的方法是“除 2 取余法”。 (　　)
5. 二进制数转换为十进制数的方法是各位加权系数之和。 (　　)
6. 十进制数 45 的 8421BCD 码是 101101。 (　　)
7. 余 3BCD 码是用 3 位二进制数表示 1 位十进制数。 (　　)
8. 逻辑变量和逻辑函数的取值只有 0 和 1 两种可能。 (　　)
9. 逻辑函数 $Y=\overline{\overline{AB}\cdot\overline{CD}}$的与或表达式是 $Y=(A+B)(C+D)$。 (　　)
10. 逻辑函数 $Y=A+BC$ 又可写成 $Y=(A+B)(A+C)$。 (　　)
11. 用卡诺图化简逻辑函数时,合并相邻项的个数为偶数个最小项。 (　　)
12. 异或门一个输入端接高电平时,可构成反相器。 (　　)
13. 实现逻辑函数 $Y=\overline{\overline{A+B}\cdot\overline{C+D}}$可用一个 4 输入或门。 (　　)
14. 与非门的逻辑功能是:输入有 0 时,输出为 0;只有输入都为 1 时,输出才为 1。 (　　)
15. 当 $X\cdot Y=1+Y$ 时,则 $X=1$、$Y=1$。 (　　)
16. 与非门输出低电平时,接拉电流负载。 (　　)
17. 多个集电极开路门(OC 门)输出端并联且通过电阻接电源时,可实现线与。 (　　)
18. 十进制数$(9)_{10}$比十六进制数$(9)_{16}$小。 (　　)

19. 若两个函数具有不同的逻辑函数式，则两个逻辑函数必然不相等。 (　　)

20. 因为逻辑表达式 $A+B+AB=A+B$ 成立，所以 $AB=0$ 成立。 (　　)

三、选择题

1. 在二进制计数系统中，每个变量的取值为(　　)。
   A. 0 和 1　　B. 0～7　　C. 0～10　　D. 0～F
2. 二进制权值为(　　)。
   A. 10 的幂　　B. 2 的幂　　C. 8 的幂　　D. 16 的幂
3. 连续变化的量称为(　　)。
   A. 数字量　　B. 模拟量　　C. 二进制量　　D. 十六进制量
4. 十进制数 386 的 8421BCD 码为(　　)。
   A. 0011 0111 0110　　B. 0011 1000 0110
   C. 1000 1000 0110　　D. 0100 1000 0110
5. 在下列数中，不是余 3BCD 码的是(　　)。
   A. 1011　　B. 0111　　C. 0010　　D. 1001
6. 十进制数的权值为(　　)。
   A. 2 的幂　　B. 8 的幂　　C. 16 的幂　　D. 10 的幂
7. 标准与或表达式是(　　)。
   A. 与项相或的表达式　　B. 最小项相或的表达式
   C. 最大项相与的表达式　　D. 或项相与的表达式
8. 一个输入为 A、B 的两输入端与非门，为保证输出低电平，要求输入为(　　)。
   A. $A=1$、$B=0$　　B. $A=0$、$B=1$　　C. $A=0$、$B=0$　　D. $A=1$、$B=1$
9. 要使输入为 A、B 的两输入或门输出低电平，要求输入为(　　)。
   A. $A=1$、$B=0$　　B. $A=0$、$B=1$　　C. $A=0$、$B=0$　　D. $A=1$、$B=1$
10. n 个变量的逻辑函数全部最小项有(　　)。
    A. n 个　　B. $2n$ 个　　C. 2^n 个　　D. 2^n-1 个
11. 实现逻辑函数 $Y=\overline{\overline{AB}\cdot\overline{CD}}$ 需用(　　)。
    A. 2 个与非门　　B. 3 个与非门　　C. 2 个或非门　　D. 3 个或非门
12. 二输入端的与门一个输入高电平，另一个输入信号时，则输出与输入信号的关系是(　　)。
    A. 同相　　B. 反相　　C. 高电平　　D. 低电平
13. 要使输出的数字信号和输入的反相，应采用(　　)。
    A. 与门　　B. 或门　　C. 非门　　D. 传输门
14. 异或门一个输入端接高电平，另一个输入信号时，则输出与输入信号的关系是(　　)。
    A. 高电平　　B. 低电平　　C. 同相　　D. 反相
15. 以下代码中为无权码的为(　　)。
    A. 8421BCD 码　　B. 5421BCD 码　　C. 格雷码　　D. 2421 码
16. 十进制数 25 用 8421BCD 码表示为(　　)。

A. 10101　　B. 00100101　　C. 100101　　D. 10101

17. 与十进制数$(53.5)_{10}$等值的数或代码为(　　)。

A. $(0101\ 0011.0101)_{8421BCD}$　　B. $(35.8)_{16}$

C. $(110101.1)_2$　　D. $(65.4)_8$

18. 与八进制数$(47.3)_8$等值的数为(　　)。

A. $(100111.011)_2$　　B. $(27.6)_{16}$

C. $(27.3)_{16}$　　D. $(100111.11)_2$

19. 以下表达式中符合逻辑运算法则的是(　　)。

A. $C\cdot C=C^2$　　B. $1+1=10$　　C. $0<1$　　D. $A+1=1$

20. 逻辑函数 $F=A\oplus(A\oplus B)=$(　　)。

A. B　　B. A　　C. $A\oplus B$　　D. $\overline{A\oplus B}$

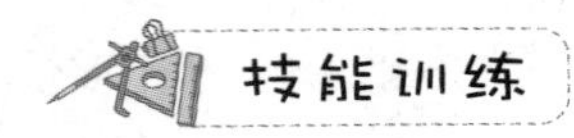

训练项目　TTL集成逻辑门电路(与非门)测试

一、项目概述

集成逻辑门是最基本的数字集成元件，在数字电路中被大量使用，因此它的特性参数选择的合适与否，会在很大程度上影响整个电路工作的可靠性，所以理解和掌握集成逻辑门的参数特性对数字电路设计至关重要。目前使用最普遍的双极性数字集成电路是TTL集成逻辑门电路，它们通常都采用双列直插式封装在集成芯片内。本训练项目就是选用TTL 74LS00二输入端四与非门进行测试的训练。

二、训练目的

通过TTL集成逻辑门电路(与非门)测试的训练项目，加深对TTL与非门主要参数的意义及其特性的理解；掌握TTL与非门主要参数、传输特性与逻辑功能的测量方法，加深对与非门特性的理解；熟悉集成元器件引脚排列特点；学会合理选择、测试和正确使用集成逻辑部件。

三、训练内容与要求

1. 训练内容

利用数字电子技术实验装置提供的电路板(或面包板)、集成器件、逻辑开关、连接导线等，组装TTL集成逻辑门电路(与非门)测试电路。根据本训练项目要求，以及给定的集成逻辑器件，完成电路安装的布线图设计，并完成对TTL与非门主要参数及特性的测试，并撰写出项目训练报告。

2. 训练要求

①掌握TTL与非门各参数的意义和测量方法。

②学会对于TTL门电路，输入端悬空相当于什么电平？多余的输入端，在实际接线中应

如何处理?

③撰写项目训练报告。要求整理测量结果,并与理论计算值比较,分析产生误差的原因。归纳分析 TTL 与非门的电压传输特性,总结 TTL 集成逻辑门电路的逻辑功能及使用规则。

四、电路原理分析

用以实现基本逻辑运算和复合逻辑运算的单元电路统称为门电路。逻辑门电路早期是由分立元件构成的,体积大,性能差。常用的基本门电路在逻辑功能上有与门、非门、与非门、或门、异或门、或非门等几种。随着半导体工艺的不断发展,电路设计也随之改进,使所有元器件连同布线都集成在一小块硅芯片上,形成集成逻辑门。集成逻辑门是最基本的数字集成元件,目前使用较普遍的双极型数字集成电路是 TTL 集成逻辑门电路,它的品种已超过千种。通过本训练项目,初步掌握数字电路集成芯片的使用方法及基本操作规范。

本训练项目采用 TTL 双极型数字集成逻辑门器件 74LS00,它有 4 个 2 输入与非门,封装形式为双列直插式,引脚排列及逻辑符号如图 1-71 所示,其中 A、B 为输入端,Y 为输出端,输入/输出关系为 $Y=\overline{AB}$。与非门的逻辑功能是:“输入信号只要有低电平,输出信号就为高电平;输入信号全为高电平,输出则为低电平”(即有 0 得 1,全 1 得 0)

测试电路连接图如图 1-72 所示。

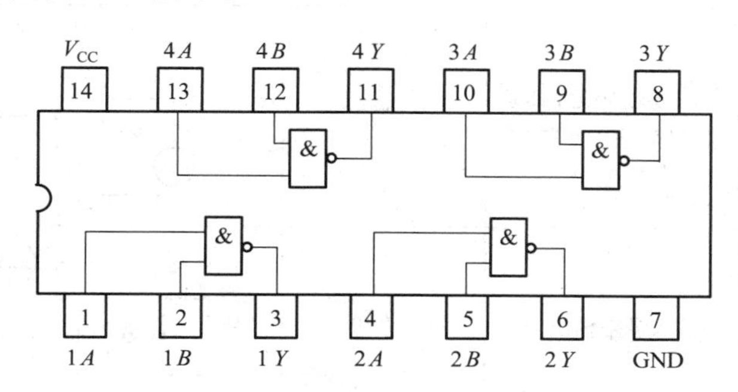

图 1-71 74LS00 引脚排列及逻辑符号

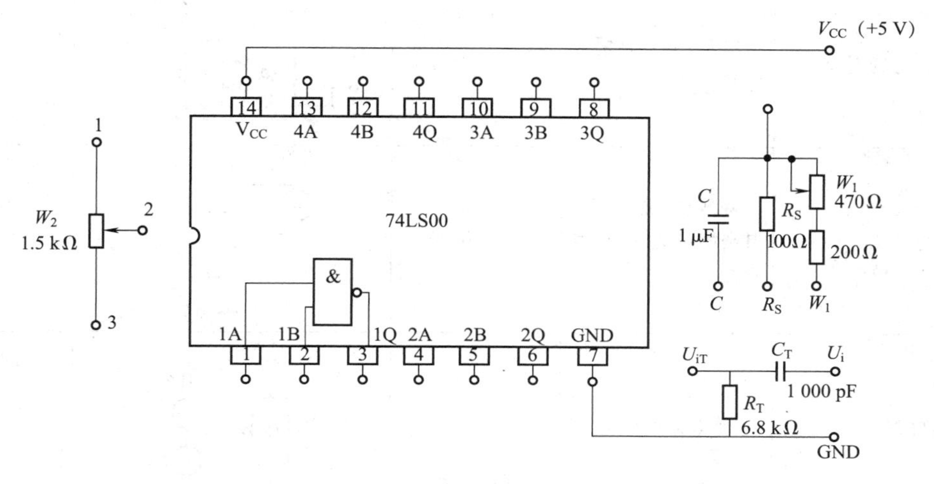

图 1-72 测试电路连接图

常见 TTL 门电路最佳工作条件见表 1-20。

表 1-20　常见 TTL 门电路最佳工作条件

型号 参数名称	7400 系列			74LS00 系列			单位
	最小	额定	最大	最小	额定	最大	
电源电压 V_{CC}	4.5	5	5.5	4.5	5	5.5	V
输入高电平电压 U_{IH}	2			2			V
输入低电平电压 U_{IL}			0.8			0.8	V
输出高电平电流 I_{OH}			−400			−400	μA
输出低电平电流 I_{OL}			16			8	mA

五、内容安排

1. 测量 TTL 与非门的静态特性

为了便于操作和记录，将静态参数名称、测量电路、测量条件和产量数据等项目列于表 1-21中，按表 1-21 完成测量并记录。

表 1-21　测量 TTL 与非门的静态特性

参数名称	测量条件	指标	测量电路	数据
输入短路电流 I_{IN}/mA	被测端接地，其余端开路，输出空载	≤1.4	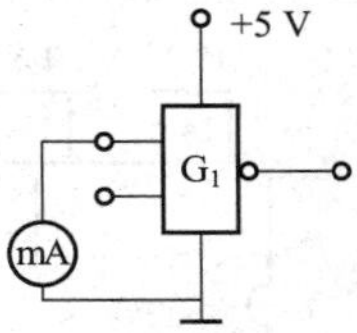	
空载导通电流 I_{EH}/mA	输入悬空输出空载	四门之和≤6	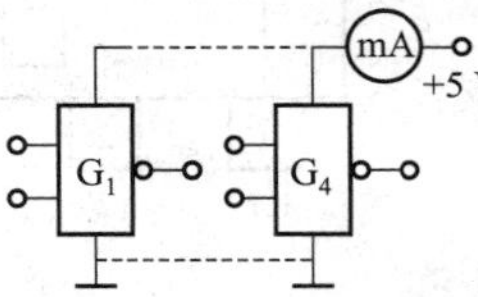	
空载截止电流 I_{EL}/mA	输入一端接地输出空载	四门之和≤1.6	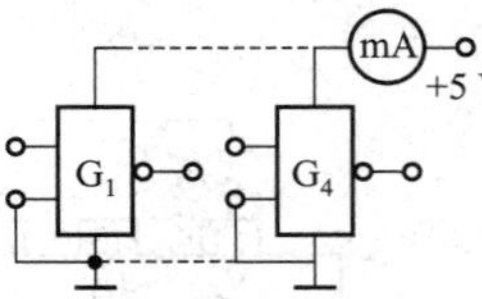	
输入漏电流 I_{IH}/μA	待测输入端接 V_{CC} 其余端接地，输出端空载	≤10	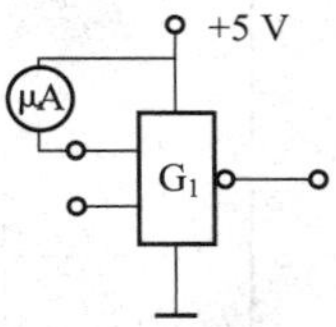	
扇出系数 N_O	输入悬空调 R_w，测 I_L 使 U_{OL}≤0.35 V $N_O=I_L/I_{IN}$	≥8	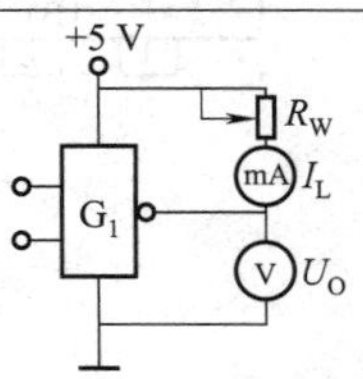	

2. 测量 TTL 与非门的电压传输特性

TTL 与非门的输出电压 U_O 随输入电压 U_I 而变化的曲线 $U_O=f(U_I)$ 称为门的电压传输特性，通过它可读得门电路的一些重要参数，如输出高电平 U_{OH}、输出低电平 U_{OL}、关门电平 U_{OFF}、开门电平 U_{ON}、阈值电平 U_T 及抗干扰容限 U_{NL}、U_{NH} 等值。

测试电路如图 1-73 所示，将 G_1 的输出端 $1Q$ 对地接入直流电压表，用万用表直流电压 5 V 挡。输入端 $1A$ 悬空，由电位器 W_2 构成分压器产生 0～5 V 输入电压接入输入端 $1B$，同时 $1B$ 对地接入直流电压 5 V 挡。调节 W_2 使 $U_I=0$，此时 $U_O>3.6$ V。调节 W_2 改变 U_I 值，读出每一点的 U_I、U_O 值，填入表 1-22 中，并确定 U_{OL}，U_{OH}，U_{ON}，U_{OFF} 的值。最后建立 U_I～U_O 坐标绘出电压传输特性曲线。

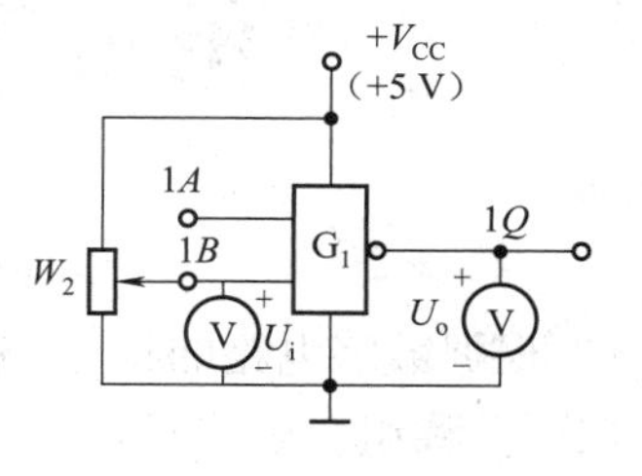

图 1-73　测试电路

表 1-22　TTL 与非门的电压传输特性

U_I/V	0	0.5	0.6	0.7	0.8	0.85	0.9	0.95	1.	1.1	1.2	1.3	1.4	1.5	1.8	3.6
U_O/V																

3. 测量 TTL 与非门的逻辑功能

TTL 与非门的逻辑功能是：当输入端中有一个或一个以上是低电平时，输出端为高电平；只有当输入端全部为高电平时，输出端才是低电平(即有 0 得 1，全 1 得 0)。从 74LS00 中任选一个与非门，它的两个输入端 A、B 分别接逻辑开关，由开关提供输入的高、低电平，输出端接指示灯，输出高电平则指示灯亮，输出低电平则指示灯灭，用观察指示灯的变化情况确定输入/输出的逻辑关系。改变开关的状态，观察指示灯的变化，将结果记录在表 1-23 中。

表 1-23　TTL 与非门的逻辑功能

输入		输出
1 A	1 B	1Q

六、训练所用仪表与器材

①数字实验装置：+5 V 直流电源、逻辑开关、0-1 指示器。

②双踪示波器 1 台。

③低频信号发生器 1 台。

④万用表、直流电压表、直流毫安表、直流微安表各 1 块。

⑤74LS00、1 kΩ 电位器、10 kΩ 电位器、200 Ω 电阻器(0.5 W)若干。

七、成绩评定

训练项目成绩评定采取百分制分段评定的方法：

①电路组装工艺，30 分。

②电路测试(故障处理)，40 分。

③总结报告，30 分。

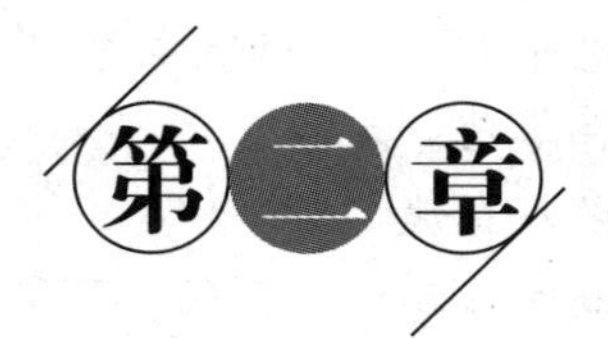

组合逻辑电路

根据数字电路的特点，按照逻辑功能的不同，数字电路可以分为两大类：一类是组合逻辑电路，简称组合电路；另一类是时序逻辑电路，简称时序电路。组合逻辑电路有着十分广泛的应用，随着数字集成电路的发展，目前已把某些具有特定逻辑功能的组合电路设计成标准化电路，并制成中规模的集成电路产品。常见的有编码器、译码器、运算器、数据选择器、分配器、数值比较器等集成组合逻辑部件。

本章先介绍组合逻辑电路的特点和一般分析与设计方法，接着分别介绍常用的各种中规模集成组合逻辑电路的电路组成、工作原理和使用方法。

第一节　组合逻辑电路的分析与设计

一、组合逻辑电路的特点

1. 基本特点

组合逻辑电路是数字电路中最简单的一类逻辑电路，其特点是电路无记忆功能，无反馈环节，电路任一时刻的输出状态只决定于该时刻各输入状态的组合，而与电路的原状态无关。从电路结构上看，组合逻辑电路仅由门电路组成，电路中无记忆单元，输入与输出之间无反馈。由上述特点可知，前面介绍的各种门电路都可以看成是最简单的组合逻辑电路。

2. 逻辑功能的描述

组合逻辑电路逻辑功能的描述常用逻辑函数表达式、真值表、逻辑图、卡诺图等表示，也可以用工作波形图或时序图来表示。这五种方式可互相转换，只要知道其中一种，就可推出其他形式。在未知电路结构和逻辑功能的情况下，可采用测量输入与输出的波形，来归纳分析电路的逻辑功能。

图 2-1　组合逻辑电路结构示意图

组合逻辑电路一般有多个输入端和多个输出端，其结构如图 2-1 所示，图中 X_1、X_2、…、X_n 表示输入变量，Y_1、Y_2、…、Y_m 表示输出变量，输出与输入间的函数关系可表示为

$$
\begin{gathered}
Y_1 = f_1(X_1, X_2, \cdots, X_n) \\
Y_2 = f_2(X_1, X_2, \cdots, X_n) \\
\vdots \\
Y_m = f_m(X_1, X_2, \cdots, X_n)
\end{gathered}
$$

二、组合逻辑电路的分析

分析组合逻辑电路的任务是：找出给定组合逻辑电路的逻辑功能，用逻辑函数表达式或真值表的形式表示，并用文字表述出来。要完成分析任务，必须会由电路写出输入、输出间的逻辑表达式，并准确地计算出真值表，用真值表分析其逻辑功能。组合逻辑电路的分析步骤框图如图 2-2 所示。

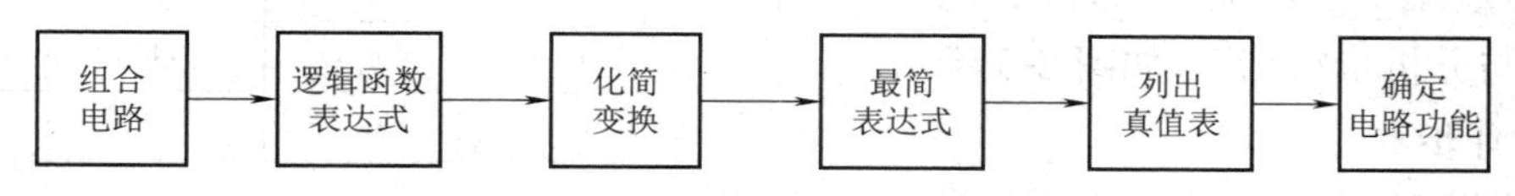

图 2-2　组合逻辑电路的分析步骤框图

1. 分析步骤

①写出逻辑函数表达式。根据已知的逻辑电路图，从输入到输出逐级写出逻辑函数表达式。

②化简逻辑函数。由电路图直接写出的逻辑函数表达式通常不是最简形式，需要用公式法或卡诺图法进行化简，以得到最简逻辑函数表达式。

③列出真值表。根据最简逻辑表达式，给出所有输入状态组合，计算输出，列出真值表。

④确定电路功能。根据真值表或最简逻辑表达式确定或归纳电路的逻辑功能。

2. 分析举例

【例 2-1】　试分析图 2-3 所示电路的逻辑功能。

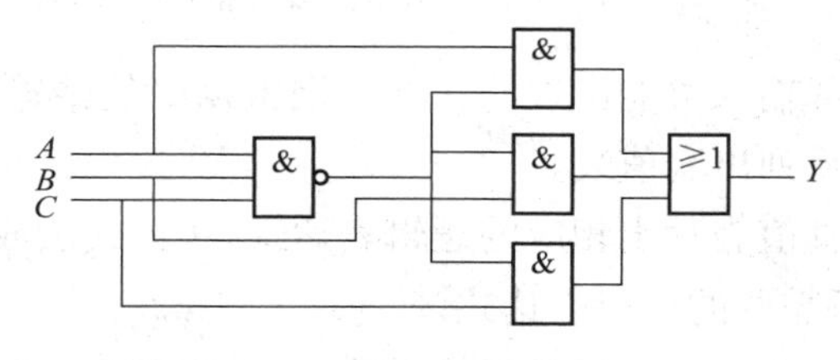

图 2-3　例 2-1 电路图

解：①写出逻辑函数表达式。

$$Y=A\overline{ABC}+B\overline{ABC}+C\overline{ABC}$$

②化简。

$$\begin{aligned}Y&=A(\overline{A}+\overline{B}+\overline{C})+B(\overline{A}+\overline{B}+\overline{C})+C(\overline{A}+\overline{B}+\overline{C})\\&=A\overline{B}+A\overline{C}+B\overline{A}+B\overline{C}+C\overline{A}+C\overline{B}\end{aligned}$$

用卡诺图化简，如图 2-4 所示。

根据卡诺图得出最简表达式为 $Y=A\overline{B}+B\overline{C}+\overline{A}C$。

③列出真值表。其真值表见表 2-1。

④确定功能。从真值表可以看出，当输入 A、B、C 三个变量不一致时，电路输出为“1”，所以这个电路称为“不一致鉴别器”。当输入信号 A、B、C 相同时，电路正常工作，而输入信号不同时，发出告警信号，这种电路在数字系统中常会遇到。

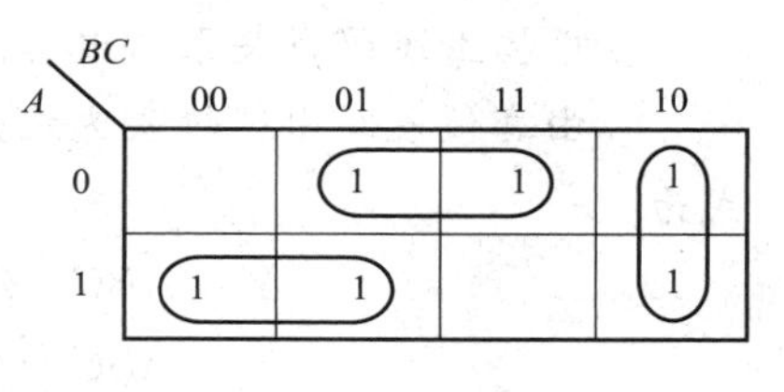

图 2-4　例 2-1 卡诺图

三、组合逻辑电路的设计

组合逻辑电路的设计就是根据给出的实际逻辑问题，设计出能实现该功能的最简逻辑电路。设计中一般以电路简单、利用器件最少为目标，并尽量减少所用集成器件的种类。设计步骤一般与分析步骤相反，如图 2-5 所示。

表 2-1 例 2-1 真值表

A	B	C	Y
0	0	0	0
0	0	1	1
0	1	0	1
0	1	1	1
1	0	0	1
1	0	1	1
1	1	0	1
1	1	1	0

1. 设计步骤

①分析设计要求，确定输入变量、输出变量及二者的因果关系。分析的目的就是将给出的实际问题抽象为一个逻辑问题，并建立逻辑关系。按照功能要求，确定哪些是输入变量，哪些是输出变量，并进行变量赋值，即对输入变量分别用 0 或 1 表示它们的不同状态。这是设计过程中的关键一步。

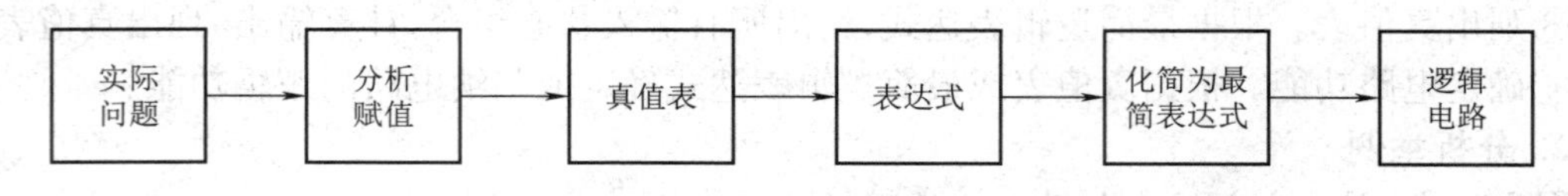

图 2-5 组合逻辑电路设计框图

②列出真值表。将全部输入可能出现的状态分别根据赋值给输入变量，根据分析得到的输入与输出之间的逻辑关系列出真值表。

③写出表达式。根据真值表写出相应的逻辑表达式，用公式法或卡诺图法进行化简，并根据所用器件要求，变换成所需要的逻辑表达式。

④画逻辑电路图。根据化简变换后的最简表达式，画出逻辑电路图。

应当指出，上述这些步骤并不是固定不变的，在实际设计中，应根据具体情况灵活应用。

2. 设计举例

【例 2-2】 用与非门设计一个三人表决电路，结果按“少数服从多数”的原则确定。

解：①根据要求，设 A、B、C 为三个表决按钮，作为输入变量，并设同意为逻辑“1”，不同意为逻辑“0”；Y 为输出变量，通过为“1”，不通过为“0”。

②根据上述逻辑关系列出真值表，见表 2-2。

③由真值表写出逻辑表达式，并进行化简，再变换成与非形式。由真值表写出的逻辑表达式为

$$
\begin{aligned}
Y &= \overline{A}BC + A\overline{B}C + AB\overline{C} + ABC \\
&= \overline{A}BC + A\overline{B}C + AB\overline{C} + ABC + ABC + ABC \\
&= BC + AC + AB \\
&= \overline{\overline{AB} \cdot \overline{AC} \cdot \overline{BC}}
\end{aligned}
$$

④根据上述表达式，画出相应的逻辑电路图，如图 2-6 所示。

表 2-2 例 2-2 真值表

A	B	C	Y
0	0	0	0
0	0	1	0
0	1	0	0
0	1	1	1
1	0	0	0
1	0	1	1
1	1	0	1
1	1	1	1

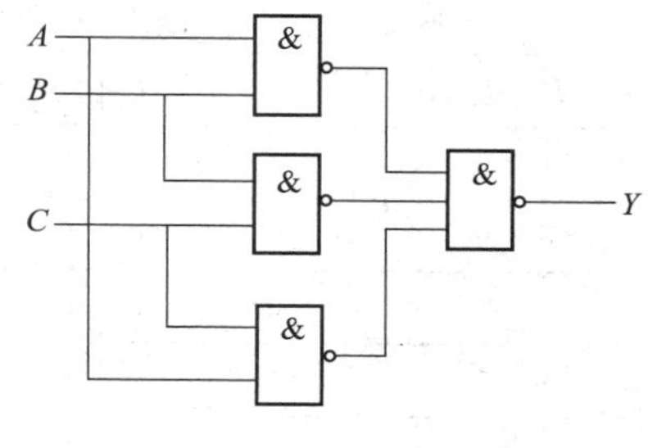

图 2-6 例 2-2 电路图

第二节 编 码 器

在数字系统中，经常需要把某种特定含义的信号变换成二进制代码。所谓编码就是用一组代码来表示文字、符号或者数码等特定信息对象的过程。能够实现编码功能的组合电路称为编码器。例如，计算机的键盘就是由编码器组成的，每按一次键，编码器就将该键信号转换成二进制代码。

在编码器中采用二进制数作为代码，一位二进制数仅有 0 和 1 两个代码，表示两个相反的信号；两位二进制数有 00、01、10、11 四个代码，可以表示四个不同的信号。一般地说，n 位二进制数有 2^n个代码，可表示 2^n个信号。所以，对 N 个信号进行编码时，可用公式 $2^n \geqslant N$ 来确定所需的二进制代码的位数 n。常见的编码器有二进制编码器、二-十进制编码器和优先编码器等。

一、二进制编码器

将 $N=2^n$个输入信号变换成 n 位二进制代码的编码电路，称为二进制编码器。图 2-7 是 3 位二进制编码器示意图。现以 8 线-3 线编码器为例说明二进制编码器的工作原理。

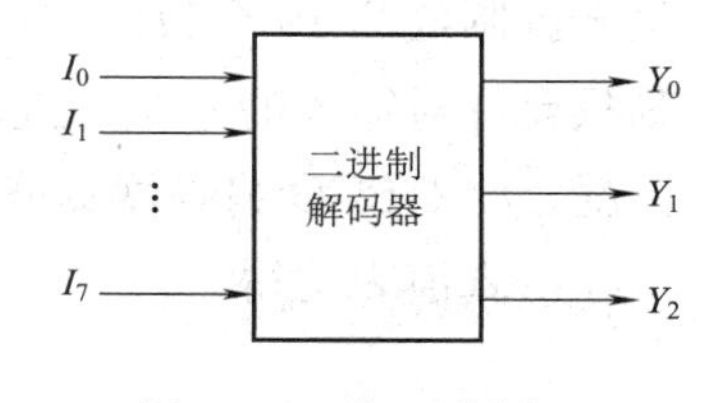

图 2-7 3 位二进制编码器示意图

这种编码器有 8 条输入信号线 I_0、I_1、…、I_7，3 条输出线 Y_2、Y_1、Y_0，所以称为 8 线-3 线编码器。对于每个输入信号都有一组相应的输出代码，其真值表见表 2-3。

由真值表可得

$$Y_0=I_1+I_3+I_5+I_7=\overline{\overline{I_1}\ \overline{I_3}\ \overline{I_5}\ \overline{I_7}}$$

$$Y_1=I_2+I_3+I_6+I_7=\overline{\overline{I_2}\ \overline{I_3}\ \overline{I_6}\ \overline{I_7}}$$

$$Y_2=I_4+I_5+I_6+I_7=\overline{\overline{I_4}\ \overline{I_5}\ \overline{I_6}\ \overline{I_7}}$$

根据逻辑表达式可画出用与非门组成的 3 位二进制编码器，如图 2-8 所示。在图中，I_0的编码是隐含着的，当 I_1～I_7均为 0 时，电路的输出就是 I_0的编码。应当指出，编码器在任一时刻只能对一个输入信号进行编码，在输入端不允许出现两个同时为 1 的信号，否则输出将发生混乱，所以输入信号之间是互相排斥的。

表 2-3　3 位二进制编码器真值表

输入								输出		
I_0	I_1	I_2	I_3	I_4	I_5	I_6	I_7	Y_2	Y_1	Y_0
1	0	0	0	0	0	0	0	0	0	0
0	1	0	0	0	0	0	0	0	0	1
0	0	1	0	0	0	0	0	0	1	0
0	0	0	1	0	0	0	0	0	1	1
0	0	0	0	1	0	0	0	1	0	0
0	0	0	0	0	1	0	0	1	0	1
0	0	0	0	0	0	1	0	1	1	0
0	0	0	0	0	0	0	1	1	1	1

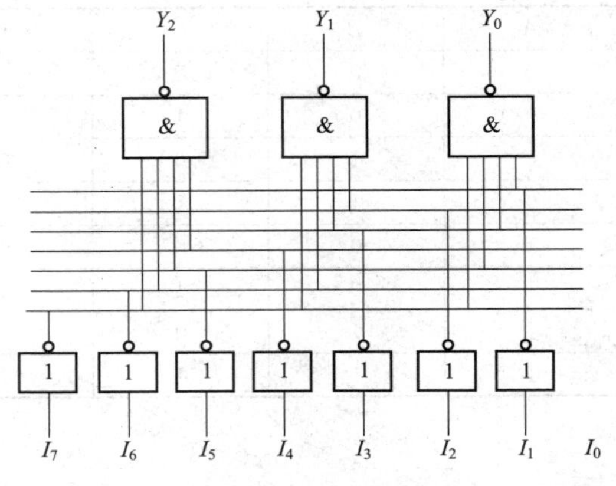

图 2-8　用与非门组成的 3 位二进制编码器

二、二-十进制编码器

将十进制数 0～9 的 10 个数码编成相应的二进制代码的电路，称为二-十进制编码器。图 2-9为二-十进制编码器示意图，其输入信号有 $N=10$ 个，用 I_0、I_1、…、I_9表示，根据 $2^n \geqslant 10$ 确定编码位数，则 $n=4$。这样的输出就是一组 4 位二进制代码，用 Y_3、Y_2、Y_1、Y_0表示。

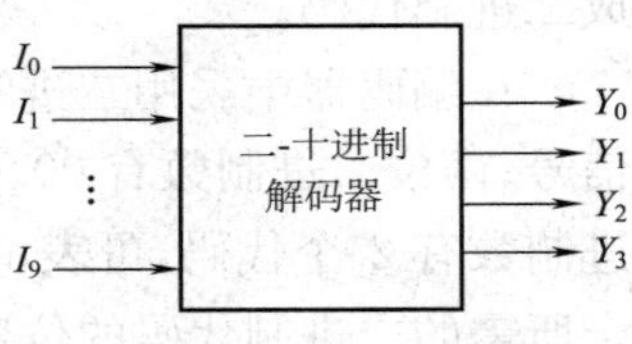

图 2-9　二-十进制编码器示意图

由于 4 位二进制代码共有 16 个不同组合，可任选其中 10 种表示 0～9 的 10 个数码，这就有不同的编码方式。现以常用的 8421BCD 编码器为例说明其电路结构与工作原理。

8421BCD 编码器有 10 条输入线 I_0、I_1、…、I_9，用它们表示 1 位十进制数的 10 个数码，有 4 条输出线 Y_3、Y_2、Y_1、Y_0，表示 4 位二进制代码。电路在任一时刻只允许对输入的一个十进制数进行编码，不允许出现两个或两个以上输入信号同时为 1 的情况。8421BCD 编码器真值表见表 2-4。

由真值表可得

$$Y_0 = I_1 + I_3 + I_5 + I_7 + I_9 = \overline{\overline{I_1}\ \overline{I_3}\ \overline{I_5}\ \overline{I_7}\ \overline{I_9}}$$

$$Y_1 = I_2 + I_3 + I_6 + I_7 = \overline{\overline{I_2}\ \overline{I_3}\ \overline{I_6}\ \overline{I_7}}$$

$$Y_2 = I_4 + I_5 + I_6 + I_7 = \overline{\overline{I_4}\ \overline{I_5}\ \overline{I_6}\ \overline{I_7}}$$

$$Y_3 = I_8 + I_9 = \overline{\overline{I_8}\ \overline{I_9}}$$

根据逻辑表达式可画出 8421BCD 编码器逻辑电路图，如图 2-10 所示。由逻辑电路图可知，当 I_8端有信号（$I_8=1$），而其他输入端无信号时，输出代码为 $Y_3Y_2Y_1Y_0=1000$，完成对 I_8的编码，其余类似。当输入端全无信号时，即 I_1～I_9均为 0，则输出代码为 $Y_3Y_2Y_1Y_0=0000$，隐含对 I_0的编码。

表 2-4　8421BCD 编码器真值表

十进制数	输入变量	8421BCD 编码输出			
		Y_3	Y_2	Y_1	Y_0
0	I_0	0	0	0	0
1	I_1	0	0	0	1
2	I_2	0	0	1	0
3	I_3	0	0	1	1
4	I_4	0	1	0	0
5	I_5	0	1	0	1
6	I_6	0	1	1	0
7	I_7	0	1	1	1
8	I_8	1	0	0	0
9	I_9	1	0	0	1

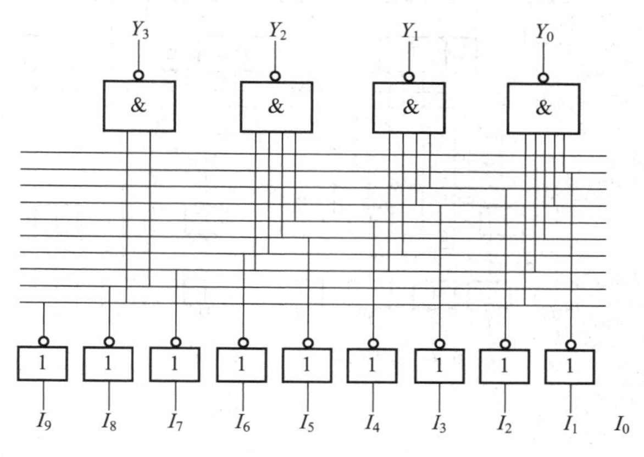

图 2-10　8421BCD 编码器逻辑电路图

三、8421BCD 码优先编码器

前面讨论的编码器其输入信号是相互排斥的。实际应用中，有时存在两个以上的输入信号同时输入，要求输出不出现混乱，而且能按预定的优先顺序对信号进行编码，这种组合电路称为优先编码器。至于优先级别的高低，可由设计人员根据问题的轻重缓急决定。

例如，旅客列车分特快、直快和普快三种，它们的优先级顺序是特快最高，其次是直快，最低级是普快。显然，在同一时刻只允许一趟列车从车站开出，只能给出一个发车信号，用优先编码器可满足上述要求。

在计算机中，常有许多输入设备，可能同时向主机发出中断请求，而在同一时刻只能给其中一个设备发出操作指令。因此，必须事先对这些设备规定优先级别。所以，计算机的优先中断系统也会用到优先编码器。

常用的集成优先编码器器件型号见表 2-5。现讨论 8421BCD 码优先编码器 74LS147 的工作原理。

表 2-5　常用的集成优先编码器器件型号

功　能	常 用 器 件 型 号
8 线-3 线编码器	74148、74LS148、74HC148
10 线-4 线编码器	74147、74LS147、74HC147
8 线-8 线编码器	74LS149、74HC149

图 2-11(a)为 74LS147 的逻辑图，图 2-11(b)为它的引脚排列图。它有 10 条输入信号线 $\overline{I}_0$、$\overline{I}_1$、…、$\overline{I}_9$，输入低电平有效，即 $\overline{I}_0 \sim \overline{I}_9$ 为 0 时表示有信号，为 1 时表示无信号；有 4 条输出信号线 $\overline{Y}_3$、$\overline{Y}_2$、$\overline{Y}_1$、$\overline{Y}_0$，输出是 8421BCD 码的反码。根据逻辑图可写出 $\overline{Y}_3$、$\overline{Y}_2$、$\overline{Y}_1$、$\overline{Y}_0$ 的逻辑表达式：

$$\overline{Y}_0=\overline{I_9+I_7\,\overline{I_8+I_9}+I_5\,\overline{I}_6\overline{I_8+I_9}+I_3\,\overline{I}_4\overline{I}_6\overline{I_8+I_9}+I_1\,\overline{I}_2\overline{I}_4\overline{I}_6\overline{I_8+I_9}}$$

$$\overline{Y}_1=\overline{I_7\,\overline{I_8+I_9}+I_6\,\overline{I_8+I_9}+I_3\,\overline{I}_4\overline{I}_5\overline{I_8+I_9}+I_2\,\overline{I}_4\overline{I}_5\overline{I_8+I_9}}$$

$$\overline{Y}_2=\overline{I_7\,\overline{I_8+I_9}+I_6\,\overline{I_8+I_9}+I_5\,\overline{I_8+I_9}+I_4\,\overline{I_8+I_9}}$$

$$\overline{Y}_3=\overline{I_8+I_9}$$

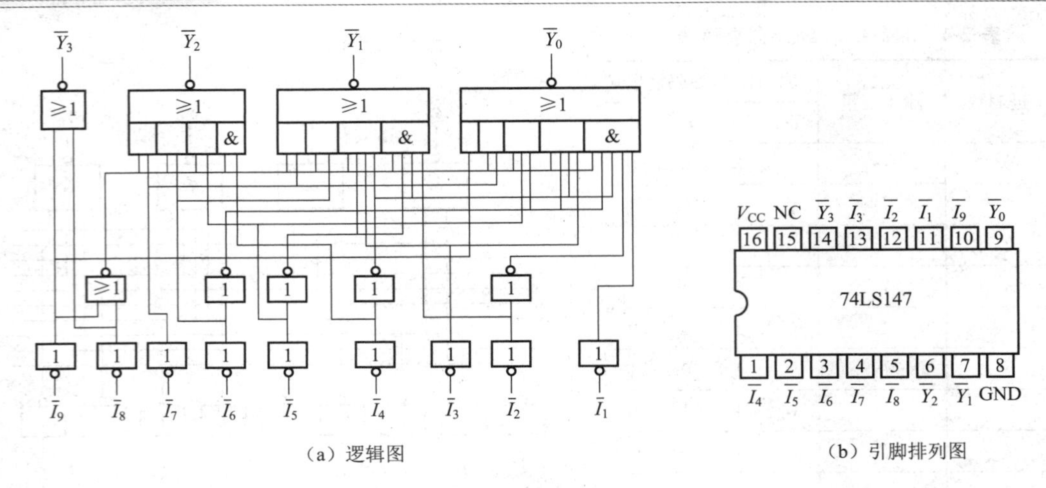

（a）逻辑图　　（b）引脚排列图

图 2-11　二-十进制优先编码器 74LS147

表 2-6 是 10 线-4 线 74LS147 优先编码器的真值表，$\overline{I}_9$的优先权最高，$\overline{I}_8$次之，依次类推 $\overline{I}_0$为最低。当几个输入端同时出现为 0 的信号时，编码器只对优先级别最高的进行编码。即编码器只对优先级别最高位出现 0 的输入端进行编码，而不管优先级别比它低的各位是否出现 0，因此比它级别低的输入端均用"×"表示。例如，当 $\overline{I}_9=0$ 时，不管其他输入端是什么，输出的是与 $\overline{I}_9$相对应的 8421BCD 码的反码，即 $\overline{Y}_3\overline{Y}_2\overline{Y}_1\overline{Y}_0=0110$，而不是 1001；如果 $\overline{I}_1$～$\overline{I}_9$ 均为 1 时，则 $\overline{Y}_3\overline{Y}_2\overline{Y}_1\overline{Y}_0=1111$，它是 8421BCD 码"0"的反码，隐含着对 $\overline{I}_0$的编码。

表 2-6　74LS147 优先编码器的真值表

输入									输出			
$\overline{I}_1$	$\overline{I}_2$	$\overline{I}_3$	$\overline{I}_4$	$\overline{I}_5$	$\overline{I}_6$	$\overline{I}_7$	$\overline{I}_8$	$\overline{I}_9$	$\overline{Y}_3$	$\overline{Y}_2$	$\overline{Y}_1$	$\overline{Y}_0$
×	×	×	×	×	×	×	0	0	1	1	0	0
×	×	×	×	×	×	×	0	1	0	1	1	1
×	×	×	×	×	×	0	1	1	1	0	0	0
×	×	×	×	×	0	1	1	1	1	0	0	1
×	×	×	×	0	1	1	1	1	1	0	1	0
×	×	×	0	1	1	1	1	1	1	0	1	1
×	×	0	1	1	1	1	1	1	1	1	0	0
×	0	1	1	1	1	1	1	1	1	1	0	1
0	1	1	1	1	1	1	1	1	1	1	1	0
1	1	1	1	1	1	1	1	1	1	1	1	1

74LS147 用作键盘编码器的电路如图 2-12 所示。通过编码器将按键表示的十进制数转换成相应的二进制数，送入计算机系统。由于编码器的输入信号与输出信号均为低电平有效，故在按键的一端接地，另一端通过电阻接电源，当按键按下时，为低电平，表示有信号输入；而按键松开时，为高电平，表示无有效信号输入。对于输出端，则采用反相器输出，使输出信号反相为高电平。

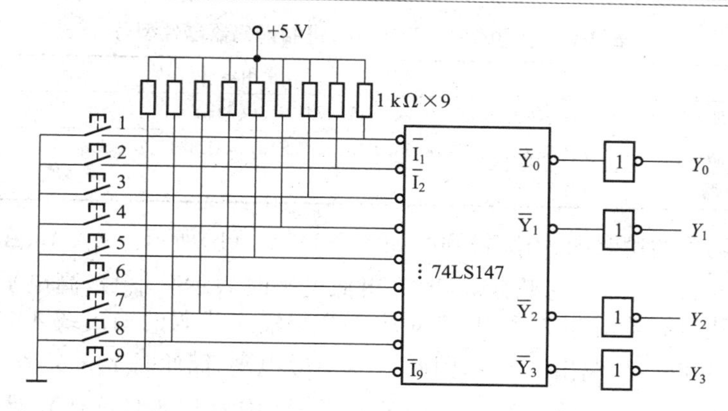

图 2-12　74LS147 用作键盘编码器的电路

第三节　译　码　器

译码是将代码的特定含义“翻译”出来，是编码的逆过程。实现译码功能的组合电路称为译码器。目前，数字电路中所用的译码器均采用集成器件，它有多个输入线和输出线，输入是一组二进制代码，输出是具有特定含义的逻辑信号，常见的输出信号是高电平或低电平。每个输出信号只对应于一组输入代码，因此一个输出信号与一组输入代码有着一一对应关系。

译码器的用途很广，种类很多，按照功能的不同，可分三类：

①变量译码器：用于表示输入变量状态，如二进制译码器。常见的有 2 线-4 线译码器、3 线-8 线译码器、4 线-16 线译码器等。

②码制变换译码器：用于同一个数据的不同代码间的变换，如二-十进制译码器。常见的有 BCD-十进制译码器。

③显示译码器：将数字、文字或符号的代码按其原意译成相应的输出信号，并通过显示器件显示。常见的有七段数码显示器。

二进制译码器和二-十进制译码器等又统称通用译码器。

一、二进制译码器

将二进制代码按其原意翻译成相应的输出信号的组合电路，称为二进制译码器。也称为 n 线-2^n线译码器，即它有 n 条输入线，2^n条输出线。其功能是将 n 位二进制代码译成 2^n种输出状态。图 2-13 所示为 3 线-8 线译码器的示意图，图中有 3 条输入线，即输入变量数为 3，可组成 3 位二进制代码；有 8 条输出线，分别对应于 8 个输出状态。每条输出线对应于一组输入代码，在某一时刻只有一条输出线为有效电平，其余输出线为无效电平。

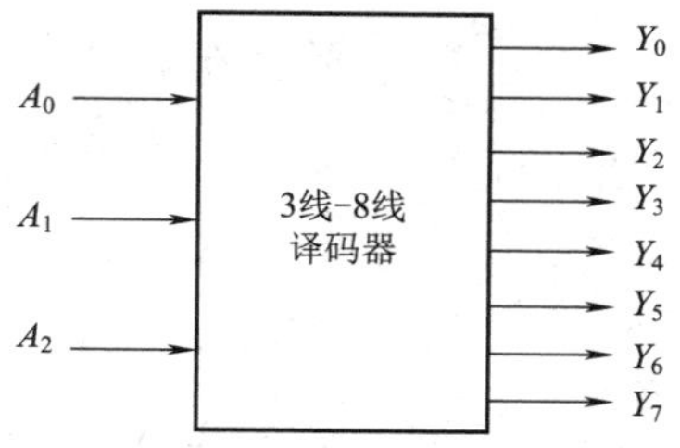

图 2-13　3 线-8 线译码器的示意图

常用的中规模集成二进制译码器器件型号见表 2-7。现以 3 线-8 线 74LS138 译码器为例说明译码器的工作原理。

表 2-7 常用的中规模集成二进制译码器器件型号

功　能	常用器件型号
2 线-4 线译码器	74LS139、74LS539、74LS155、74LS156、74LS239
3 线-8 线译码器	74LS138、74LS548、74LS131、74LS137、74LS237、74LS238
4 线-16 线译码器	74LS154

74LS138 译码器的逻辑图、引脚排列图如图 2-14(a)、(b)所示。A_0、A_1、A_2 为 3 条输入线，$\overline{Y}_0 \sim \overline{Y}_7$ 为 8 条输出线，输出低电平有效，即输出低电平时表示有信号，高电平时表示无信号。输出信号与输入代码有着对应关系，只有对应于某组输入代码的输出线才会输出有效电平。例如，当 $A_2A_1A_0=000$ 时，输出 $\overline{Y}_0=0$，因此 $\overline{Y}_0$ 为有效电平，而此时 $\overline{Y}_1 \sim \overline{Y}_7$ 均为 1，它们均为无效电平；当 $A_2A_1A_0=001$ 时，输出 $\overline{Y}_1=0$，而 $\overline{Y}_0$、$\overline{Y}_2 \sim \overline{Y}_7$ 均为 1，此时只有 $\overline{Y}_1$ 是有效电平。依次类推，其真值表见表 2-8。

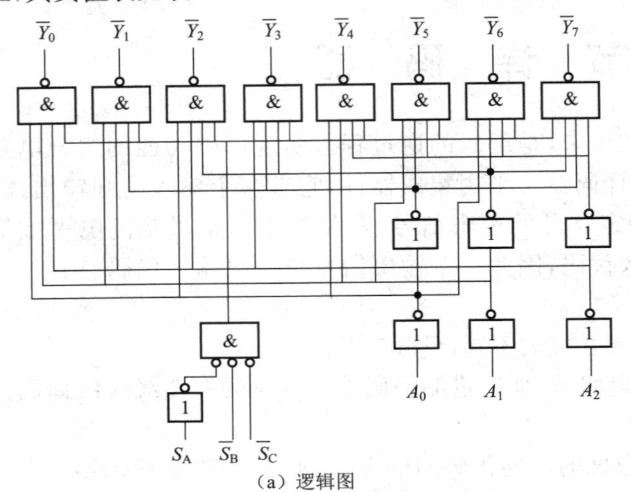

（a）逻辑图

（b）引脚排列图

图 2-14 74LS138 译码器的逻辑图、引脚排列图

电路附加 3 个使能端 S_A、$\overline{S}_B$、$\overline{S}_C$，用来控制电路的工作状态。当 $S_A=1$，$\overline{S}_B=\overline{S}_C=0$ 时，译码器处于正常译码状态，这时输出 $\overline{Y}_0 \sim \overline{Y}_7$ 的状态由输入变量确定，由逻辑图可写出各输出的逻辑表达式：

$$\overline{Y}_0=\overline{\overline{A}_2\overline{A}_1\overline{A}_0}$$
$$\overline{Y}_1=\overline{\overline{A}_2\overline{A}_1A_0}$$
$$\overline{Y}_2=\overline{\overline{A}_2A_1\overline{A}_0}$$
$$\overline{Y}_3=\overline{\overline{A}_2A_1A_0}$$
$$\overline{Y}_4=\overline{A_2\overline{A}_1\overline{A}_0}$$
$$\overline{Y}_5=\overline{A_2\overline{A}_1A_0}$$
$$\overline{Y}_6=\overline{A_2A_1\overline{A}_0}$$
$$\overline{Y}_7=\overline{A_2A_1A_0}$$

表 2-8 74LS138 译码器真值表

输入					输出							
使能		数码										
S_A	$\overline{S}_B+\overline{S}_C$	A_2	A_1	A_0	$\overline{Y}_0$	$\overline{Y}_1$	$\overline{Y}_2$	$\overline{Y}_3$	$\overline{Y}_4$	$\overline{Y}_5$	$\overline{Y}_6$	$\overline{Y}_7$
×	1	×	×	×	1	1	1	1	1	1	1	1
0	×	×	×	×	1	1	1	1	1	1	1	1
1	0	0	0	0	0	1	1	1	1	1	1	1
1	0	0	0	1	1	0	1	1	1	1	1	1
1	0	0	1	0	1	1	0	1	1	1	1	1
1	0	0	1	1	1	1	1	0	1	1	1	1
1	0	1	0	0	1	1	1	1	0	1	1	1
1	0	1	0	1	1	1	1	1	1	0	1	1
1	0	1	1	0	1	1	1	1	1	1	0	1
1	0	1	1	1	1	1	1	1	1	1	1	0

当 $S_A=0$，$\overline{S}_B+\overline{S}_C=1$ 时，译码禁止，所有输出端同时出现高电平。S_A、$\overline{S}_B$、$\overline{S}_C$ 端又称选通端，合理使用，可以实现片选功能，可以将多片译码器连接起来，以扩展译码器的位数。例如用两片 74LS138 可组成 4 线-16 线译码器，如图 2-15 所示。将输入的 4 位二进制代码 $A_3A_2A_1A_0$ 译成 16 个独立的低电平信号 $\overline{Y}_0\sim\overline{Y}_{15}$。由图 2-14(a)可见，74LS138 仅有 3 个地址输入端 $A_2A_1A_0$。如果想对 4 位二进制代码译码，只能利用一个选通端（S_A、$\overline{S}_B$、$\overline{S}_C$ 当中的一个）作为第四个地址输入端。我们希望当输入为 0000～0111 时，第一片 74LS138 工作；当输入为 1000～1111 时，第二片 74LS138 工作。可见，用代码最高位控制两片译码器的选通端实现片选功能，可以使它们交替工作。

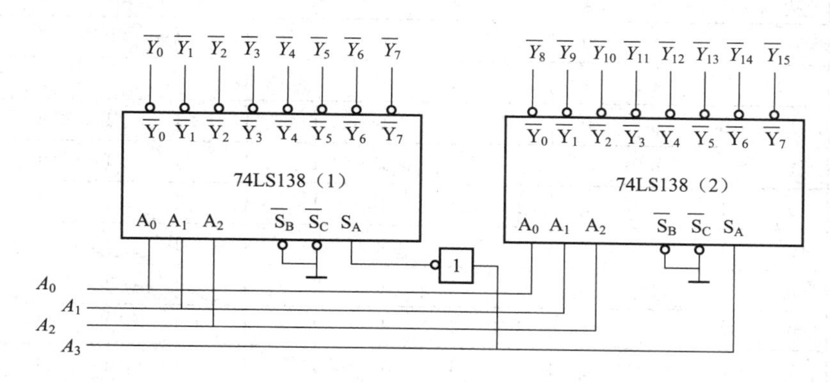

图 2-15　用两片 74LS138 组成 4 线-16 线译码器

用译码器还可实现组合逻辑函数。因为二进制译码器输出能产生输入变量的所有最小项。低电平输出时：$\overline{Y}_i=\overline{m}_i$，而任何一个组合逻辑函数都可以变换为最小项之和的标准形式。因此，用译码器和门电路可实现任何单输出或多输出的组合逻辑函数。当译码器输出低电平有效时，选用与非门共同实现。

【例 2-3】　用译码器和门电路实现逻辑函数：$Y=\overline{A}\,\overline{B}C+AB\,\overline{C}+C$。

解：①选择译码器。由于 Y 中有 3 个变量 A、B、C，故应选 3 线-8 线译码器，如 74LS138。因 74LS138 输出为低电平有效，故选用与非门。

②将 Y 变换为标准与或表达式。

$$\begin{aligned}Y&=\overline{A}\,\overline{B}\,C+AB\,\overline{C}+ABC+A\,\overline{B}\,C+\overline{A}\,BC\\&=m_1+m_3+m_5+m_6+m_7\\&=\overline{\overline{m_1}\cdot\overline{m_3}\cdot\overline{m_5}\cdot\overline{m_6}\cdot\overline{m_7}}\end{aligned}$$

③令 $A_2=A$、$A_1=B$、$A_0=C$，可画出逻辑电路如图 2-16 所示。

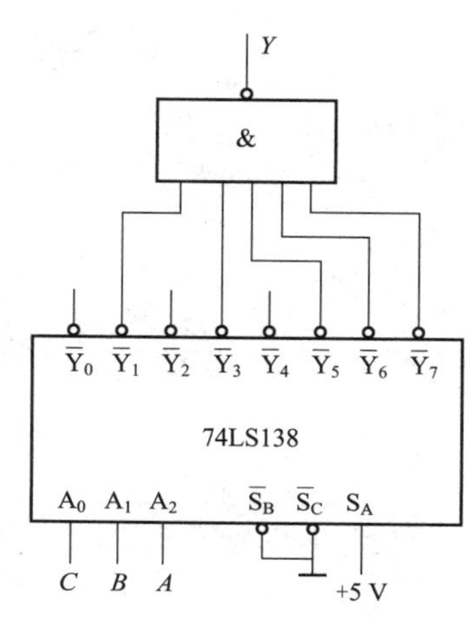

图 2-16　逻辑电路

二、二-十进制译码器

将二-十进制代码翻译成对应的 10 个十进制数字信号的组合电路，称为二-十进制译码器。现以 4 线-10 线 74LS42 译码器为例说明其工作原理，其真值表见表 2-9。

表 2-9　二-十进制译码器真值表

序号	输入				输出									
	A_3	A_2	A_1	A_0	$\overline{Y}_0$	$\overline{Y}_1$	$\overline{Y}_2$	$\overline{Y}_3$	$\overline{Y}_4$	$\overline{Y}_5$	$\overline{Y}_6$	$\overline{Y}_7$	$\overline{Y}_8$	$\overline{Y}_9$
0	0	0	0	0	0	1	1	1	1	1	1	1	1	1
1	0	0	0	1	1	0	1	1	1	1	1	1	1	1
2	0	0	1	0	1	1	0	1	1	1	1	1	1	1
3	0	0	1	1	1	1	1	0	1	1	1	1	1	1
4	0	1	0	0	1	1	1	1	0	1	1	1	1	1
5	0	1	0	1	1	1	1	0	1	0	1	1	1	1
6	0	1	1	0	1	1	1	1	1	1	0	1	1	1
7	0	1	1	1	1	1	1	1	1	1	1	0	1	1
8	1	0	0	0	1	1	1	1	1	1	1	1	0	1
9	1	0	0	1	1	1	1	1	1	1	1	1	1	0
伪码	0	1	0	0	1	1	1	1	1	1	1	1	1	1
	0	1	0	1	1	1	1	1	1	1	1	1	1	1
	0	1	1	0	1	1	1	1	1	1	1	1	1	1
	0	1	1	1	1	1	1	1	1	1	1	1	1	1
	1	0	0	0	1	1	1	1	1	1	1	1	1	1
	1	0	0	1	1	1	1	1	1	1	1	1	1	1

图 2-17(a)、(b)为 74LS42 译码器的逻辑图、引脚排列图。这种译码器有 4 条输入线 A_0、A_1、A_2、A_3，输入是 4 位 BCD 码，有 10 条输出线 $\overline{Y}_0 \sim \overline{Y}_9$，分别对应十进制的 10 个数字，输出低电平有效。当 $A_3A_2A_1A_0=0110$ 时，输出 $\overline{Y}_6=0$，其余均为 1，只有 $\overline{Y}_6$ 为有效电平。当 $A_3A_2A_1A_0=1001$ 时，输出 $\overline{Y}_9=0$，其余均为 1，$\overline{Y}_9$ 为有效电平，以此类推。根据逻辑图可写出各输出端的逻辑表达式：

$$\overline{Y}_0=\overline{\overline{A}_3\overline{A}_2\overline{A}_1\overline{A}_0}$$

$$\overline{Y}_1=\overline{\overline{A}_3\overline{A}_2\overline{A}_1A_0}$$

$$\overline{Y}_2=\overline{\overline{A}_3\overline{A}_2A_1\overline{A}_0}$$

$$\overline{Y}_3=\overline{\overline{A}_3\overline{A}_2A_1A_0}$$

$$\overline{Y}_4=\overline{\overline{A}_3A_2\overline{A}_1\overline{A}_0}$$

$$\overline{Y}_5=\overline{\overline{A}_3A_2\overline{A}_1A_0}$$

$$\overline{Y}_6=\overline{\overline{A}_3A_2A_1\overline{A}_0}$$

$$\overline{Y}_7=\overline{\overline{A}_3A_2A_1A_0}$$

$$\overline{Y}_8=\overline{A_3\overline{A}_2\overline{A}_1\overline{A}_0}$$

$$\overline{Y}_9=\overline{A_3\overline{A}_2\overline{A}_1A_0}$$

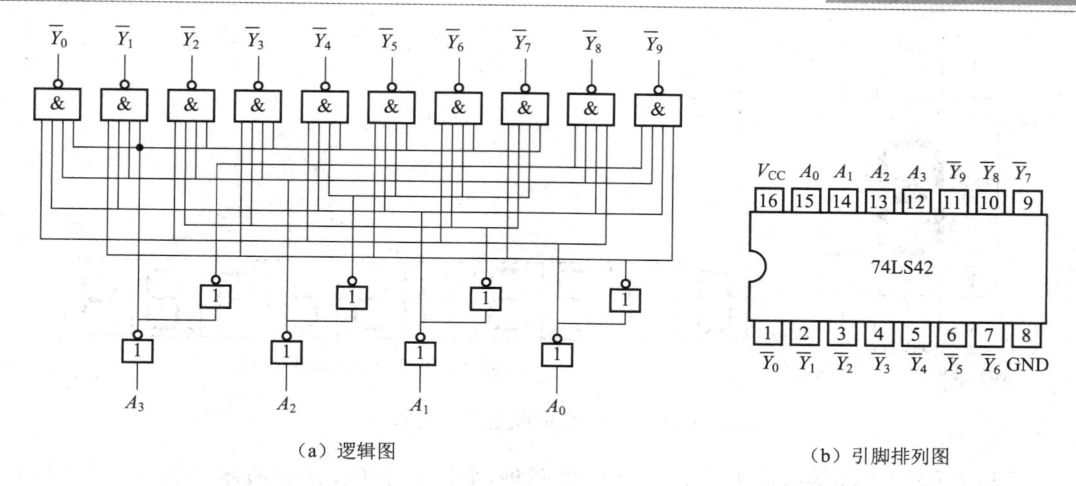

(a) 逻辑图　　(b) 引脚排列图

图 2-17　74LS42 译码器的逻辑图、引脚排列图

74LS42 译码器采用完全译码方式，未使用约束项，故能自动拒绝伪码输入，当输入为 1010～1111 这 6 个无效状态时，输出端 $\overline{Y}_0$～$\overline{Y}_9$ 均为 1，译码器拒绝译出。

若输出 $\overline{Y}_8$ 和 $\overline{Y}_9$ 闲置不用时，可将 $A_2A_1A_0$ 作为三位代码输入线，而将 A_3 作为使能端(低电平有效)，此时，74LS42 译码器可作为 3 线-8 线译码器使用。按这种使用方法，还可将两片 74LS42 接成 4 线-16 线译码器。

三、显示译码器

将数字、符号或文字的二进制编码翻译成人们习惯的形式，并能直观显示的电路，称显示译码器。数字显示电路一般由译码器、驱动器和显示器组成，用于数字测量仪表、计算机和其他数字系统中。目前，显示器件种类较多，现仅介绍几种常用的数码显示器和七段显示译码器。

1. 常用的数码显示器

数码显示器是用来显示数字、符号和文字的器件。常用的数码显示器有辉光数码管、荧光数码管、半导体数码管、液晶显示器等。

(1)半导体数码管(LED)

半导体数码管是用发光二极管组成的字形显示器件。常用磷砷化镓、磷化镓、砷化镓等半导体制成 PN 结，并且其掺杂浓度很高。当 PN 结外加正向电压而导通时，能辐射发光。发出光线的波长与磷和砷的比例有关，磷的比例越大波长越短，通常能发出红、绿、黄等不同颜色的可见光。

将七个条形的发光二极管排列成“日”字形，封装在一起即构成了半导体数码管。七个条形的发光二极管组成七个字段，利用七个字段的组合，便可显示 0～9 十个数字。图 2-18(a)为国产 BS202 七段数码管的外形及引脚排列图，图 2-18(b)为各段组合显示的字形。有些数码管的右下角还增加了一个小数点 D_P，成为字形的第八段。当译码器输入代码为 0011 时，a、b、c、d、g 段亮，显示“3”字；当译码器输入代码为 1000 时，七段全亮，显示“8”字。

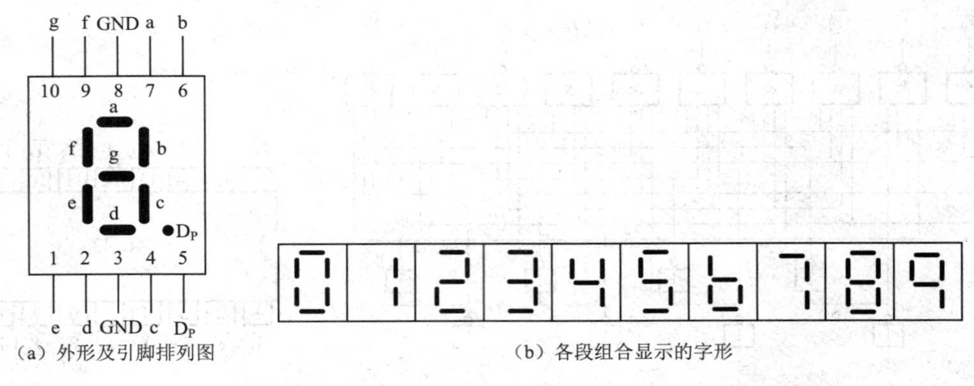

(a) 外形及引脚排列图 (b) 各段组合显示的字形

图 2-18 BS202 七段数码管

LED 数码管内部接线有共阳极和共阴极两种,如图 2-19(a)、(b)所示。由于 LED 数码管工作电压较低,可以直接用 TTL 或 CMOS 集成电路驱动,也可以用七段显示译码器驱动。对于共阴极的 LED 数码管,字段在接高电平时发光,可以直接用输出高电平的七段显示译码器 74LS48 驱动;对于共阳极的 LED 数码管,字段在接低电平时发光,可以直接用输出低电平的七段显示译码器 74LS47 驱动。否则,需加一级反相器进行电平转换。

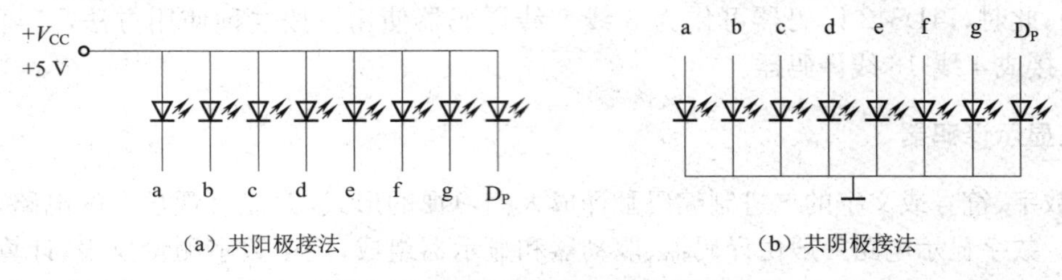

(a) 共阳极接法 (b) 共阴极接法

图 2-19 LED 数码管内部电路接法

LED 数码管的优点是工作电压低(1.5~3 V)、字形清晰、亮度高、体积小、寿命长、可靠性强、响应速度快、颜色种类多,能与集成电路直接连接,在各种数字系统和数字仪表中应用广泛,缺点是工作电流比较大。常用的 LED 数码管型号见表 2-10。

表 2-10 常用的 LED 数码管型号

类 型	型 号					
共阴极	BS201	BS202	BS207	LC5011-11	LC5012-11	LDD580
共阳极	BS204	BS206	BS211	BS212	LA5011-11	LA5012-11

(2)液晶显示器(LCD)

液晶显示器是利用液态晶体在电场作用下对光的反射变化的原理实现显示的。液态晶体简称液晶,是一种介于晶体和液体之间的有机化合物。液晶具有液体的流动性,又具有晶体的光学特性,利用液晶的颜色和透明度受电场影响的特点制成显示器。液晶显示器有分段式和点阵式显示屏两种。它是一种被动式显示器件,液晶本身不发光,仅借助环境光来显示字形,因此不能在黑暗中显示。

在无外加电场下,液晶分子取向规则排列,如图 2-20(a)所示,液晶呈透明状态,射入的光线大部分由反射电极反射回来,显示器呈白色。当各段电极外加电场后,液晶因电离而产生正离子，这些正离子在电场下运动并碰撞其他液晶分子，破坏了液晶分子的规则排列，使液晶呈混浊状态，如图 2-20(b)所示，对入射光产生散射，仅有少量光反射回来，显示器呈暗灰色，可显示相应的字形。当外加电场消失，液晶又恢复规则状态。

液晶分段式显示屏的结构示意图如图 2-20(c)所示，它在一块很平整的玻璃上喷上二氧化锡透明导电层，将它光刻成七段透明电极，作为正面电极。用同样的方法，在另一块玻璃上制成“日”字形电极，作为反面电极（公共电极），然后封装成间隙约为 10 μm 的液晶盒，注入液晶后密封，即成了液晶显示器。如在正面电极的某些段和公共电极间加上适当的电压时，这些段的夹层液晶就会受到电场作用，吸收环境光后就把字形显示出来。只要选择不同的电极组合，并加上适当电压，就能显示 0～9 各个字形。

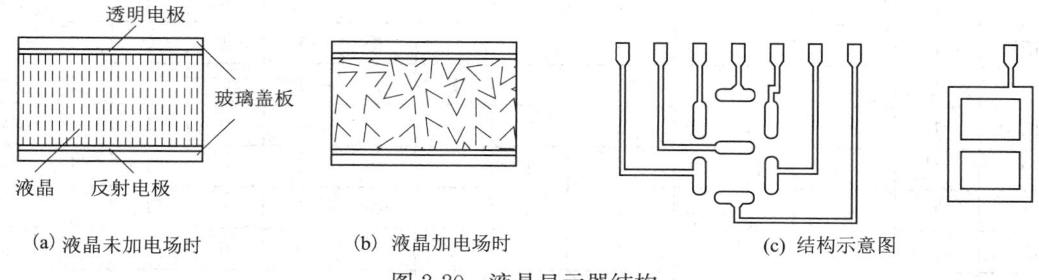

(a) 液晶未加电场时　　(b) 液晶加电场时　　(c) 结构示意图

图 2-20　液晶显示器结构

液晶显示器的最大优点是工作电流极小，功耗很低，工作电压也很低，但它的缺点是亮度差，响应速度慢。一般使用在电子钟表、电子计算器以及各种便携式仪器仪表中。液晶显示器需要专用译码器驱动，常用的有 C4055、C4056、C306 等。图 2-21 所示为用 C4056 直接驱动 LCD 的电路。

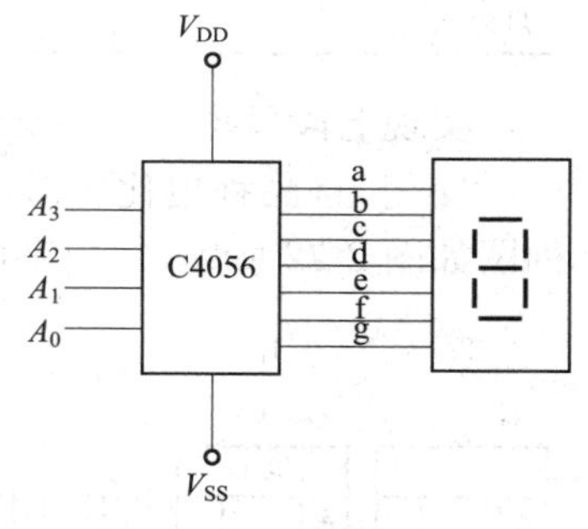

图 2-21　用 C4056 直接驱动 LCD 的电路

2. 七段显示译码器

使用半导体数码管和液晶显示器时，必须配合使用七段显示译码器。通过七段显示译码器先将输入的 BCD 码译出，然后经驱动电路点亮对应的字段。因此，七段显示译码器的功能就是将 4 个输入端的 BCD 码翻译成可驱动七段数码管所需的电平，以显示 BCD 码所对应的十进制数。

现以 A_0～A_3表示输入的 8421BCD 码，以 Y_a～Y_g表示输出的驱动七段数码管对应段的电平信号，并以 1 表示显示段亮，以 0 表示灭。七段显示译码器 74LS48 的真值表以及相应显示字形见表 2-11，其中还规定了 1010～1111 这六种状态的字形。

表 2-11　七段显示译码器 74LS48 的真值表以及相应显示字形

十进制数或功能	输入			$\overline{BI}/\overline{RBO}$	输出							
	$\overline{LT}$	$\overline{RBI}$	A_3 A_2 A_1 A_0		Y_a	Y_b	Y_c	Y_d	Y_e	Y_f	Y_g	字形
0	1	1	0 0 0 0	1	1	1	1	1	1	1	0	0
1	1	×	0 0 0 1	1	0	1	1	0	0	0	0	1
2	1	×	0 0 1 0	1	1	1	0	1	1	0	1	2

续上表

十进制数或功能	输入			输出								
	$\overline{LT}$	$\overline{RBI}$	A_3 A_2 A_1 A_0	$\overline{BI}/\overline{RBO}$	Y_a	Y_b	Y_c	Y_d	Y_e	Y_f	Y_g	字形
3	1	×	0 0 1 1	1	1	1	1	1	0	0	1	3
4	1	×	0 1 0 0	1	0	1	1	0	0	1	1	4
5	1	×	0 1 0 1	1	1	0	1	1	0	1	1	5
6	1	×	0 1 1 0	1	0	0	1	1	1	1	1	6
7	1	×	0 1 1 1	1	1	1	1	0	0	0	0	7
8	1	×	1 0 0 0	1	1	1	1	1	1	1	1	8
9	1	×	1 0 0 1	1	1	1	1	0	0	1	1	9
10	1	×	1 0 1 0	1	0	0	0	1	1	0	1	⊏
11	1	×	1 0 1 1	1	0	0	1	1	0	0	1	⊐
12	1	×	1 1 0 0	1	0	1	0	0	0	1	1	⊔
13	1	×	1 1 0 1	1	1	0	0	1	0	1	1	⊆
14	1	×	1 1 1 0	1	0	0	0	1	1	1	1	⊢
15	1	×	1 1 1 1	1	0	0	0	0	0	0	0	全暗
灭灯	×	×	× × × ×	0	0	0	0	0	0	0	0	全暗
灭零	1	0	0 0 0 0	0	0	0	0	0	0	0	0	全暗
灯测试	0	×	× × × ×	1	1	1	1	1	1	1	1	8

实现七段显示译码功能的电路可以用若干与非门组成。目前,中规模集成显示译码器已广泛使用,且品种也比较多。现以 74LS48 为例说明其工作原理。74LS48 的逻辑图、引脚排列图如图 2-22 所示,它由字段译码电路和辅助控制电路两部分组成。

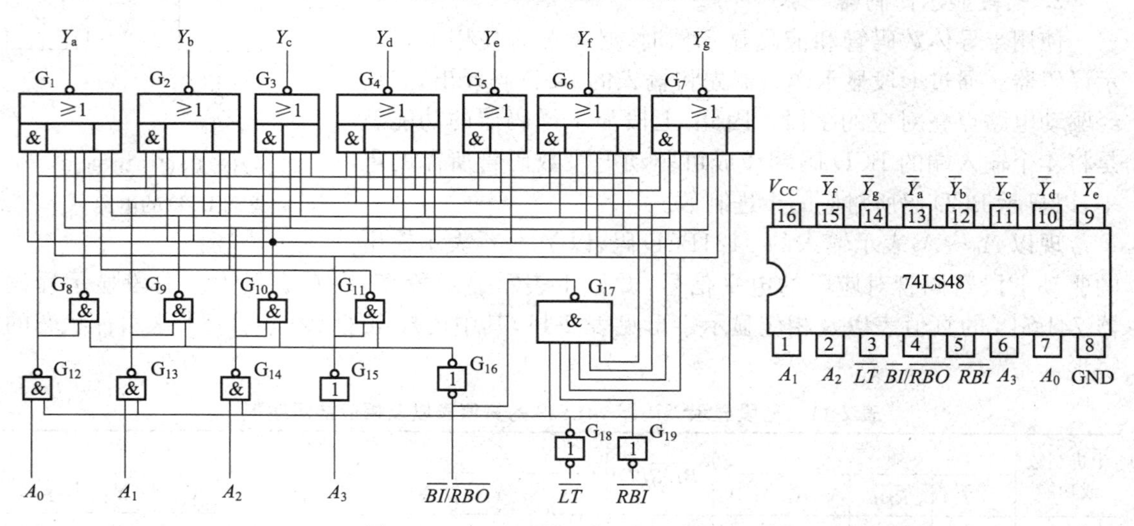

图 2-22　74LS48 的逻辑图、引脚排列图

(1)字段译码电路

在辅助控制信号$\overline{LT}$、$\overline{RBI}$、$\overline{BI}/\overline{RBO}$均为 1 时,电路实现正常译码。根据逻辑图可写出各

段输出信号的逻辑表达式：

$$Y_a=\overline{A_2\overline{A}_0+A_3A_1+\overline{A}_3\overline{A}_2\overline{A}_1A_0}$$

$$Y_b=\overline{A_2\overline{A}_1A_0+A_3A_1+A_2A_1\overline{A}_0}$$

$$Y_c=\overline{A_3A_2+\overline{A}_2A_1\overline{A}_0}$$

$$Y_d=\overline{A_2\overline{A}_1\overline{A}_0+\overline{A}_2\overline{A}_1A_0+A_2A_1A_0}$$

$$Y_e=\overline{A_0+A_2\overline{A}_1}$$

$$Y_f=\overline{A_1A_0+\overline{A}_2A_1+\overline{A}_3\overline{A}_2A_0}$$

$$Y_g=\overline{A_2A_1A_0+\overline{A}_3\overline{A}_2\overline{A}_1\,\overline{LT}}$$

(2)辅助控制电路

为了增加器件的功能，电路中增加了试灯、灭灯、灭零辅助功能。各辅助控制信号均为低电平有效，当它们接高电平或悬空时，不影响译码电路的正常工作。

① 试灯输入$\overline{LT}$。$\overline{LT}$的功能是用来测试数码管各段能否正常发光。当$\overline{LT}=0$、$\overline{BI}/\overline{RBO}=1$时，$G_{12}\sim G_{14}$输出均为1，而$G_8\sim G_{10}$输出均为0，等效于$A_2A_1A_0=000$，由$Y_a\sim Y_f$逻辑表达式可知，各表达式中的所有乘积项都至少带有$A_0\sim A_2$的一个因子，使$Y_a\sim Y_f$输出均为1，而$Y_g$逻辑表达式中因有$\overline{LT}=0$，所以$Y_g$输出也为1，这时七段全亮，显示“8”。若某一段不亮，说明该段有问题，以此达到测试的目的。

② 灭灯输入$\overline{BI}$。$\overline{BI}$的功能是用来控制数码管的显示或消隐。当$\overline{BI}=0$时，G_{16}输出为0，$G_8\sim G_{11}$的输出均为1，与试灯情况恰好相反，等效于$A_3A_2A_1A_0=1111$，译码输出$Y_a\sim Y_g$均为0，七段全暗，实现了灭灯作用。$\overline{BI}$信号为高电平时，能正常显示，这样可利用$\overline{BI}$信号实现显示或消隐。

③ 灭零输入$\overline{RBI}$。$\overline{RBI}$的功能是用来熄灭不希望显示的零。例如，由6个数码管连成6位十进制数字显示系统时，在显示46.8时将出现046.800字样，为了显示清晰，应将前后多余的零熄灭。

当输入$A_3A_2A_1A_0=0000$时，本该显示0，如果需要将这个零熄灭，可加入$\overline{RBI}=0$的信号。由逻辑图可知，当$\overline{RBI}=0$，$\overline{LT}=1$时，若输入$A_3A_2A_1A_0=0000$，则G_{17}的输入全为1，使G_{17}、G_{16}为0，$G_8\sim G_{11}$的输出均为1，$Y_a\sim Y_g$输出均为0，使本该显示的0熄灭，实现了灭零要求。

当输入其他非零数码时，$G_{12}\sim G_{15}$的输出中至少有一个为0，G_{17}输出就为1，解除了对$G_8\sim G_{11}$门的封锁，所以对非零数码可正常显示。

④ 灭零输出$\overline{RBO}$。灭零输出$\overline{RBO}$与灭灯输入$\overline{BI}$共用一个引出端。$\overline{RBO}$的功能是用作灭零指示，又称动态灭零，其输出表达式为

$$\overline{RBO}=\overline{\overline{A}_3\overline{A}_2\overline{A}_1\overline{A}_0\,\overline{LT}\,RBI}$$

上式表明，当$A_3A_2A_1A_0=0000$、$\overline{LT}=1$时，且有灭零输入$\overline{RBI}=0$时，$\overline{RBO}$才会输出0，因此$\overline{RBO}=0$表示该数位已将本来应显示的0熄灭了，说明本位处在灭零状态。此时可输出一个灭零信号$\overline{RBO}$到低位的灭零输入$\overline{RBI}$，允许低一位灭零；但当$\overline{RBO}=1$时，低一位就不能灭零。这样可消去混合小数的前零和无用的尾零，而保留非0数码和有效的0数码。例如，0605.300可显示为605.3，如图2-23所示。

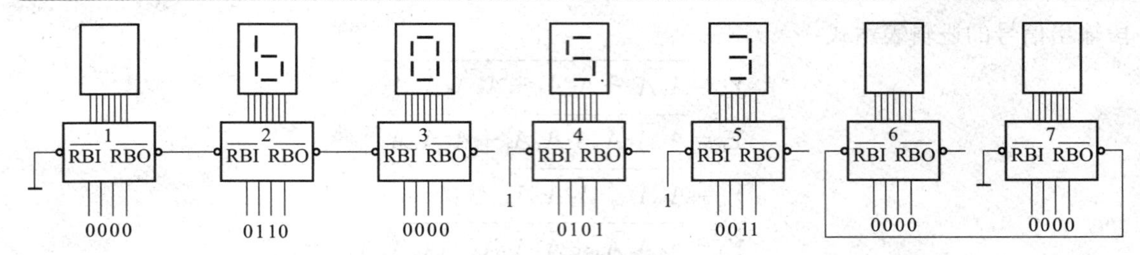

图 2-23　有灭零控制的 6 位数码显示系统

将$\overline{RBO}$与$\overline{RBI}$配合使用，可实现多位数码显示系统的灭零控制。在图 2-23 中使各译码器的$\overline{LT}$=1，并使整数部分的最高位$\overline{RBI}$接 0，最低位$\overline{RBI}$接 1，高位的$\overline{RBO}$接低位的$\overline{RBI}$；而对小数部分的最高位$\overline{RBI}$接 1，最低位$\overline{RBI}$接 0，低位的$\overline{RBO}$接高位的$\overline{RBI}$，这样就能将前后多余的零灭掉。

在这种连接方式下，只有整数部分的最高位的零会灭掉，并且在熄灭的情况下，低位才有灭零输入信号；而小数部分的最低位的零会灭掉，在熄灭的情况下，高位才有灭零输入信号。本例中，片 1 的零会熄灭，片 3 的零不会熄灭，而片 6、片 7 的零会熄灭。如果各位全为 0，则只有小数点的前一位和后一位的零被显示，即显示为 0.0。这种灭零控制方法使显示结果更醒目。

常用的七段显示译码器见表 2-12。其中 74LS47 与 74LS48 显示字形相同，46 与 74LS49 显示字形相同，74LS48 与 74LS49 的差别仅在于显示 6 和 9 的字形不同，另外 46 与 246、47 与 247、48 与 248 的差别也在于显示 6 和 9 的字形不同，它们的显示译码原理相同。

表 2-12　常用的七段显示译码器

型　号	特　　点
7446A	BCD 码输入，低电平 OC 输出，输出电压 30 V，吸收电流 40 mA，16 引脚，字形与 246 不同
74LS47	BCD 码输入，低电平 OC 输出，输出电压 15 V，吸收电流 24 mA，16 引脚，字形与 247 不同
74LS48	BCD 码输入，高电平输出，输出电压 5.5 V，吸收电流 6 mA，16 引脚，字形与 47 同
74LS49	BCD 码输入，高电平 OC 输出，输出电压 5.5 V，吸收电流 8 mA，14 引脚，字形与 46 同

七段显示译码器 74LS48 可直接驱动共阴极的 LED 数码管。74LS48 的输出端内部有上拉电阻(2 kΩ)，因此在与 LED 数码管连接时无须外接电阻。但当 V_{CC}=5 V 时，输出电流仅 2 mA，如果数码管需要较大电流时，需要在上拉电阻上并联适当电阻，图 2-24 给出了 74LS48 驱动 BS202 数码管的连接方法。

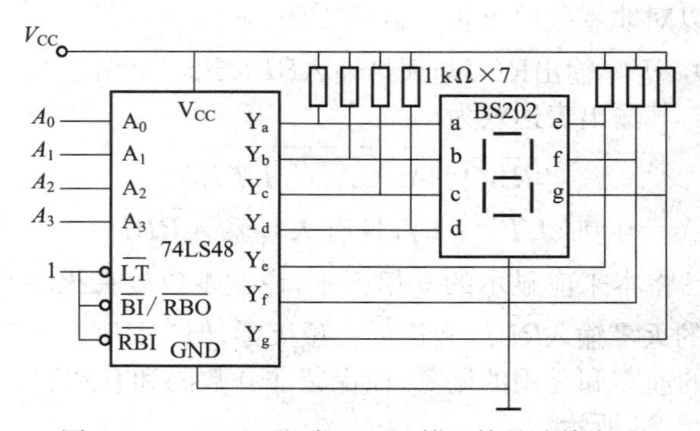

图 2-24　74LS48 驱动 BS202 数码管的连接方法

第四节　运　算　器

在数字系统中，实现算术运算和逻辑运算的电路称为运算电路。算术运算电路一般能实现加、减、乘、除等四则运算；而逻辑运算电路主要实现逻辑加、逻辑乘、逻辑非等功能。目前在计算机中都是将算术运算分解成若干步加法运算来完成的，因此，加法器是构成算术运算器的基本单元。

一、加法器

1. 半加器

不考虑低位来的进位将两个1位二进制数相加，称为半加。实现半加运算的组合电路称为半加器。

按照二进制加法运算规则可以列出两个1位二进制数相加的真值表，如表2-13所示。其中A、B是两个加数，S为相加的和，CO为向高位的进位。半加器的逻辑图、逻辑符号如图2-25所示。由真值表可得出和S、进位CO的函数表达式为

$$S=\overline{A}B+A\overline{B}=A\oplus B \qquad CO=AB$$

表2-13　半加器真值表

A	B	S	CO
0	0	0	0
0	1	1	0
1	0	1	0
1	1	0	1

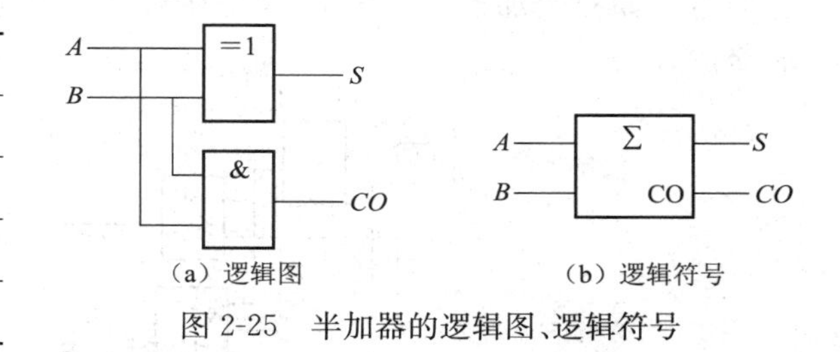

图2-25　半加器的逻辑图、逻辑符号

2. 全加器

两个同位的二进制数和来自低位的进位3个数相加，称为全加，实现全加运算的组合电路称为全加器。

例如，两个4位二进制数$A=1011$，$B=1110$相加，运算如下：

	第4位	第3位	第2位	第1位	第0位	
		1	0	1	1	……A
		1	1	1	0	……B
+	1	1	1	0		……低位的进位
	1	1	0	0	1	

如果用A_i、B_i表示第i位的两个二进制数，C_{i-1}表示低位向i位送来的进位，S_i表示i位的全加和，C_i表示向高位的进位，按照全加运算规则可以列出真值表，见表2-14。由真值表可得出和数S_i、进位数C_i的函数表达式：

$$S_i=\overline{A}_i\overline{B}_iC_{i-1}+\overline{A}_iB_i\overline{C}_{i-1}+A_i\overline{B}_i\overline{C}_{i-1}+A_iB_iC_{i-1}=A_i\oplus B_i\oplus C_{i-1}$$

$$C_i=\overline{A}_iB_iC_{i-1}+A_i\overline{B}_iC_{i-1}+A_iB_i\overline{C}_{i-1}+A_iB_iC_{i-1}=A_iB_i+(A_i\oplus B_i)C_{i-1}$$

表 2-14　全加器真值表

A_i	B_i	C_{i-1}	S_i	C_i
0	0	0	0	0
0	0	1	1	0
0	1	0	1	0
0	1	1	0	1
1	0	0	1	0
1	0	1	0	1
1	1	0	0	1
1	1	1	1	1

根据上式就可以用异或门组成全加器。C_i的表达式中不直接写出最简与或表达式，而是利用 S_i中已存在的 $A_i\oplus B_i$，从而简化整体电路。全加器的逻辑图、逻辑符号如图 2-26 所示。

对上述表达式进行适当变换，这样全加器还可以用与非门组成，也可制成专用的集成全加器。如双全加器 74LS183 就是在对上述表达式进行变换后，用异或非门制成的集成全加器。

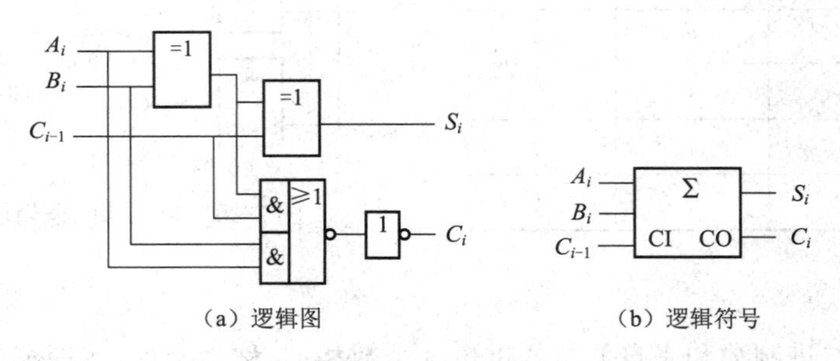

（a）逻辑图　　（b）逻辑符号

图 2-26　全加器的逻辑图、逻辑符号

二、集成加法器

集成加法器就是将多个全加器集成到一个芯片上，是利用多个全加器组成多位二进制数加法运算的电路。

实现多位二进制数的加法运算电路很多，并行相加逐位进位的加法器是其中的一种。例如，有两个 4 位二进制数 $A_3A_2A_1A_0$ 和 $B_3B_2B_1B_0$ 相加，可采用 TTL 集成加法器 T692 来完成。

图 2-27 为 T692 的逻辑图、引脚排列图，其功能是实现 4 位二进制数并行相加、逐位进位。它由 4 个全加器组成，它们之间的级联方式已在电路内部解决，即依次将低位的进位输出端 CO 接到高位的进位输入端 CI，这样就构成了 4 位加法器。显然，每一位的加法运算，都必须等到低位加法完成并送来进位之后才能进行，这种进位方式称为串行进位。

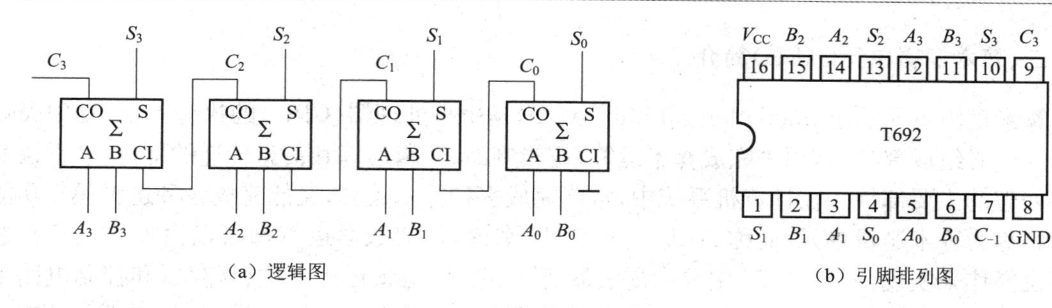

图 2-27　T692 的逻辑图、引脚排列图

这种加法器的优点是电路结构简单，缺点是运算速度低。在速度要求不高的情况下，这种加法器仍不失为一种可取的电路。

为了提高运算速度，必须设法减小由于进位信号逐级传送所消耗的时间。这样就产生了超前进位（又称先行进位或并行进位）的加法器。集成电路加法器 74LS283、T693、CC4008 等就是 4 位超前进位二进制并行加法器。图 2-28 为中规模集成 4 位全加器 74LS283 的引脚排列图和逻辑符号。

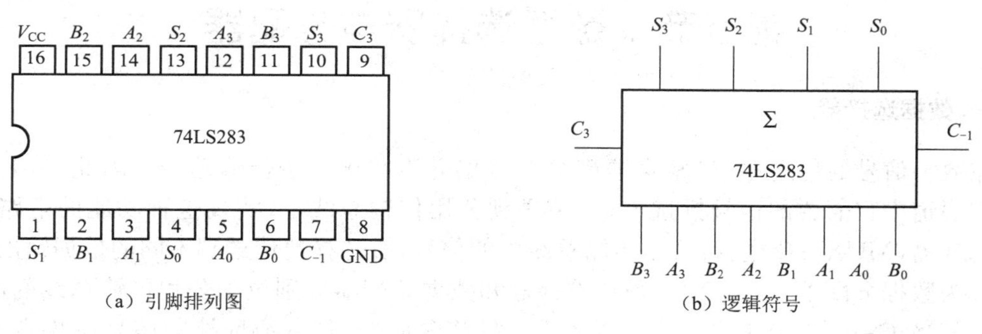

图 2-28　中规模集成 4 位全加器 74LS283 的引脚排列图和逻辑符号

超前进位的加法器在电路设计时增加一个逻辑判断电路，使之超前得出每一位全加器的进位输入信号。这种超前进位输入信号，可根据全加器真值表的运算规则得到，当 $AB=1$ 或 $A+B=1$ 且 $CI=1$ 时，在这两种情况下会产生进位信号。有了超前进位信号后就不必逐位传递进位信号了，这就提高了运算速度。

在计算机系统中常用 4 位二进制加法器作为运算单元。计算机中的一个字节是由 8 位二进制数组成的，而字长是指参与算术运算的二进制位数，一般是字节的整数倍。在 8 位机中，可用两块 74LS283 构成，其电路如图 2-29 所示。电路连接时，将低 4 位集成片的 C_{-1} 接地，C_3 进位接到高 4 位的 C_{-1} 端，两个二进制数 A、B 分别从低位到高位依次接到相应的输入端，就可实现 8 位超前进位的并行加法运算。应该指出，这种运算速度的提高是以增加电路的复杂程度为代价的，加法运算的位数越多，电路复杂程度越大。

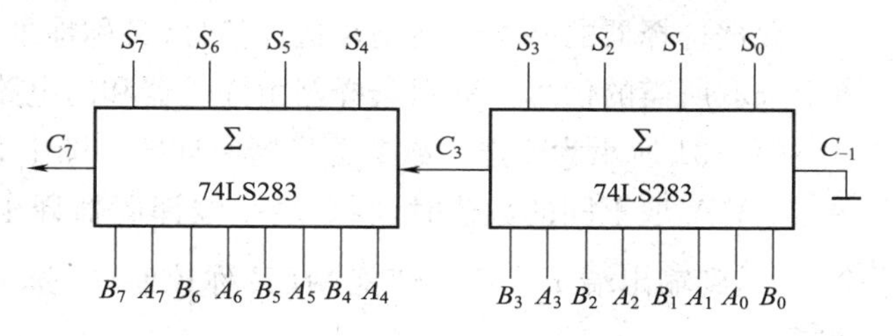

图 2-29　8 位超前进位的并行加法器

三、算术逻辑单元(ALU)简介

算术逻辑单元(arithmetic logical unit,ALU)是中央处理器(CPU)的执行单元,是中央处理器的核心组成部分;是用来完成算术运算、逻辑判断、逻辑运算和信息传递的部件,或者说是数据处理的主要部件。在计算机系统中,将能完成多种算术运算,又能完成各种逻辑操作功能的电路称为算术逻辑单元,简称 ALU。对 ALU 来说,任何数学运算都可以由加法运算和逻辑移位操作来实现,所以 ALU 主要由加法器、移位电路、逻辑运算部件、寄存器和控制电路组成,而加法器是 ALU 的核心部件。在指令译码器产生的操作控制信号作用下,完成各种算术运算、逻辑运算或其他操作。执行运算后,运算结果送到某寄存器,或送到芯片外的存储器进行保存。

算术逻辑单元与超前进位的加法器相比,具有下列特点:

①功能强。可实现多种算术运算和逻辑运算。

②速度快。它内部有超前进位功能。

③级联简单,使用方便。

第五节　数据选择器与分配器

一、数据选择器

在数字信号的传送中,经常会遇到多个数据通道共用一条传输总线。因此,需要从多个数据通道中将需要的信号挑选出来,传送到公用传输总线上,实现这种功能的电路称为数据选择器(MUX);反之,将公用传输总线上的信号,有选择地传送到不同的数据输出端的电路称为数据分配器(DMUX)。数据选择器和数据分配器分别位于公用传输总线的两端,其作用相当于一个多路开关,至于多路开关“拨”向何处,是由地址控制信号所决定的,如图 2-30所示。

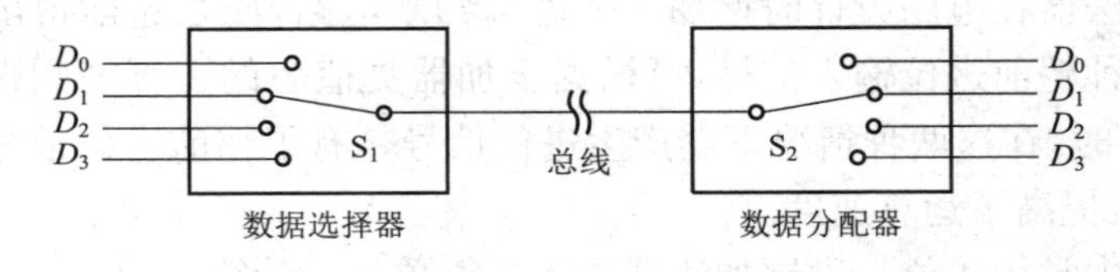

图 2-30　数据传输示意图

1. 数据选择器的功能及组成

数据选择器的基本功能是在选择信号(又称地址输入信号)的控制下,从多个数据输入通道中选取所需的信号。数据选择器由译码器和门电路组成。

图 2-31 所示为 4 选 1 数据选择器原理图。图中 $D_0 \sim D_3$ 为数据输入端,A_0、A_1 为地址输入端,当 A_1A_0 取不同的数值时,经 2 线-4 线译码器译出,可从 4 个数据输入端中选取所要的一个,并送到输出端 Y。$\overline{E}$ 为使能端(又称控制端、选通端),用于控制电路的工作状态和扩展功能。

由逻辑图可写出输出逻辑表达式:

$$Y=E(\overline{A}_1\overline{A}_0D_0+\overline{A}_1A_0D_1+A_1\overline{A}_0D_2+A_1A_0D_3)$$

表 2-15 为 4 选 1 数据选择器的真值表。

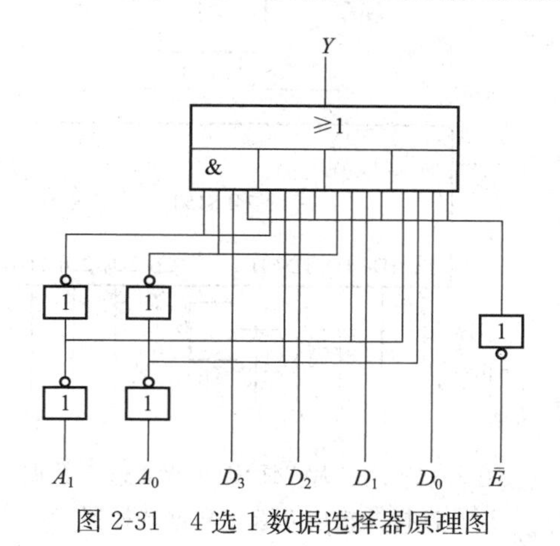

图 2-31　4 选 1 数据选择器原理图

表 2-15　4 选 1 数据选择器的真值表

使能端	选择端		输出
$\overline{E}$	A_1	A_0	Y
1	×	×	0
0	0	0	D_0
0	0	1	D_1
0	1	0	D_2
0	1	1	D_3

当 $\overline{E}=1$ 时，不论 4 个输入数据为何值，输出 $Y=0$，数据选择器被禁止，不工作。当 $\overline{E}=0$ 时，数据选择器正常工作，选择哪一路数据作为输出取决于地址输入状态。当 $A_1A_0=00$时，$Y=D_0$，即输入数据 D_0 被选中，并出现在输出端 Y；依次类推，当 $A_1A_0=01$ 时，$Y=D_1$；$A_1A_0=10$ 时，$Y=D_2$；$A_1A_0=11$ 时，$Y=D_3$。

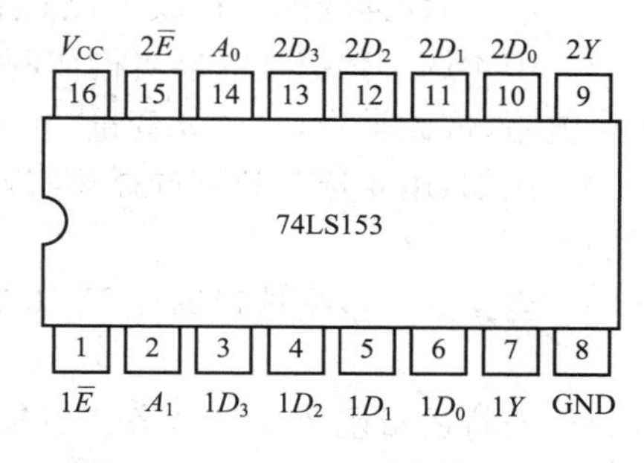

图 2-32　74LS153 引脚排列图

实现 4 选 1 功能的集成数据选择器有 74LS153（双 4 选 1）等，图 2-32 为 74LS153 引脚排列图。数据选择器除了 4 选 1 外，还有 2 选 1、8 选 1、16 选 1 等几种类型。常用集成数据选择器器件型号见表 2-16。

表 2-16　常用集成数据选择器器件型号

功　能	常 用 器 件 型 号
四 2 选 1	74LS157（同相）、74LS158（反相）、74LS257（三态同相）、74LS258（三态反相）
双 4 选 1	74LS153、74LS253（三态）、74LS352（反相）、74LS353（三态反相）、CC14539
8 选 1	74LS151（双输出）、74LS152（反相）、74LS351（双三态）、74LS356（三态锁存）
16 选 1	74LS150（反相）、74850、T578

2. 数据选择器的应用

数据选择器广泛应用于计算机、数字仪表等程序控制电路中，用来传送数据、完成数据并行到串行的转换等。下面举例说明中规模集成数据选择器的一些应用。

(1)扩展数据通道

当某一数据选择器的实际通道数不能满足所需通道数时，可进行数据通道扩展。扩展的方法有很多，现介绍用一片 74LS153 双 4 选 1 数据选择器构成 8 选 1 数据选择器，如图 2-33 所示。

8 选 1 的数据选择器需要 3 个地址输入端，此时可用芯片的公共地址输入端 A_0 和 A_1 作

为低位地址输入端 A_0 和 A_1，$1\overline{E}$ 作高位地址输入端 A_2，$2\overline{E}$ 通过一个非门接 A_2，同时将两个输出端相加。

当 $A_2=0$ 时，左边的数据选择器工作，按照地址 A_0、A_1 的状态，可从 $1D_0$～$1D_3$ 的四个数据通道中选取某一数据，并经过门 G_2 送到输出端 Y；反之，当 $A_2=1$ 时，右边的数据选择器工作，左边的被禁止，按照地址 A_0、A_1 的状态，可从 $2D_0$～$2D_3$ 中选取一个数据，再经过门 G_2 送到输出端 Y，这样就实现了 8 选 1 的功能。

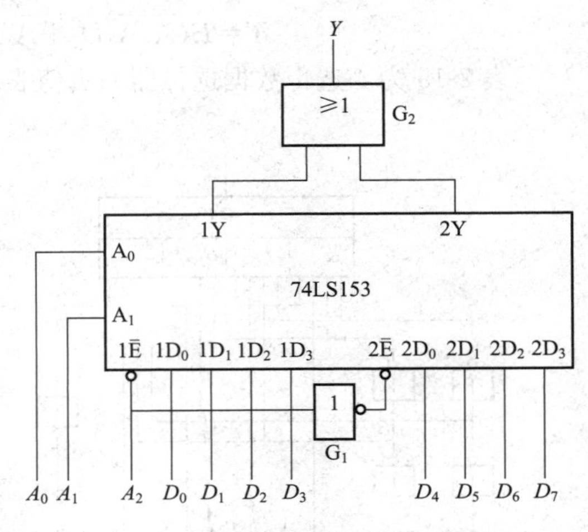

图 2-33　用一片 74LS153 双 4 选 1 数据选择器构成 8 选 1 数据选择器

同理，也可以用两个 8 选 1 数据选择器构成 16 选 1 数据选择器；用“5 个 4 选 1”来构成“16 选 1”等，读者可自行分析。

(2)用数据选择器构成组合电路

用 4 选 1 数据选择器可构成两变量的组合电路，用 8 选 1 数据选择器可构成三变量的组合电路，依此类推，一个 n 变量的组合电路，可用 2^n 选 1 的数据选择器构成。

例如，用 4 选 1 数据选择器实现下列逻辑函数：

$$Y=\overline{A}\,\overline{B}+\overline{A}B+A\overline{B}$$

当 4 选 1 数据选择器在 $\overline{E}=0$ 时，其输出端 Y 的表达式为

$$Y=\overline{A}_1\overline{A}_0D_0+\overline{A}_1A_0D_1+A_1\overline{A}_0D_2+A_1A_0D_3$$

若将逻辑函数变量 A 作地址输入 A_1，则 $A_1=A$，变量 B 作地址输入 A_0，则 $A_0=B$，这时数据选择器输出端 Y 为

$$Y=\overline{A}\,\overline{B}D_0+\overline{A}BD_1+A\overline{B}D_2+ABD_3$$

比较上述两式可知，若要两式相等，可令 $D_0=1$，$D_1=1$，$D_2=1$，$D_3=0$，这时，数据选择器输出的就是所要的逻辑函数。实现该逻辑函数的电路连接图如图 2-34(a)所示。

实际应用中，数据输入端可接 0 或 1，也可接入某个变量，利用这种接法可构成函数发生器。用数据选择器构成组合电路，设计简单，使用方便，应用广泛。

(3)将数据并行输入转换成串行输出

数据选择器能实现数据传送，将多位数据并行输入转换成串行输出。如图 2-34(b)所示，将 4 位并行数据预置在数据输入端 D_0～D_3，当地址输入 A_1A_0 依次由 00 递增到 11 时，4 个通道的并行数据依次传送到输出端，转换成串行数据。

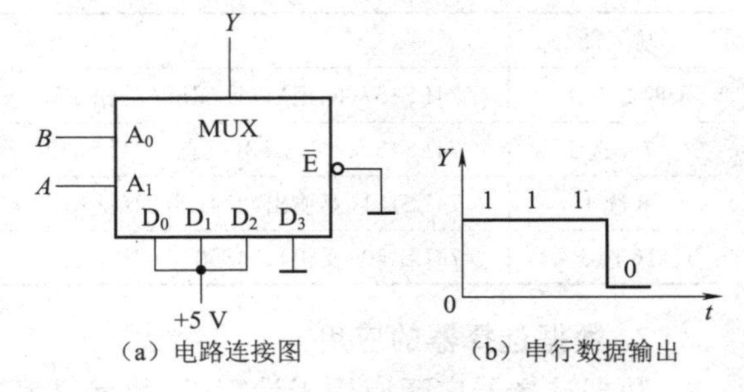

图 2-34　用 4 选 1 实现 $Y=\overline{A}\,\overline{B}+\overline{A}B+A\overline{B}$ 的连接图

(4)构成序列信号发生器

在数字传输与数字测试中，有时需要一组特定的串行数字信号，这种串行数字信号称序列信号，产生序列信号的电路称为序列信号发生器。用数据选择器可构成序列信号发生器。如要产生 00010111 的序列信号，可按图 2-35 所示连接电路，在数据输入端按所需的序列码顺序

设置高、低电平，当地址输入 $A_2A_1A_0$ 依次由 000 递增到 111，并反复循环时，则序列信号 00010111 连续不断重复产生。在需要修改序列信号时，只要修改数据输入端的高、低电平即可，所以又称可编序列信号发生器。

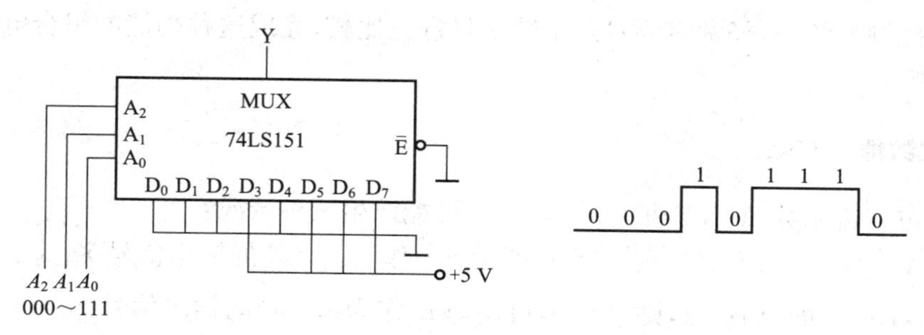

图 2-35 序列信号发生器

二、数据分配器

数据分配器与数据选择器操作过程相反。它能根据地址输入信号将输入数据传送到所指定的输出通路上去。图 2-36 所示为四路数据分配器，它有 1 个数据输入端 D，2 个地址输入端 A_0、A_1，4 个数据输出端 $Y_0 \sim Y_3$，并有 1 个使能端 $\overline{E}$。

当 $\overline{E}=0$ 时，电路能正常进行数据传送，这时若 $A_1A_0=00$，数据 D 送入 Y_0 通道；若 $A_1A_0=01$，数据 D 送入 Y_1 通道；$A_1A_0=10$，数据 D 送入 Y_2 通道；$A_1A_0=11$，数据 D 送入 Y_3 通道。当 $\overline{E}=1$ 时，电路被禁止。

由上述分析可以看出，若将数据分配器的使能端 $\overline{E}=0$，这时数据分配器就可作为二进制译码器使用，A_1A_0 相当于译码输入，D 相当于译码使能端；反之，具有"使能端"的二进制译码器可用作数据分配器。

例如，74LS138 可用作 8 路数据分配器，使用时，将译码器的使能端 S_A 作数据分配器的数据输入端 D，将 $\overline{S}_B$、$\overline{S}_C$ 并联作为数据分配器的使能端 $\overline{E}$，译码器的代码输入端 A_0、A_1、A_2 作为数据分配器的地址输入端 A_0、A_1、A_2，图 2-37 为 74LS138 用作 8 路数据分配器的连接方法。当 $A_2A_1A_0=000$ 时，输入数据 D 被送入 Y_0 通道，而其他通道不接通；当 $A_2A_1A_0=001$ 时，D 被送入 Y_1 通道，依次类推，完成数据分配的功能。

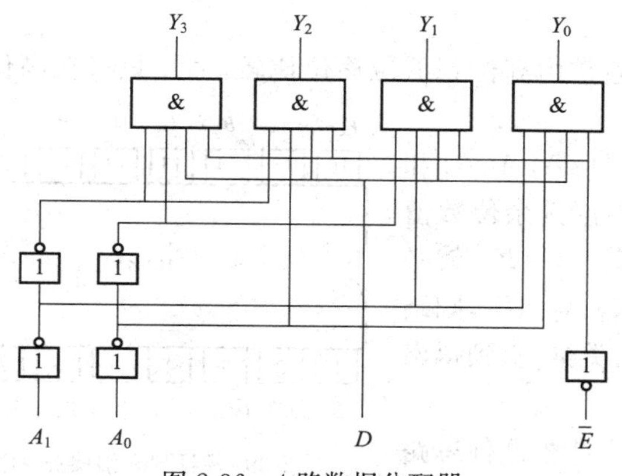

图 2-36 4 路数据分配器

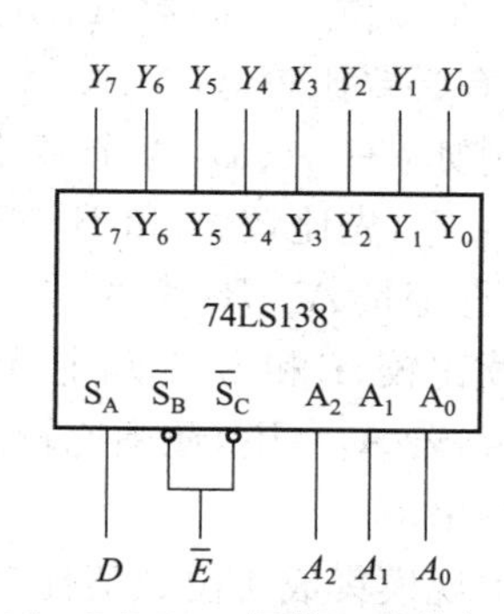

图 2-37 74LS138 用作 8 路数据分配器

※第六节　数值比较器

在数字控制系统中，经常需要对两个数字量进行比较，完成这种功能的组合电路称为数值比较器。

一、1 位数值比较器

两个 1 位二进制数 A 和 B 相比较的结果，可能产生三种情况：

①$A=1,B=0$，即 $A\overline{B}=1$，则 $A>B$，可用 $A\overline{B}$ 作为 $A>B$ 的输出信号 $Y_{A>B}$。

②$A=0,B=1$，即 $\overline{A}B=1$，则 $A<B$，可用 $\overline{A}B$ 作为 $A<B$ 的输出信号 $Y_{A<B}$。

③$A=B=0$ 或 $A=B=1$，即 $A\odot B=1$，则 $A=B$，可用 $A\odot B$ 作为 $A=B$ 的输出信号 $Y_{A=B}$。

根据以上分析，可列出 1 位数值比较器的真值表，见表 2-17。

根据真值表可写出输出信号的表达式：

$$Y_{A>B}=A\overline{B}$$

$$Y_{A<B}=\overline{A}B$$

$$Y_{A=B}=\overline{A}\,\overline{B}+AB$$

由表达式可画出其逻辑图，如图 2-38 所示。

表 2-17　1 位数值比较器真值表

输入		输　出		
A	B	$Y_{A>B}$	$Y_{A=B}$	$Y_{A<B}$
0	0	0	1	0
0	1	0	0	1
1	0	1	0	0
1	1	0	1	0

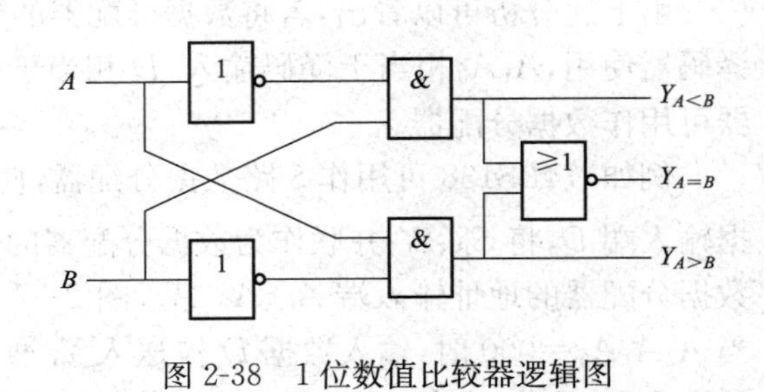

图 2-38　1 位数值比较器逻辑图

二、多位数值比较器

两个多位二进制数 A、B 进行比较时，通常由高位到低位逐位比较，而且只有在高位相等时，才有必要比较低位。

例如，有 A、B 两个 4 位二进制数 $A_3A_2A_1A_0$ 和 $B_3B_2B_1B_0$，先比较 A_3 和 B_3。若 $A_3>B_3$，不论其余位数值如何，肯定是 $A>B$；若 $A_3<B_3$，则 $A<B$；若 $A_3=B_3$，就必须继续比较 A_2 和 B_2 来确定 A、B 的大小。若 $A_2\neq B_2$，则结果可定，若 $A_2=B_2$，还须比较 A_1 和 B_1，依次类推，直到得出比较结果。

中规模集成 4 位数值比较器 74LS85 就是按这种思路设计的，图 2-39 为它的引脚排列图，表 2-18 为它的真值表。

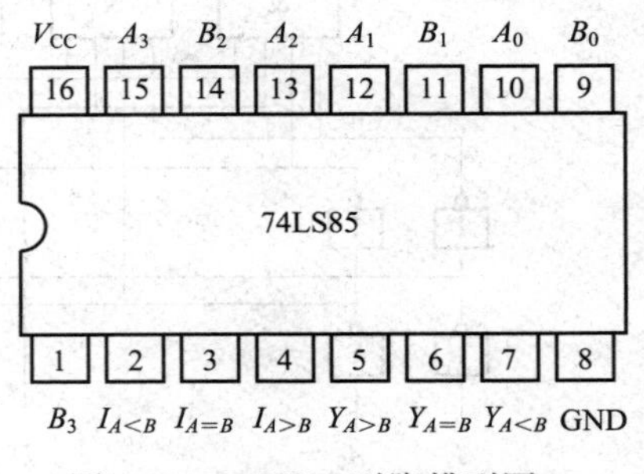

图 2-39　74LS85 引脚排列图

表 2-18 74LS85 真值表

输入							输出		
A_3B_3	A_2B_2	A_1B_1	A_0B_0	$I_{A>B}$	$I_{A=B}$	$I_{A<B}$	$Y_{A>B}$	$Y_{A=B}$	$Y_{A<B}$
$A_3>B_3$	×	×	×	×	×	×	1	0	0
$A_3<B_3$	×	×	×	×	×	×	0	0	1
$A_3=B_3$	$A_2>B_2$	×	×	×	×	×	1	0	0
$A_3=B_3$	$A_2<B_2$	×	×	×	×	×	0	0	1
$A_3=B_3$	$A_2=B_2$	$A_1>B_1$	×	×	×	×	1	0	0
$A_3=B_3$	$A_2=B_2$	$A_1<B_1$	×	×	×	×	0	0	1
$A_3=B_3$	$A_2=B_2$	$A_1=B_1$	$A_0>B_0$	×	×	×	1	0	0
$A_3=B_3$	$A_2=B_2$	$A_1=B_1$	$A_0<B_0$	×	×	×	0	0	1
$A_3=B_3$	$A_2=B_2$	$A_1=B_1$	$A_0=B_0$	1	0	0	1	0	0
$A_3=B_3$	$A_2=B_2$	$A_1=B_1$	$A_0=B_0$	0	0	1	0	0	1
$A_3=B_3$	$A_2=B_2$	$A_1=B_1$	$A_0=B_0$	×	1	×	0	1	0
$A_3=B_3$	$A_2=B_2$	$A_1=B_1$	$A_0=B_0$	1	0	1	0	0	0
$A_3=B_3$	$A_2=B_2$	$A_1=B_1$	$A_0=B_0$	0	0	0	1	0	1

图 2-39 中 $Y_{A>B}$、$Y_{A<B}$和 $Y_{A=B}$是比较结果的输出端，$A_3A_2A_1A_0$ 和 $B_3B_2B_1B_0$ 是两个 4 位数的输入端，$I_{A>B}$、$I_{A<B}$和 $I_{A=B}$是扩展端，供片间连接使用。在只比较两个 4 位数时，将扩展端 $I_{A<B}$和 $I_{A>B}$接低电平，$I_{A=B}$接高电平。

在比较两个 4 位以上的二进制数时，需要两片以上的 74LS85 组成位数更多的数值比较器。连接方法如图 2-40 所示。

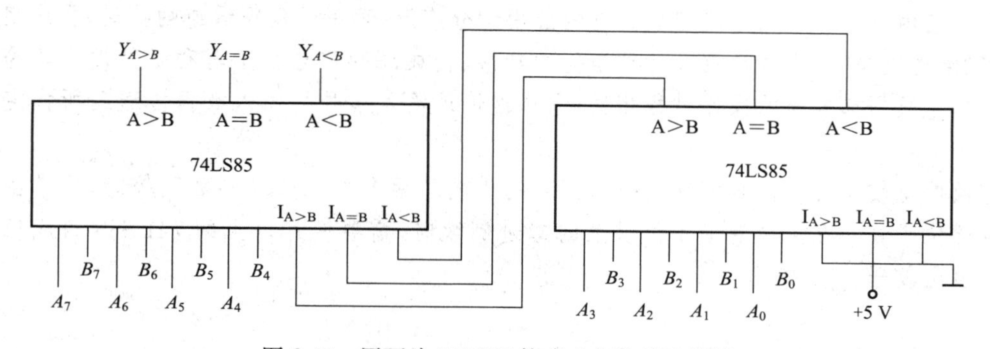

图 2-40 用两片 74LS85 构成 8 位数值比较器

由图可见，连接时将低位比较器的三个比较结果输出端 $Y_{A>B}$、$Y_{A=B}$和 $Y_{A<B}$对应接到高位比较器的扩展端 $I_{A>B}$、$I_{A=B}$和 $I_{A<B}$，当高位比较器的两个数值相等时，低位比较器输出的比较结果决定总的比较结果，最后比较结果由高位比较器输出端取出。

目前，已有的 8 位集成数值比较器有 74HC682、74LS686、74LS687（OC）、74LS688、74LS689（OC）。

知识归纳

①组合逻辑电路由门电路组成,它的特点是电路在任一时刻的输出信号仅取决于当前的输入信号,而与原来状态无关。分析组合电路的方法是根据给定的逻辑电路,找出输入与输出信号间的逻辑关系。组合电路的设计是根据命题要求,去设计一个符合要求的最佳逻辑电路,其关键是将实际问题抽象为一个逻辑问题,列出其真值表,写出表达式。在市场上,组合逻辑电路已有标准化的中规模集成逻辑器件。尽管它们在逻辑功能上有很大差别,但分析方法和设计方法是一致的。学习时应着重掌握它们的工作原理、功能特点与使用方法,对电路结构不必硬性记忆。

②编码是用一组代码来表示文字、符号或者数码等特定信息对象的过程。常采用二进制数作为代码,n 位二进制数有 2^n 个代码,可表示 2^n 个信号,在任一时刻只能对一个输入信号进行编码。常见的编码器有二进制编码器、二-十进制编码器和优先编码器等。

③译码是将代码的特定含义“翻译”出来。译码器的种类很多,按照功能可分成三类:

a. 变量译码器,典型的有 3 线-8 线 74LS138 译码器。

b. 码制变换译码器,典型的有 4 线-10 线 BCD-十进制译码器 74LS42。

c. 显示译码器,常用的显示器件有半导体数码管、液晶显示器等,七段显示译码器 74LS48 可直接驱动共阴极的 LED 数码管。

④实现算术运算的电路称为运算电路。加法器是构成算术运算器的基本单元,它有半加器和全加器两种。而集成加法器分串行进位和超前进位两种。超前进位的加法器增加了一个逻辑判断电路,能事先得到每位全加器的进位输入信号,提高了运算速度。

⑤数据选择器的基本功能是在地址输入信号的控制下,从多个数据输入通道中选取所需的信号。它由译码器和门电路组成。它的应用十分广泛,可用于数据通道的扩展、构成组合电路、实现传送数据、能完成数据并行到串行的转换、构成序列信号发生器和函数发生器等。数据分配器与数据选择器的操作过程相反,它根据地址输入信号将输入数据传送到所指定的输出通路上。

⑥数值比较器的功能是实现两个数字量的比较。两个多位二进制数比较时,通常由高位到低位逐位比较。在比较两个 4 位以上的二进制数时,需要两片以上的 74LS85 组成位数更多的数值比较器。

知识训练

题 2-1　组合逻辑电路在逻辑功能和电路结构上有什么特点?

题 2-2　分析图 2-41 所示电路逻辑功能,写出输出 Y 的逻辑函数表达式,列出真值表,指出电路完成什么逻辑功能。

题 2-3　设有一个组合电路,已知其输入和输出信号的波形如图 2-42 所示。试写出逻辑函数表达式,并用与非门组成最简逻辑电路。

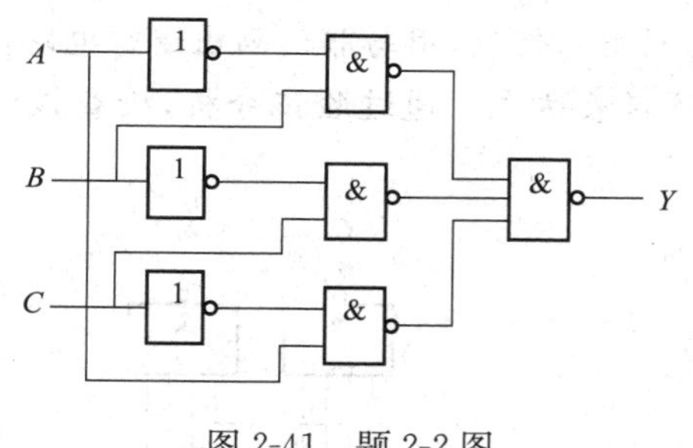

图 2-41　题 2-2 图

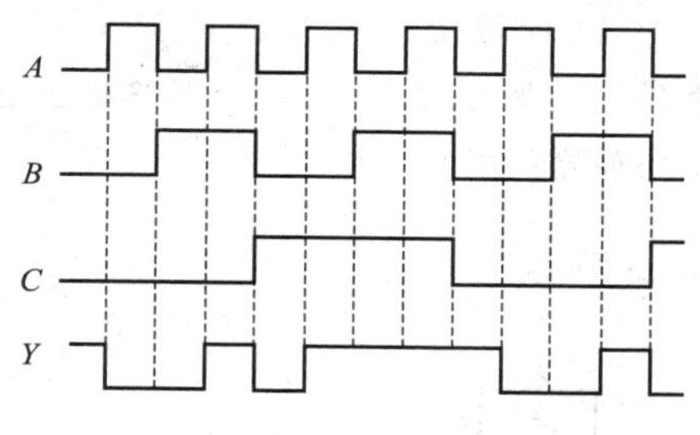

图 2-42　题 2-3 图

题 2-4　设计一个奇偶数校验电路，它有 3 个输入端 1 个输出端，其逻辑功能是当 3 个输入信号中有奇数个 1 时，输出为 1；否则输出为 0。

题 2-5　设有 3 台电动机 A、B、C，要求：(1)A 开机时则 B 必须也开机；(2)B 开机时则 C 必须也开机。如果不满足上述要求，即发出报警信号。试写出报警信号的逻辑表达式，并画出用与非门实现的逻辑电路图。

题 2-6　何谓编码？何谓编码器？对编码器的输入信号有什么要求？

题 2-7　分析图 2-43 所示编码器的工作原理，并说明：

(1)这是几进制编码器？

(2)当开关 S_3 闭合时，输出 Y_0、Y_1、Y_2 为何状态？S_7 闭合时，输出 Y_0、Y_1、Y_2 又为何状态？

题 2-8　何谓译码？何谓译码器？简述 74LS138 译码器的译码工作原理。

题 2-9　分析图 2-44 所示电路的逻辑功能。列出真值表，指出电路完成什么逻辑功能。

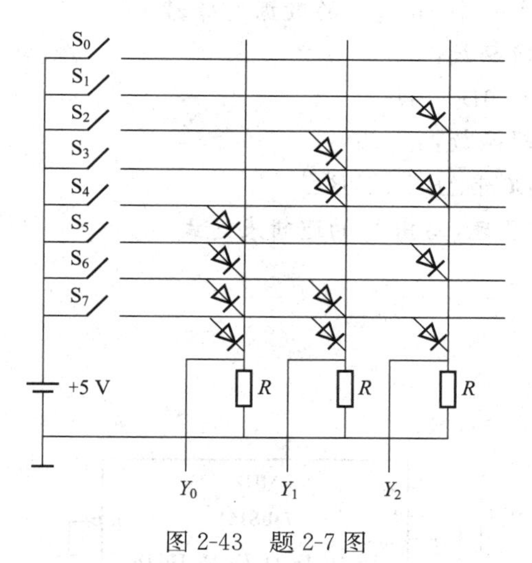

图 2-43　题 2-7 图

图 2-44　题 2-9 图

题 2-10　试用两片 74LS42 译码器组成一个 4 线-16 线译码器，画出电路连接图。

题 2-11　图 2-45 所示为 74LS138 译码器作为函数发生器，试写出输出 Y 与输入变量 A、B、C 的逻辑函数。

题 2-12　一组交通灯有红黄绿灯各一个，设灯都不亮或两个、三个灯同时亮为故障情况，试用 3 线-8 线译码器和门电路组成故障指示电路。

题 2-13　设计一个如图 2-46 所示的五段荧光数码管显示电路。要求在输入变量 $AB=$

00、01、10、11 时依次能显示 E、F、H、O 四个字符。列出真值表，用与非门画出逻辑电路图。

题 2-14　写出图 2-47 所示电路输出 S_i、C_i 的逻辑表达式。通过验证分析，检查该电路能否实现全加器的功能。

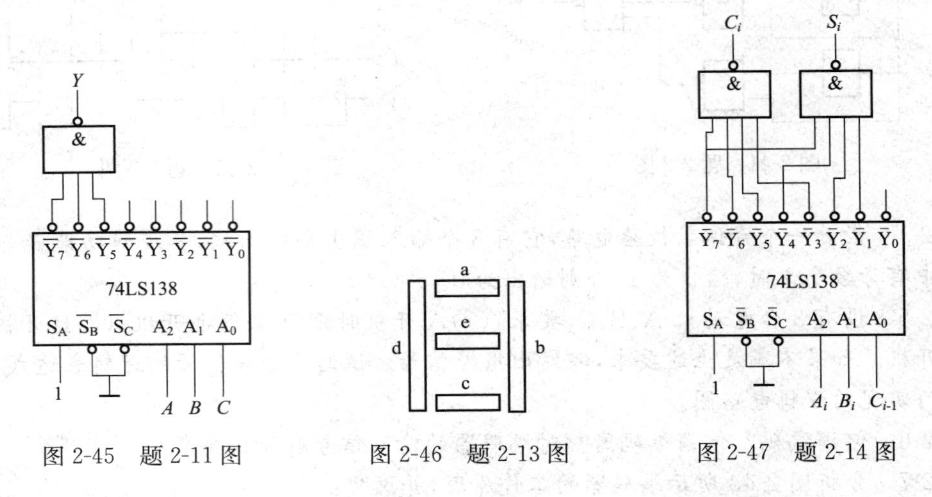

图 2-45　题 2-11 图　　图 2-46　题 2-13 图　　图 2-47　题 2-14 图

题 2-15　试用两片 74LS283 构成 8 位二进制加法器，画出逻辑电路图。

题 2-16　何谓数据选择器、分配器？它们的基本功能是什么？

题 2-17　图 2-48 是一个四通道的数据选择器，试分析当 A_1、A_0 取不同值时，输出 Y 与输入信号 D_3、D_2、D_1、D_0 的关系。

题 2-18　试用两片 8 选 1 数据选择器构成一个 16 选 1 的数据选择器。

题 2-19　试用 4 选 1 数据选择器实现逻辑函数：

$$Y=\overline{A}\,\overline{B}+\overline{A}B+AB$$

题 2-20　试用 8 选 1 数据选择器实现逻辑函数：

$$Y=\overline{A}\,\overline{B}\,\overline{C}+ABC+\overline{A}BC+AB\overline{C}$$

题 2-21　试分析图 2-49 所示电路的工作原理，写出 Y 的逻辑表达式。

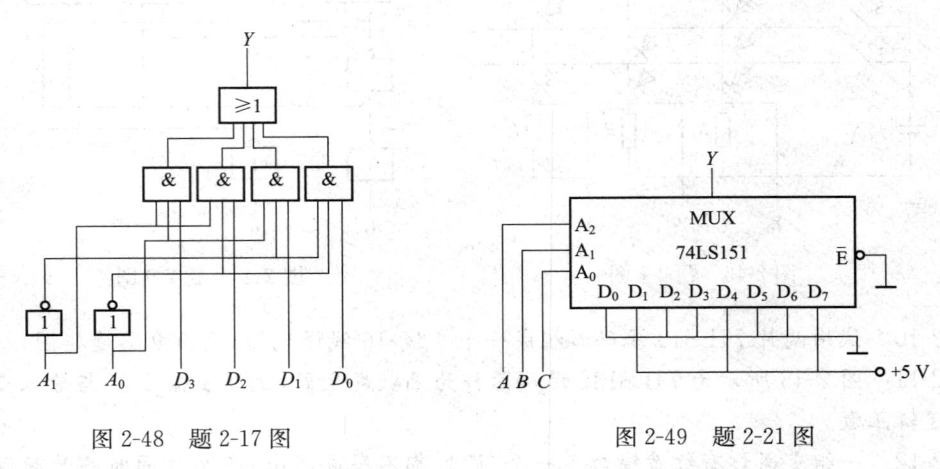

图 2-48　题 2-17 图　　图 2-49　题 2-21 图

题 2-22　试分析图 2-50 所示电路的工作原理，问图中三个发光二极管哪个发光？

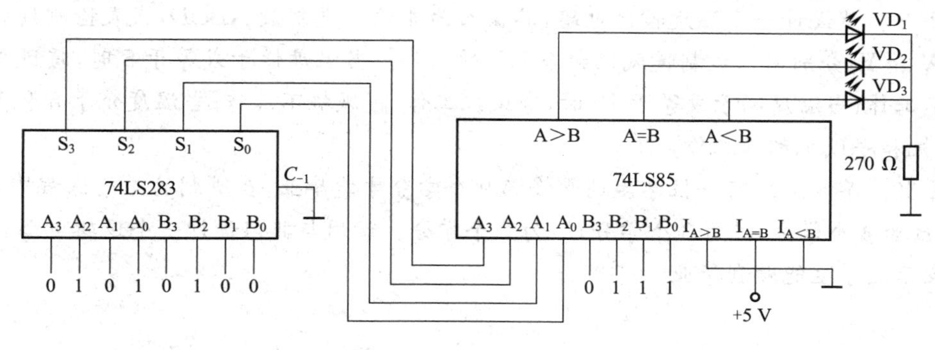

图 2-50 题 2-22 图

题 2-23 采用与非门设计下列逻辑电路：

(1)三变量非一致电路。

(2)三变量判奇电路(含1的个数)。

(3)三变量多数表决电路。

题 2-24 用译码器实现下列逻辑函数,画出连线图。

(1)$Y_{1(A,B,C)}=\sum m(3,4,5,6)$。

(2)$Y_{2(A,B,C,D)}=\sum m(1,3,5,9,11)$。

(3)$Y_{3(A,B,C,D)}=\sum m(2,6,9,12,13,14)$。

题 2-25 试用 74LS151 数据选择器实现逻辑函数：

(1)$Y_{1(A,B,C)}=\sum m(1,3,5,7)$。

(2)$Y_{2(A,B,C)}=\overline{A}\,\overline{B}C+\overline{A}BC+AB\overline{C}+ABC$。

(3)$F=\overline{A}\,\overline{C}+\overline{A}BD+\overline{B}\,\overline{C}+\overline{B}\,\overline{D}$。

(4)$F=A\overline{B}+\overline{B}C+D$。

题 2-26 设计一位二进制全减器(包括低位借位)电路。

题 2-27 设计一个用与非门实现的路灯控制电路,要求在四个不同的地方都能独立地控制路灯。

题 2-28 写出图 2-51 所示各电路输出信号的逻辑表达式,并说明电路的逻辑功能。

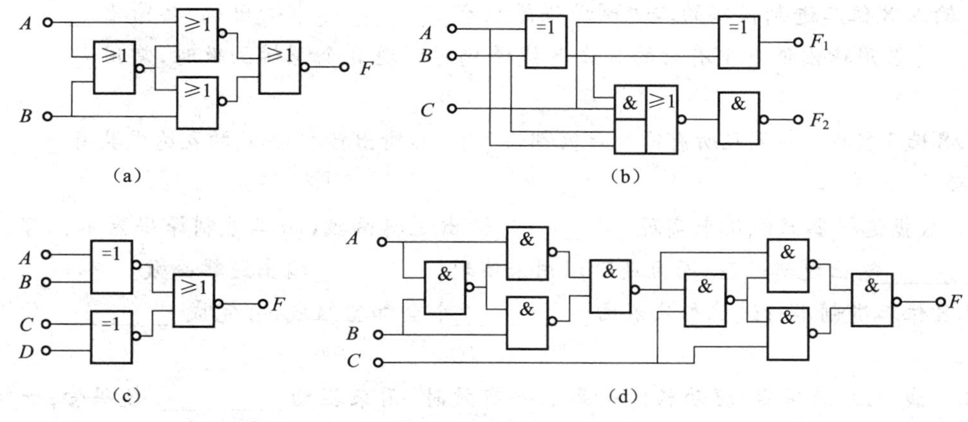

图 2-51 题 2-28 图

题 2-29 试设计一个温度控制电路，其输入为 4 位二进制数 $ABCD$，代表检测到的温度，输出为 X 和 Y，分别用来控制暖风机和冷风机的工作。当温度低于或等于 5 时，暖风机工作，冷风机不工作；当温度高于或等于 10 时，冷风机工作，暖风机不工作；当温度介于 5 和 10 之间时，暖风机和冷风机都不工作。

题 2-30 某毕业班有一位学生还需修满 9 个学分才能毕业，在所剩的 4 门课程中，A 为 5 个学分，B 为 4 个学分，C 为 3 个学分，D 为 2 个学分。试用与非门设计一个逻辑电路，其输出为 1 时表示该学生能顺利毕业。

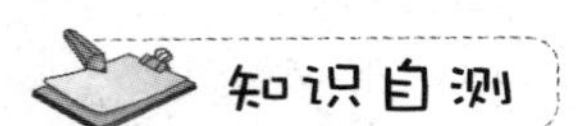

一、填空题

1. 根据逻辑功能的不同特点，可将数字电路分成两大类：一类称为__________电路；另一类称为__________电路。

2. 组合逻辑电路的特点是电路输出状态只与该时刻的__________有关，和电路原有状态__________，其基本单元电路是__________。

3. 普通编码器是对__________进行编码的电路，优先编码器是只对__________进行编码的电路。

4. 在数字信号的传输过程中，要从一组输入数据中选出某一个数据作为输出，这种数字电路称为__________。

5. 数值比较器的功能是__________，当输入二进制数 $A=1111$ 和 $B=1101$ 时，则它们比较的结果为__________。

6. BCD 七段显示译码器 74LS48 中的 LT' 的功能是__________输入端。

7. 采用 4 位比较器对两个 4 位数进行比较时，首先比较__________位。

8. 不仅考虑两个二进制数相加，而且还考虑来自低位的进位信号相加的运算电路，称为__________。

9. 输入 3 位二进制代码的二进制译码器应有__________个输出端，共输出__________个最小项。如果用输出低电平有效的 3 线-8 线译码器实现 3 个逻辑函数时，需用__________个与非门。

10. 8 选 1 数据选择器在所有输入数据都为 1 时，其输出标准与-或的表达式共有__________个最小项。

11. 数据选择器只能用来实现__________输出逻辑函数，而二进制译码器不但可用来实现__________输出逻辑函数，而且还可以用来实现__________输出逻辑函数。

12. 8 位二进制串行进位加法器由__________个全加器组成，可完成__________位二进制数相加。

13. 4 线-七段译码器/驱动器输出高电平有效时，用来驱动__________数码管；如输出低电平有效时，用来驱动__________数码管。

14. 分析组合逻辑电路时，一般根据＿＿＿＿＿写出输出逻辑函数表达式；设计组合逻辑电路时，根据设计要求先列出＿＿＿＿＿，再写出输出逻辑函数表达式。

15. 4 选 1 数据选择器的数据输出 Y 与数据输入 X_i 和地址码 A_i 之间的逻辑表达式 $Y=$＿＿＿＿＿。

16. 8 线-3 线优先编码器 74LS148 的优先编码顺序是 $\overline{I}_7$、$\overline{I}_6$、$\overline{I}_5$、…、$\overline{I}_0$，输出为$\overline{Y}_2\overline{Y}_1\overline{Y}_0$。输入/输出均为低电平有效。当输入 $\overline{I}_7\overline{I}_6\overline{I}_5\cdots\overline{I}_0$ 为 11010101 时，输出$\overline{Y}_2\overline{Y}_1\overline{Y}_0$为＿＿＿＿＿。

17. 3 线-8 线译码器 74HC138 处于译码状态时，当输入 $A_2A_1A_0=001$ 时，输出$\overline{Y}_7\sim\overline{Y}_0=$＿＿＿＿＿。

18. 1 位数值比较器，输入信号为两个要比较的 1 位二进制数，用 A、B 表示，输出信号为比较结果：$Y_{(A>B)}$、$Y_{(A=B)}$和 $Y_{(A<B)}$，则 $Y_{(A>B)}$的逻辑表达式为＿＿＿＿＿。

19. 译码器 74LS138 的使能端 S_A、S_B、S_C取值为＿＿＿＿＿时，处于允许译码状态。

20. 组合逻辑电路分析的目的是得到＿＿＿＿＿，组合逻辑电路设计的目的是得到＿＿＿＿＿。

二、判断题

1. 优先编码器的编码信号是相互排斥的，不允许多个编码信号同时有效。（　　）
2. 编码与译码是互逆的过程。（　　）
3. 二进制译码器相当于是一个最小项发生器，便于实现组合逻辑电路。（　　）
4. 半导体数码显示器的工作电流大，约 10 mA，因此，需要考虑电流驱动能力问题。（　　）
5. 共阴接法发光二极管数码显示器需选用有效输出为高电平的七段显示译码器来驱动。（　　）
6. 数据选择器和数据分配器的功能正好相反，互为逆过程。（　　）
7. 用数据选择器可实现时序逻辑电路。（　　）
8. 组合逻辑电路全部由门电路组成。（　　）
9. 译码器的作用就是将输入的代码译成特定信号输出。（　　）
10. 全加器只能用于对两个 1 位二进制数相加。（　　）
11. 数据选择器根据地址码的不同从多路输入数据中选择其中一路数据输出。（　　）
12. 数值比较器是用于比较两组二进制数大小的电路。（　　）
13. 加法器是用于对两组二进制进行比较的电路。（　　）
14. 半加器与全加器的区别在于半加器无进位输出，而全加器有进位输出。（　　）
15. 3 位二进制编码器是 3 位输入、8 位输出。（　　）

三、选择题

1. 要对 15 种信息进行编码，需要（　　）的编码器。

A. 8 位　　B. 3 位　　C. 16 位　　D. 4 位

2. 高电平有效的 BCD 七段显示译码器/驱动器，输入数据为 0000 时，显示管（　　）段发光。输入数据为 1000 时，显示管（　　）段发光。

A. a～f　　B. a～g　　C. b～c　　D. a～d

3. 一个16选1的数据选择器,其地址输入(选择控制输入)端有(　　)个。

A. 1　　B. 2　　C. 4　　D. 16

4. 4选1数据选择器的数据输出Y与数据输入X_i和地址码A_i之间的逻辑表达式为$Y=$(　　)。

A. $\overline{A}_1\overline{A}_0X_0+\overline{A}_1A_0X_1+A_1\overline{A}_0X_2+A_1A_0X_3$

B. $\overline{A}_1\overline{A}_0X_0$

C. $\overline{A}_1A_0X_1$

D. $A_1A_0X_3$

5. 一个8选1数据选择器的数据输入端有(　　)个。

A. 1　　B. 2　　C. 3　　D. 4　　E. 8

6. 在下列逻辑电路中,不是组合逻辑电路的是(　　)。

A. 译码器　　B. 编码器　　C. 全加器　　D. 寄存器

7. 101键盘的编码器输出(　　)位二进制代码。

A. 2　　B. 6　　C. 7　　D. 8

8. 以下电路中,加以适当辅助门电路,(　　)适于实现单输出组合逻辑电路。

A. 二进制译码器　　B. 数据选择器

C. 数值比较器　　D. 七段显示译码器

9. 用4选1数据选择器实现函数$Y=A_1A_0+\overline{A}_1\overline{A}_0$,应使(　　)。

A. $D_0=D_2=0, D_1=D_3=1$　　B. $D_0=D_2=1, D_1=D_3=0$

C. $D_0=D_1=0, D_2=D_3=1$　　D. $D_0=D_1=1, D_2=D_3=0$

10. 用3线-8线译码器74LS138和辅助门电路实现逻辑函数$Y=A_2+\overline{A}_2\overline{A}_1$,应(　　)。

A. 用与非门,$Y=\overline{\overline{Y}_0\overline{Y}_1\overline{Y}_4\overline{Y}_5\overline{Y}_6\overline{Y}_7}$　　B. 用与门,$Y=\overline{Y}_2\overline{Y}_3$

C. 用或门,$Y=\overline{Y}_2+\overline{Y}_3$　　D. 用或门,$Y=\overline{Y}_0+\overline{Y}_1+\overline{Y}_4+\overline{Y}_5+\overline{Y}_6+\overline{Y}_7$

11. 分析组合逻辑电路的目的是要得到(　　)。

A. 逻辑电路图　　B. 逻辑电路的功能

C. 逻辑函数式　　D. 逻辑电路的真值表

12. 设计组合逻辑电路的目的是要得到(　　)。

A. 逻辑电路图　　B. 逻辑电路的功能

C. 逻辑函数式　　D. 逻辑电路的真值表

13. 二-十进制编码器的输入编码信号应有(　　)。

A. 2个　　B. 4个　　C. 8个　　D. 10个

14. 将一个输入数据送到多路输出指定通道上的电路是(　　)。

A. 数据分配器　　B. 数据选择器

C. 数据比较器　　D. 编码器

15. 从多个输入数据中选取其中一个输出的电路是(　　)。

A. 数据分配器　　B. 数据选择器

C. 数据比较器　　D. 编码器

16. 输入 n 位二进制代码的二进制译码器，输出端个数为(　　)。

A. n^2 个　　B. n 个　　C. 2^n 个　　D. $2n$ 个

17. 能完成优先编码功能的逻辑器件为(　　)。

A. 74LS48　　B. 74LS138　　C. 74LS147　　D. 74LS148

18. 当几个输入信号同时出现时，只对其中优先权最高的一个信号进行编码，这种逻辑器件称为(　　)。

A. 优先编码器　　B. 普通编码器　　C. 译码器　　D. 数据选择器

19. 能够比较两个数值大小的逻辑器件称为(　　)。

A. 加法器　　B. 普通编码器　　C. 数值比较器　　D. 数据选择器

20. 数据选择器的功能是(　　)。

A. 从一组数据中选出某一个　　B. 将一组数据求和

C. 将两组数据进行比较大小　　D. 对数据进行译码

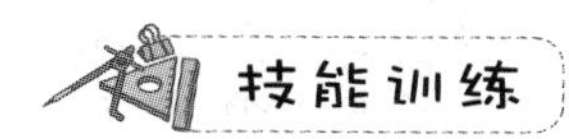

训练项目　显示译码器的设计与调试

一、项目概述

将数字、符号或文字的二进制编码翻译成人们习惯的形式，并能直观显示的电路，称为显示译码器。显示译码器在数字电子电路中应用非常广泛，常用于数字测量仪表、计算机和其他数字系统中。数字显示电路一般由译码器、驱动器和显示器组成。常用的 LED 数码显示器件有 LC5011、BS202，LCD 数码显示器件有 C4055、C4056，常用的七段显示译码器有 74LS48、74LS49。

二、训练目的

通过显示译码器的训练项目，加深对显示译码器的组成和工作原理的理解。掌握对 74LS138、74LS48、74LS153 等相关集成器件的使用方法；学会相关集成器件功能的测试；能独立完成显示译码器的组装和测量。

三、训练内容与要求

1. 训练内容

利用数字电子技术实验装置提供的电路板(或面包板)、集成器件、逻辑开关、连接导线等，设计和组装成显示译码器。根据本训练项目要求，以及给定的逻辑器件，完成电路安装的布线图设计，并完成电路的组装、调试和测量，并撰写出项目训练报告。

2. 训练要求

①掌握显示译码器的组成和工作原理。

②学会对集成器件功能的测试，学会对十进制译码显示电路的组装和测量。

③撰写项目训练报告。

四、电路原理分析

1. 数码显示器

数码显示器是用来显示数字、符号和文字的器件。常用的数码显示器有LED数码管、LCD显示器等。LED数码管是用发光二极管组成的字形显示器件，常用磷砷化镓、磷化镓、砷化镓等半导体制成PN结，当PN结外加正向电压时，辐射发光。将七个条形的发光二极管排列成“日”字形，封装在一起即构成了LED数码管。本项目中，七段数码显示器采用共阴极LED显示器LC5011，其引脚排列图如图2-52所示。

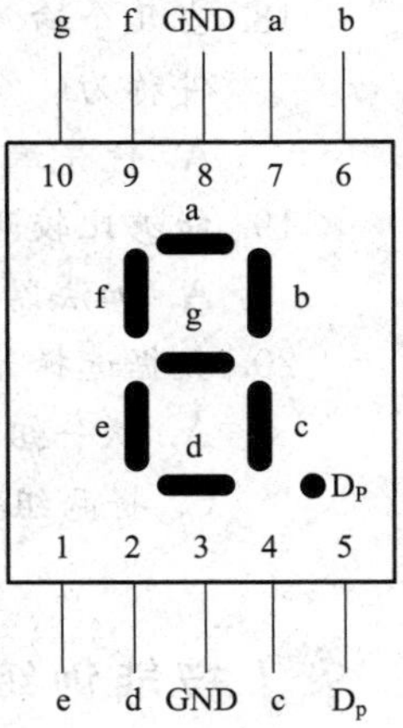

LCD液晶显示器是利用液态晶体在电场作用下对光的反射变化的原理实现显示的，它有分段式和点阵式显示屏两种。在无外加电场下，液晶分子取向规则排列，液晶呈透明状态，显示器呈白色；外加电场后，液晶因电离产生的正离子在运动下碰撞液晶分子，破坏了液晶分子的规则排列，使液晶呈混浊状态，显示器呈暗灰色，可显示相应的字形。

图2-52 LC5011显示器引脚排列图

2. 七段显示译码器

使用LED和LCD时，必须配合使用七段显示译码器。通过七段显示译码器先将输入的BCD码译出，然后经驱动电路点亮对应的字段。

七段显示译码器74LS48应用较广，其引脚排列图如图2-53所示。$A_0 \sim A_3$是8421BCD码的输入端，$\overline{Y}_a \sim \overline{Y}_g$是七段译码输出端，它们以OC门高电平输出，可以驱动较大电流的负载。$\overline{LT}$是试灯输入端，以测试数码管各段能否正常发光。当$\overline{LT}=0$，$\overline{BI}/\overline{RBO}=1$时，译码输出$Y_a \sim Y_g$均为1，七段全亮。$\overline{BI}$是灭灯输入端，当$\overline{BI}=0$时，$Y_a \sim Y_g=0$，七段全暗；$\overline{BI}=1$时，译码器正常译码。$\overline{RBI}$是灭零输入端，当$\overline{RBI}=0$，$\overline{LT}=1$时，如果输入为全零数码，则数码管不能显示数字。而当输入为非零数码时，数码管应能显示数字。$\overline{RBO}$是灭零输出端，本训练采用单片显示，故该功能不用。

3. 数据选择器

74LS153为双4选1数据选择器，其引脚排列图如图2-54所示。A_1、A_0是地址输入端，$1\overline{E}$、$2\overline{E}$是使能端，$1D_0 \sim 1D_3$、$2D_0 \sim 2D_3$是数据输入端，$1Y$、$2Y$是数据输出端。其中，A_1、A_0为两组共用，以供两组从各自的4个数据输入端$D_0 \sim D_3$中选取一个所需的数据。只有两组的$\overline{E}$端均为低电平时，才能选择数据。

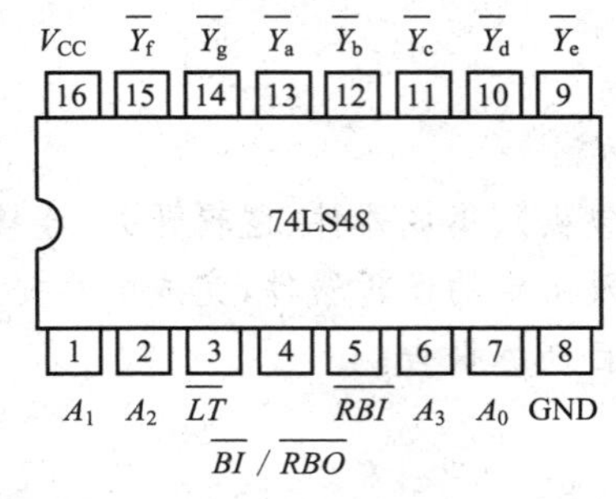

图2-53 74LS48译码器引脚排列图

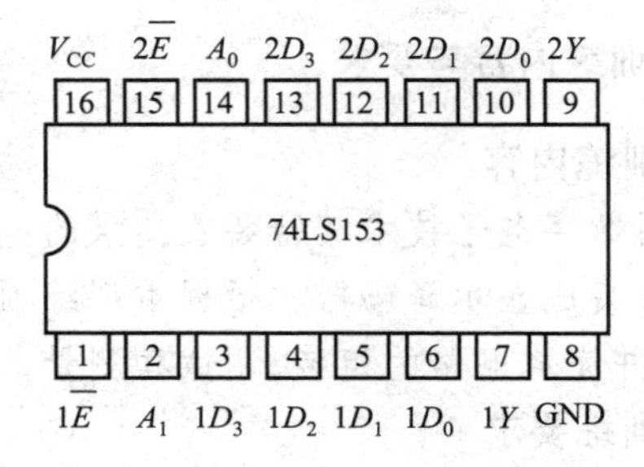

图2-54 74LS153引脚排列图

五、内容安排

1. 知识准备

①指导教师讲述74LS138、74LS48、74LS153等集成器件的逻辑功能和使用方法，明确训练项目的内容、要求、步骤和方法。

②学生做好预习，熟悉数码显示器LC5011、3线-8线译码器74LS138、七段显示译码器74LS48、数据选择器74LS153的逻辑功能及使用方法。

③在面包板上完成电路布线图设计。

2. 电路组装

①按照所给测试接线图，安装相关电路，确认无误后接通电源。

②选择逻辑开关，以便输入对应的逻辑电平。输入信号由逻辑开关K提供，输出状态通过LED来反映，LED亮为“1”，不亮为“0”。

3. 电路功能测试

(1)74LS138的功能测试

按图2-55连接电路，并按表2-19中所列的逻辑状态，依次控制逻辑开关的输出状态，以改变74LS138各输入端的输入状态，并将输出结果$\overline{Y}$($\overline{Y}_0$～$\overline{Y}_7$)记录于表中。

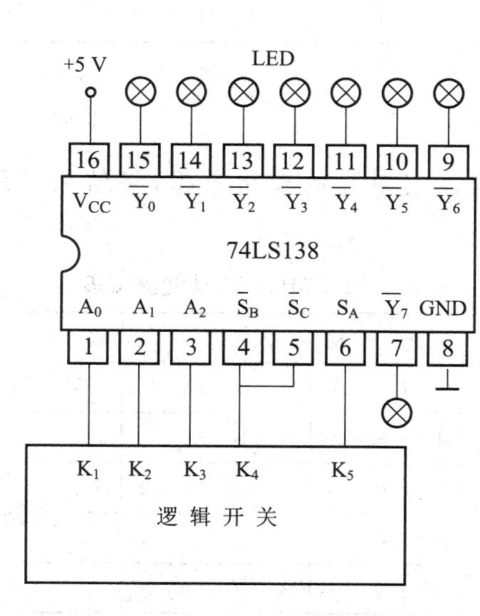

图2-55　74LS138功能测试接线图

表2-19　74LS138功能测试

输入					输出
使能		数码			
S_A	$\overline{S}_B+\overline{S}_C$	A_2	A_1	A_0	$\overline{Y}$
×	1	×	×	×	
0	×	×	×	×	
1	0	0	0	0	$\overline{Y}_0=0$,灯灭,$\overline{Y}_1$～$\overline{Y}_7=1$
1	0	0	0	1	
1	0	0	1	0	
1	0	0	1	1	
1	0	1	0	0	
1	0	1	0	1	
1	0	1	1	0	
1	0	1	1	1	

(2)74LS48的功能测试

按图2-56连接电路，并按表2-20所列的逻辑状态，依次控制逻辑开关的输出状态，以改变74LS48的输入状态，并随时观察显示器对应的显示字形，将显示字形记录于表中。

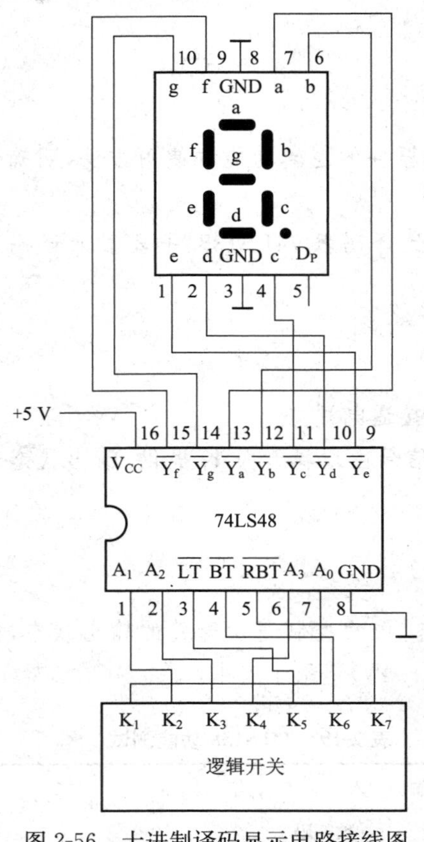

图 2-56　十进制译码显示电路接线图

表 2-20　74LS48 功能测试

功　能	输　入							显示字形
	$\overline{LT}$	$\overline{BI}$	$\overline{RBI}$	A_3	A_2	A_1	A_0	
试灯	0	1	×	×	×	×	×	
灭灯	×	0	×	×	×	×	×	
灭零	1		0	0	0	0	0	
非零显示	1		0	0	0	1	1	
正常译码	1	1	1	0	0	0	0	
	1	1	1	0	0	0	1	
	1	1	1	0	0	1	0	
	1	1	1	0	0	1	1	
	1	1	1	0	1	0	0	
	1	1	1	0	1	0	1	
	1	1	1	0	1	1	0	
	1	1	1	0	1	1	1	
	1	1	1	1	0	0	0	
	1	1	1	1	0	0	1	

(3)74LS153 的功能测试

按图 2-57 连接电路。并按表 2-21 所列顺序依次测出对应的输出数据，将结果记录于表中。

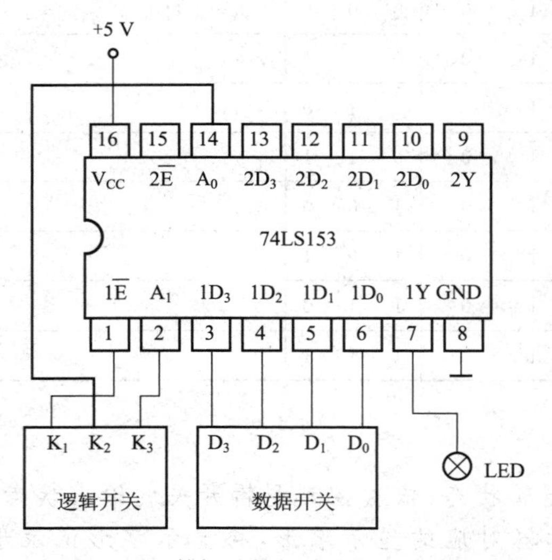

图 2-57　数据选择器功能测试接线图

表 2-21　74LS153 功能测试表

输　入							输　出
$\overline{E}$	A_1	A_0	D_3	D_2	D_1	D_0	Y
1	×	×	×	×	×	×	
0	0	0	×	×	×	0	
0	0	0	×	×	×	1	
0	0	1	×	×	0	×	
0	0	1	×	×	1	×	
0	1	0	×	0	×	×	
0	1	0	×	1	×	×	
0	1	1	0	×	×	×	
0	1	1	1	×	×	×	

六、训练所用仪表与器材

①数字逻辑电路实验仪 1 台。
②数字万用表或数字电压表 1 块。
③集成电路器件 74LS138、74LS48、74LS153。

七、成绩评定

训练项目成绩评定采取百分制分段评定的方法:
①电路组装工艺,20 分。
②主要性能指标测试,50 分。
③总结报告,30 分。
整理测试数据,并进行对照分析。

第三章 时序逻辑电路

在数字电路中，除了需要对二值信号进行算术和逻辑运算外，还经常需要将这些信号和运算的结果保存起来，这就需要具有记忆功能的基本逻辑单元。把含有这种基本逻辑单元的电路称为时序逻辑电路，把这种能够存储1位二值信号的基本逻辑单元称为触发器。存储器件的使用扩大了逻辑设计的领域，解决了仅用组合逻辑电路无法解决的问题，使时序逻辑电路成为数字电路的主要电路，在数字系统中得到了十分广泛的应用。

本章首先介绍时序逻辑电路的基本概念、特点、一般分析方法和具体步骤，然后介绍各种具有记忆功能的触发器，以及由触发器为基本单元构成的寄存器、计数器等时序逻辑电路，重点介绍常用时序逻辑电路芯片的功能及其应用，最后介绍数字电路的几种典型应用。

第一节 概 述

一、时序逻辑电路的特点与结构

1. 时序逻辑电路的特点

数字逻辑电路分为组合逻辑电路和时序逻辑电路两大类。组合逻辑电路由各种门电路组成，电路的输出状态仅取决于即时的输入状态，与电路的原来状态无关，故没有记忆功能。时序逻辑电路由组合逻辑电路和存储电路组成，电路任何一个时刻的输出状态不仅取决于当时的输入状态，而且还与电路原来的状态有关，因此具有记忆功能。含有存储电路，具有记忆功能是时序逻辑电路的主要特点，把具有这种逻辑功能特点的电路称为时序逻辑电路，简称时序电路。

2. 时序逻辑电路的结构

时序逻辑电路的基本结构框图如图3-1所示。由图可见，与组合逻辑电路比较，时序逻辑电路中必须包含有存储电路，而且存储电路的输出必须反馈到组合逻辑电路的输入端，与输入信号一起共同决定电路的输出。这就是时序逻辑电路在电路结构上的特点。通常，存储电路由触发器组成，组合逻辑电路由门电路组成。

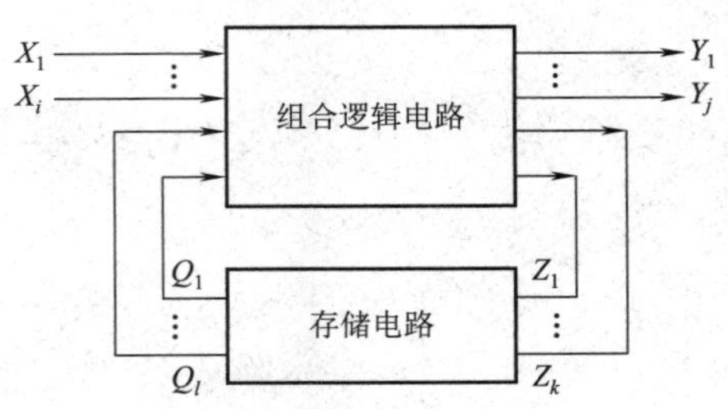

图3-1 时序逻辑电路的基本结构框图

图3-1中，X_1、X_2、…、X_i代表外部输入信号；Y_1、Y_2、…、Y_j代表外部输出信号；Z_1、Z_2、…、Z_k代表存储电路的输入信号，也是组合电路的内部输出信号；Q_1、Q_2、…、Q_l代表存储电路输出信号，同时也是组合逻辑电路的内部输入信号。它们之间的逻辑关系可用下列三个逻辑函数方程式表示：

$$Y=F[X,Q] \tag{3-1}$$

$$Z=G[X,Q] \tag{3-2}$$

$$Q^{n+1}=H[Z,Q^n] \tag{3-3}$$

式(3-1)称为输出方程，式(3-2)称为驱动方程，式(3-3)称为状态方程。把输入信号作用前触发器的原状态称为现态(又称初态)，用 Q^n 表示；输入信号作用后的新状态称为次态，用 Q^{n+1} 表示。

根据存储电路中触发器的动作特点不同，时序逻辑电路分为同步时序逻辑电路和异步时序逻辑电路。在同步时序逻辑电路中，所有触发器的时钟脉冲输入端连在一起，所有触发器在同一个时钟脉冲控制下同步工作。而在异步时序逻辑电路中，各触发器的时钟脉冲输入端不全部连接在一起，时钟脉冲只触发部分触发器，其余触发器由电路内部信号触发，因此，各触发器的状态变化不是同时发生的。

二、时序逻辑电路的分析方法

分析一个时序逻辑电路，其主要目的就是要找出给定时序逻辑电路的逻辑功能。时序逻辑电路的功能可用逻辑函数方程式、状态转换表、状态转换图和时序图等方法描述。

时序逻辑电路的分析方法一般采用如下步骤：

1. 确定时序逻辑电路工作方式及触发器的类型等

时序逻辑电路有同步时序逻辑电路和异步时序逻辑电路之分，同步时序逻辑电路的时钟脉冲只有一个，分析方法比较简单。而异步时序逻辑电路则不同，需要先找出哪些触发器有时钟脉冲，即先要写出时钟方程，以确定各触发器的动作条件。与此同时，应确定所用触发器的类型，写出其特性方程。

2. 写出驱动方程

驱动方程为各触发器输入信号的逻辑表达式，它们决定着触发器的未来状态，从给定的逻辑电路图中写出每个触发器的驱动方程，从而得到整个电路的驱动方程组。

3. 写出状态方程

状态方程也就是次态方程，它反映了触发器次态与现态之间的逻辑关系。将所得驱动方程代入相应触发器的特性方程中，便得到各触发器的状态方程，也就得到了整个电路的状态方程组。

4. 写出输出方程

根据给定逻辑电路图写出电路输出信号的逻辑表达式，即为输出方程。若电路无输出端时可省略输出方程。

5. 列出状态表

状态表即状态转换真值表，是反映电路状态转换规律与条件的表格。将电路的输入和触发器的原状态的各种取值组合代入状态方程和输出方程中，求出相应的次态和输出，并按顺序填入绘制的表中，即得状态表。

6. 画出状态转换图和时序图

根据状态表，用圆圈表示状态，箭头表示方向，箭头旁标注表示条件，画出电路由一种状态到另一种状态转换的示意图即为状态转换图。时序图是根据状态表画出的在时钟脉冲作用下，各触发器状态变化的波形图。

对于时序逻辑电路的分析举例，将通过后续的具体电路来介绍，这里仅给出分析时序逻辑电路的一般方法和步骤，以便学习后续内容时使用。

第二节 集成触发器

触发器是构成时序逻辑电路存储部分的基本单元，它具有记忆功能。将能够存储1位二值信号的基本单元称为触发器。触发器有两个稳定的工作状态，两个输出端分别用Q和$\overline{Q}$表示，通常以Q端的状态表示触发器的输出状态，如$Q=1$，$\overline{Q}=0$时称为触发器的“1”态；$Q=0$，$\overline{Q}=1$时称为触发器的“0”态。正常情况下，两输出端的状态是互补的，在输入信号的作用下，触发器可从一种稳定状态转换到另一种稳定状态，称为触发器的翻转，输入信号消失后，新的状态可保持不变。

触发器按其结构形式可分为基本RS触发器、同步RS触发器、主从触发器、维持阻塞触发器和边沿触发器等；按其逻辑功能可分为RS触发器、JK触发器、D触发器、T触发器等；根据触发方式不同可分为电平触发器、主从触发器和边沿触发器；按使用的开关器件类型可分为TTL触发器和CMOS触发器。

触发器的种类很多，目前大量使用的都是集成触发器，对学习者来说，应重点掌握触发器的逻辑功能及特点，而对触发器的内部电路可做一般了解。所有触发器都是在基本RS触发器的基础上发展而来的。

一、RS触发器

1. 基本RS触发器

(1)电路组成及逻辑符号

基本RS触发器是各种触发器中结构最简单的一种，通常作为构成各种功能触发器的最基本单元，所以称基本触发器。它由两个与非门首尾交叉连接构成，基本RS触发器逻辑电路图如图3-2(a)所示，图3-2(b)为它的逻辑符号。

$\overline{R}_D$、$\overline{S}_D$是触发器的两个输入端，它们以低电平作输入信号，即低电平有效，因此在其逻辑符号的输入端用小圆圈表示。其中$\overline{R}_D$称为直接置0端或复位端(下标D表示直接)，$\overline{S}_D$称为直接置1端或置位端。Q和$\overline{Q}$为两个互补的输出端，输出端$\overline{Q}$在逻辑符号上用小圆圈表示，以表示Q和$\overline{Q}$状态相反。

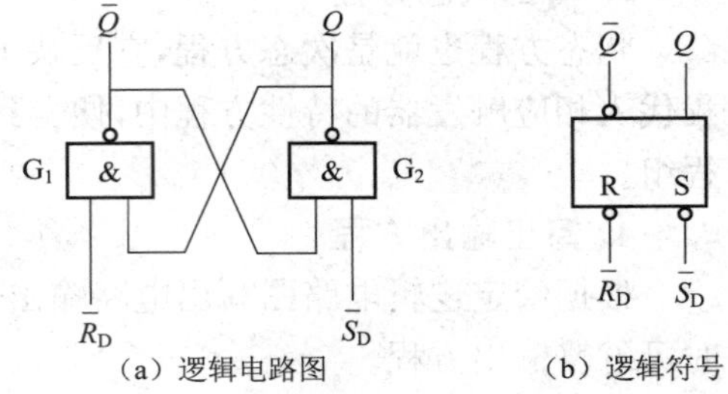

图3-2 基本RS触发器

(2)逻辑功能分析

①置0功能。当$\overline{R}_D=0$、$\overline{S}_D=1$时，不论触发器初态如何，由与非门的逻辑关系可知，G_1有一输入端为0，所以输出$\overline{Q}=1$，而G_2的两个输入端全为1，故输出$Q=0$，于是触发器进入$Q=0$、$\overline{Q}=1$的稳定状态。由于Q端交叉反馈到G_1的输入端，此时即使将$\overline{R}_D$的低电平撤除，触发器的状态也维持不变。可见，只要$\overline{R}_D$端加低电平，触发器就处在稳态0，所以将$\overline{R}_D$称为置0端或复位端。

②置1功能。当$\overline{R}_D=1$、$\overline{S}_D=0$时，不论触发器初态如何，$\overline{S}_D=0$将使$Q=1$、$\overline{Q}=0$，即触发

器处在另一稳态 1，故称 $\overline{S}_D$ 为置 1 端或置位端。

③保持功能。当 $\overline{R}_D=\overline{S}_D=1$ 时，触发器的状态将保持不变，若初态为 1，它将仍保持在 1；若初态为 0，它将继续保持在 0，也就是说此时触发器的状态取决于初态。

设触发器初态为 0，即 $Q=0$、$\overline{Q}=1$，则 $Q=0$ 送到 G_1 的输入必将使 G_1 输出为 1，而 G_2 的两个输入全为 1 又保持了 $Q=0$，这样触发器的状态就仍保持在 0。同样，如设触发器初态为 1，即 $Q=1$、$\overline{Q}=0$，则 $\overline{Q}=0$ 必将使 G_2 输出为 1，而 $Q=1$、$\overline{S}_D=1$ 又使 G_1 输出为 0，保持了 $\overline{Q}=0$，这样触发器的状态就保持在 1。

其实要理解触发器的保持功能不难，因为当 $\overline{R}_D=\overline{S}_D=1$ 时，触发器根本就无有效信号输入，当然触发器状态就不会变。可见触发器在无有效信号输入时，有 0 和 1 两种稳定状态，因此基本 RS 触发器具有存储 1 位二值信号的能力，即具有记忆的功能。

④状态不确定(禁用)。当 $\overline{R}_D=\overline{S}_D=0$ 时，使 Q 和 $\overline{Q}$ 同时为 1，这不但破坏了 Q 和 $\overline{Q}$ 的互补关系，更使触发器进入不确定状态，因此这种情况是不允许出现的。因为一旦 $\overline{R}_D$、$\overline{S}_D$ 同时返回 1 时，触发器的状态肯定要转变，不可能仍使 G_1 和 G_2 同时为 1，它们均要向 0 转变，从而产生了竞争，究竟那个为 0 或为 1 是随机的，是不确定的。为此，在正常情况下，输入信号应遵守 $R_DS_D=0(\overline{R}_D+\overline{S}_D=1)$ 的约束条件，不允许 $\overline{R}_D=\overline{S}_D=0$ 的情况出现。

(3)逻辑功能描述

描述触发器的逻辑功能有四种形式。

①特性表。在描述触发器逻辑功能时，不仅要考虑输入信号，还要考虑触发器现态 Q^n，才能确定次态 Q^{n+1}，所以要将 Q^n 作为一个变量列入真值表，这种描述逻辑功能的真值表称为特性表，又称状态转换真值表。基本 RS 触发器的特性表见表 3-1，其简化特性表见表 3-2。

②特性方程。描述触发器逻辑功能的逻辑表达式称为特性方程。它反映了在时钟控制下，次态 Q^{n+1} 和现态 Q^n 及输入变量间的逻辑关系。由特性表可画出基本 RS 触发器次态卡诺图，如图 3-3 所示，化简后的特性方程为

$$\begin{cases}Q^{n+1}=S_D+\overline{R}_DQ^n \\ \overline{R}_D+\overline{S}_D=1(\text{约束条件})\end{cases}$$

表 3-1　基本 RS 触发器的特性表

$\overline{R}_D$	$\overline{S}_D$	Q^n	Q^{n+1}	说明
0	0	0	×	禁止
0	0	1	×	
0	1	0	0	置 0
0	1	1	0	
1	0	0	1	置 1
1	0	1	1	
1	1	0	0	保持
1	1	1	1	

表 3-2　基本 RS 触发器简化特性表

$\overline{R}_D$	$\overline{S}_D$	Q^{n+1}
0	0	×
0	1	0
1	0	1
1	1	Q^n

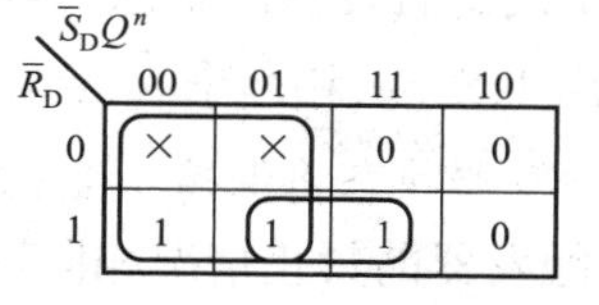

图 3-3　基本 RS 触发器次态卡诺图

③状态转换图及时序图。基本 RS 触发器的状态转换图如图 3-4 所示，时序图如图 3-5 所示。

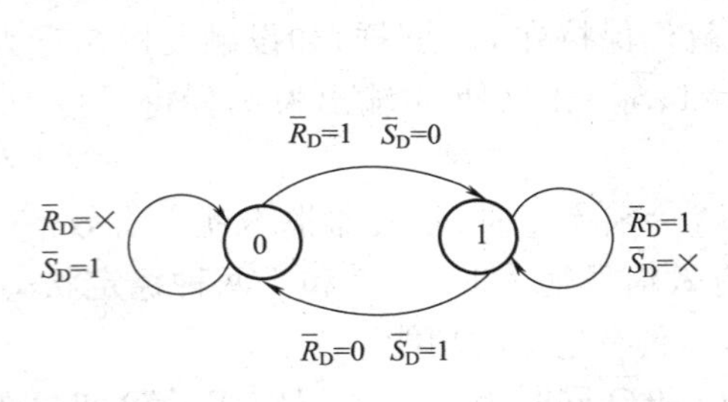

图 3-4　基本 RS 触发器的状态转换图

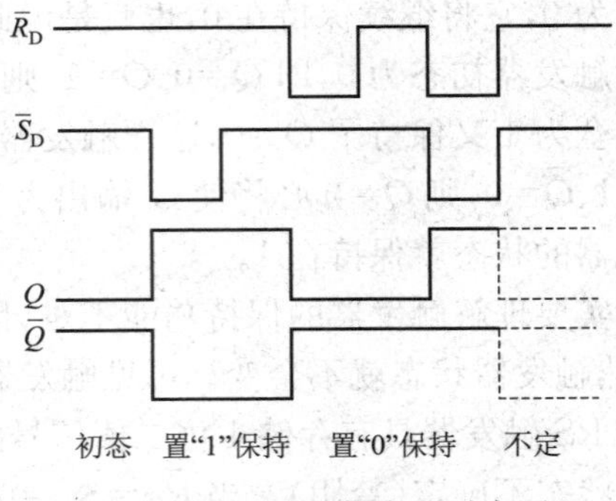

图 3-5　基本 RS 触发器时序图

需要指出，用两个或非门也可构成基本 RS 触发器，其功能和与非门构成的基本 RS 触发器相似，但触发信号是高电平有效，不允许出现 $R_D=S_D=1$，否则无法确定输出状态。若不加说明，本书提到的基本 RS 触发器，都是指由与非门构成的。

2. 同步 RS 触发器

基本 RS 触发器具有置"0"和置"1"的功能，这种触发器的输出状态是由输入信号直接决定的，一旦 $\overline{R}_D$ 或 $\overline{S}_D$ 信号到来，触发器就会随之翻转，这在实际应用中会有许多不便。在由多个触发器构成的电路系统中，各个触发器之间会有所联系，只要有一个发生翻转，其他与之连接的触发器会陆续翻转，这使各触发器的控制带来困难，甚至会使各触发器的状态转换关系造成错乱。在实际的数字系统中，常要求触发器能在控制触发信号作用下同步动作。控制触发信号是指挥系统中各触发器协同工作的主控脉冲，各触发器根据主控脉冲的标准节拍，按一定顺序同步翻转，主控脉冲像时钟一样，给各触发器提供准确的翻转时刻，故称为时钟脉冲，用 CP 表示。这种受时钟脉冲信号控制的触发器称为时钟触发器或同步触发器。同步触发器的状态更新时刻由 CP 脉冲决定，更新为何种状态由触发输入信号决定。

(1)电路组成

同步 RS 触发器逻辑电路图如图 3-6(a)所示，它是在基本 RS 触发器的基础上，增加了两个导引控制门 G_3、G_4，同时加入时钟脉冲 CP 而构成的。图 3-6(b)为它的逻辑符号。输入端 R 称为置 0 端，S 称为置 1 端，高电平有效，故 R 和 S 上面没有非号，逻辑符号上也不画小圆圈。

(2)逻辑功能分析

当 $CP=0$ 时，G_3、G_4 门被封锁，不管输入信号 R、S 如何变化，输出状态始终为 1，使触发器维持原态。

当 $CP=1$ 时，G_3、G_4 门被打开，输入信号 R、S 通过 G_3、G_4 门被引导到基本 RS 触发器的输入端，来决定触发器的状态。若此时 $R=0$、$S=1$(相当于 $\overline{R}_D=1$，$\overline{S}_D=0$)，则触发器输出端 Q 为 1；如 $R=1$、$S=0$(相当于 $\overline{R}_D=0$，$\overline{S}_D=1$)，则触发器输出端 Q 为 0；如 $R=S=0$(相当于 $\overline{R}_D=\overline{S}_D=1$)，则触发器状态将保持不变；如 $R=S=1$(相当于 $\overline{R}_D=\overline{S}_D=0$)，则 G_1、G_2 输出均为 1，这与基本 RS 触发器的禁止情况相同，应该避免发生，所以它也需要遵守 $RS=0$ 的约束条件。

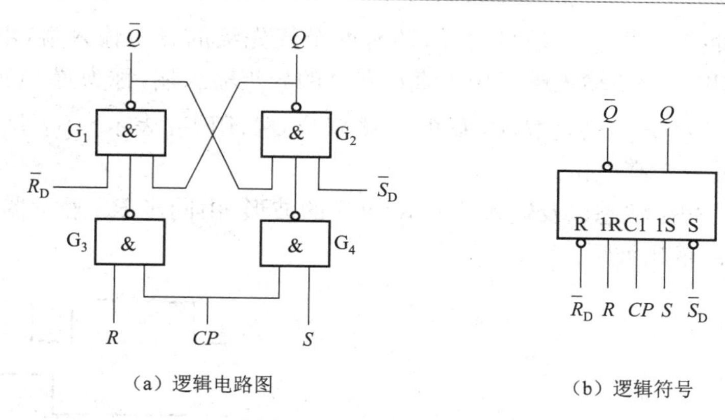

（a）逻辑电路图　　　　（b）逻辑符号

图 3-6　同步 RS 触发器

(3)逻辑功能描述

①特性表。同步 RS 触发器的特性表见表 3-3，其简化特性表见表 3-4。

②特性方程。由特性表可画出同步 RS 触发器次态卡诺图，如图 3-7 所示，化简后的特性方程为

$$\begin{cases} Q^{n+1}=S+\overline{R}Q^n \\ RS=0(\text{约束条件}) \end{cases}$$

表 3-3　同步 RS 触发器的特性表

R	S	Q^n	Q^{n+1}	说明
0 0	0 0	0 1	0 1	保持
0 0	1 1	0 1	1 1	置 1
1 1	0 0	0 1	0 0	置 0
1 1	1 1	0 1	× ×	禁止

表 3-4　同步 RS 触发器简化特性表

R	S	Q^{n+1}
0	0	Q^n
0	1	1
1	0	0
1	1	×

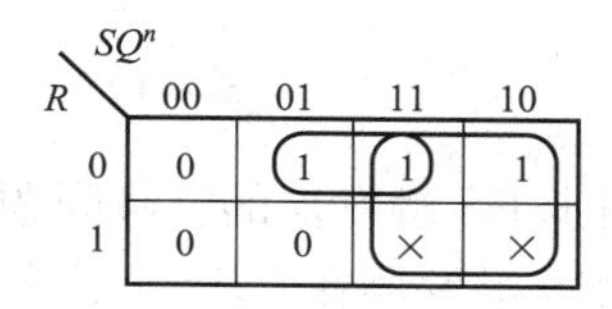

图 3-7　同步 RS 触发器次态卡诺图

③状态转换图及时序图。同步 RS 触发器的状态转换图如图 3-8 所示，时序图如图 3-9 所示。

在实际应用时，通常要求触发器处于特定的起始状态，为了便于触发器置于所需状态，触

发器除了时钟脉冲控制端、输入信号端外，还有两个优先级的异步输入端，由于它们不受 CP 脉冲的控制，所以称为异步输入端。用于直接置 0 的异步输入端，称为置 0（或复位）端，用 $\overline{R}_D$ 表示；用于直接置 1 的异步输入端，称为置 1（或置位）端，用 $\overline{S}_D$ 表示。$\overline{S}_D$、$\overline{R}_D$ 为低电平有效，初态预置后应使其处于高电位。

已知触发器的初始状态以及输入信号 R 和 S 的波形，由同步 RS 触发器的逻辑功能可画出如图 3-10 所示的输出波形。

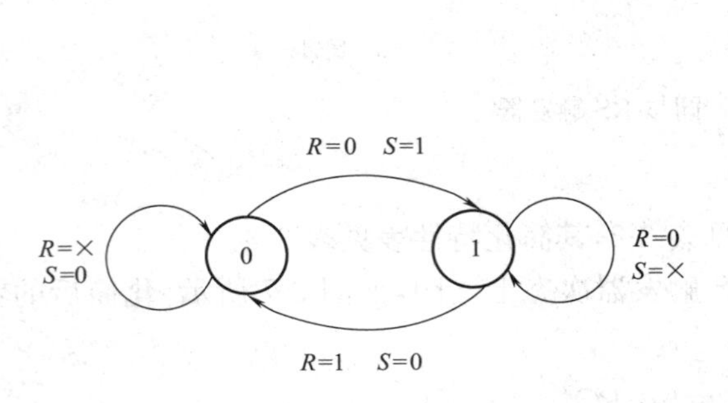

图 3-8 同步 RS 触发器的状态转换图

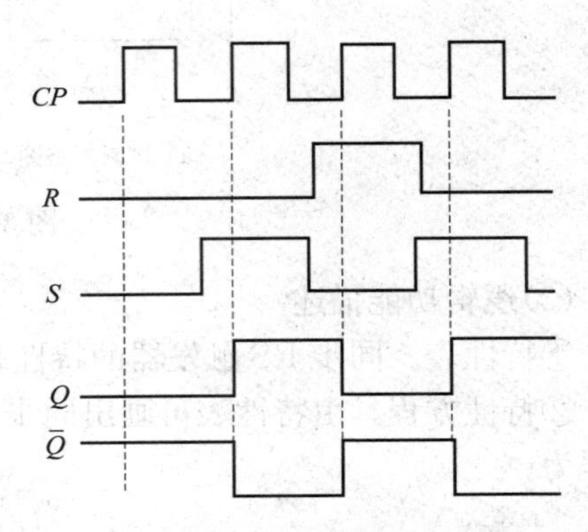

图 3-9 同步 RS 触发器时序图

在图 3-10 中，第 1、2、3 个 CP 脉冲，触发器分别执行的是保持、置 1、置 0 功能，在第 4 个 CP 脉冲期间，R、S 同时为 1，不满足约束条件，造成逻辑混乱，使 Q 和 $\overline{Q}$ 同时为 1，这样在 CP 变为 0 后，输出状态就不能确定，直至第 5 个 CP 到来，触发器置 1。在第 6、7 个 CP 脉冲期间，触发信号 R、S 发生变化，输出状态亦随之发生变化。

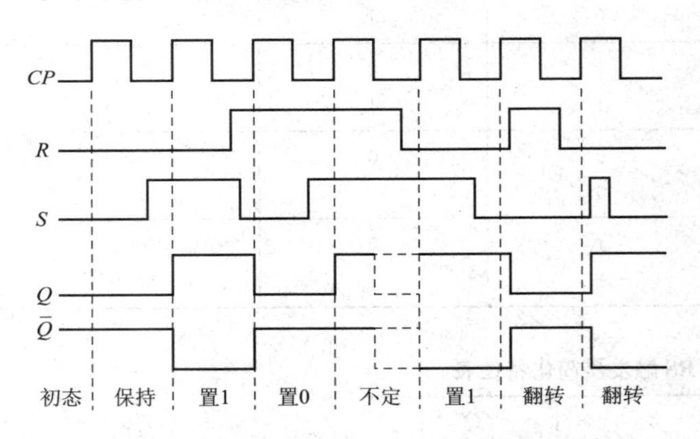

图 3-10 不同输入条件下同步 RS 触发器的波形图

（4）同步 RS 触发器的空翻问题

同步 RS 触发器在 $CP=1$ 的全部时间里，R 和 S 的变化都将引起触发器输出端状态的变化，造成触发器在一次时钟期间发生多次翻转，这种现象称为空翻（图 3-10）。空翻违背了构造时钟触发器的初衷，每来一次时钟，最多允许触发器翻转一次，若多次翻转，电路会发生状态的差错，造成触发器动作混乱，因而是不允许的。为了解决这一问题，可采用主从结构和维持阻塞结构的时钟触发器，如主从 JK 触发器、维持阻塞 D 触发器等，使触发器的翻转时刻限定在 CP 脉冲的上升沿或下降沿。

二、JK 触发器

JK 触发器是一种功能比较完善,应用广泛的触发器。JK 触发器按电路结构不同,分为同步 JK 触发器、主从 JK 触发器和边沿 JK 触发器。尽管 JK 触发器有不同的结构形式、不同的触发方式,但逻辑功能是相同的。

1. 主从 JK 触发器

(1)电路组成

主从 JK 触发器的逻辑电路图如图 3-11(a)所示。它由两个同步 RS 触发器串联组成,前一级称为主触发器,后一级称为从触发器,它们的时钟信号相位相反,主触发器的一对 R、S 端接从触发器的输出端 Q、$\overline{Q}$,另一对 R、S 端作输入端 J、K,这样就组成了主从结构的 JK 触发器。其逻辑符号如图 3-11(b)所示,输出端加"┐"表示延迟输出,即 CP 为高电平时主触发器接受输入信号控制,当 CP 脉冲由高电平变为低电平时,输出状态才变化,因此,输出状态的变化发生在 CP 脉冲的下降沿。

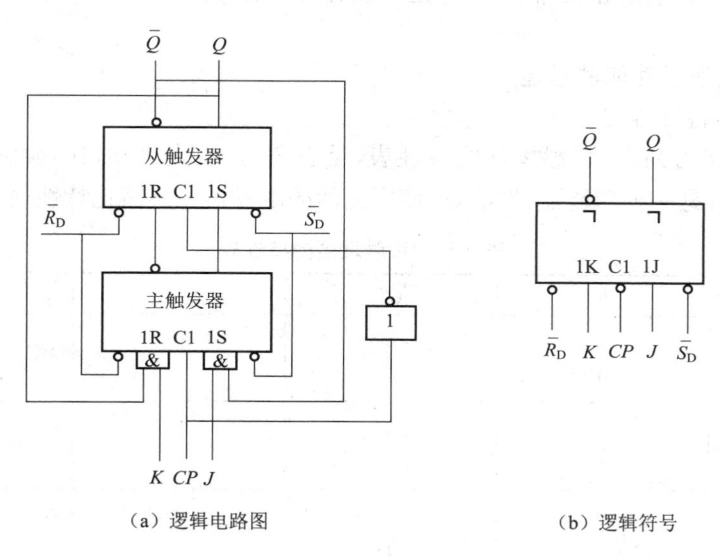

(a)逻辑电路图　　(b)逻辑符号

图 3-11 主从 JK 触发器

(2)逻辑功能

当 $CP=1$ 时,$\overline{CP}=0$,从触发器被封锁,JK 触发器输出状态不变。此时主触发器打开,其状态由输入端的 J、K 信号和锁定的从触发器的状态来决定。

当 $CP=0$ 时,$\overline{CP}=1$,主触发器被封锁,保持 $CP=1$ 时的状态不变。与此同时,从触发器解除封锁,并接受主触发器输出状态的控制,其输出状态将跟随主触发器的状态,即 $Q_{从}=Q_{主}$。

由此可见,主从 JK 触发器结构上分两级,工作上分两步。第一步,CP 为高电平时,主触发器工作,接受输入信号,改变 $Q_{主}$ 状态;从触发器锁定在以前状态。第二步,CP 下降到低电平时,主触发器锁定在第一步最后状态;从触发器工作,接受主触发器的状态控制,使 $Q=Q_{主}$。总之,触发器的输出 Q 只在 CP 由 1 变 0 时刻才可能发生翻转,称为下降沿触发。这种主、从结构的延时作用,有效地防止了空翻现象。

基于主从 JK 触发器的结构，分析其逻辑功能时只需看主触发器的功能即可，从触发器仅复制主触发器的状态。而主触发器的 $R=KQ$，$S=J\overline{Q}$，据此可推出主从 JK 触发器的逻辑功能。

当 $J=K=0$ 时，主触发器保持初态不变，当 CP 下降沿到来时，从触发器的状态也不变，即 $Q^{n+1}=Q^n$。

当 $J=0$、$K=1$ 时，设初态 $Q^n=1$，当 $CP=1$ 时，主触发器置 0，当 CP 下降沿到来时，从触发器置 0，即 $Q^{n+1}=0$。如初态 $Q^n=0$，当 $CP=1$ 时，主触发器保持在 0，当 CP 下降沿到来时，从触发器仍置 0。因此，不论原来是何种状态，当 $J=0$、$K=1$ 时，输出均为 0。

当 $J=1$、$K=0$ 时，分析类同上面，不论原来是何种状态，当 $CP=1$ 时，主触发器置 1，当 CP 下降沿到来时，从触发器跟随主触发器的状态亦为 1，即 $Q^{n+1}=1$。

当 $J=K=1$ 时，如初态 $Q^n=0$，当 $CP=1$ 时，主触发器置 1，当 CP 下降沿到来时，从触发器置 1；如初态 $Q^n=1$，当 $CP=1$ 时，主触发器置 0，当 CP 下降沿到来时，从触发器置 0。可见触发器的次态总是与初态相反，触发器总是处在翻转状态，即 $Q^{n+1}=\overline{Q^n}$。在这种情况下，触发器具有计数功能。

2. JK 触发器逻辑功能的描述

(1)特性表与特性方程

按照上述分析可列出 JK 触发器的特性表，见表 3-5。由表可知，JK 触发器具有保持、置 0、置 1、翻转功能，是一种功能强、性能好、使用灵活的触发器。其简化特性表见表 3-6。

表 3-5　JK 触发器的特性表

J	K	Q^n	Q^{n+1}	说明
0 0	0 0	0 1	0 1	保持
0 0	1 1	0 1	0 0	置 0
1 1	0 0	0 1	1 1	置 1
1 1	1 1	0 1	1 0	翻转

表 3-6　JK 触发器简化特性表

J	K	Q^{n+1}
0	0	Q^n
0	1	0
1	0	1
1	1	$\overline{Q^n}$

特性方程：$Q^{n+1}=J\overline{Q^n}+\overline{K}Q^n$。

(2)状态转换图与时序图

图 3-12 为 JK 触发器的状态转换图,图 3-13 为 JK 触发器的时序图。

由 JK 触发器的功能分析和描述,可归纳出三句话来记忆其功能特性:“有沿才有变,高变低不变,一高一低随 J 变”。“有沿才有变”是指只有在 CP 脉冲的上升沿或下降沿到来时,触发器的状态才能发生变化;“高变低不变”是指 $J=K=1$(高)时,$Q^{n+1}=\overline{Q^n}$(变),而 $J=K=0$(低)时,$Q^{n+1}=Q^n$(不变);“一高一低随 J 变”是指当 J、K 一个为 1,一个为 0 时,$Q^{n+1}=J$。

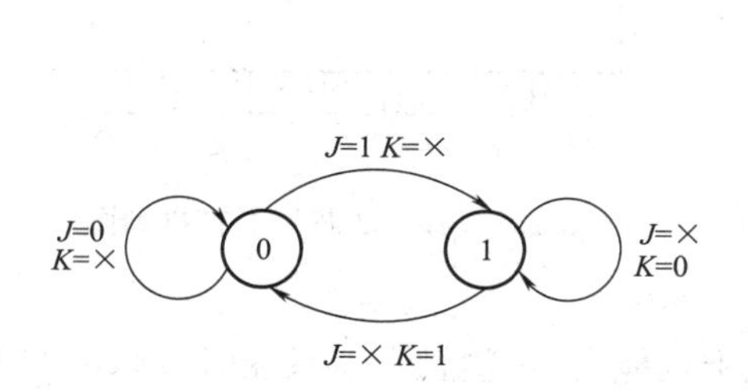

图 3-12　JK 触发器的状态转换图

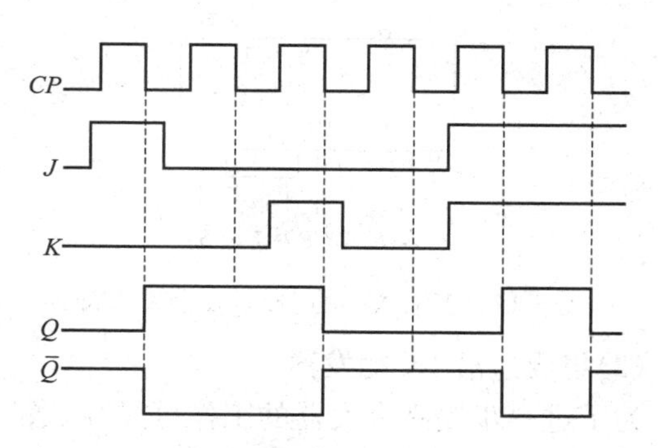

图 3-13　JK 触发器的时序图

应该指出,主从 JK 触发器虽然解决了空翻问题,但却存在着一次翻转问题,即在$CP=1$期间,主触发器仅能翻转一次,一旦翻转后无论 J、K 状态如何变化,也不能再翻回来,这种现象称为一次翻转。假设 CP 上升沿到来之前,$J=0$、$K=1$,且触发器处于 0,即$Q^n=0$。当 CP 脉冲的上升沿到来时,主触发器置 0 保持不变。如果在 $CP=1$ 期间,由于外界干扰,使 $J=1$,则主触发器被置成 1,发生了一次空翻。当干扰消失后输入信号恢复为$J=0$,主触发器将维持 1 态不再变化,这样当 CP 脉冲下降沿到来时,从触发器跟随主触发器状态亦为 1,则 $Q^{n+1}=1$,而不是按原来的输入($J=0$、$K=1$)变为 0,造成触发器的状态出错。

主从 JK 触发器一次翻转现象的要害在于,在 $CP=1$ 期间,如果本不应翻转,但由于有干扰使主触发器发生翻转,则后果无法挽回,即一次翻转降低了主从 JK 触发器的抗干扰能力,使它的使用受到了限制。使用中为了避免一次翻转,要求在 $CP=1$ 期间,J、K 状态不能改变,这对输入信号提出了高的要求。克服一次翻转的有效方法是采用边沿触发的 JK 触发器。

3. 集成 JK 触发器

集成触发器与其他数字集成电路相同,也分 TTL 和 CMOS 两类,虽然它们的内部结构不同,但逻辑功能是相同的,采用的逻辑符号也相同。对使用者而言,主要应掌握其逻辑功能。实际应用时,可通过查阅产品手册,了解其引脚排列和有关参数。下面介绍几种常用的集成 JK 触发器。

(1)集成主从 JK 触发器

常用的集成主从 JK 触发器型号见表 3-7。例如,74LS72 为 TTL 集成主从 JK 触发器,它具有在时钟脉冲下降沿翻转的特点(个别芯片也有上升沿翻转)。为扩大触发器的使用范围,常做成多输入结构,如 74LS72 有 3 个 J 输入端和 3 个 K 输入端,且为与的逻辑关系,即 $J=J_1J_2J_3$,$K=K_1K_2K_3$。对于空余的 J、K 输入端处理方法与 TTL 门电路相似,即空余端一般接高电平。图 3-14 为多输入端的 JK 触发器逻辑符号,图 3-15 为 74LS72 芯片引脚排列图。

表 3-7　常用的集成主从 JK 触发器型号

功　能	型　号
单 JK(下降沿翻转)	74H71、74LS72、74LS110
双 JK(下降沿翻转)	74LS73、74LS76、74LS78、74LS107、74LS111

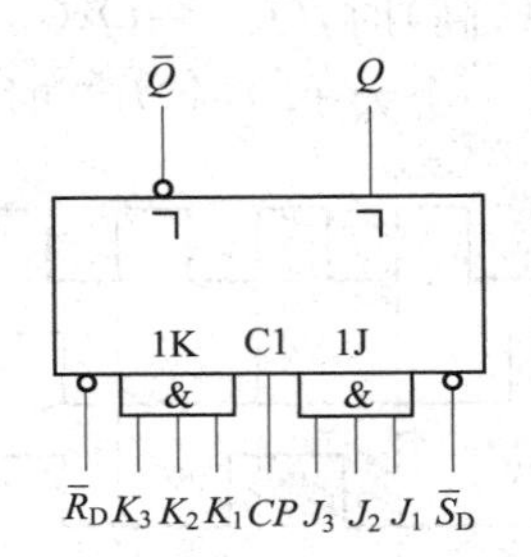

图 3-14　多输入端的 JK 触发器逻辑符号

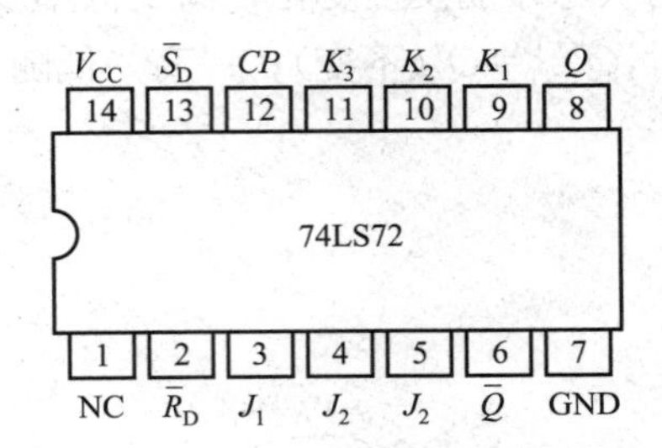

图 3-15　74LS72 芯片引脚排列图

(2)集成边沿 JK 触发器

为了进一步提高触发器的工作可靠性，增强抗干扰能力，希望触发器只在时钟脉冲的下降沿(或上升沿)接收输入信号，并决定电路的状态翻转，而在其他时刻触发器状态保持不变，为此又出现了边沿触发器。边沿触发器按电路结构分有利用 CMOS 传输门组成边沿触发器、维持阻塞边沿触发器、利用门电路传输延迟时间的边沿触发器。

常用的集成边沿 JK 触发器型号见表 3-8。CC4027 为 CMOS 集成 JK 触发器，它用 CMOS 传输门组成边沿触发器，在电路结构上是由 CMOS 主从触发器转换而来的。其动作特点是在时钟脉冲上升沿触发。为表示边沿触发的动作特点，在图形符号中以 CP 输入端处的“∧”表示，且 CP 输入端加小圆圈表示下降沿触发，不加小圆圈表示上升沿触发。如图 3-16 所示为边沿触发的 JK 触发器逻辑符号，为上升沿触发。

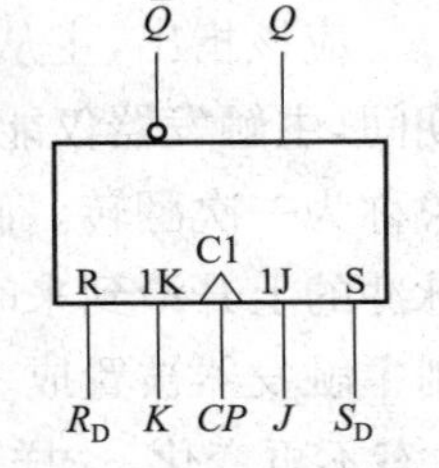

图 3-16　边沿触发的 JK 触发器逻辑符号

表 3-8　常用的集成边沿 JK 触发器型号

功　能	型　号
单 JK(下降沿触发)	74LS101、74LS102
单 JK(上升沿触发)	74LS70
双 JK(下降沿触发)	74LS103、74LS106、74LS108、74LS112、74HC112、74HC113、74HC114
双 JK(上升沿触发)	74LS109、CC4027

CC4027 为双 JK 触发器，芯片内有两个 JK 触发器单元，可单独使用，也可级联使用。它的芯片引脚排列图如图 3-17 所示。在数字系统中，考虑到与 TTL 集成芯片的兼容，一般取 TTL 的 $V_{CC}=5$ V，而 CMOS 的 V_{DD}为 3～18 V。

74LS112 为 TTL 集成边沿双 JK 触发器，它利用门电路的传输延迟时间实现边沿触发，其动作特点是在时钟脉冲下降沿触发，同类型的 CMOS 产品有 74HC112，图 3-18 为 74LS112 芯片的引脚排列图。

74LS109 为 TTL 集成边沿双 JK 触发器，它的电路形式为维持阻塞型，其动作特点是在时钟脉冲上升沿触发，图 3-19 为 74LS109 芯片的引脚排列图。

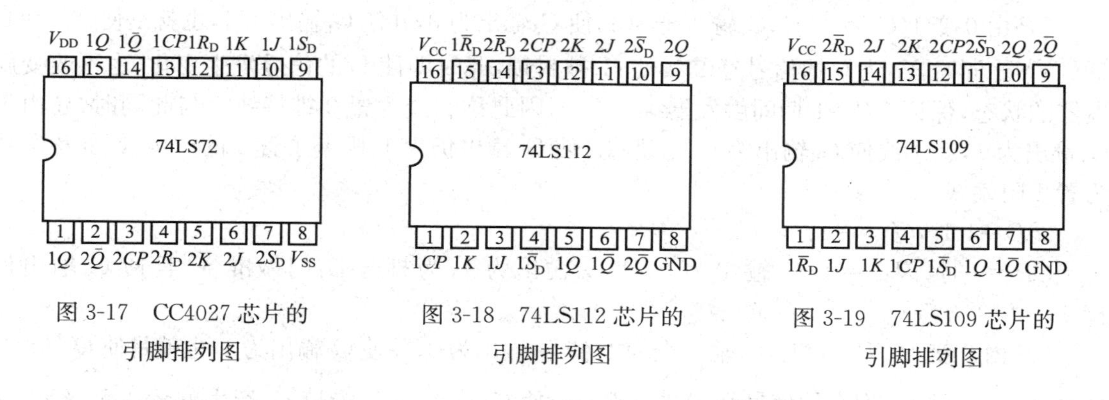

图 3-17　CC4027 芯片的引脚排列图

图 3-18　74LS112 芯片的引脚排列图

图 3-19　74LS109 芯片的引脚排列图

三、D 触发器

常见的 D 触发器有 TTL 维持阻塞型结构和 CMOS 边沿触发结构两种。它们都属于边沿触发的触发器，在一个时钟脉冲下触发器只动作一次，都不存在空翻和一次翻转，因此工作可靠性高，抗干扰能力强，所以 D 触发器应用也比较广泛。

1. 集成维持阻塞 D 触发器

(1)电路组成

国产 D 触发器大多采用 TTL 维持阻塞型电路结构，且都为上升沿触发。图 3-20(a)为维持阻塞 D 触发器的逻辑电路，图 3-20(b)为其逻辑符号，图 3-20(c)为维持阻塞双 D 集成触发器 74LS74 引脚排列图。图中 $\bar{R}_D$、$\bar{S}_D$ 为直接置 0、置 1 端，D 为信号输入端，CP 为时钟脉冲输入端，CP 端"∧"表示边沿触发，不加小圆圈表示上升沿触发。

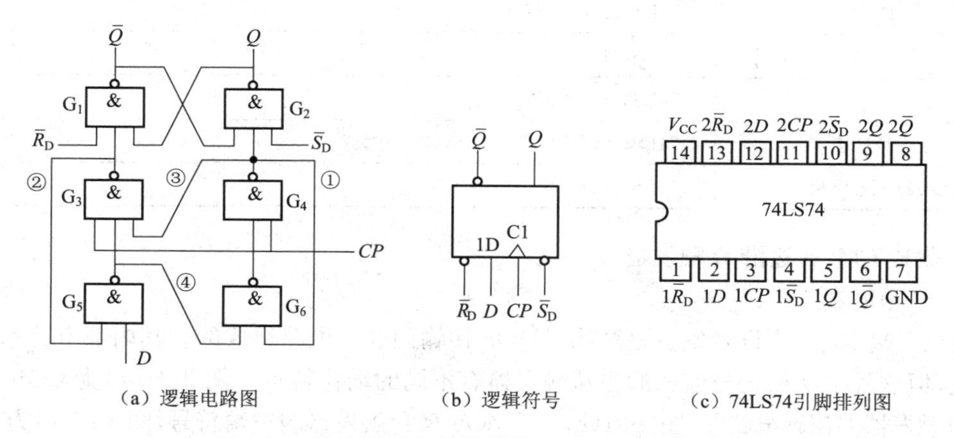

(a) 逻辑电路图　(b) 逻辑符号　(c) 74LS74引脚排列图

图 3-20　维持阻塞 D 触发器及 74LS74 引脚排列图

(2)逻辑功能

工作时 $\bar{R}_D=\bar{S}_D=1$，当 $CP=0$ 时，G_3、G_4 均输出为 1，因此由 G_1、G_2 组成的基本 RS 触发器保持原状态不变。下面讨论输入信号 $D=0$，$D=1$ 两种情况。

①$D=0$ 时，$Q^{n+1}=0$：

$CP=0$ 时，因 $D=0$，G_5 输出为 1，G_6 输出为 0，使 G_4 输出保持 1。

CP 由 0 变 1（$CP=1$）时，G_3 输入全为 1，使 G_3 输出为 0，并使 G_1 输出为 1，也就是使 $\overline{Q^{n+1}}=1$、$Q^{n+1}=0$。同时，G_3 为 0 的信号经②线使 G_5 被封锁，此时即使 D 的信号发生变化，也不改变触发器的状态，保证 $CP=1$ 期间触发器维持在 0，因此称②线为置 0 维持线。与此同时，还由于 G_5 输出为 1，经④线使 G_6 输出为 0，封锁 G_4，使 G_4 输出仍为 1，阻塞了置 1 的产生，因此称④线为置 1 阻塞线。

②$D=1$ 时，$Q^{n+1}=1$：

$CP=0$ 时，因 $D=1$，G_5 输出为 0，使 G_6 输出为 1，为打开 G_4 门做准备，且使 G_3 输出保持 1。

CP 由 0 变 1（$CP=1$）时，G_4 输入全为 1，使 G_4 输出为 0，并使 G_2 输出为 1，也就是使 $Q^{n+1}=1$、$\overline{Q^{n+1}}=0$。同时，G_4 为 0 的信号经①线封锁 G_6，使 G_6 输出为 1，维持 G_4 产生的置 1 负脉冲，保证 $CP=1$ 期间触发器维持在 1，因此称①线为置 1 维持线。此时还由于 G_4 为 0 的信号经③线封锁 G_3，阻止 G_3 产生置 0 负脉冲，因此称③线为置 0 阻塞线。

由上分析可见，D 触发器具有置 0、置 1 功能。触发器在 CP 上升沿前接受 D 的输入信号，在上升沿到来时触发翻转，触发器翻转后的状态取决于输入信号 D 的状态，即 $Q^{n+1}=D$。而在 $CP=0$ 或 $CP=1$ 期间触发器状态都不会变化，这种维持阻塞作用有效地防止了空翻和一次翻转。

常用的 TTL 集成 D 触发器型号见表 3-9。

表 3-9 常用的 TTL 集成 D 触发器型号

功　能	型　号
双 D	74LS74
四 D	74LS175、74LS379
六 D	74LS174、74LS378
八 D	74LS273、74LS377
八 D 三态	74LS364、74LS374、74LS574
八 D 三态反相	74LS534、74LS564

2. 集成 CMOS 边沿 D 触发器

（1）电路组成

集成 CMOS 边沿 D 触发器是利用 CMOS 传输门和门电路组成的。其内部电路为主从结构形式，但这种主从结构与前面的主从触发器有不同的动作特点。图 3-21(a)为 CC4013 主从边沿 D 触发器的逻辑电路图，图 3-21(b)为 CMOS 双 D 触发器的逻辑符号，图 3-21(c)为 CC4013 芯片的引脚排列图。图中 R_D、S_D 为直接置 0、置 1 端，高电平有效。

由图可见，或非门 G_1、G_2 和传输门 TG_1、TG_2 组成主触发器，由或非门 G_3、G_4 和传输门 TG_3、TG_4 组成从触发器。G_5、G_6 为输出缓冲门，用以隔离负载对触发器的影响，增强带负载能力。时钟脉冲 CP 用以控制传输门的接通与断开。

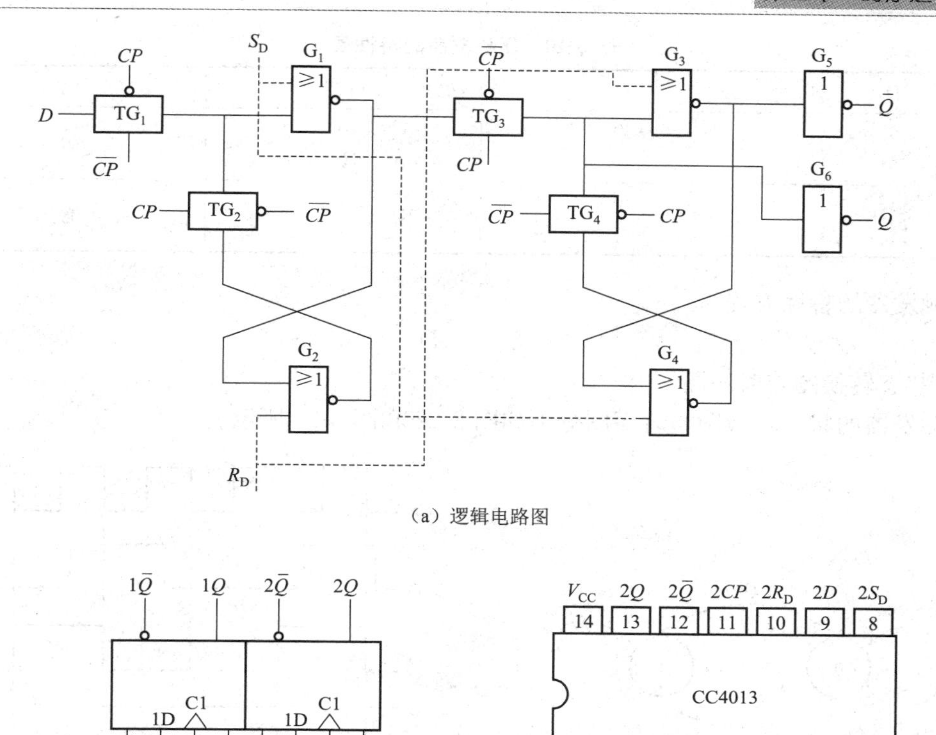

（a）逻辑电路图

（b）CMOS双D触发器的逻辑符号

（c）CC4013芯片的引脚排列图

图 3-21　CC4013 边沿 D 触发器

(2)逻辑功能分析

当 $CP=0$、$\overline{CP}=1$ 时，TG_1、TG_4 接通，TG_2、TG_3 断开，主触发器输入通道打开，D 端的输入信号送入主触发器。但由于 TG_2 处断开状态，主触发器未构成基本触发器，主触发器状态不能保持，使 G_1 输出状态跟随 D 的状态。同时，由于 TG_3 断开、TG_4 接通，从触发器构成基本触发器，其状态维持不变，且它与主触发器之间的通道被 TG_3 切断。

当 CP 上升沿到达时(CP 由 0 跳到 1)，TG_1、TG_4 断开，TG_2、TG_3 接通，主触发器输入通道被切断，由于 TG_2 已接通，使主触发器构成基本触发器，其状态保持在前状态不变。同时，主触发器的信号经 TG_3 送入从触发器，使整个触发器的状态输出 $Q^{n+1}=D$(CP 上升沿到达时 D 的状态)。

综上所述，在 CP 上升沿之前，D 的信号存入主触发器；当 CP 上升沿到达时，D 的信号送到输出端 Q，所以该触发器为上升沿触发的边沿触发器。

常用的 CMOS 集成 D 触发器有 74HC74(双 D)、CC4013(双 D)、CC40174(六 D)、CC40175(四 D)。

3. 逻辑功能描述

(1)特性表与特性方程

按照上述分析可列出 D 触发器的特性表，见表 3-10。

表 3-10　D 触发器的特性表

D	Q^n	Q^{n+1}	说明
0	0	0	置 0
0	1	0	
1	0	1	置 1
1	1	1	

D 触发器的特性方程为

$$Q^{n+1}=D$$

(2)状态转换图与时序图

D 触发器的状态转换图与时序图分别如图 3-22 和图 3-23 所示。

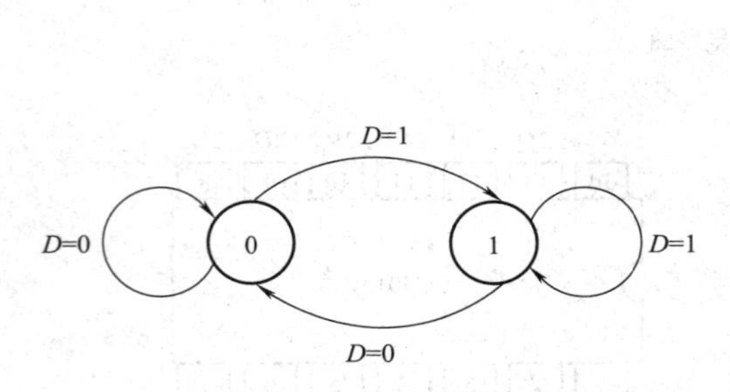

图 3-22　D 触发器的状态转换图

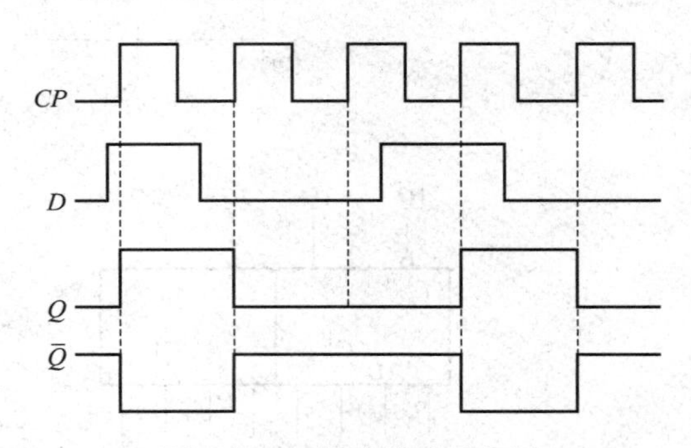

图 3-23　D 触发器的时序图

四、触发器功能转换

我们已经从电路结构形式和逻辑功能两方面介绍了几种不类型的触发器，对每一个具体的触发器器件而言，它都有一定的电路结构形式和一定的逻辑功能。但触发器的电路结构形式与逻辑功能是两个不同的概念，同一种逻辑功能的触发器可以用不同的电路结构来实现，而同一种电路结构形式又可以做成不同逻辑功能的触发器。

目前生产的时钟控制触发器定型产品中只有 JK、D 触发器，为了得到其他功能的触发器，将 JK、D 触发器通过适当的连接和附加门电路，即可实现逻辑功能的转换。

转换的一般方法：

①写出待求触发器和给定触发器的特性方程。

②将待求触发器的特性方程变换成给定触发器特性方程的形式，得出以待求触发器输入信号为变量的给定触发器输入信号的表达式。

③画出用给定触发器实现待求触发器的逻辑图。

1. JK 触发器转换成 D、RS、T、T′触发器

(1)JK 触发器转换成 D 触发器

JK 触发器特性方程为 $Q^{n+1}=J\,\overline{Q^n}+\overline{K}Q^n$。

D 触发器特性方程为 $Q^{n+1}=D$。

将 D 触发器特性方程化为 $Q^{n+1}=D=D(\overline{Q^n}+Q^n)=D\,\overline{Q^n}+DQ^n$。

将上式与 JK 触发器特性方程比较后可得 $J=D,K=\overline{D}$。

根据J、K表达式画出逻辑电路图即得待转换的触发器，如图3-24(a)所示。

(2)JK触发器转换成RS触发器

对RS触发器特性方程进行变换：

$$Q^{n+1}=S+\overline{R}Q^n=S(\overline{Q^n}+Q^n)+\overline{R}Q^n=S\overline{Q^n}+\overline{\overline{S}R}Q^n$$

将上式与JK触发器特性方程比较后可得 $J=S,K=\overline{S}R$。

再利用约束条件 $RS=0$ 可将上式进一步简化，得到 $J=S,K=\overline{S}R+RS=R$。

据此得到所需的转换逻辑电路，如图3-24(b)所示。

(3)JK触发器转换成T、T′触发器

T触发器是在 CP 控制下具有保持及翻转功能的触发器，它有一个输入端 T，其逻辑功能是：当 $T=0$ 时，$Q^{n+1}=Q^n$，有保持功能；当 $T=1$ 时，$Q^{n+1}=\overline{Q^n}$，具有计数功能。

其特性方程为 $Q^{n+1}=T\overline{Q^n}+\overline{T}Q^n$。

将上式与JK触发器特性方程比较后可得 $J=K=T$。

即将 J、K 连在一起作为一个输入端便得T触发器，如图3-24(c)所示。

T′触发器是在 CP 的控制下，具有翻转功能的触发器。每来一个脉冲翻转一次，可用作计数器。

其特性方程为 $Q^{n+1}=\overline{Q^n}$。

取 $T=1$，即 $J=K=1$，即得T′触发器，如图3-24(d)所示。

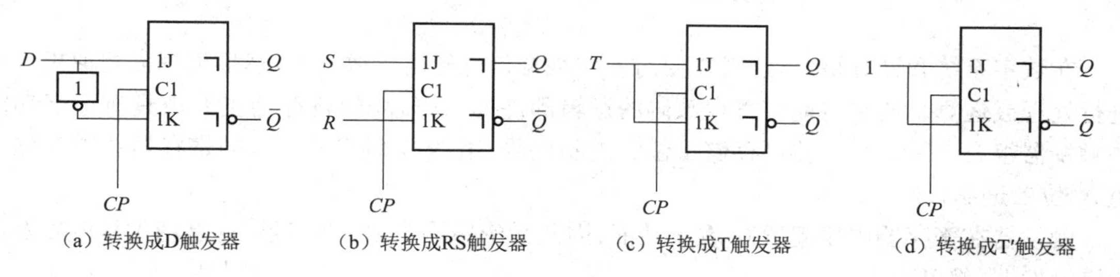

(a) 转换成D触发器　(b) 转换成RS触发器　(c) 转换成T触发器　(d) 转换成T′触发器

图3-24　将JK触发器转换成D、RS、T、T′触发器

2. D触发器转换成JK、RS、T、T′触发器

(1)D触发器转换成JK触发器

D触发器特性方程为 $Q^{n+1}=D$。

JK触发器特性方程为 $Q^{n+1}=J\overline{Q^n}+\overline{K}Q^n$。

比较上述两式，可令 $D=J\overline{Q^n}+\overline{K}Q^n$，按此表达式连接电路即可将D触发器转换成JK触发器，如图3-25(a)所示。

(2)D触发器转换成RS触发器以及T和T′触发器

用同样的方法可将给定的D触发器分别转换成RS、T、T′触发器，对应的表达式分别为

RS触发器特性方程为 $Q^{n+1}=S+\overline{R}Q^n$。

T触发器特性方程为 $Q^{n+1}=T\overline{Q^n}+\overline{T}Q^n$。

T′触发器特性方程为 $Q^{n+1}=\overline{Q^n}$。

将给定D触发器的输入端按这些表达式连接电路，分别可得待转换的RS、T、T′触发器，

如图 3-25(b)、(c)、(d)所示。

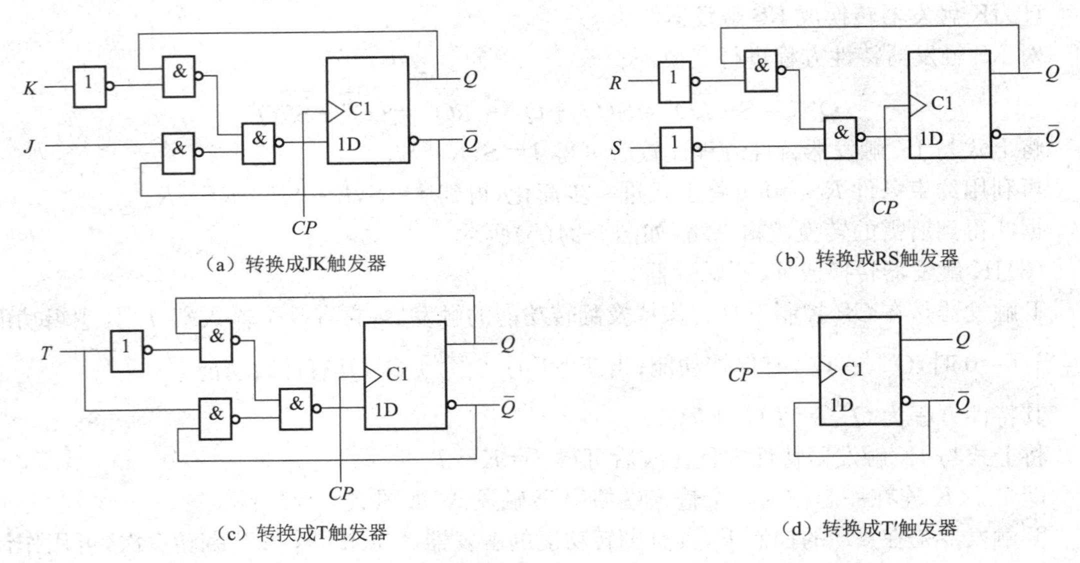

图 3-25 将 D 触发器转换成 JK、RS、T、T′触发器

第三节 寄 存 器

在数字系统和计算机中,经常需要将一些数据信息暂时存放起来,然后根据需要取出数据进行处理或运算。通常将能够寄存数码的逻辑部件称为寄存器,寄存器主要由具有记忆功能的触发器组成。一个触发器可存储 1 位二进制代码,用 N 个触发器组成的寄存器能够存储一组 N 位二进制代码。

触发器在寄存器中仅起置 0、置 1 功能,因此无论用同步 RS 触发器,还是用主从触发器或边沿触发器,都可组成寄存器。

根据寄存器的功能,可分为数码寄存器和移位寄存器两种。

一、数码寄存器

数码寄存器是最简单的寄存器,只具有接收、暂存数码和清除原有数码的功能。数码寄存器按接收方式分单拍接收和双拍接收,现有集成寄存器中大多采用单拍接收。

图 3-26 为 4 个边沿 D 触发器组成的 4 位数码寄存器。4 个触发器的 CP 连在一起,作为接收数码的控制端,上升沿触发。D_3、D_2、D_1、D_0 是待存数码的输入端,Q_3、Q_2、Q_1、Q_0 是数码输出端。各触发器的复位端接在一起,作为寄存器的总清零端 $\overline{R}_D$,低电平有效。

该电路的数码接收过程:将需要存储的 4 位二进制数码送到数据输入端 $D_3 \sim D_0$,在 CP 端送一个时钟脉冲,脉冲上升沿作用后,4 位数码同时出现在 4 个触发器的 Q 端。如待寄存的数码为 1010,将其送到各触发器的输入端,即 $D_3=1$、$D_2=0$、$D_1=1$、$D_0=0$,当接收指令 CP 的上升沿到达时,根据 D 触发器的特性方程 $Q^{n+1}=D$,可知各触发器的状态为$Q_3Q_2Q_1Q_0=D_3D_2D_1D_0=1010$,这样就将待寄存的数码存入寄存器中。只要使 $\overline{R}_D=1$,$CP=0$,寄存器就处于保持状态，这样就可将数码暂存下来。

这类寄存器的特点是在存入新数码时，能将寄存器中原有的数码自动清除，且只需在一个寄存指令下将数码存入寄存器中，故称为单拍接收方式。另外，在接收数码时，各位数码是同时输入，又同时从各触发器输出数码，这就称为并行输入、并行输出的寄存器。

现在数码寄存器也制成集成电路器件，产品有 74LS173、CC4076 等。由 D 触发器构成的数码寄存器，常见的集成电路产品有 74LS175(4D)、74LS174(6D)、74LS364(8D)等。

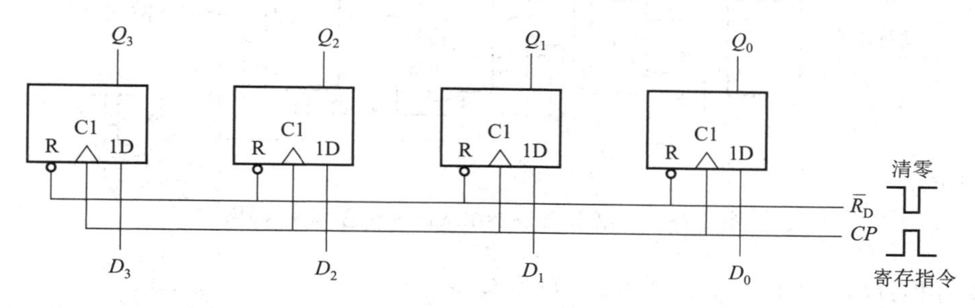

图 3-26　4 位数码寄存器

数码寄存器也可以由基本 RS 触发器、D 锁存器、JK 触发器等构成。如 74LS373 就是由电平触发的 D 锁存器组成的，这是一种三态输出的 8 位锁存器。其引脚排列图如图 3-27 所示。$\overline{EN}$为三态输出控制端，CP 为接收数码控制端。当$\overline{EN}=0$ 时，8 个输出三态门导通，若 $CP=1$，则输出 Q^{n+1} 跟随输入 D 而变；若 $CP=0$ 时，则输出状态被锁存。当$\overline{EN}=1$ 时，Q 端呈高阻状态。其逻辑功能见表 3-11。

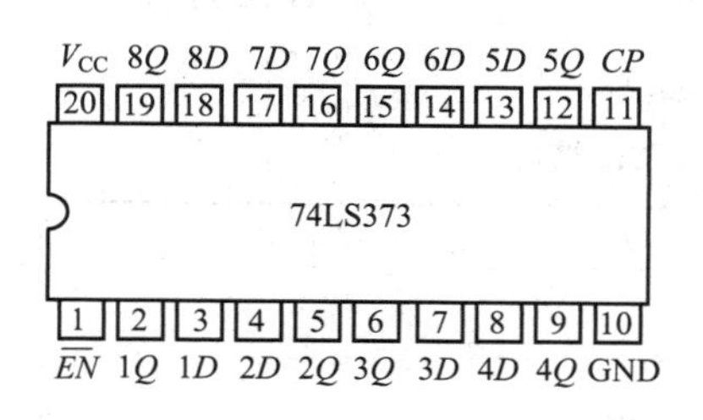

图 3-27　74LS373 引脚排列图

表 3-11　74LS373 逻辑功能

输入			输出
$\overline{EN}$	CP	D	Q^{n+1}
0	1	1	1
0	1	0	0
0	0	1	Q^n
1	×	×	高阻

当$\overline{EN}=1$ 时，输出虽然为高阻，但已有的锁存数据仍保留，新的数据也可输入，因而$\overline{EN}$信号不影响内部锁存功能。这种锁存器广泛应用在微型计算机中。

二、移位寄存器

移位寄存器不仅可以存放数码还具有移位功能。所谓移位，就是在移位脉冲作用下实现所存数码的依次左移或右移。因此，移位寄存器可进行数据的串行/并行转换、数据的运算及处理。按移位方式，移位寄存器分为单向移位和双向移位。

1. 单向移位寄存器

单向移位寄存器，是指仅具有左移功能或右移功能的移位寄存器。

(1)左移寄存器

图 3-28 为边沿 D 触发器组成的 4 位左移寄存器。图中 $\overline{R}_D$ 为异步清零端，各位触发器的 CP

端连接在一起作为移位脉冲控制端，最低位触发器 F_0 的输入端 D_0 作为串行数码输入端，每个触发器的输出端依次接高位触发器的输入。Q_3 为串行数码输出端，$Q_3Q_2Q_1Q_0$ 为并行数码输出端。

由图 3-28 可得，该寄存器的时钟方程、驱动方程和状态方程为

时钟方程：$CP_0=CP_1=CP_2=CP_3=CP$。

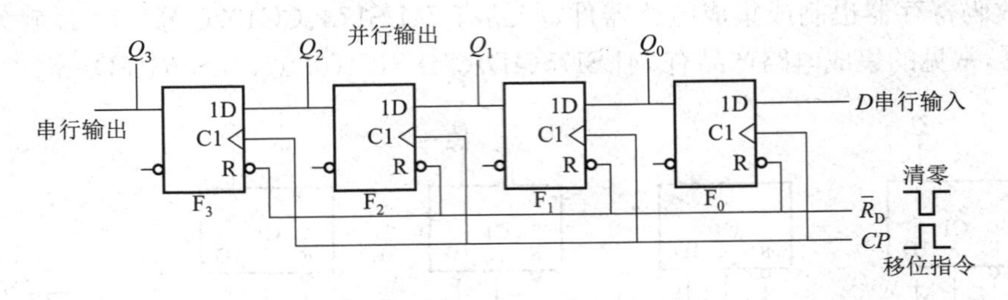

图 3-28　边沿 D 触发器组成的 4 位左移寄存器

驱动方程：$D_0=D$、$D_1=Q_0^n$、$D_2=Q_1^n$、$D_3=Q_2^n$。

状态方程：$Q_0^{n+1}=D$、$Q_1^{n+1}=Q_0^n$、$Q_2^{n+1}=Q_1^n$、$Q_3^{n+1}=Q_2^n$。

D 为寄存器的串行输入数码，从 D_0 端输入。从状态方程可看出，各触发器在 CP 作用下，其状态有 $D\rightarrow D_0\rightarrow D_1\rightarrow D_2\rightarrow D_3$ 向左传递的过程，故为左移寄存器。设要存入的数码为 1101，根据左移的特点，数码的最高位在最左侧，所以应从高位到低位依次送入寄存器的输入端 D。设寄存器的初始状态为 0000。当第 1 个 CP 上升沿到来时，寄存器状态为 $Q_3Q_2Q_1Q_0=0001$；第 2 个 CP 到来时，$Q_3Q_2Q_1Q_0=0011$；第 3 个 CP 到来时，$Q_3Q_2Q_1Q_0=0110$；第 4 个 CP 到来时，$Q_3Q_2Q_1Q_0=1101$。经过 4 个 CP 脉冲后，4 位数码全部移入寄存器中。移位寄存器中数码移动情况见表 3-12，工作时序图如图 3-29 所示。

表 3-12　移位寄存器中数码移动情况

CP	D	Q_3	Q_2	Q_1	Q_0
0	0	0	0	0	0
1	1	0	0	0	1
2	1	0	0	1	1
3	0	0	1	1	0
4	1	1	1	0	1

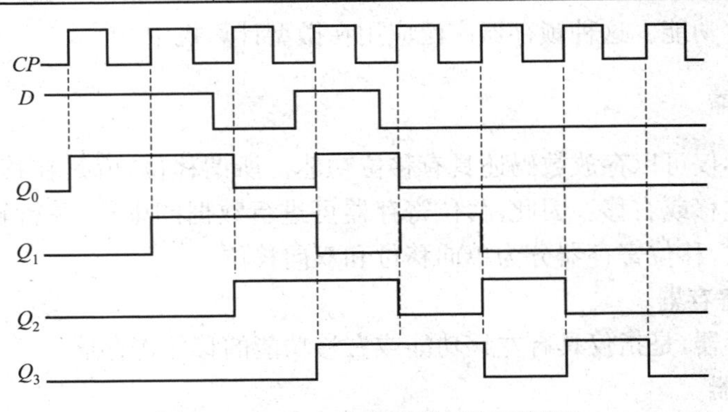

图 3-29　4 位左移寄存器工作时序图

数码可从4个触发器的输出端 $Q_3Q_2Q_1Q_0$ 同时输出，即并行输出，实现由4位串行数据输入转换成并行输出的过程。也可从 Q_3 端串行输出，只需要再连续送入4个 CP 脉冲，就可输出原输入数码，这就是串行输出方式。可见，该移位寄存器具有串行输入，并行输出或串行输出的功能。

(2)右移寄存器

图3-30为用JK触发器构成的右移寄存器。最高位触发器 F_3 的输入端 D_3 作为数码的串行输入端，每个高位触发器的输出端接低一位触发器输入端，最低位触发器 F_0 的输出端作为数码串行输出端，即构成右移寄存器。

右移寄存器的工作原理与左移寄存器相似。在待存数码输入时，应先送入低位数码，然后在移位脉冲的节拍下，由低位到高位逐位输入，各触发器存入的数码依次从左到右逐位传送，形成 $D \to Q_3 \to Q_2 \to Q_1 \to Q_0$ 的数码传递过程。具体情况读者自行分析，应该指出的是所用JK触发器是下降沿触发的，在画时序图时应注意它的翻转时刻。

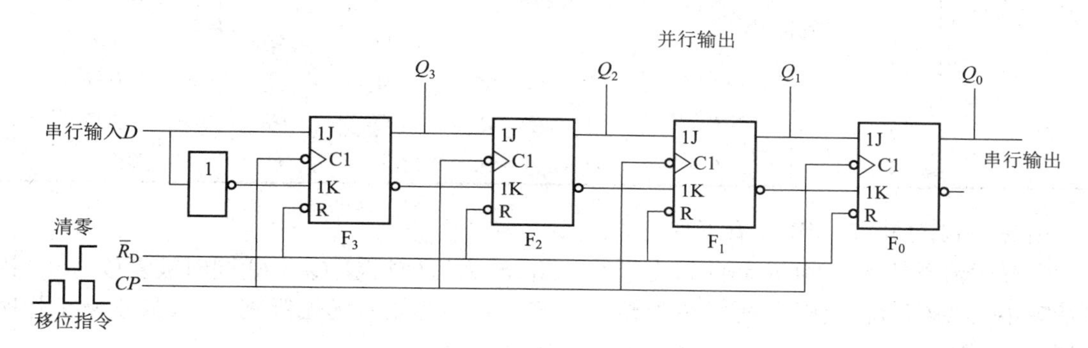

图3-30　用JK触发器构成的右移寄存器

在移位寄存器的实际应用中，都采用集成移位寄存器。常用的集成移位寄存器见表3-13。

表3-13　常用的集成移位寄存器

功　能	型　号
4位移位寄存	74LS178(并行存取)、74LS95(并行存取)、74LS94
8位移位寄存	74LS164(串入/并出)、74LS165(并入/串出)、74LS166(串并入/串出)、74LS91、74LS199
16位移位寄存	74LS673(串入/串出)、74LS674(并入/串出)

2. 双向移位寄存器

双向移位寄存器就是既能把数码左移又能把数码右移的移位寄存器。在单向移位寄存器的基础上加上移位方向控制电路就可得到双向移位寄存器。方向控制电路可由组合逻辑电路组成，但电路较复杂。下面介绍一种常用的集成4位双向移位寄存器74LS194，其逻辑功能示意图及引脚排列图如图3-31所示。

各引脚功能为：$\overline{CR}$ 为异步清零端，低电平有效；CP 为时钟脉冲输入端；$D_0 \sim D_3$ 为数码并行输入端；D_{SR} 为数码右移串行输入端；D_{SL} 为数码左移串行输入端；Q_0 和 Q_3 分别是左移和右移时的串行输出端，$Q_0 \sim Q_3$ 为数码并行输出端；S_0、S_1 为工作方式控制端，用来控制、区分四种工作方式，对应于寄存器就有四个功能。74LS194的逻辑功能见表3-14。

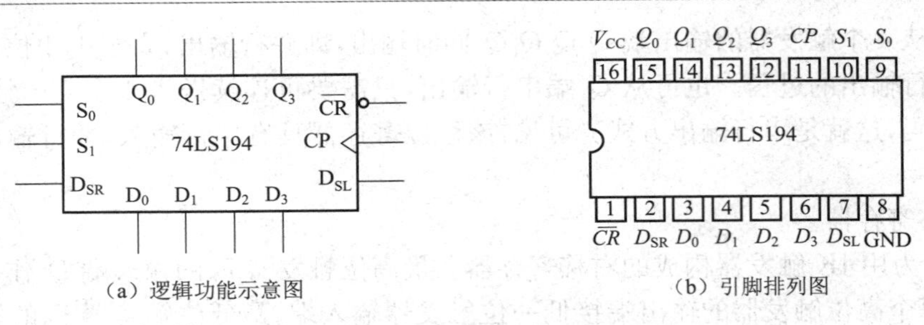

（a）逻辑功能示意图　　（b）引脚排列图

图 3-31　集成 4 位双向移位寄存器 74LS194

表 3-14　4 位双向移位寄存器 74LS194 的逻辑功能

清零	控制		时钟脉冲	输出数码				功能说明
$\overline{CR}$	S_1	S_0	CP	Q_0^{n+1}	Q_1^{n+1}	Q_2^{n+1}	Q_3^{n+1}	
0	×	×	×	0	0	0	0	异步清零
1	0	0	×	Q_0^n	Q_1^n	Q_2^n	Q_3^n	保持
1	0	1	↑	D_{SR}	Q_0^n	Q_1^n	Q_2^n	右移
1	1	0	↑	Q_1^n	Q_2^n	Q_3^n	D_{SL}	左移
1	1	1	↑	D_0	D_1	D_2	D_3	并行输入

由表 3-14 可知，74LS194 有下列功能：

①异步清零功能。当$\overline{CR}=0$时，无论 CP、S_1、S_0为何种状态，$Q_0\sim Q_3$同时被复位为 0。因为清零不需要 CP 脉冲作用，所以称为异步清零。清零功能的优先级别最高，故正常工作时$\overline{CR}$应处于高电平。

②保持功能。当 $S_1S_0=00$ 时，不论有无 CP 到来，各触发器状态不变，寄存器所存数码处于保持状态。

③右移寄存功能。当 $S_1S_0=01$ 时，寄存器执行右移功能。此时，待存数码从右移串行输入端 D_{SR}送入，在 CP 上升沿到达时，各触发器所存数码依次右移一位，流向是 $D_{SR}\rightarrow Q_0\rightarrow Q_1\rightarrow Q_2\rightarrow Q_3$。

④左移寄存功能。当 $S_1S_0=10$ 时，寄存器执行左移功能。此时，待存数码从左移串行输入端 D_{SL}送入，在 CP 上升沿到达时，各触发器所存数码依次左移一位，流向是 $D_{SL}\rightarrow Q_3\rightarrow Q_2\rightarrow Q_1\rightarrow Q_0$。

⑤并行输入功能。当 $S_1S_0=11$ 时，在 CP 的上升沿作用下，并行数码被送入相应的输出端，即 $D_0\rightarrow Q_0$，$D_1\rightarrow Q_1$，$D_2\rightarrow Q_2$，$D_3\rightarrow Q_3$，完成并行输入数码的功能。此时，串行输入 D_{SR}、D_{SL}被禁止。

74LS194 是一种功能很强的通用寄存器，TTL 的还有 74LS295(4 位通用型三态输出)，与 74LS194 的逻辑功能和外引脚排列都兼容的芯片有 CC40194、CC4022 和 74LS198 等。

三、寄存器的应用举例

1. 位扩展

在移位寄存器的实际应用中，有时需要进行位数的扩展，这时可将多片集成移位寄存器通过用级联的方法来扩展位数。图 3-32 为两片 74LS194 扩展成 8 位双向移位寄存器的连接图。

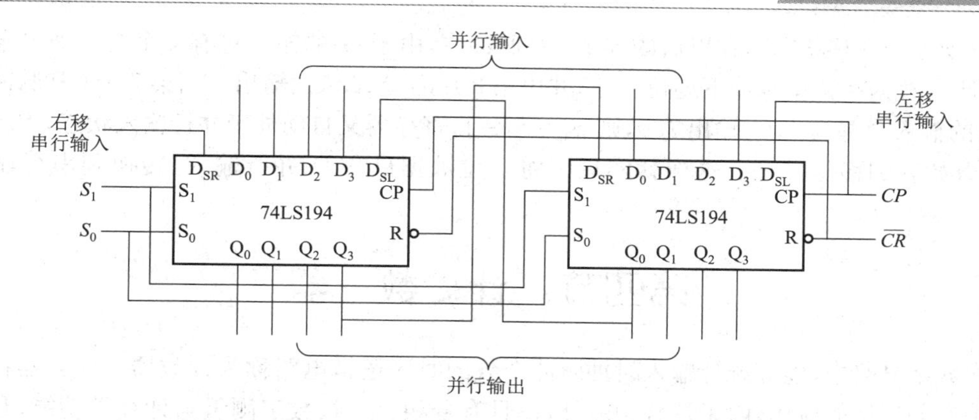

图 3-32　两片 74LS194 扩展成 8 位双向移位寄存器的连接图

连接时将两片的 S_1、S_0、CP 和 $\overline{R}_D$ 分别并联接在一起，将左边一片的 D_{SL} 端接到右边一片的 Q_0 端，构成左移，将右边一片的 D_{SR} 端接到左边一片的 Q_3 端，构成右移，这样就构成了 8 位双向移位寄存器。当需要右移时，令 $S_1S_0=01$，且数码从左边的 D_{SR} 输入，在 CP 作用下数码逐位右移，左边 4 位移位结束后转送到右边的 D_{SR}，右边 4 位移位结束后从右边的 Q_3 端串行输出。当需要左移时，令 $S_1S_0=10$，其移位过程与右移相似。

2. 数据的串行/并行转换

在数字系统中，对传输的数据经常要进行串行/并行转换或并行/串行转换。串行传送仅需一条传输线(一根双芯电缆)就可将一组数据按序逐位传送，能节省硬件设备，但传输速度慢。并行传送是在传输线(需多芯电缆)上将一组数据同时传送，传输速度快，但硬件设备投入大。例如，计算机进行远动控制时，一般采用串行传送，事先进行并行/串行转换，再串行传送。远动设备接收到数据后要进行串行/并行转换，以提高数据处理的速度。具有移位功能的寄存器都可用作串行/并行转换。

图 3-33 所示为 7 位并行/串行数码转换器，其功能是将 7 位数据 $D_6\sim D_0$ 并行输入到寄存器，通过转换再由第二片的 Q_3 端逐位串行输出。

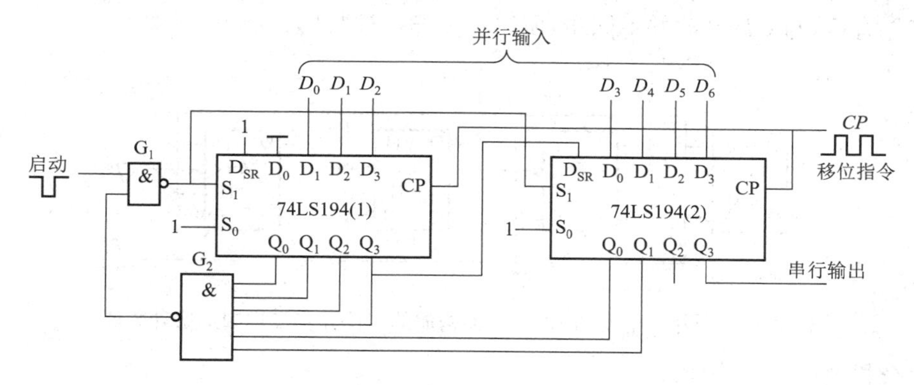

图 3-33　7 位并行/串行数码转换器

启动时，在 G_1 门输入端加一启动负脉冲，使寄存器处于并行输入状态，即 $S_1S_0=11$，在 CP 的作用下将数据并行输入寄存器，这时第 1 片的 $Q_3Q_2Q_1Q_0=D_2D_1D_0 0$，第 2 片的 $Q_3Q_2Q_1Q_0=D_3D_4D_5D_6$。由于第一片的 $Q_0=0$，所以 G_2 的输出为 1，并使 G_1 输出为 0，则$S_1=0$、$S_0=1$，寄存器自动处于右移状态。在以后的 5 个 CP 脉冲中，由于 G_2 的输入总有一个为 0，所以输出 1 不变，所有数据在移位脉冲下逐位右移，并由第 2 片的 Q_3 端依次输出。当第 7 个 CP 脉冲到达时，G_2 的输入全部为 1，G_2 输出为 0，则 $S_1=S_0=1$，寄存器又自动处于并行输入状态，重新输入数据，开始新的移位循环。这样就实现了将 7 位数据 $D_6 \sim D_0$ 并行输入，转换到串行输出的目的。

第四节　计　数　器

在数字电路中，能够统计输入时钟脉冲个数的时序逻辑电路称为计数器。计数器在数字系统中有着广泛的应用，除了计数功能外，还具有分频、定时、数字测量与计算等功能，是重要的时序逻辑部件。

计数器的种类很多。按计数进位制可分为二进制计数器、十进制计数器和任意进制计数器；按计数时数字的增减可分为加法计数器、减法计数器和可逆计数器(又称加/减计数器)；按计数器中各触发器的动作步调可分为同步计数器、异步计数器。

一、二进制计数器

计数状态按二进制数的规律变化，来累计时钟脉冲的个数时，称为二进制计数器。如果计数器的位数为 n，则将 2^n 称为计数器的模，也称计数长度。计数器也称为 n 位二进制计数器或 2^n 进制计数器。

1. 异步二进制计数器

(1)异步二进制加法计数器

由下降沿触发的 JK 触发器构成的 4 位异步二进制加法计数器如图 3-34 所示。根据 JK 触发器的功能，当 $J=K=1$ 时，则可组成 T′触发器，处于计数状态。电路中最低位触发器 F_0 的时钟脉冲输入端接计数脉冲 CP，其他各触发器的时钟脉冲输入端接相邻低位触发器的 Q 端。由于这种计数器的各触发器不采用同一个时钟脉冲，各触发器不是同时翻转，触发器状态的更新有先有后，与 CP 脉冲并不同步，所以称为异步计数器。

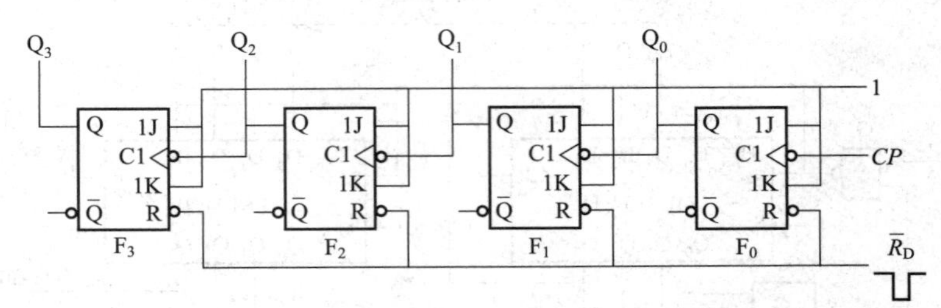

图 3-34　下降沿触发的 JK 触发器构成的 4 位异步二进制加法计数器

下面分析电路的工作原理。

①写出时钟方程：

$$CP_0=CP;CP_1=Q_0;CP_2=Q_1;CP_3=Q_2。$$

②求状态方程：

$$Q_0^{n+1}=\overline{Q_0^n};Q_1^{n+1}=\overline{Q_1^n};Q_2^{n+1}=\overline{Q_2^n};Q_3^{n+1}=\overline{Q_3^n}。$$

③进行状态计算并列出状态表。在计数脉冲输入前首先清零,使 $Q_3Q_2Q_1Q_0=0000$。由于每个触发器都处在计数状态,即其时钟脉冲每来一个下降沿,触发器就翻转一次。由电路连接可知各触发器的时钟脉冲来自于相邻低位触发器的输出 Q,即 $CP_i=Q_{i-1}$,最低位触发器的时钟脉冲为计数脉冲 CP,所以很容易分析得出计数器的状态转换,状态转换表见表 3-15。

这里的状态计算实质上就是要找出每个触发器得到的有效触发脉冲,从而确定触发器的翻转状态。从状态转换表可看出,当第 1 个 CP 脉冲输入后,触发器 F_0 的状态由 0 翻转为 1,Q_0 产生的上升沿不能触发 F_1,而 F_2、F_3 的 CP 端无触发信号,因此 F_1、F_2、F_3 都保持在 0 不变,所以第 1 个 CP 脉冲过后,计数器状态为 $Q_3Q_2Q_1Q_0=0001$。当第 2 个 CP 脉冲输入后,F_0 的状态由 1 翻转为 0,Q_0 产生了下降沿,以此作为进位信号加到 F_1 的 CP 端,使 F_1 翻转为 1,而 F_2 的 CP 端得到的是上升沿,F_2 不能翻转,因此 F_2、F_3 都保持在 0 不变,所以第 2 个 CP 脉冲过后,计数器状态为 $Q_3Q_2Q_1Q_0=0010$。依此类推,第 3 个 CP 脉冲输入后,计数器状态为 $Q_3Q_2Q_1Q_0=0011$;第 15 个 CP 脉冲输入后,计数器状态为 $Q_3Q_2Q_1Q_0=1111$;第 16 个 CP 脉冲输入后,F_0 的状态变为 0,Q_0 产生的下降沿使 F_1 的状态也变为 0,同时使 F_2、F_3 都变为 0,于是计数器重新回到 $Q_3Q_2Q_1Q_0=0000$。以后计数器又进入下一个循环。

④画出状态转换图。根据状态表可画出状态转换图,如图 3-35 所示。由状态转换图可见,从初态 0000(由清零所置)开始,每输入一个计数脉冲,计数器的状态按二进制加法规律加 1,所以是二进制加法计数器(4 位)。又因为该计数器有 0000～1111 共 16 个状态,所以又称十六进制加法计数器或模 16($M=16$)加法计数器。

⑤画时序图。图 3-36 是下降沿触发的 4 位异步二进制加法计数器的时序图。图中各触发器的状态翻转发生在相应的时钟脉冲下降沿。如第 4 个 CP 脉冲到来时,有效时钟脉冲为 CP_0、CP_1、CP_2,这 3 个时钟脉冲的下降沿使 3 个触发器 F_0、F_1、F_2 同时翻转,翻转后计数器的状态为 $Q_3Q_2Q_1Q_0=0100$。第 16 个 CP 脉冲到来时,4 个触发器同时翻转,计数器状态回复到 $Q_3Q_2Q_1Q_0=0000$。

表 3-15 4 位异步二进制加法计数器状态转换表

CP 序号	各触发器状态				十进制数	有效时钟
	Q_3^{n+1}	Q_2^{n+1}	Q_1^{n+1}	Q_0^{n+1}		
0	0	0	0	0	0	
1	0	0	0	1	1	CP_0
2	0	0	1	0	2	CP_0、CP_1
3	0	0	1	1	3	CP_0
4	0	1	0	0	4	CP_0、CP_1、CP_2
5	0	1	0	1	5	CP_0
6	0	1	1	0	6	CP_0、CP_1
7	0	1	1	1	7	CP_0
8	1	0	0	0	8	CP_0、CP_1、CP_2、CP_3
9	1	0	0	1	9	CP_0

续上表

CP 序号	各触发器状态				十进制数	有效时钟
	Q_3^{n+1}	Q_2^{n+1}	Q_1^{n+1}	Q_0^{n+1}		
10	1	0	1	0	10	CP_0、CP_1
11	1	0	1	1	11	CP_0
12	1	1	0	0	12	CP_0、CP_1、CP_2
13	1	1	0	1	13	CP_0
14	1	1	1	0	14	CP_0、CP_1
15	1	1	1	1	15	CP_0
16	0	0	0	0	0	CP_0、CP_1、CP_2、CP_3

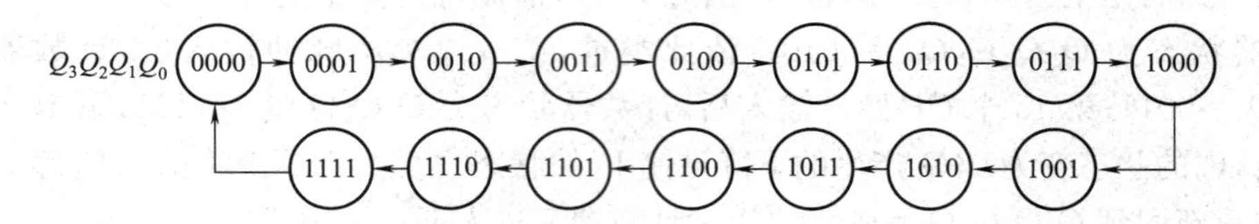

图 3-35　4 位异步二进制加法计数器状态转换图

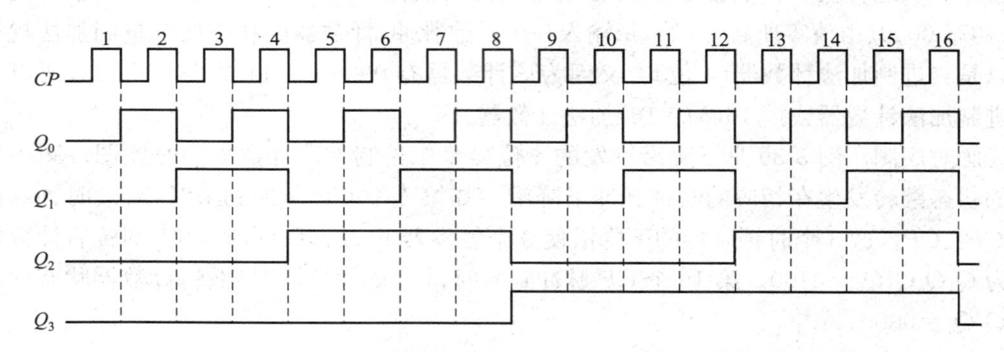

图 3-36　下降沿触发的 4 位异步二进制加法计数器时序图

从时序图可以看出，Q_0、Q_1、Q_2、Q_3波形的周期分别是计数脉冲 CP 周期的 2 倍、4 倍、8 倍、16 倍，也就是说，Q_0、Q_1、Q_2、Q_3分别对 CP 波形进行了二分频、四分频、八分频、十六分频，因而计数器可作为分频器使用。

综上所述，在采用下降沿触发的触发器组成异步二进制加法计数器时，触发器的极间连接必须是低位的 Q 端与高位的 CP 端相连，才能保证计数器按二进制加法运算规则计数。改变级联触发器的个数，就可以很方便地改变二进制计数器的位数，n 个触发器构成 n 位二进制计数器或模 2^n 计数器，具有 2^n 个状态，可实现 2^n 分频。

如用上升沿触发的 T′触发器也可以构成异步二进制加法计数器，但每级触发器的时钟脉冲输入端接低位触发器的 $\overline{Q}$ 端。当低位触发器 Q 端由 1 变为 0 时，$\overline{Q}$ 端则由 0 变为 1，这个上升沿使高位触发器翻转。

(2)异步二进制减法计数器

图 3-37 为由上降沿触发的 D 触发器构成的 4 位异步二进制减法计数器。根据 D 触发器的功能，当 $D=\overline{Q^n}$ 时，也就是 T′触发器，D 触发器处于计数状态。电路中最低位触发器 F_0 的时

钟脉冲输入端接计数脉冲 CP，其他各触发器的时钟脉冲输入端接相邻低位触发器的 Q 端，故也是异步计数器。

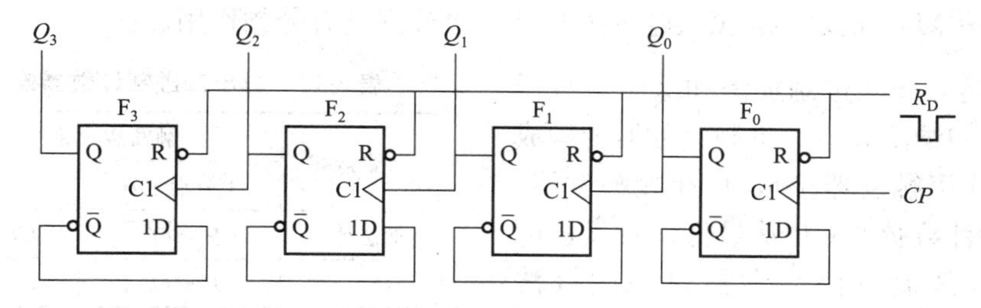

图 3-37　由上升沿触发的 D 触发器构成的 4 位异步二进制减法计数器

电路的工作原理分析与加法计数器相似，在计数之前先清零，使 $Q_3Q_2Q_1Q_0=0000$。当第 1 个 CP 脉冲输入后，触发器 F_0 的状态由 0 翻转为 1，Q_0 产生的上升沿触发 F_1，使 F_1 由 0 变为 1，Q_1 的上升沿再触发 F_2，使 F_2 由 0 变为 1，同理 F_3 也由 0 变为 1，这样第 1 个 CP 脉冲过后，计数器状态为 $Q_3Q_2Q_1Q_0=1111$。当第 2 个 CP 脉冲输入后，F_0 由 1 变为 0，Q_0 产生的下降沿不能使 F_1 翻转，此时 $Q_3Q_2Q_1Q_0=1110$。第 3 个 CP 脉冲输入后，F_0 由 0 变为 1，而 F_1 受触发后由 1 变为 0，$Q_3Q_2Q_1Q_0=1101$。依此类推，第 16 个 CP 脉冲输入后，计数器重新回到 $Q_3Q_2Q_1Q_0=0000$。以后计数器又进入下一个循环。表 3-16 所示为 4 位异步二进制减法计数器状态变化过程。

表 3-16　4 位异步二进制减法计数器状态表

CP 序号	各触发器状态				十进制数	有效时钟
	Q_3^{n+1}	Q_2^{n+1}	Q_1^{n+1}	Q_0^{n+1}		
0	0	0	0	0	0	
1	1	1	1	1	15	CP_0、CP_1、CP_2、CP_3
2	1	1	1	0	14	CP_0
3	1	1	0	1	13	CP_0、CP_1
4	1	1	0	0	12	CP_0
5	1	0	1	1	11	CP_0、CP_1、CP_2
6	1	0	1	0	10	CP_0
7	1	0	0	1	9	CP_0、CP_1
8	1	0	0	0	8	CP_0
9	0	1	1	1	7	CP_0、CP_1、CP_2、CP_3
10	0	1	1	0	6	CP_0
11	0	1	0	1	5	CP_0、CP_1
12	0	1	0	0	4	CP_0
13	0	0	1	1	3	CP_0、CP_1、CP_2
14	0	0	1	0	2	CP_0
15	0	0	0	1	1	CP_0、CP_1
16	0	0	0	0	0	CP_0

图 3-38 为上升沿触发的 4 位异步二进制减法计数器时序图。由状态表和时序图可以看出，每输入一个计数脉冲，计数器的状态按二进制减法规律减 1，所以是二进制减法计数器(4 位)，模值 $M=16$，Q_0、Q_1、Q_2、Q_3对 CP 脉冲也分别具有分频作用。

通过上述异步二进制加法和减法计数器的分析，可以归纳出异步二进制计数器的构成特点。将所选用触发器接成 T′计数触发器，然后级联，将计数脉冲 CP 从最低位触发器的时钟端输入，其他各位触发器时钟端接法见表 3-17。

表 3-17　异步二进制计数器连接规律

计数规律	触发器的触发方式	
	上升沿触发	下降沿触发
加法计数	$CP_i=\overline{Q_{i-1}}$	$CP_i=Q_{i-1}$
减法计数	$CP_i=Q_{i-1}$	$CP_i=\overline{Q_{i-1}}$

异步二进制计数器的优点是电路结构简单，缺点是由于触发器的翻转是逐位进行的，因此存在延迟。级数越多，延迟时间越长，计数速度就越慢。为了提高计数速度，可采用同步计数器。

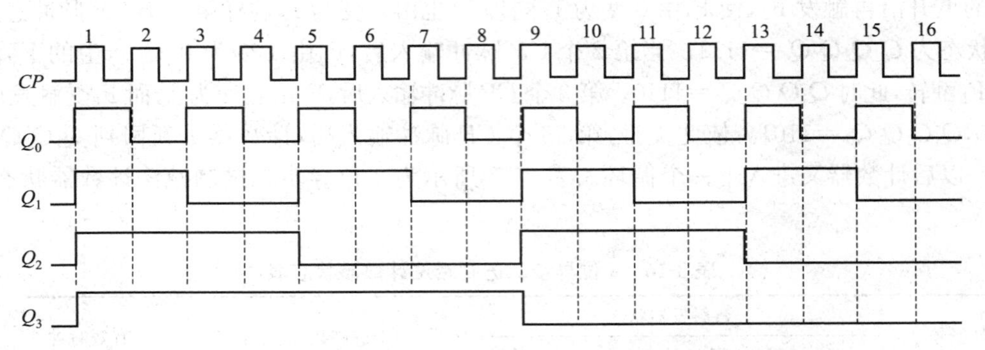

图 3-38　上升沿触发的 4 位异步二进制减法计数器时序图

2. 同步二进制计数器

为了提高计数速度，应将计数脉冲同时送到每个触发器的时钟脉冲输入端，由同一计数脉冲 CP 控制各个触发器的状态变化，即各触发器的翻转均在计数脉冲 CP 的作用下同时完成，用这种方式构成的计数器称为同步计数器。

(1)同步二进制加法计数器

由 4 个下降沿触发的 JK 触发器组成的 4 位同步二进制加法计数器，如图 3-39 所示。图中各触发器的时钟脉冲输入端均接到计数脉冲 CP，所以这是一个同步时序电路。

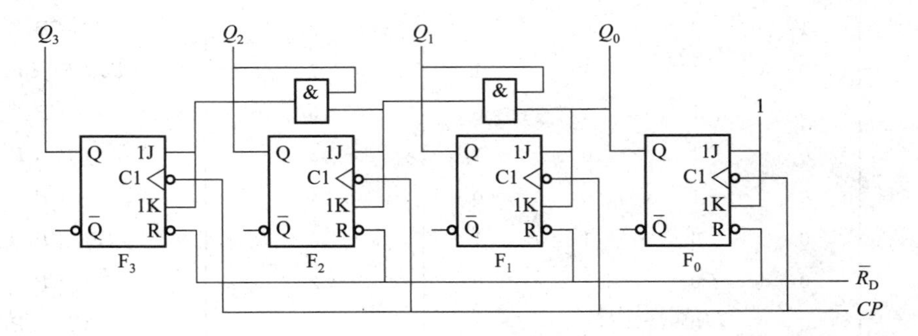

图 3-39　由 4 个下降沿触发的 JK 触发器组成的 4 位同步二进制加法计数器

同步计数器既可用 T′触发器构成，也可用 T 触发器构成。图 3-39 中采用 T 触发器构成（每个触发器的 J、K 输入端并联在一起），根据 JK 触发器转换成 T 触发器的关系，当 $T=0$ $(J=K=0)$时，$Q^{n+1}=Q^n$，为保持功能；当 $T=1(J=K=1)$时，$Q^{n+1}=\overline{Q^n}$，为计数功能。因此，欲使某个触发器翻转，应当将该触发器置成 $J=K=CP=1$。

下面用时序电路的分析方法来讨论电路的工作原理。

①写出驱动方程。

$$J_0=K_0=1$$
$$J_1=K_1=Q_0^n$$
$$J_2=K_2=Q_1^nQ_0^n$$
$$J_3=K_3=Q_2^nQ_1^nQ_0^n$$

②求出状态方程。将驱动方程代入 JK 触发器的特性方程即可求出状态方程。

$$Q_0^{n+1}=\overline{Q_0^n}$$
$$Q_1^{n+1}=\overline{Q_1^n}Q_0^n+Q_1^n\overline{Q_0^n}$$
$$Q_2^{n+1}=\overline{Q_2^n}Q_1^nQ_0^n+Q_2^n\overline{Q_1^nQ_0^n}$$
$$Q_3^{n+1}=\overline{Q_3^n}Q_2^nQ_1^nQ_0^n+Q_3^n\overline{Q_2^nQ_1^nQ_0^n}$$

③列出状态表。从各触发器的状态方程可知，F_0 始终处于计数状态，来一个 CP 脉冲它就翻转一次；F_1 在 $Q_0^n=1$ 时处于计数状态，$Q_0^n=0$ 时处于保持状态；F_2 在 $Q_1^n=Q_0^n=1$ 时处于计数状态，否则处于保持状态；F_3 在 $Q_2^n=Q_1^n=Q_0^n=1$ 时处于计数状态，其中有一个为 0 时就处于保持状态。根据这种分析，可推出各触发器的翻转规律，也就可以列出状态表，见表 3-18。

表 3-18 4 位同步二进制加法计数器状态表

CP	Q_3^n	Q_2^n	Q_1^n	Q_0^n	Q_3^{n+1}	Q_2^{n+1}	Q_1^{n+1}	Q_0^{n+1}
1	0	0	0	0	0	0	0	1
2	0	0	0	1	0	0	1	0
3	0	0	1	0	0	0	1	1
4	0	0	1	1	0	1	0	0
5	0	1	0	0	0	1	0	1
6	0	1	0	1	0	1	1	0
7	0	1	1	0	0	1	1	1
8	0	1	1	1	1	0	0	0
9	1	0	0	0	1	0	0	1
10	1	0	0	1	1	0	1	0
11	1	0	1	0	1	0	1	1
12	1	0	1	1	1	1	0	0
13	1	1	0	0	1	1	0	1
14	1	1	0	1	1	1	1	0
15	1	1	1	0	1	1	1	1
16	1	1	1	1	0	0	0	0

由状态表可见，每输入一个计数脉冲，计数器的状态 $Q_3Q_2Q_1Q_0$ 按二进制加法规律加 1，所以该电路是 4 位二进制加法计数器。

④画状态转换图和时序图。4 位同步二进制加法计数器的状态转换图和时序图，与异步二进制加法计数器一样。由于各触发器的状态翻转也发生在时钟脉冲下降沿，因此，它的状态转换图和时序图分别如图 3-35、图 3-36 所示。

(2)同步二进制减法计数器

图 3-40 为 4 位同步二进制减法计数器。与同步二进制加法计数器比较，除了 F_0 以外，各触发器的 J、K 输入端由低位触发器的 Q 端输出相与，改为 $\overline{Q}$ 输出端相与，即构成同步二进制减法计数器。

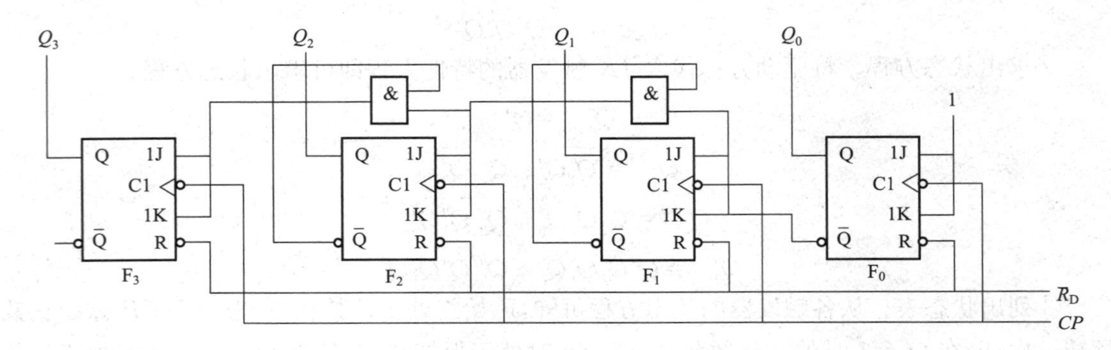

图 3-40　4 位同步二进制减法计数器

当时钟脉冲连续输入时，4 位同步二进制减法计数器的状态表见表 3-19，从表中可看出其输出状态是按照二进制规律递减变化的，所以是一个减法计数器。与 4 位同步二进制加法计数器相比较，很容易写出该电路的驱动方程、状态方程，画出状态转换图和时序图，具体分析过程请读者自行完成。

表 3-19　4 位同步二进制减法计数器状态表

Q_3^n	Q_2^n	Q_1^n	Q_0^n	Q_3^{n+1}	Q_2^{n+1}	Q_1^{n+1}	Q_0^{n+1}
0	0	0	0	1	1	1	1
1	1	1	1	1	1	1	0
1	1	1	0	1	1	0	1
1	1	0	1	1	1	0	0
1	1	0	0	1	0	1	1
1	0	1	1	1	0	1	0
1	0	1	0	1	0	0	1
1	0	0	1	1	0	0	0
1	0	0	0	0	1	1	1
0	1	1	1	0	1	1	0
0	1	1	0	0	1	0	1
0	1	0	1	0	1	0	0
0	1	0	0	0	0	1	1

续上表

Q_3^n	Q_2^n	Q_1^n	Q_0^n	Q_3^{n+1}	Q_2^{n+1}	Q_1^{n+1}	Q_0^{n+1}
0	0	1	1	0	0	1	0
0	0	1	0	0	0	0	1
0	0	0	1	0	0	0	0

(3)同步二进制可逆计数器

既能做加计数又能做减计数的计数器称为可逆计数器。通过对同步二进制计数器的分析发现,无论是加法计数还是减法计数,都将触发器接成T触发器形式,各触发器都用计数脉冲 CP 触发,最低位触发器的 T 输入为1,只是其他触发器的 T 输入在加法计数与减法计数中不同而已。加法计数时使 $T_0=1$、$T_i=Q_{i-1}^n \cdot Q_{i-2}^n \cdot \cdots \cdot Q_0^n$;减法计数时使 $T_0=1$、$T_i=\overline{Q_{i-1}^n} \cdot \overline{Q_{i-2}^n} \cdot \cdots \cdot \overline{Q_0^n}$。将这样的同步二进制加法计数器和减法计数器合并起来,并引入一个加/减控制信号便构成了4位同步二进制可逆计数器,如图3-41所示。

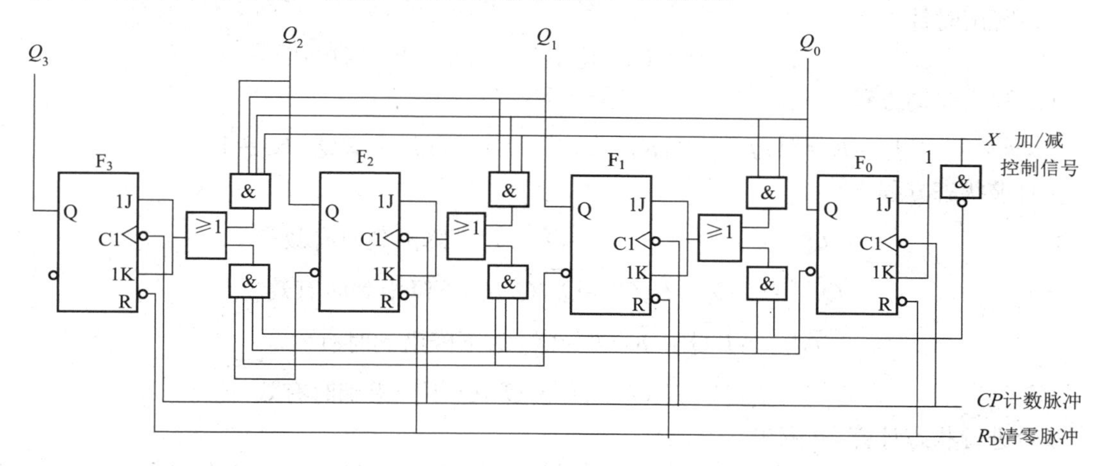

图3-41 4位同步二进制可逆计数器

当控制信号 $X=1$ 时,各触发器按 $T_0=1$、$T_i=Q_{i-1}^n \cdot Q_{i-2}^n \cdot \cdots \cdot Q_0^n$ 连接,构成加法计数器;当控制信号 $X=0$ 时,各触发器按 $T_0=1$、$T_i=\overline{Q_{i-1}^n} \cdot \overline{Q_{i-2}^n} \cdot \cdots \cdot \overline{Q_0^n}$ 连接,构成减法计数器,实现了可逆计数器的功能。

二、十进制计数器

数字系统中经常使用十进制计数器,但在电路中要实现真正的十进制计数是不太现实的,因为在电路中很难用电平的方式将十进制数表示出来,所以在数字电路中一般都是采用二进制编码的方式来表示十进制数,即BCD码,因此十进制计数器的准确提法应该是二-十进制计数器,又称BCD码计数器。在十进制计数器中,应用最多的BCD码是8421BCD码,本节主要介绍8421编码的十进制计数器。

用十进制计数时它的每一位需要10个状态,分别用0～9十个数码表示。如用 M 表示计数器的模数,用 n 表示组成计数器的触发器个数,则应有 $M \leqslant 2^n$。对十进制计数器而言 $M=10$,则 $n=4$,即用4个触发器可组成1位十进制计数器。

1. 异步十进制加法计数器

由4个下降沿触发的JK触发器组成的8421BCD码1位异步十进制加法计数器，如图3-42所示。电路中J、K端悬空，相当于接高电平1，各触发器翻转除受J、K端控制外，还要看是否具备翻转的时钟条件。

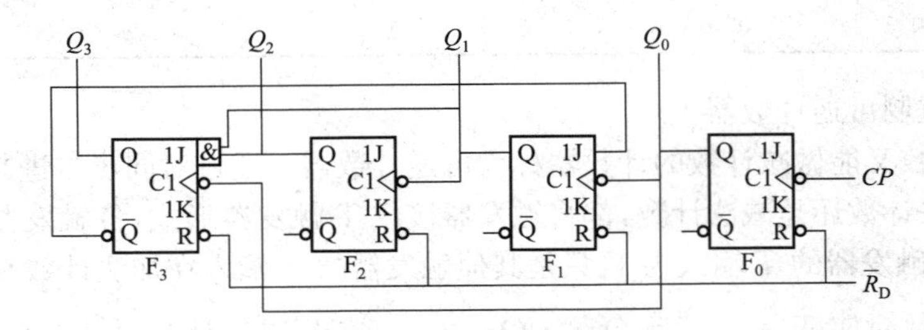

图3-42 由4个下降沿触发的JK触发器组成的8421BCD码1位异步十进制加法计数器

用时序逻辑电路分析方法对该电路分析如下：

(1)写出时钟方程

$$CP_0=CP;CP_1=Q_0;CP_2=Q_1;CP_3=Q_0。$$

(2)写出驱动方程

$$J_0=K_0=1;J_1=\overline{Q_3^n},K_1=1;J_2=K_2=1;J_3=Q_2^nQ_1^n,K_3=1。$$

(3)求状态方程

$$Q_0^{n+1}=J_0\overline{Q_0^n}+\overline{K}_0Q_0^n=\overline{Q_0^n},CP\text{ 下降沿到时有效}$$

$$Q_1^{n+1}=J_1\overline{Q_1^n}+\overline{K}_1Q_1^n=\overline{Q_3^n}\ \overline{Q_1^n},Q_0\text{ 下降沿到时有效}$$

$$Q_2^{n+1}=J_2\overline{Q_2^n}+\overline{K}_2Q_2^n=\overline{Q_2^n},Q_1\text{ 下降沿到时有效}$$

$$Q_3^{n+1}=J_3\overline{Q_3^n}+\overline{K}_3Q_3^n=Q_2^nQ_1^n\ \overline{Q_3^n},Q_0\text{ 下降沿到时有效}$$

(4)进行状态计算，并列出状态表

依次设定现态，代入状态方程进行计算，得相应次态，计算时要注意状态方程中每一个表达式有效的时钟条件。只有当相应触发沿到达时，触发器状态才会按状态方程来决定次态的转换，否则状态将保持不变。

设初态为$Q_3Q_2Q_1Q_0=0000$，代入状态方程中进行计算，得次态为0001。在输入第8个CP脉冲前，触发器F_0、F_1、F_2的J和K始终为1，这期间它们均工作在计数状态，其工作过程和异步二进制加法计数器相同，这期间F_3一直保持0状态不变。当第8个CP脉冲输入后，$J_3=Q_2^nQ_1^n=1$，$K_3=1$，所以Q_0的下降沿到达后，F_3由0变为1，同时$J_1=\overline{Q_3^n}=0$，使F_1在以后的CP脉冲输入后不能翻成1。第9个CP脉冲输入后，计数器状态为$Q_3Q_2Q_1Q_0=1001$。第10个CP脉冲输入后，F_0翻成0，同时Q_0的下降沿使F_3也变为0，于是计数器状态重新回到0000，跳过了1010～1111这6个状态，成为十进制计数器，其计数状态表见表3-20。

表3-20 异步十进制加法计数器计数状态表

CP	Q_3^n	Q_2^n	Q_1^n	Q_0^n	Q_3^{n+1}	Q_2^{n+1}	Q_1^{n+1}	Q_0^{n+1}
1	0	0	0	0	0	0	0	1
2	0	0	0	1	0	0	1	0

续上表

CP	Q_3^n	Q_2^n	Q_1^n	Q_0^n	Q_3^{n+1}	Q_2^{n+1}	Q_1^{n+1}	Q_0^{n+1}
3	0	0	1	0	0	0	1	1
4	0	0	1	1	0	1	0	0
5	0	1	0	0	0	1	0	1
6	0	1	0	1	0	1	1	0
7	0	1	1	0	0	1	1	1
8	0	1	1	1	1	0	0	0
9	1	0	0	0	1	0	0	1
10	1	0	0	1	0	0	0	0

由状态表可见，该电路随 CP 脉冲的输入，其状态值按 8421BCD 码顺序递增，所以为加法计数器。

(5)画出状态转换图及时序图

由状态表可得状态转换图及时序图，如图 3-43、图 3-44 所示。

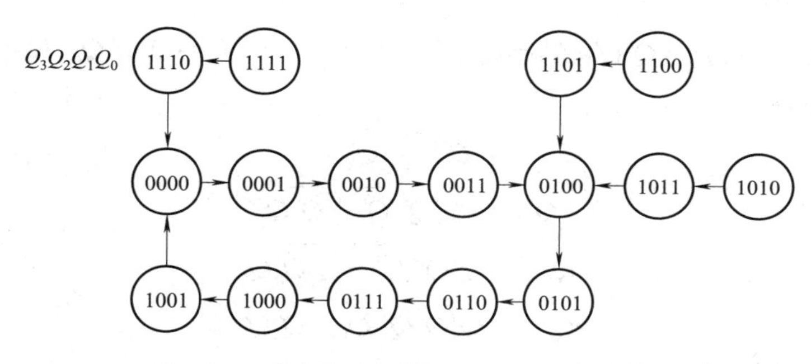

图 3-43　异步十进制加法计数器状态转换图

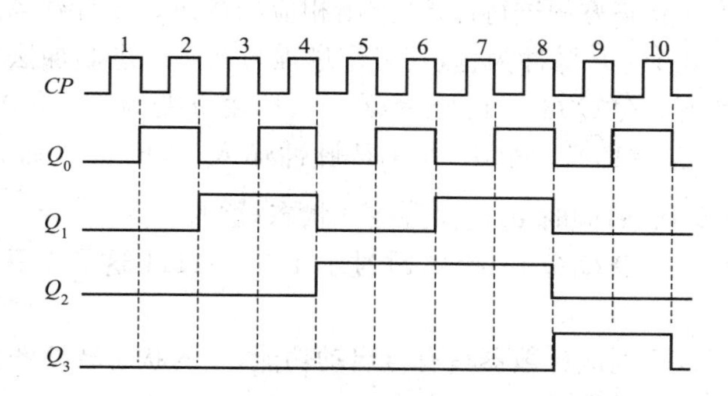

图 3-44　异步十进制加法计数器时序图

(6)电路的自启动功能

由前面的分析可知，4 个触发器的状态组合共有 16 种，而在 8421BCD 码计数器中只用了 10 种(0000～1001)，这 10 种称为有效状态，其余 6 种(1010～1111)状态称为无效状态。正常计数中，计数器处于有效的状态循环中，6 个无效状态是不会出现的。如果由于某种原因使计数器进入无效状态时，经过计算在 CP 脉冲作用下，计数器能从任何一个无效状态自动返回到有效状态，这称为计数器具有自启动功能。

2. 同步十进制加法计数器

由4个下降沿触发的JK触发器组成的8421BCD码1位同步十进制加法计数器，如图3-45所示。

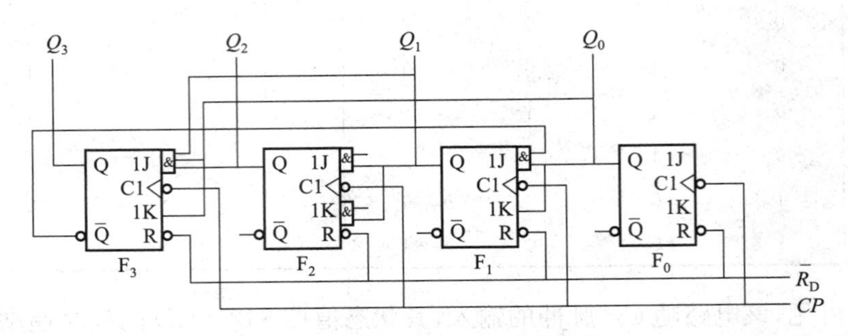

图3-45　由4个下降沿触发的JK触发器组成的8421码1位同步十进制加法计数器

可用前面介绍的同步时序逻辑电路分析方法对该电路进行分析：

(1)写出驱动方程

$$J_0=K_0=1;J_1=\overline{Q_3^n}Q_0^n,K_1=Q_0^n;J_2=K_2=Q_1^nQ_0^n;J_3=Q_2^nQ_1^nQ_0^n,K_3=Q_0^n。$$

(2)求状态方程

$$Q_0^{n+1}=\overline{Q_0^n}$$
$$Q_1^{n+1}=\overline{Q_3^n}Q_0^n\overline{Q_1^n}+\overline{Q_0^n}Q_1^n$$
$$Q_2^{n+1}=Q_1^nQ_0^n\overline{Q_2^n}+\overline{Q_1^nQ_0^n}Q_2^n$$
$$Q_3^{n+1}=Q_2^nQ_1^nQ_0^n\overline{Q_3^n}+\overline{Q_0^n}Q_3^n$$

(3)进行状态计算，并列出状态表

依次设定现态，代入状态方程进行计算，求出相应的次态。设计数器从$Q_3Q_2Q_1Q_0=0000$开始计数，直到输入第8个CP脉冲为止，其工作过程与同步二进制加法计数器相同。当第8个CP脉冲输入后，因$J_3=Q_2^nQ_1^nQ_0^n=1$，$K_3=Q_0^n=1$，F_3由0变为1。第9个CP脉冲输入后，计数器状态为$Q_3Q_2Q_1Q_0=1001$。第10个CP脉冲输入后，F_0自然翻成0；而F_1由于$J_1=\overline{Q_3^n}Q_0^n=0$，使其保持在0状态；同时$F_2$也保持在0状态；这时$F_3$的$J_3=0$，$K_3=1$，使$F_3$由1置成0，于是计数器又回到$Q_3Q_2Q_1Q_0=0000$，跳过了1010～1111这6个状态，其计数状态表相同于表3-19所示。

同样，通过分析可以看到该计数器具有自启动功能，它的状态转换图和时序图相同于异步十进制加法计数器，这里不再赘述。

三、集成计数器及其应用

集成计数器按触发方式可分为同步计数器和异步计数器，按制作工艺可分为TTL型和CMOS型，通常的集成芯片以二-十进制计数器和4位二进制计数器居多，这些计数器功能比较完善，如有预置数、清零、保持、计数等多种功能，因此，通用性强，便于扩展，应用十分方便。常用的集成计数器器件型号见表3-21。

表 3-21　常用的集成计数器器件型号

功　能	型　号	
	TTL	CMOS
异步二进制计数器	74LS293(4位)、74LS393(双4位)、74LS177(4位)、74LS197(4位)	74HC293(4位)、CC4024(7位)、CC4040(12位)、CC4060(14位)
同步二进制计数器	74LS161(4位)、74LS163(4位)、74LS169(4位可逆)、74LS191(4位可逆)、74LS193(4位可逆)、74LS569(可逆三态)、74LS693(三态)74LS697(可逆三态)	CC40161(4位)、CC40163(4位)、CC40193(4位可逆)、CC4520(双4)、CC4526(减法)
十进制计数器	74LS160(4位)、74LS162(4位)、74LS168(可逆)、74LS190(可逆)、74LS192(可逆)、74LS390(双4位)、74LS490(双4位)、74LS568(可逆三态)、74LS690(可逆三态)、74LS692(三态)、74LS696(可逆三态)	CC40160(4位)、CC40162(4位)、CC40192(可逆)
二-五-十进制计数器	74LS176、74LS290、74LS196(二-五进制)	

1. 集成二进制计数器

(1)4 位二进制同步加法计数器 74LS161

TTL 型集成 4 位二进制同步加法计数器 74LS161 的逻辑功能示意图及引脚排列图如图 3-46所示。

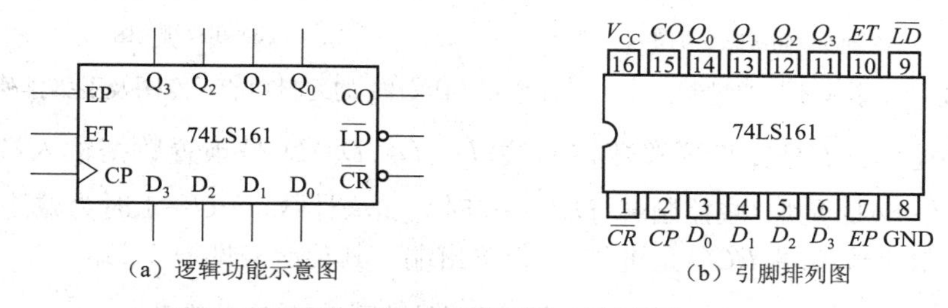

(a) 逻辑功能示意图　　(b) 引脚排列图

图 3-46　集成 4 位二进制同步加法计数器 74LS161

74LS161 为同步预置、异步清零的同步二进制加法计数器,各引脚功能为:$\overline{CR}$为异步清零端,低电平有效;$\overline{LD}$为同步并行置数控制端,低电平有效;ET、EP 为计数使能控制端;CP 为时钟脉冲输入端;D_0~D_3 为预置数的数据输入端;Q_0~Q_3 为数码输出端;CO 为进位输出端。74LS161 的功能表见表 3-22。

表 3-22　集成 4 位二进制同步加法计数器 74LS161 功能表

清零	预置	使能		时钟	预置数据输入				输出				工作模式
$\overline{CR}$	$\overline{LD}$	EP	ET	CP	D_3	D_2	D_1	D_0	Q_3	Q_2	Q_1	Q_0	
0	×	×	×	×	×	×	×	×	0	0	0	0	异步清零
1	0	×	×	↑	D_3	D_2	D_1	D_0	D_3	D_2	D_1	D_0	同步置数
1	1	0	×	×	×	×	×	×	保持				数据保持
1	1	×	0	×	×	×	×	×	保持				数据保持
1	1	1	1	↑	×	×	×	×	计数				加法计数

下面结合功能表，介绍74LS161的四个功能。

①异步清零功能。当$\overline{CR}=0$时，不论其他控制端为何种状态，计数器的内容全部清除，即$Q_3Q_2Q_1Q_0=0000$。

②预置数功能。当$\overline{CR}=1$时，若预置数控制端$\overline{LD}=0$，在输入时钟脉冲CP上升沿的作用下，并行输入端的数据$D_3D_2D_1D_0$被置入计数器中，即$Q_3Q_2Q_1Q_0=D_3D_2D_1D_0$。由于这个操作要与$CP$上升沿同步，所以称为同步预置数。

③保持功能。当$\overline{CR}=\overline{LD}=1$时，只要$EP$、$ET$中有一个为0，则不论有无计数脉冲输入，计数器的状态都保持不变。而进位输出CO有两种情况，当$EP=0$、$ET=\times$时，进位输出CO保持不变；当$EP=\times$、$ET=0$时，进位输出$CO=0$。

④计数功能。当$\overline{CR}=\overline{LD}=EP=ET=1$时，在$CP$脉冲上升沿作用下，计数器做4位二进制加法计数。当计数到$Q_3Q_2Q_1Q_0=1111$时，进位输出$CO=1$，作为向高位的进位信号。

(2)4位二进制同步可逆计数器74LS191

图3-47为集成4位二进制同步可逆计数器74LS191的逻辑功能示意图及引脚排列图。

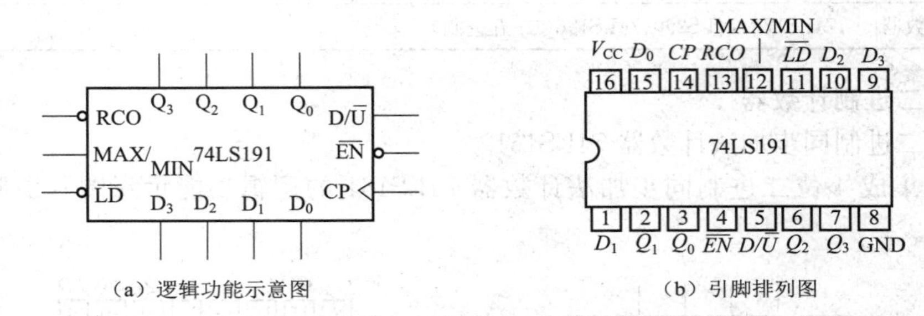

(a) 逻辑功能示意图　　(b) 引脚排列图

图3-47　集成4位二进制同步可逆计数器74LS191的逻辑功能示意图及引脚排列图

各引脚功能为：$\overline{LD}$是异步预置数控制端；D_3、D_2、D_1、D_0是预置数据输入端；$\overline{EN}$是使能端，低电平有效；$D/\overline{U}$是加/减控制端，$D/\overline{U}=0$时为加法计数，$D/\overline{U}=1$时为减法计数；MAX/MIN是最大/最小输出端，RCO是进位/借位输出端。其功能表见表3-23。

表3-23　4位二进制同步可逆计数器74LS191功能表

预置	使能	加/减控制	时钟	预置数据输入				输出				工作模式
$\overline{LD}$	$\overline{EN}$	$D/\overline{U}$	CP	D_3	D_2	D_1	D_0	Q_3	Q_2	Q_1	Q_0	
0	×	×	×	D_3	D_2	D_1	D_0	D_3	D_2	D_1	D_0	异步置数
1	1	×	×	×	×	×	×	保持				数据保持
1	0	0	↑	×	×	×	×	加法计数				加法计数
1	0	1	↑	×	×	×	×	减法计数				减法计数

由表3-23可知，74LS191具有以下功能：

①异步置数。当$\overline{LD}=0$时，不管其他输入端的状态如何，不论有无时钟脉冲CP，并行输入端的数据$D_3D_2D_1D_0$被直接置入计数器，输出端$Q_3Q_2Q_1Q_0=D_3D_2D_1D_0$。由于该操作不受$CP$控制，所以称为异步置数。注意该计数器无清零端，需清零时可用预置数的方法置零。

②保持。当$\overline{LD}=1$且$\overline{EN}=1$时，则计数器保持原来的状态不变。

③计数。当$\overline{LD}=1$且$\overline{EN}=0$时，在CP端输入计数脉冲，计数器进行二进制计数。当

$D/\overline{U}=0$ 时做加法计数；当 $D/\overline{U}=1$ 时做减法计数。

另外，该电路还有最大/最小控制端 MAX/MIN 和进位/借位输出端 RCO。它们的逻辑表达式为

$$MAX/MIN=\overline{D/\overline{U}}\cdot Q_3Q_2Q_1Q_0+D/\overline{U}\cdot \overline{Q}_3\overline{Q}_2\overline{Q}_1\overline{Q}_0$$

$$RCO=\overline{EN\cdot \overline{CP}\cdot MAX/MIN}$$

即当加法计数，计到最大值 1111 时，MAX/MIN 端输出 1，如果此时 $CP=0$，则$RCO=0$，发一个进位信号；当减法计数，计到最小值 0000 时，MAX/MIN 端也输出 1。如果此时 $CP=0$，则 $RCO=0$，发一个借位信号。

2. 集成十进制计数器

(1)8421BCD 码同步加法计数器 74160

图 3-48 为集成 8421BCD 码同步加法计数器 74160 的逻辑功能示意图及引脚排列图。

该计数器为同步预置、异步清零的同步十进制加法计数器。

各引脚功能为：$\overline{CR}$为异步清零端，低电平有效；$\overline{LD}$为同步并行置数控制端，低电平有效；ET、EP 为计数使能控制端；CP 为时钟脉冲输入端；$D_0\sim D_3$ 为预置数的数据输入端；$Q_0\sim Q_3$ 为数码输出端；RCO 为进位输出端。其功能表见表 3-24。

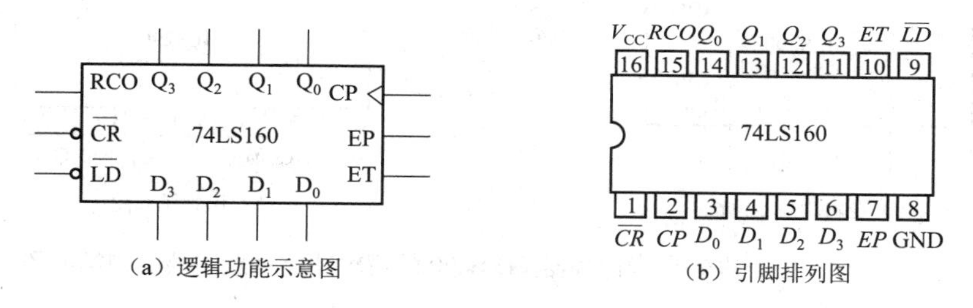

(a) 逻辑功能示意图 (b) 引脚排列图

图 3-48 集成 8421BCD 码同步加法计数器 74160 的逻辑功能示意图及引脚排列图

表 3-24 同步加法计数器 74160 功能表

清零	预置	使能		时钟	预置数据输入				输出				工作模式
$\overline{CR}$	$\overline{LD}$	EP	ET	CP	D_3	D_2	D_1	D_0	Q_3	Q_2	Q_1	Q_0	
0	×	×	×	×	×	×	×	×	0	0	0	0	异步清零
1	0	×	×	↑	D_3	D_2	D_1	D_0	D_3	D_2	D_1	D_0	同步置数
1	1	0	×	×	×	×	×	×	保持				数据保持
1	1	×	0	×	×	×	×	×	保持				数据保持
1	1	1	1	↑	×	×	×	×	十进制计数				加法计数

(2)二-五-十进制异步计数器 74LS290

74LS290 的逻辑电路图如图 3-49 所示。它包含一个独立的 1 位二进制计数器和一个独立的异步五进制计数器。二进制计数器的时钟输入端为 CP_0，输出端为 Q_0；五进制计数器的时钟输入端为 CP_1，输出端为 Q_1、Q_2、Q_3。如果将 Q_0 与 CP_1 相连，CP_0 作为时钟脉冲输入端，$Q_3\sim Q_0$ 作为输出端，则为 8421BCD 码十进制计数器；若将 Q_3 与 CP_0 相连，并将 CP_1 作为计数脉冲输入端，$Q_3\sim Q_0$ 作为输出端，则可构成 5421 码十进制计数器。所以该电路称为二-五-十

进制异步计数器。

74LS290 的逻辑功能示意图及引脚排列图如图 3-50 所示。其功能表见表 3-25。

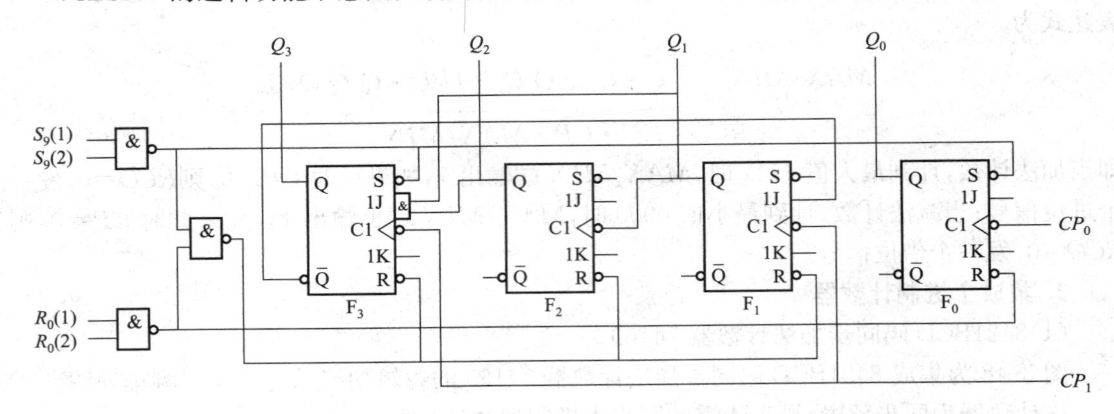

图 3-49　二-五-十进制异步计数器 74LS290 的逻辑电路图

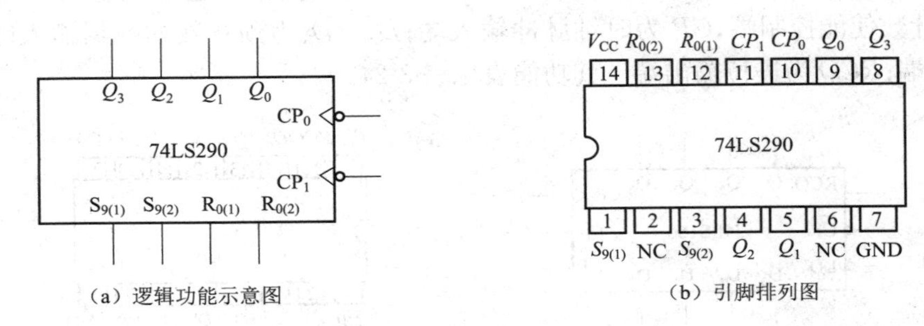

（a）逻辑功能示意图　　（b）引脚排列图

图 3-50　二-五-十进制异步计数器 74LS290 的逻辑功能示意图及引脚排列图

由功能表可见，74LS290 有三个功能：

①清零功能。$R_{0(1)}$、$R_{0(2)}$是异步清零端，高电平有效。当 $R_{0(1)}$、$R_{0(2)}$全为 1 时，而置 9 控制端 $S_{9(1)}$、$S_{9(2)}$中至少有一个为 0 时，计数器实现清零。这种清零方法不需要时钟脉冲 CP，因此为异步方式。

②置 9 功能。当 $S_{9(1)}$、$S_{9(2)}$全为 1 时，不论其他控制端为何状态，计数器被置成 9，即 $Q_3Q_2Q_1Q_0$=1001。置 9 功能也是异步方式。

③计数功能。当 $R_{0(1)}$、$R_{0(2)}$和 $S_{9(1)}$、$S_{9(2)}$中至少有一个为 0 时，计数器处于计数状态。在计数脉冲（下降沿）作用下，进行二-五-十进制加法计数。究竟是几进制计数，由外部接线情况决定。

表 3-25　异步计数器 74LS290 功能表

复位输入		置位输入		时钟	输出				工作模式
$R_{0(1)}$	$R_{0(2)}$	$S_{9(1)}$	$S_{9(2)}$	CP	Q_3	Q_2	Q_1	Q_0	
1	1	0	×	×	0	0	0	0	异步清零
1	1	×	0	×	0	0	0	0	
×	×	1	1	×	1	0	0	1	异步置数

续上表

复位输入		置位输入		时钟	输出				工作模式
$R_{0(1)}$	$R_{0(2)}$	$S_{9(1)}$	$S_{9(2)}$	CP	Q_3	Q_2	Q_1	Q_0	
0	×	0	×	↓	计数				加法计数
0	×	×	0	↓	计数				
×	0	0	×	↓	计数				
×	0	×	0	↓	计数				

3. 集成计数器的应用——构成任意(N)进制计数器

所谓任意进制计数器是指计数长度既非 2^n，又非 10 的计数器，如七进制、十二进制、二十四进制和六十进制计数器等。目前中规模集成计数器的应用已十分普及，然而，定型产品的种类是很有限的，其他任意进制的计数器通常是用已有的定型产品来实现的。由于集成计数器的功能齐全，利用其输入、输出(进、借位)与各种控制端的巧妙连接，即可构成所需要的任意进制计数器。

使用集成计数器构成任意进制计数器通常采用反馈归零法、反馈置数法、进位输出置最小数法和级联法，或将几种方法综合使用，来构成任意进制计数器。

(1)反馈归零法

反馈归零法是利用计数器的清零控制端来构成任意进制计数器，即用集成计数器的某一计数状态产生清零信号，加至集成计数器的清零控制端，使计数器计数到此状态后即返回零状态重新开始计数，从而让电路跳过某些状态来获得任意进制计数器。产生归零信号的计数状态称为归零状态。

反馈归零法获得任意进制计数器的一般方法如下：

①选定归零状态 S_N 或 S_{N-1}。异步清零的芯片为 S_N；同步清零的芯片为 S_{N-1}。

②写出反馈清零函数，即根据确定的归零状态的二进制代码和清零端的有效电平写出反馈清零输入信号的表达式。

③画连线图。注意反馈清零函数的连线方法。

图 3-51(a)为用 74LS161 构成的十二进制计数器的逻辑图。74LS161 为异步清零的 4 位二进制计数器，所以归零状态应确定为 $S_{12}=1100$，由此可写出反馈清零函数为$\overline{CR}=\overline{Q_3Q_2}$，最后根据反馈清零函数表达式画出连线图，同时将集成计数器的其他功能端接为：$\overline{LD}=1$，使计数器的预置数状态无效；$EP=ET=1$，则计数器处在计数状态。这样计数器在 $Q_3Q_2Q_1Q_0=0000$～1011 期间正常计数，当第 12 个计数脉冲输入后，计数器状态为 $Q_3Q_2Q_1Q_0=1100$，输出 Q_3Q_2 端通过与非门接到$\overline{CR}$端，$\overline{CR}=\overline{Q_3Q_2}=0$，使计数器各位全部清零，复位到起始状态 0000，这样就构成了十二进制计数器。在这里 $S_{12}=1100$ 不是有效计数状态，只是一个过渡状态。因为采用异步清零方式的芯片，只要清零端出现有效电平(74LS161 为低电平)，无论是否有 CP 的触发边沿，计数器都立刻归零，所以归零状态应选定为 S_N。对于本电路归零状态为 $S_{12}=1100$，当其计数到 S_{12} 时，计数器并不会停留在该状态上，而是在归零状态产生的反馈清零信号作用下实时归零，使计数循环的有效状态为 0000～1011 共 12 个，所以称 S_{12} 为过渡状态。

如果用 74LS163 来构成十二进制计数器，电路如图 3-51(b)所示。74LS163 为同步清零的 4 位二进制计数器，所以归零状态应确定为 $S_{12-1}=1011$，由此可写出反馈清零函数为$\overline{CR}=\overline{Q_3Q_1Q_0}$，最后根据反馈清零函数表达式画出连线图即得所需十二进制计数器。采用同步清零方式的芯片，虽然清零端出现了有效电平(74LS163 为低电平)，但计数器并不能立刻清零，只是为清零做好了准备，需要再输入一个 CP 脉冲，才能清零，所以归零状态选定为 S_{N-1}。本电路归零状态确定为 $S_{12-1}=1011$，计数循环的有效状态为 0000～1011，没有过渡状态。

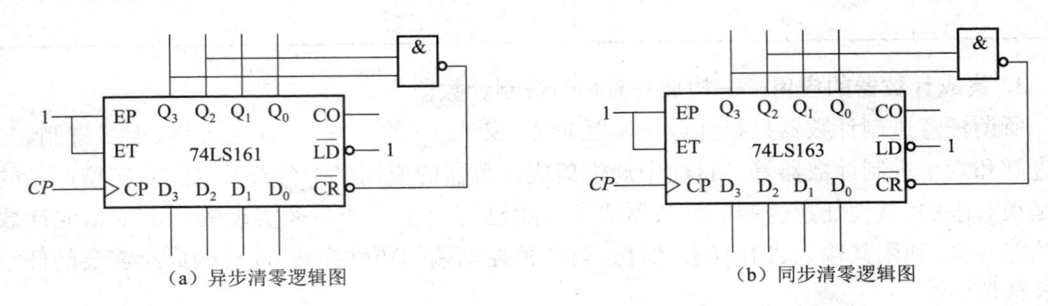

图 3-51　反馈归零法构成的十二进制计数器

(2)反馈置数法

反馈置数法是利用预置数控制端$\overline{LD}$构成任意进制计数器。即用集成计数器的某一计数状态产生置数控制信号，加至集成计数器的预置数控制端，使计数器计数到此状态后即返回起始状态重新开始计数，从而让电路跳过某些状态来获得任意进制计数器。产生置数控制信号的计数状态称为置数状态。

反馈归零法构成的任意进制计数器的起始状态值必须是零，而反馈置数法则可以任意指定某个状态为计数的起始状态，起始状态值就是预置数的值，可以是零，也可以非零，因此应用更灵活。使用反馈置数法构成任意进制计数器所选用的集成计数器必须有预置数功能，构成的步骤如下：

①确定 N 进制计数器需用的 N 个计数状态，并由选定的计数循环的起始状态确定预置数。

②选定置数状态 S_N 或 S_{N-1}。异步置数方式的芯片为 S_N；同步置数方式的芯片为 S_{N-1}。

③写出反馈置数函数：根据 S_N（或 S_{N-1}）和置数端的有效电平写出置数信号的逻辑表达式。

④画连线图。

图 3-52(a)为用 74LS161 构成的十进制计数器的逻辑图。74LS161 为 4 位二进制计数器，首先选定 0000～1001 这 10 个计数状态，同时确定预置数为 $D_3D_2D_1D_0=0000$，又由于 74LS161 是同步置数的，所以置数状态应确定为 $S_{10-1}=1001$，由此可写出反馈置数函数为$\overline{LD}=\overline{Q_3Q_0}$，最后根据反馈置数函数表达式画出连线图，同时将集成计数器的其他功能端接为：$\overline{CR}=EP=ET=1$。与同步清零一样，同步置数也与时钟脉冲有关，当同步置数端出现有效电平时，并不能立刻置数，只是为置数创造了条件，需再输入一个 CP 脉冲才能进行置数。因此，在第 9 个 CP 脉冲前，计数器正常计数，当第 9 个脉冲到来时，$Q_3Q_2Q_1Q_0=1001$，$\overline{LD}=0$，为置数做好准备；在第 10 个 CP 脉冲到达时计数器置入 0000，使 $Q_3Q_2Q_1Q_0=0000$。一旦计数器转换到 0000，$\overline{LD}=1$，计数器又继续计数，在连续 CP 脉冲作用下，计数器从 0000～1001 循环

计数，得到自然序态的十进制计数。

图 3-52(b)是构成十进制计数器的另一种接法。选用 0011～1100 十个状态为计数状态，因此预置数为 $D_3D_2D_1D_0=0011$，而用 $Q_3Q_2Q_1Q_0=1100$ 状态译码产生预置数控制信号，$\overline{LD}=\overline{Q_3Q_2}$。当计数到 1100 时，$\overline{LD}=0$，在下一个 CP 脉冲上升沿到达时使计数器置入 0011。这样，在连续 CP 脉冲作用下，计数器是从 0011～1100 循环计数，得到非自然序态的十进制计数。

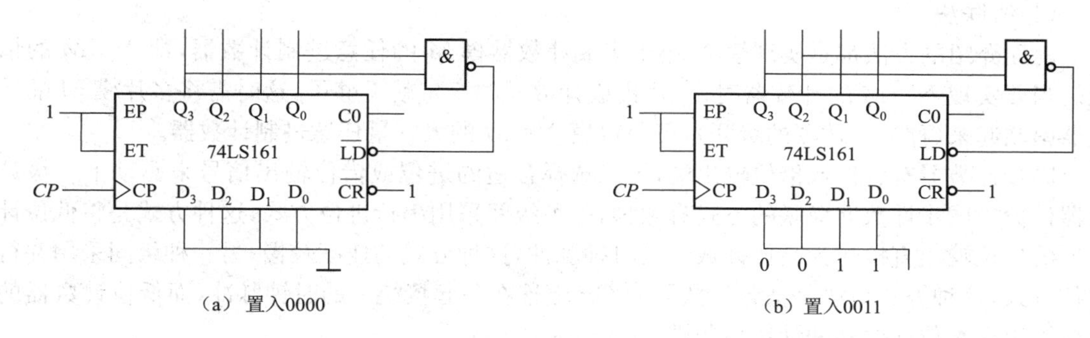

图 3-52 用反馈置数法构成的十进制计数器

图 3-53(a)是用集成计数器 74LS191 和与非门组成的十进制计数器。该电路的有效状态是 0011～1100，故预置数 $D_3D_2D_1D_0=0011$，又 74LS191 为异步预置，所以选 1100 的下一个状态 $S_{10}=1101$ 为置数状态，得$\overline{LD}=\overline{Q_3Q_2Q_0}$。图 3-53(b)是电路的状态图，其中 1101 为过渡状态。

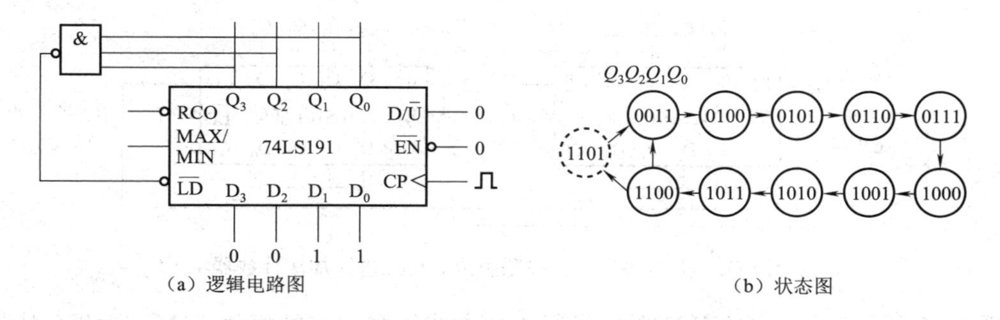

图 3-53 异步预置 74LS191 组成的十进制计数器

反馈归零法和反馈置数法的主要不同是：反馈归零法将反馈控制信号加至清零端；而反馈置数法则将反馈控制信号加至置数控制端，且必须给置数输入端加上计数起始状态值。无论哪种方法，设计时，应明确清零或置数功能是同步还是异步的，同步则反馈控制信号取自的计数状态是 S_{N-1}；异步则反馈控制信号取自 S_N。

(3)进位输出置最小数法

进位输出置最小数法是利用进位输出端 CO 构成任意进制计数器。图 3-54 为用这种方法构成的十进制计数器的逻辑图。在图中初态预置成 0110，当计数到 1111 状态时进位输出端 $CO=1$，$\overline{LD}=0$，下一个 CP

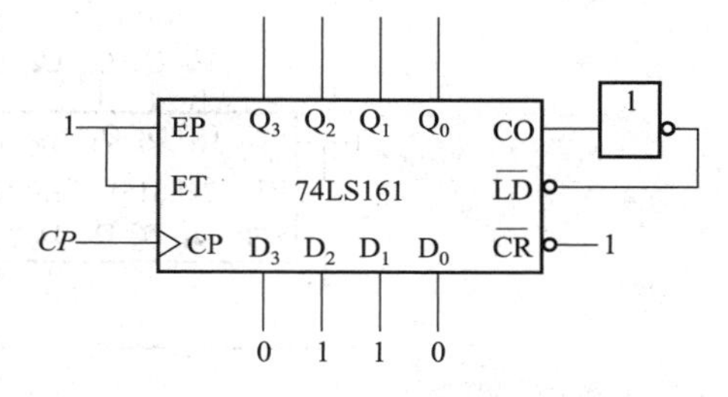

图 3-54 用 CO 置最小数法构成的十进制计数器的逻辑图

脉冲到来后，计数器被置成 $Q_3Q_2Q_1Q_0=0110$。当计数器状态为 0110 时，进位输出端 $CO=0$，$\overline{LD}=1$，计数器又正常计数，即计数器以 0110 为计数的起始状态。因此，计数器状态的循环顺序为 0110～1111，这样得到了非自然序态的十进制计数。

用进位输出置最小数法来构成 N 进制计数器时，其数据输入所预置的最小数可由 2^n-N 来确定。如 $N=10$，则预置数为 $2^4-10=6$，即 $D_3D_2D_1D_0=0110$。因为预置的数是计数循环序列中最小的数，故称为置最小数法。

(4)级联法

前面介绍的方法都是实现模 N 小于集成计数器模 M 的任意进制计数器，即 $N<M$ 的情况。当要实现 $N>M$ 的计数器时，一片集成计数器的容量就不够了，这时需将多片模 M 的计数器串联起来(称为计数器的级联)，可获得模 $N=M^i$ 的大容量任意进制计数器。

同步计数器有进位或借位输出端，可以选择合适的进位或借位输出信号来驱动下一级计数器计数。同步计数器级联的方式有两种，一种级间采用串行进位方式，这种方式是将低位计数器的进位输出直接作为高位计数器的时钟脉冲，这种方式的速度较慢；另一种级间采用并行进位方式，这种方式一般是把各计数器的 CP 端连在一起接统一的时钟脉冲，而低位计数器的进位输出送高位计数器的计数控制端。

图 3-55 所示为两片 74LS161 采用并行进位方式级联构成的模值 16×16=256 计数器。低位片的进位输出 CO 作为高位片的 ET 输入，每当低位片计成 15(1111)时，CO 变为 1，使高位片 $ET=1$ 而进入计数状态，第 16 个 CP 到来时，高位片计入 1，而低位片计成0(0000)，其 CO 亦变回低电平。

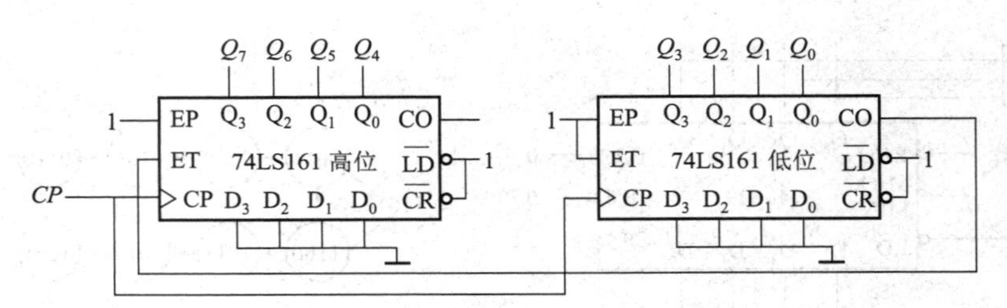

图 3-55　并行进位方式级联组成 8 位二进制加法计数器

图 3-56 所示为两片 74LS161 采用串行进位方式级联构成的模值 16×16=256 计数器。两片的 $EP=ET=1$，都处于计数状态。当低位片计到 15(1111)时，CO 端输出变为高电平，经非门后使高位片的 CP 为低电平，第 16 个 CP 到达后，低位片记成 0(0000)，其 CO 跳回低电平，经非门后使高位片的 CP 产生一个上升沿，使高位片计入 1。

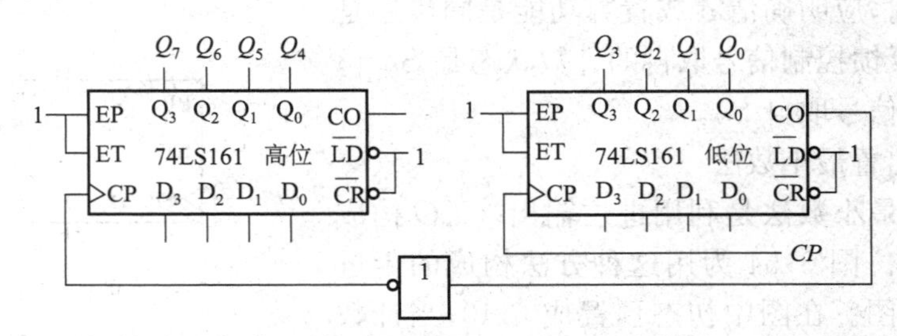

图 3-56　串行进位方式级联组成 8 位二进制加法计数器

异步计数器一般没有专门的进位信号输出端，通常可以用本级的高位输出信号驱动下一级计数器计数，即采用串行进位方式来扩展容量。由两片 74LS290 构成的百进制计数器如图 3-57所示。

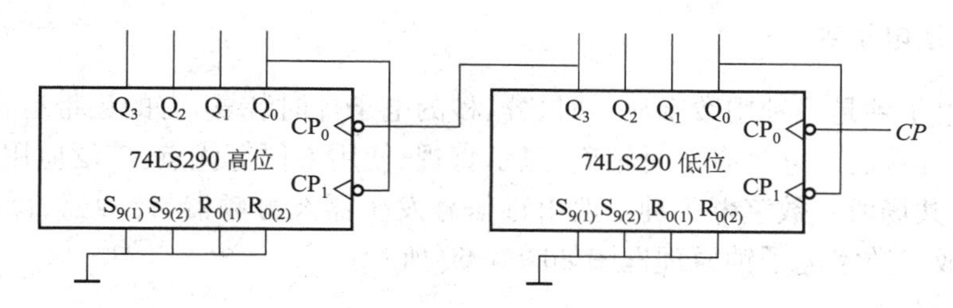

图 3-57　由两片 74LS290 构成的百进制计数器

将级联法和前面介绍的几种方法综合运用，可构成模值 $M<N<M^i$ 的任意进制计数器。

图 3-58 所示为用两片 74LS161 级联构成的六十进制计数器，每片采用的是反馈归零法。在连接电路时将低位的进位输出端 CO 接高位的使能端 ET，这样当低位计数未计到 1111 时，其 $CO=0$，使高位计数器处于保持状态，不进行计数，只有当低位计数器计到 1111 时，CO 才为 1，才允许高位计数器计数。这样在下一个 CP 脉冲到来时，高位计数器计入一个数，同时低位清零，实现逢 16 进 1。

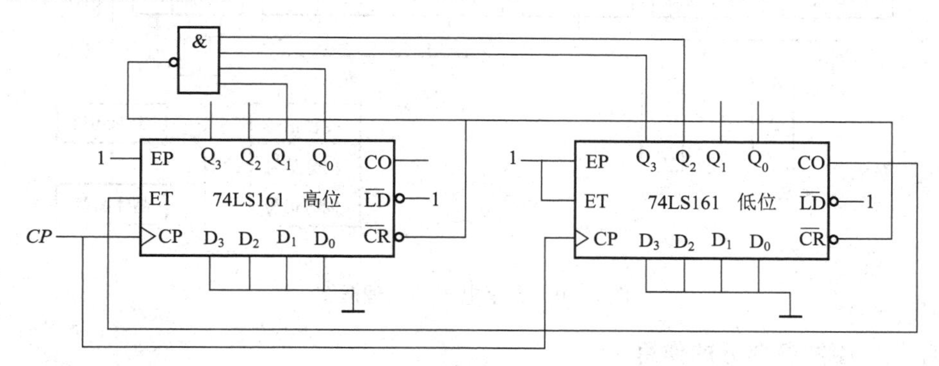

图 3-58　用两片 74LS161 级联构成的六十进制计数器

除了采用级联反馈归零法构成任意进制计数器外，也可采用级联进位输出置最小数法来实现。图 3-59 为用这种方法构成的一百二十五进制计数器。在图中只要将预置数置为 $2^8-125=131$，即要求 $2D_3$、$1D_1$、$1D_0$ 接高电平，其余各置数端接低电平。

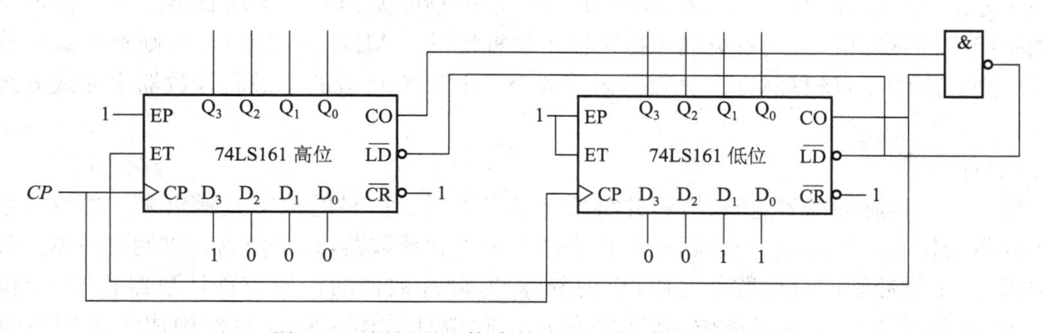

图 3-59　用级联法构成的一百二十五进制计数器

第五节　数字电路应用举例

一、数字显示电子钟

数字显示电子钟是一种用数字显示时、分、秒的电子计时装置，有的还带有自动报时、自动打铃、定时控制等功能。它具有走时精确、显示直观、使用方便等优点，广泛应用于车站、机场、学校、工厂等公共场所。数字电子钟一般由秒信号发生器及分频器、计数器、译码器、显示器、校时电路等组成。数字电子钟原理框图如图 3-60 所示。

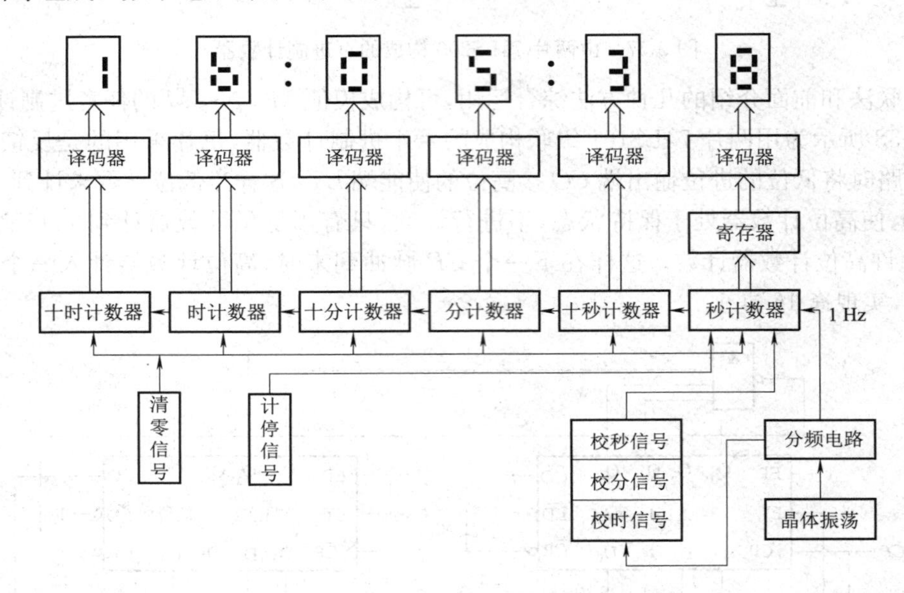

图 3-60　数字电子钟原理框图

1. 原理框图中各部分的作用

秒信号发生器产生的方波信号经分频处理后成为秒时基信号，再经计数、寄存、译码和驱动电路，最后由显示器显示时间。

(1)秒信号发生器及分频器

作为时钟计时信号最重要的是准确，因此秒信号发生器是数字钟的关键。它的作用是产生一个标准频率的脉冲信号，经分频器处理为标准的秒时基信号。采用石英晶体振荡器可产生频率稳定的脉冲信号，当石英晶体振荡器产生标准的 1 MHz 方波信号时，则经 6 级十分频后可得到标准的 1 Hz 秒脉冲。分频器采用 6 个 74LS290 构成的十进制计数器来完成 6 级十分频。

(2)计数器

计数器对秒脉冲信号进行计数，并将累计结果以时、分、秒的数字显示出来。秒位计数由两级计数器构成六十进制计数器，其中秒个位为十进制计数器，秒十位为六进制计数器。秒位计数满 60 个脉冲则向分计数器进位，作为分脉冲；分计数器的构成与秒计数器相同，分位计数满 60 个脉冲向时计数器进位，作为时脉冲。时位计数由两级计数器构成二十四进制计数器。

(3)译码器和显示器

时、分、秒计数器的个位和十位分别与六个显示译码器连接,并经相应的显示器显示,可随时显示时、分、秒的数值。

(4)校时电路

为了校准时间,分别设置了“校时”、“校分”和“校秒”3 个按钮。按下“校时”或“校分”按钮,秒脉冲直接进入时个位和分个位,使时和分以秒的速度快速校时,当所显示的数值符合要求时,松开按钮,时或分就已校准好。按下“校秒”按钮时,秒个位清零,待正确的时间到达零秒时,松开按钮,使秒个位开始计数。正常工作时,3 个按钮均与校时电路断开,各计数器正常计时。

实际的数字钟电路有很多,但基本原理相同。如 PMOS 大规模专用集成电路 LM8361、M55501 等。这些集成电路功耗小、电压低、亮度大、计时精确,功能扩展强,调试方便。

2. 用 CL102 构成的数字电子钟

为了进一步了解数字电子钟原理,也便于组装,现介绍用 CL102 构成的数字电子钟。它是一种集计数、寄存、BCD 码输出、译码、驱动、显示等多种功能于一身的 CMOS 集成电路,相对于独立的计数器、译码驱动器和显示器来说,成本会高些,但所用器件少,电路简单,调试方便。这种四合一的器件,使仪表仪器的制造更为方便。CL102 的引脚排列图和结构框图如图 3-61所示。各引脚功能介绍如下:

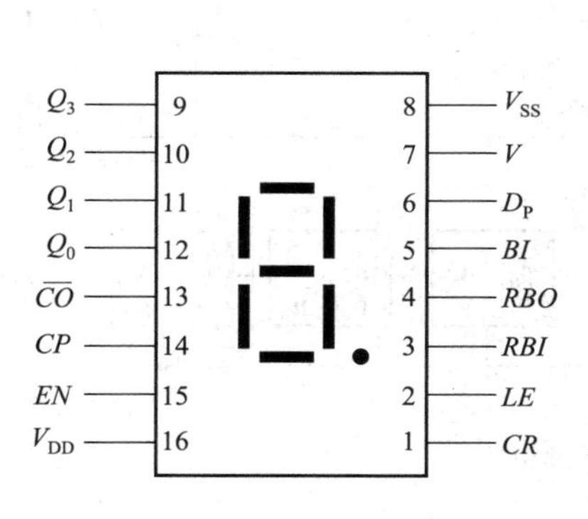

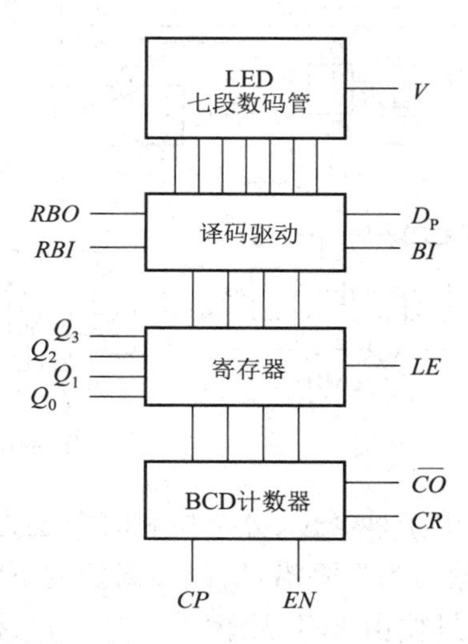

图 3-61　CL102 的引脚排列图和结构框图

1 引脚为复位端 CR,当 $CR=1$ 时,该位清零。

2 引脚为寄存器锁存控制端 LE,当 $LE=1$ 时寄存,$LE=0$ 时送数,将用 BCD 码计的数送至译码、驱动器。另外,9~12 引脚的 $Q_3Q_2Q_1Q_0$ 端同时送出 BCD 码。

3 引脚为无效零的熄灭控制输入端 RBI,4 引脚为无效零的熄灭控制输出端 RBO。将 RBO 与 RBI 配合使用,可实现多位数码显示的灭零控制。高位的 RBO 接低位的 RBI,可控制低位的无效零熄灭。当 $RBI=0$ 且 $D_P=0$ 时,无效零消隐。这种无效零的熄灭原理与 74LS48 相似。

5 引脚为灭灯输入端 BI,用来控制数码管的显示或消隐。当 $BI=0$ 时,数字显示;$BI=1$

时，消隐。

6 引脚为小数点控制端，当 $D_P=1$ 时小数点显示；当 $D_P=0$ 时消隐。

7 引脚为数码管公共负极，其电位高低可调节数码管亮度，一般串联几百欧电阻，以调整工作电流。

8 引脚 V_{SS} 一般接地，16 引脚 V_{DD} 接电源正极，电压为 4～10 V。

13 引脚为进位输出端 $\overline{CO}$，下降沿输出。如秒个位计数到 10 个脉冲时，就向秒十位的 EN 端输入进位脉冲。

14 引脚为计数脉冲输入端 CP。15 引脚为使能端 EN。可在两种条件下计数，一是当 $EN=1$ 并从 CP 端输入脉冲，为上升沿有效；二是当 $CP=0$ 并从 EN 端输入脉冲，为下降沿有效。

用 CL102 构成数字电子钟需 6 个四合一器件，其逻辑电路如图 3-62 所示。

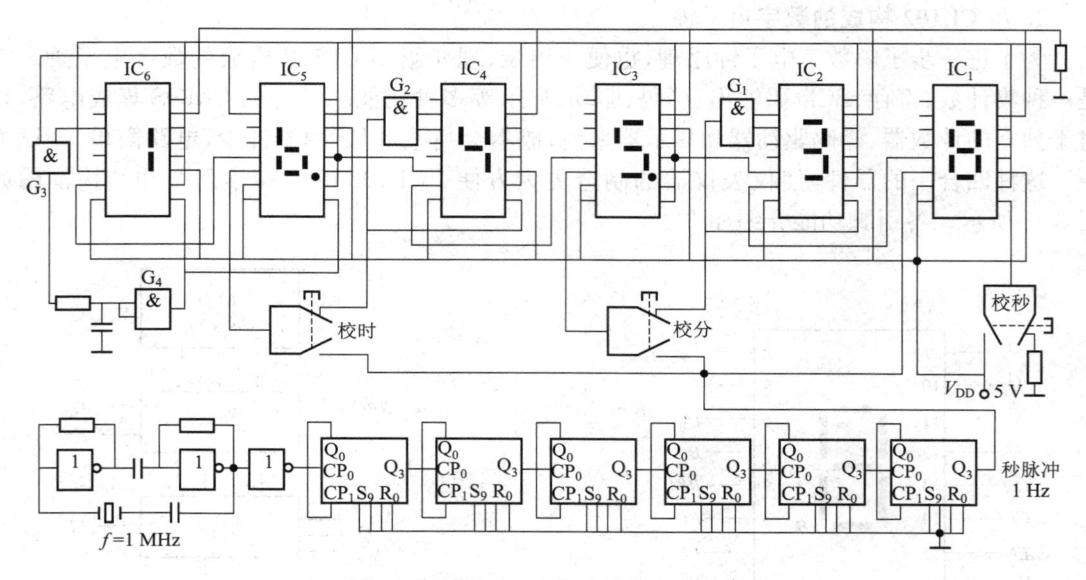

图 3-62　用 CL102 构成的数字电子钟

由于秒个位、分个位和时个位为十进制计数，它们的进位直接由 CO 端向高位输出。因为 CO 输出为下降沿，所以接高位的下降沿计数输入端 EN。而秒十位、分十位为六进制计数，它们的进位由 BCD 码输出，并用与门控制进位。如秒十位的 BCD 码为 0110 时，与门 G_1 输出高电平，这高电平信号一是作进位的分脉冲，使分个位加 1，二是使秒十位清零，也就是置零复位法，这样就实现了满 60 秒进 1 分的计数规则。在分十位上的 G_2 作用与 G_1 相同。而时位为二十四进制计数，当时十位为 2、时个位为 4 时，发出信号使时十位、时个位清零。

电路中四个与门采用四 2 输入的集成电路 CC4081。

二、脉冲分配器

脉冲分配器又称顺序脉冲发生器，它能产生在时间上有一定顺序的脉冲信号。在数字系统中，用这些顺序脉冲信号来控制系统各部分有序协调的工作。

脉冲分配器一般由计数器和译码器组成。它可以用与门组成译码器，并采用 JK 触发器组成计数器，然后再组成脉冲分配器。现介绍直接用4位同步二进制计数器74LS161和3线-8线译码器74LS138构成的脉冲分配器，如图3-63(a)所示。

图中以74LS161的低3位输出$Q_0Q_1Q_2$作为74LS138的3位输入信号。为使74LS161处于计数状态，$\overline{CR}$、$\overline{LD}$、EP和ET端均接高电平。由于它的低3位触发器为八进制计数，所以在连续CP脉冲的输入下，$Q_2Q_1Q_0$的状态按000～111的顺序反复循环，其状态的不断改变，使译码器的输出端依次输出脉冲，如图3-63(b)所示。即在时钟脉冲CP的作用下，脉冲分配器的输出端按一定顺序轮流输出脉冲信号。

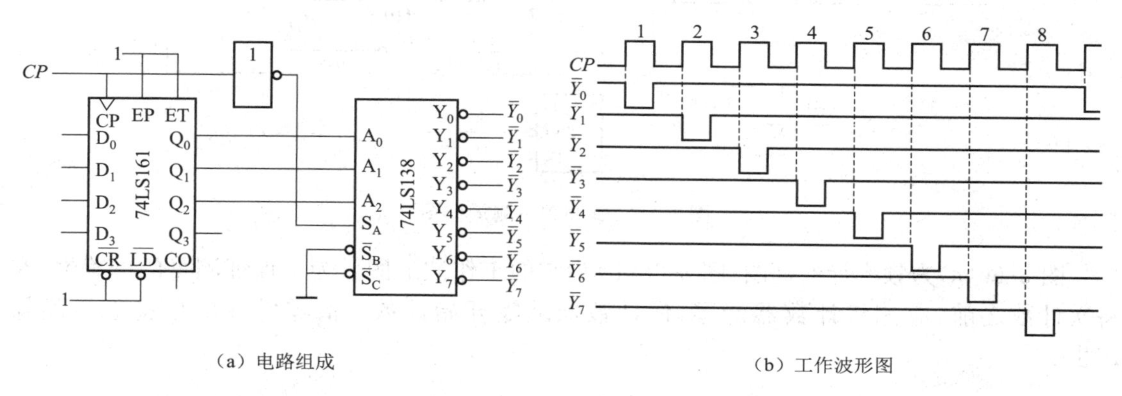

(a) 电路组成　　(b) 工作波形图

图3-63　用74LS161和74LS138构成的脉冲分配器

虽然74LS161在同一CP脉冲作用下工作，但各触发器的传输延迟时间不可能完全相同，所以在将计数器的状态译码时会产生竞争-冒险现象。为消除这一现象，图中在74LS138的S_A端加入选通脉冲$\overline{CP}$，使选通脉冲的有效时间与触发器的翻转时间错开。

除了用74LS161和74LS138构成脉冲分配器外，也有专用的集成脉冲分配器，如十进制的74HC4017。

三、脉冲频率的测量

计数器可用来计数，也可用作分频器，还可用于数字控制和数字测量。现以脉冲频率的测量(即频率计)为例说明计数器的应用。

将频率待测的脉冲和采样脉冲同时加到与门上，如图3-64所示。在采样脉冲t_1～t_2的高电平期间，与门打开，输出待测脉冲，由计数器计数，计数值就是t_1～t_2期间的脉冲数N，那么被测频率为

$$f=\frac{N}{t_1-t_2}$$

例如，若脉冲频率为8 600 Hz，则在$t_2-t_1=1$ s内计数值为860；在0.1 s内计数值为86。

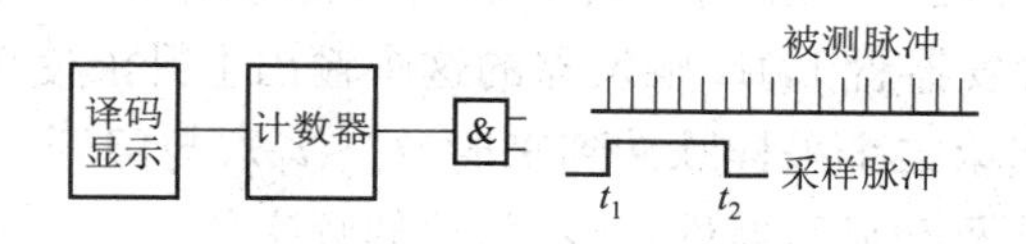

图3-64　脉冲频率测量框图

显然，这种方法的测量精度取决于采样脉冲的时间间隔 t_2-t_1。为了提高测量精度，可采用图 3-65 所示的方法。它由石英晶体振荡器产生频率精确的 100 kHz 的方波信号，经十进制计数器逐级分频，得到周期为 100 μs、1 ms、10 ms、0.1 s 和 1 s 的方波信号，将此信号加到 JK 触发器的时钟输入端，经 JK 触发器二分频后，得到脉冲宽度分别为 100 μs、1 ms、10 ms、0.1 s 和 1 s 的采样脉冲。

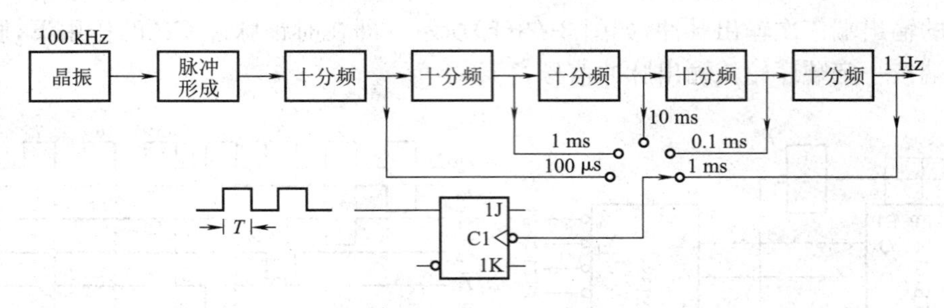

图 3-65　脉冲频率测量框图

图 3-66(a)为频率计的框图，图 3-66(b)为它的工作波形图。为了保证测量的准确性，在每次计数之前，应先将计数器清零，使计数器从零开始计数。清零脉冲由单稳态触发器产生。

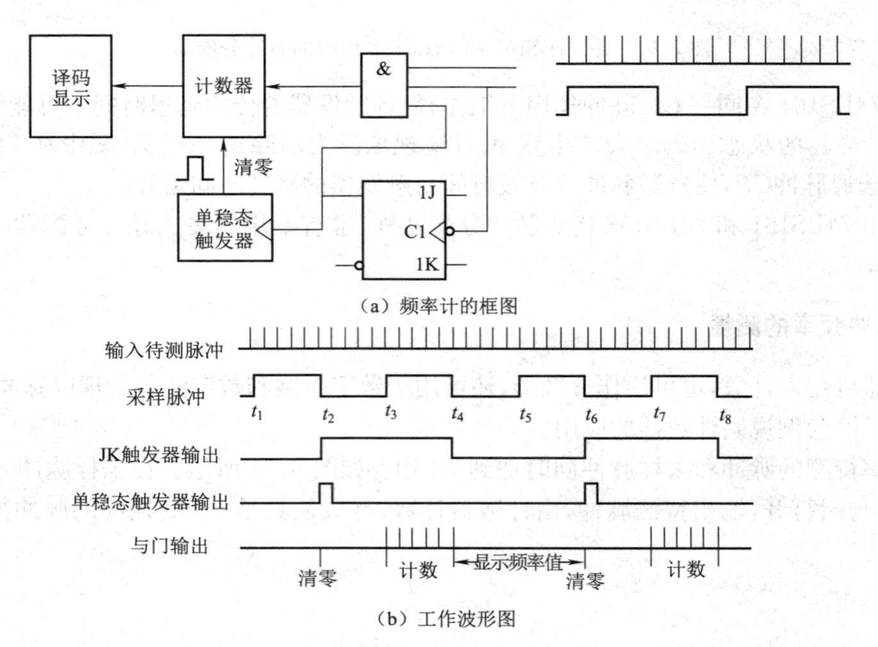

图 3-66　频率计工作原理

测量开始时，JK 触发器处于 0 态，第一个采样脉冲到来时($t_1\sim t_2$)，与门未开启，在采样脉冲的下降沿(t_2)时将 JK 触发器置 1，JK 触发器的这个输出上升沿使单稳态触发器发出一个清零脉冲，将计数器清零。当第二个采样脉冲到来时($t_3\sim t_4$)，与门开启，输出待测频率脉冲，经计数器计数后，通过译码器驱动显示器件，显示脉冲的频率值。

采样脉冲结束(t_4)后，JK 触发器又置 0，与门关闭，($t_4\sim t_6$)这段时间显示器保持其显示值不变。到 t_6 时刻，再重复上述过程。

从上述分析可知，频率计以计数、显示、清零的工作过程循环往复。它的缺点是显示的数字有闪烁，易使观察者眼睛疲劳。为改变这一缺点，可用 D 触发器保存其计数值，使显示的数值比较稳定，遇有新的被测频率，显示数值将被新的频率值取代。

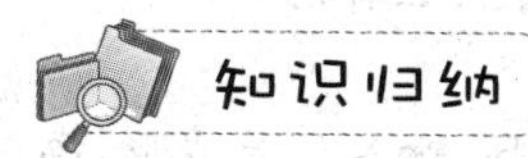

①时序电路由触发器和门电路组成，输出与输入之间有反馈，其特点是电路的输出状态既与当前的输入状态有关，还与电路原来的状态有关，因此它具有记忆功能。它的分析方法一般采用四个步骤：写出输出方程、驱动方程和时钟方程；求出状态方程；进行状态计算并列出状态表；画出状态转换图和时序图。

②触发器是一种能记忆 1 位二进制信息的电路，有互补的输出 Q、$\overline{Q}$，是时序电路的基本存储单元。按逻辑功能可分为 RS、JK、D、T、T′触发器，它们的逻辑功能均可用特性表、特性方程和状态转换图来描述。按电路结构分为基本 RS 触发器、同步 RS 触发器、主从触发器、维持阻塞触发器和边沿触发器。不同的电路结构带来不同的动作特点。基本 RS 触发器是构成各种触发器的基础，为电平触发，它有两个稳态 0 和 1，可存储二值信号。同步 RS 触发器为时钟控制的触发器，但存在空翻问题。JK 触发器有同步结构、主从结构和边沿结构，主从结构有一次翻转问题，而边沿结构既无空翻又无一次翻转问题。JK 触发器功能完善，具有保持、置 0、置 1、计数等功能。常见的 D 触发器有 TTL 维持阻塞结构和 CMOS 边沿触发结构两种。各类触发器之间可进行功能转换。

③寄存器分数码寄存器和移位寄存器，电路组成主要是触发器。N 个触发器组成的寄存器能存储 N 位二进制代码。数码寄存器可将待寄存的数码存入触发器。移位寄存器可存放数码还可进行数码移位，在移位脉冲作用下可实现数码的左移或右移，利用它可实现数据的串行/并行转换、数据的运算及处理。

④计数器是一种应用十分广泛的时序电路，除用于计数、分频外，还广泛用于数字测量、运算和控制。按计数进制分二、十和 N 进制计数器，又有加法、减法和可逆计数器之分；按触发动作还分同步和异步。时序电路形式很多，学习时应掌握其共同特点和一般分析方法，才能理解各类时序电路的原理。如分析异步二进制计数器的电路特点时，应注意到在用下降沿触发的 T′触发器构成计数器时，加法计数器的低位 Q 端接高位 CP 端，而减法计数器则为低位 $\overline{Q}$ 端接高位 CP 端。而用上升沿触发的 T′触发器时，则加法计数器的低位 $\overline{Q}$ 端接高位 CP 端，而减法计数器的低位 Q 端接高位 CP 端。异步计数器的缺点是计数速度慢，在高速数字系统中，大多采用同步计数器。十进制计数器又称二-十进制计数器，其 BCD 码形式有很多。目前生产的中规模集成计数器，有同步计数器和异步计数器两大类，通常的集成芯片为 BCD 码十进制和 4 位二进制计数器。中规模集成计数器应用较多的有 4 位同步二进制计数器 74LS161、可逆计数器 74LS191、同步加法计数器 74160 和二-五-十进制异步计数器 74LS290 等。计数器可利用触发器和门电路构成，但在实际应用中，主要是利用集成计数器来构成。在用集成计数器构成 N 进制计数器时，常采用反馈归零法、反馈置数法、进位输出置最小数法和级联法等方法。

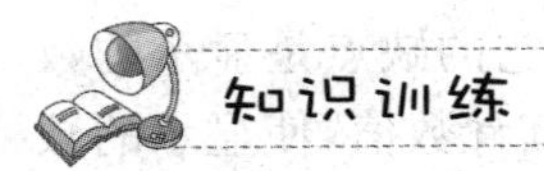

题 3-1　时序电路有何特点？它与组合电路相比较有哪些不同？

题 3-2　试比较同步时序电路和异步时序电路在电路结构上和动作特点上有何不同。

题 3-3　触发器有哪几种电路结构形式？有哪几种触发方式？

题 3-4　图 3-67 为与非门组成的基本 RS 触发器，试根据给出的 $\overline{R}_D$、$\overline{S}_D$ 输入信号波形，画出触发器输出 Q、$\overline{Q}$ 的波形。

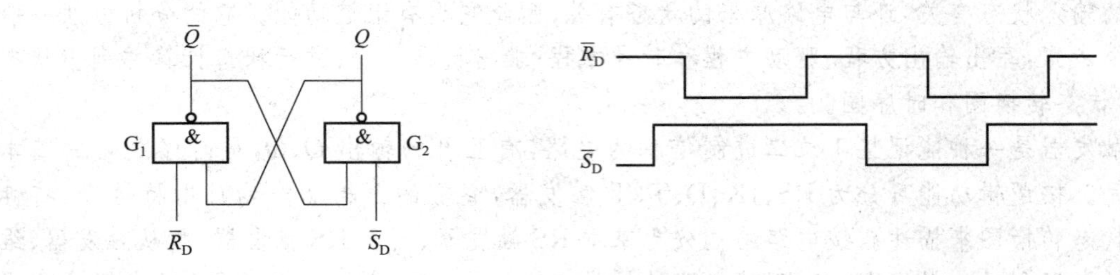

图 3-67　题 3-4 图

题 3-5　图 3-68 为或非门组成的基本 RS 触发器，试分析其工作原理，并根据给出的 R_D、S_D 输入信号波形，画出触发器输出 Q、$\overline{Q}$ 的波形。

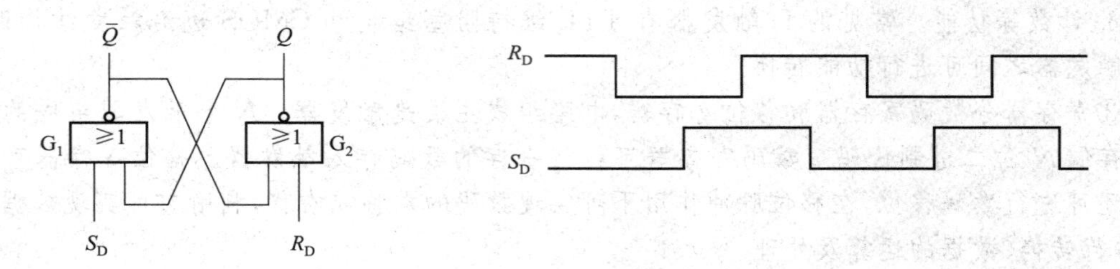

图 3-68　题 3-5 图

题 3-6　在图 3-69 中，设同步 RS 触发器初态为 $Q=0$，试根据给出的 CP、R、S 的波形，画出触发器输出 Q、$\overline{Q}$ 的波形。

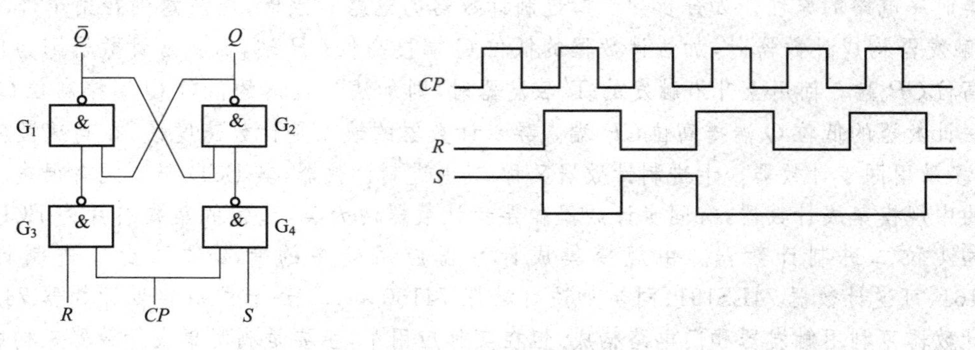

图 3-69　题 3-6 图

题 3-7　有一主从 JK 触发器，其初态为 $Q=0$，$\overline{R}_D=\overline{S}_D=1$，试根据图 3-70 所示的 CP、J、

K 波形，画出触发器输出 Q、$\overline{Q}$ 的波形。

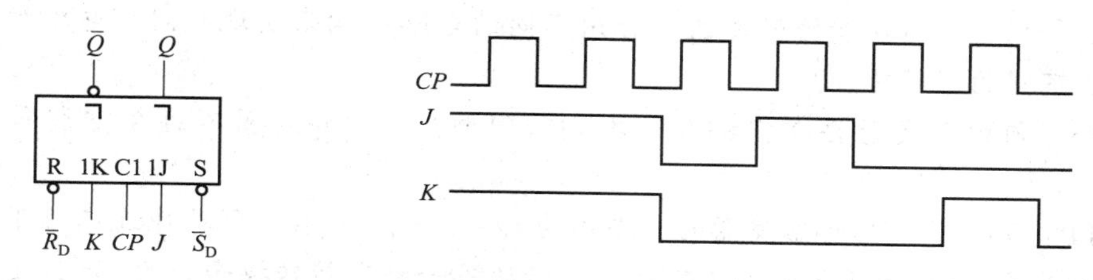

图 3-70　题 3-7 图

题 3-8　有一 CMOS 边沿触发的集成 JK 触发器 CC4027，设初态为 $Q=0$，试根据图 3-71 所示的 CP、J、K 波形，画出触发器输出 Q、$\overline{Q}$ 的波形。（提示：若要设置初态为 0 时，可使用直接置 0 端为 $R=1$，正常工作时可令 $S=R=0$。）

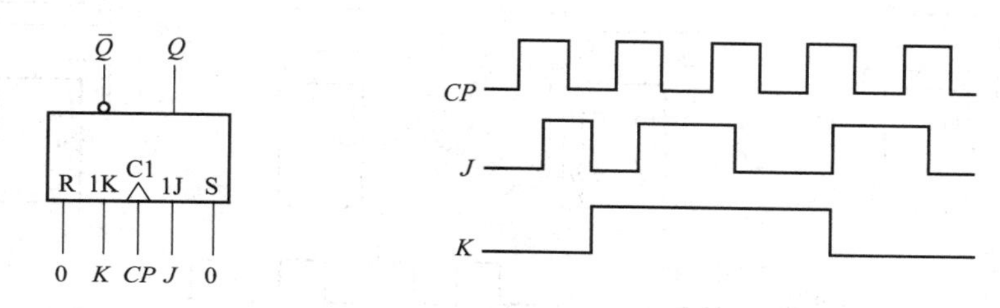

图 3-71　题 3-8 图

题 3-9　有一维持阻塞结构的 D 触发器，设初态为 $Q=0$，试根据图 3-72 所示的 CP、D 波形，画出触发器输出 Q 的波形。

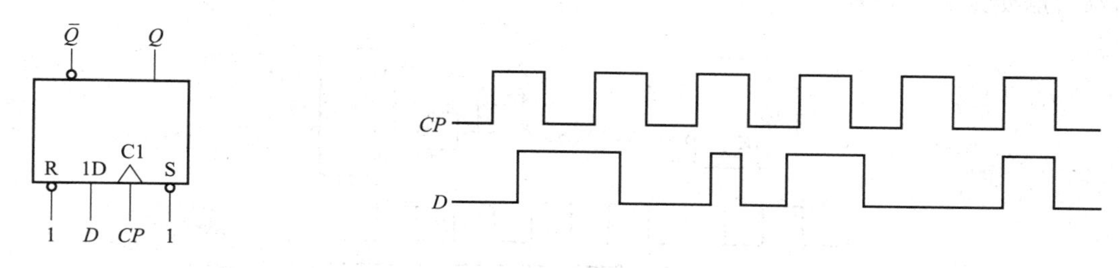

图 3-72　题 3-9 图

题 3-10　有一 CMOS 边沿集成 D 触发器 CC4013，设初态为 $Q=0$，试根据图 3-73 所示的 CP、D、R_D、S_D波形，画出触发器输出 Q 的波形。（提示：R_D为直接置 0，S_D为直接置 1，高电平有效，正常工作时 $R_D=S_D=0$。）

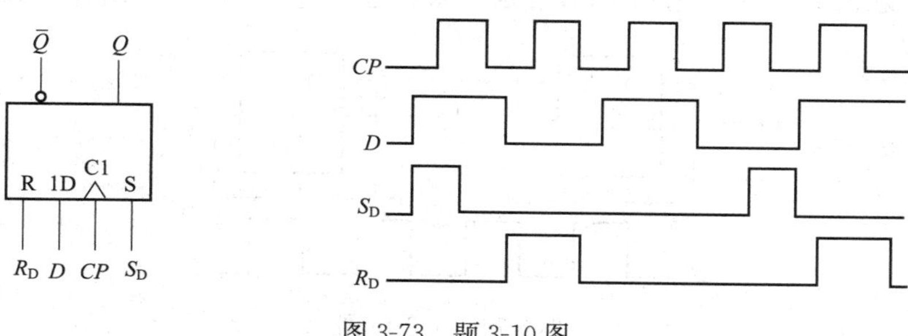

图 3-73　题 3-10 图

题 3-11 试写出 RS、JK、D、T、T′触发器的特性方程。

题 3-12 同一逻辑功能的触发器能否用不同的电路结构来实现？同一电路结构的触发器能否做成不同的逻辑功能？

题 3-13 何种触发器存在空翻和一次翻转问题？何种触发器不存在空翻和一次翻转问题？

题 3-14 设图 3-74 中各触发器的初态均为 $Q=0$，试画出在 CP 脉冲连续作用下各触发器输出 Q 的波形。(图中所示的各逻辑符号包括从另一触发器转换而来的，如 D 触发器一般均为上升沿触发，如用其他类型触发器转换而来，它也可为下降沿触发。)

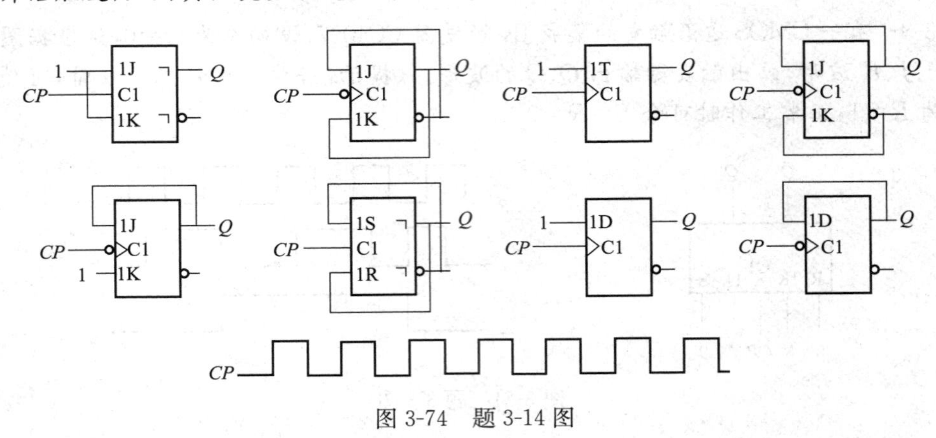

图 3-74 题 3-14 图

题 3-15 在图 3-75 所示电路中，设各触发器初态为 $Q=0$，试根据输入信号 A、B、C 的波形，画出触发器输出 Q 的波形。

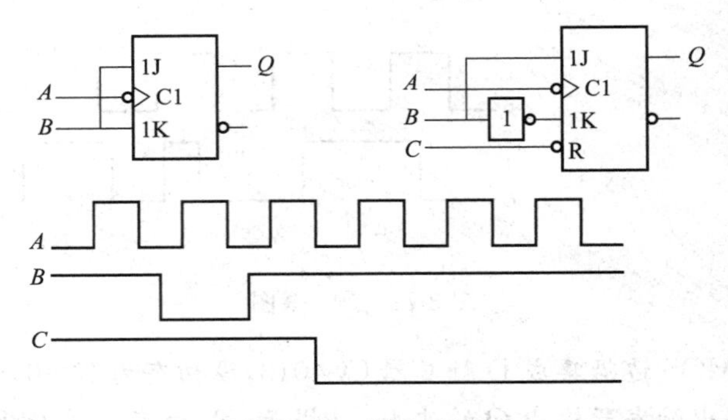

图 3-75 题 3-15 图

题 3-16 在图 3-76 所示电路中，设各触发器初态为 $Q=0$，试画出 Q_1、Q_2 的波形。

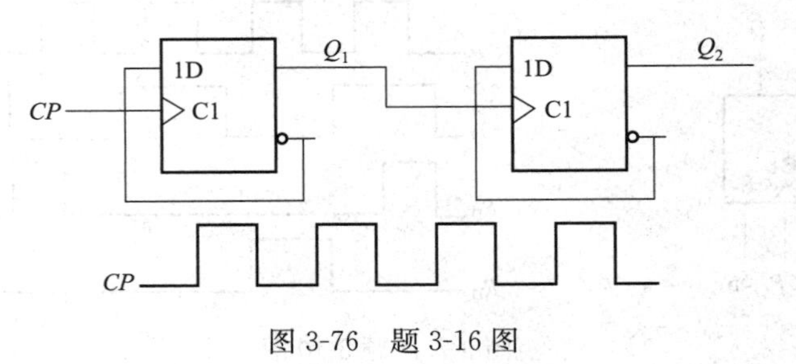

图 3-76 题 3-16 图

题 3-17　在图 3-77 所示电路中，设各触发器初态为 $Q=0$，试画出 Q_1、Q_2 的波形。

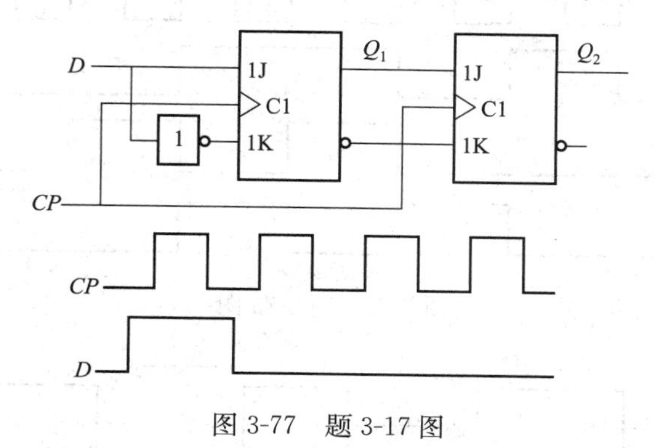

图 3-77　题 3-17 图

题 3-18　数码寄存器和移位寄存器在功能上有何区别？在数码存入和数码取出上有何不同？

题 3-19　下列各类触发器中哪些能构成移位寄存器？

①基本 RS 触发器；②同步 RS 触发器；③主从结构触发器；④维持阻塞触器；⑤CMOS 传输门结构的边沿触发器。

题 3-20　试画出用上升沿触发的维持阻塞 D 触发器组成的 4 位右移寄存器；用主从结构 JK 触发器组成的左移寄存器。

题 3-21　图 3-78 为用集成移位寄存器组成的循环右移寄存器，试分析其工作原理。设串行输入端 D 输入数码为 1100，在控制端 C 的波形下，列出状态表，画出波形图。

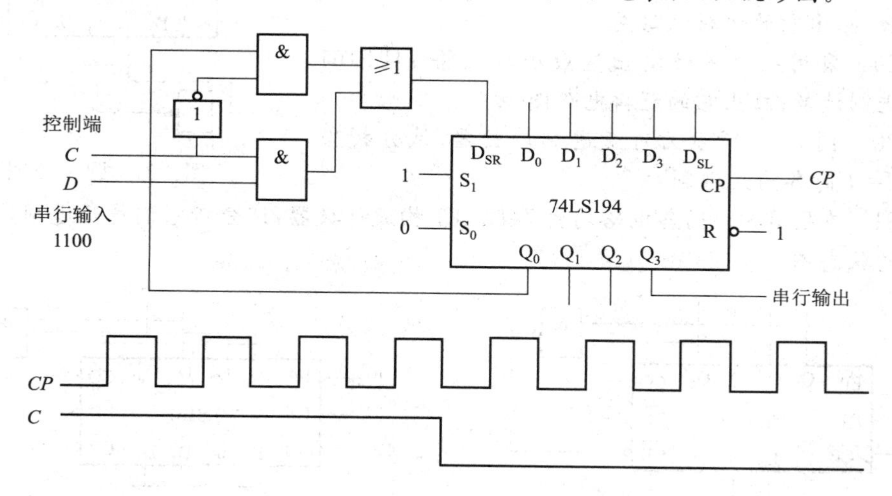

图 3-78　题 3-21 图

题 3-22　试用上升沿触发的维持阻塞 D 触发器组成 4 位异步二进制加法计数器，用主从 JK 触发器组成 4 位异步二进制减法计数器，画出相应的逻辑电路图。

题 3-23　用示波器测得某计数器输出端波形如图 3-79 所示，试画出其状态转换图，确定计数器的模(为几进制计数器)。

题 3-24　在图 3-80 所示的时序电路中，设各触发器的初态均为 0，试写出各触发器的驱动方程，状态方程，画出状态转换图，并分析该电路的逻辑功能，说明该电路能否自启动。

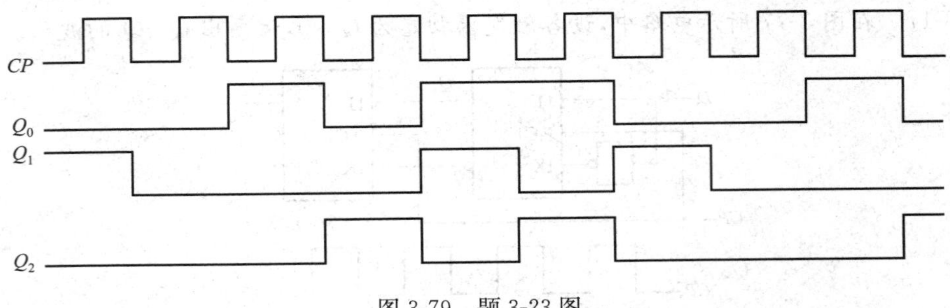

图 3-79　题 3-23 图

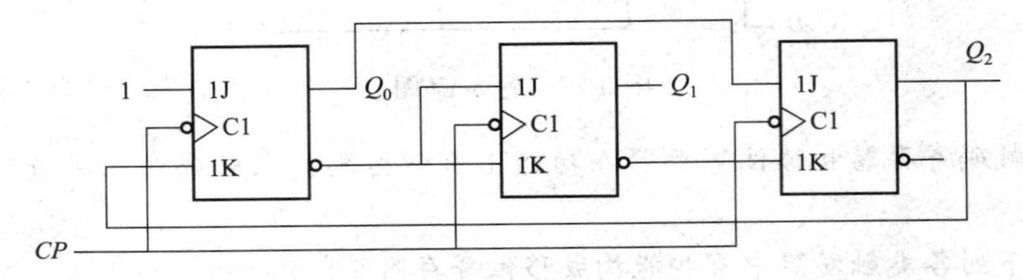

图 3-80　题 3-24 图

题 3-25　采用置零复位法将 74LS161 构成十进制计数，画出它的逻辑电路图。

题 3-26　采用预置数复位法将 74LS161 构成十四进制计数，画出它的逻辑电路图。

题 3-27　采用进位输出置最小数法将 74LS161 构成六进制计数，画出它的逻辑电路图。

题 3-28　采用级联置零复位法将 74LS161 构成二十四进制计数，画出它的逻辑电路图。

题 3-29　采用级联进位输出置最小数法将 74LS161 构成一百进制计数，画出它的逻辑电路图。

题 3-30　图 3-81 所示为可变进制计数器，试分析当 $M=0$ 和 $M=1$ 时各为几进制。

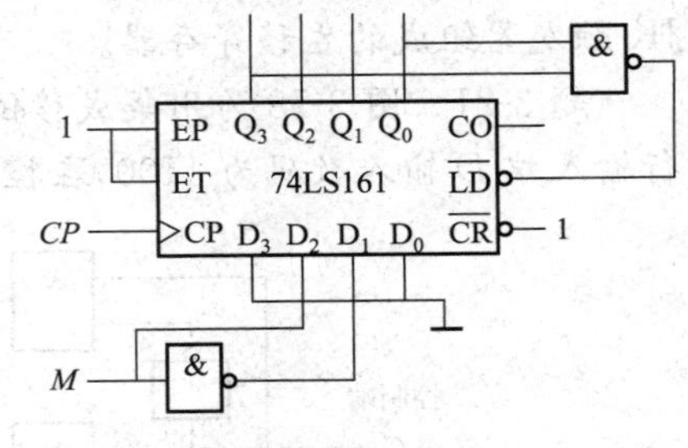

图 3-81　题 3-30 图

题 3-31　在图 3-82 中，各电路均由 74LS161 构成计数器，试分析它们是几进制计数器，并列出相应的状态图。

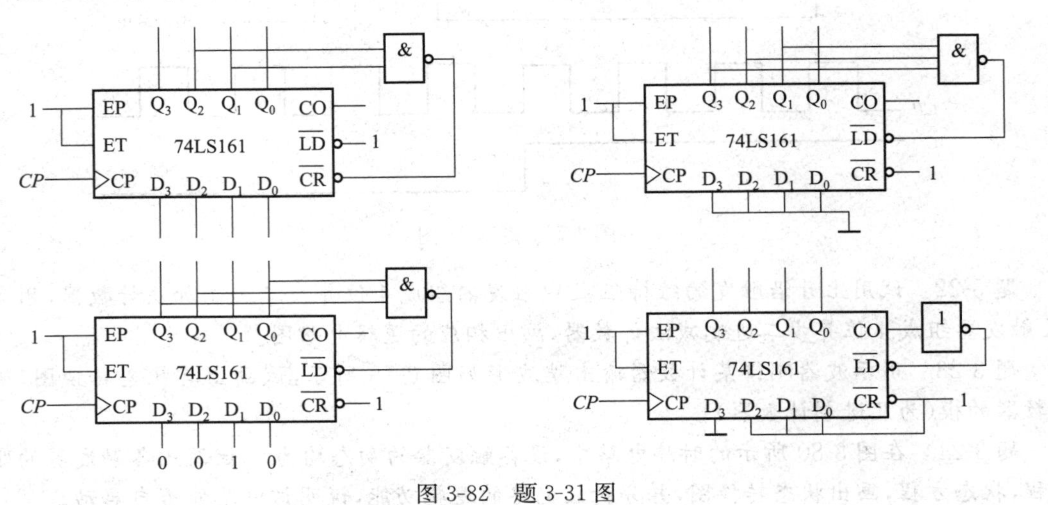

图 3-82　题 3-31 图

题 3-32　图 3-83 为两片 74LS161 构成的计数器，试分析输出端 Y 的脉冲频率与时钟脉冲 CP 的频率比值。

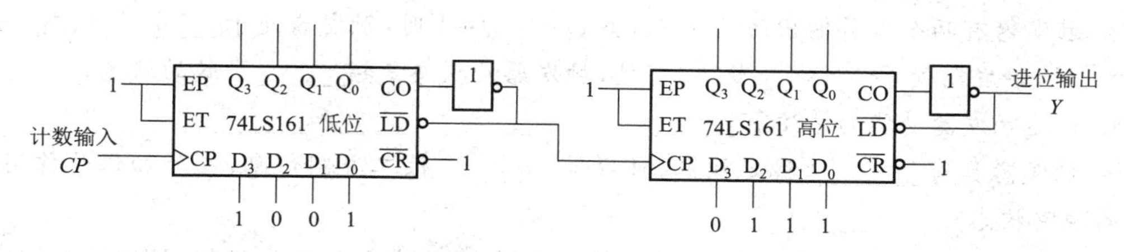

图 3-83　题 3-32 图

题 3-33　试用两片 74LS290 构成二十四进制加法计数器，画出电路连接图。

题 3-34　图 3-84 为 74LS290 构成的计数器，试分析它是几进制计数器。

题 3-35　图 3-85 为 74LS290 和 74LS138 构成的时序电路，试分析它的功能；若清零后输入 8 个 CP，74LS138 输出端的状态依次是怎样的？

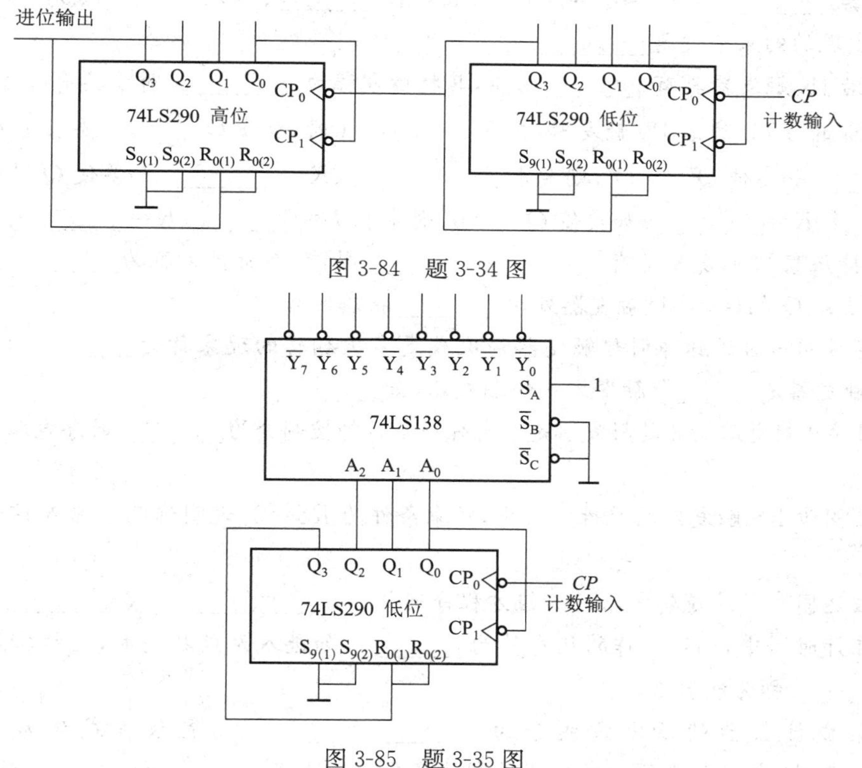

图 3-84　题 3-34 图

图 3-85　题 3-35 图

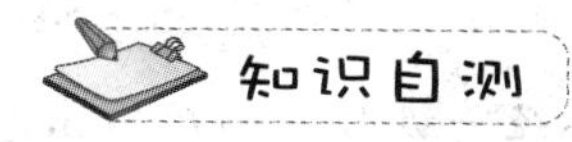

一、填空题

1. 数字电路按照是否有记忆功能通常可分为两类：________、________。

2. 时序逻辑电路由________电路和________电路两部分组成，其中________电路必不可少。

3. 触发器有两个互补输出端 Q 和 $\overline{Q}$，当 $Q=0$、$\overline{Q}=1$ 时，触发器处于________状态；当 $Q=1$、$\overline{Q}=0$ 时，触发器处于________状态，可见，触发器的状态是指________端的状态。

4. 描述触发器功能的方法有________、________、________和________。

5. 触发器具有________稳定状态，可存储________位二进制信息，在外加信号作用下触发器的稳定状态可________。

6. 基本 RS 触发器有________三种可使用的功能。对于由与非门组成的基本 RS 触发器，在 $\overline{R}_D=1$、$\overline{S}_D=0$ 时，触发器________；在 $\overline{R}_D=1$、$\overline{S}_D=1$ 时，触发器________；在 $\overline{R}_D=0$、$\overline{S}_D=1$ 时，触发器________；不允许 $\overline{R}_D=0$、$\overline{S}_D=0$ 存在，排除这种情况出现的约束条件是________。

7. 由或非门组成的基本 RS 触发器，在 $R_D=0$、$S_D=1$ 时，触发器________；在 $R_D=1$、$S_D=0$ 时，触发器________；在 $R_D=0$、$S_D=0$ 时，触发器________；不允许 $R_D=1$、$S_D=1$ 存在，排除这种情况出现的约束条件是________。

8. 边沿 JK 触发器具有________功能，其特性方程为________。对于具有异步置 0 端 $\overline{R}_D$ 和置 1 端 $\overline{S}_D$ 的 TTL 边沿 JK 触发器，在 $\overline{R}_D=1$、$\overline{S}_D=1$ 时，要使 $Q^{n+1}=\overline{Q}^n$，要求 $J=$________、$K=$________；如要使 $Q^{n+1}=Q^n$，则要求 $J=$________、$K=$________；如要使 $Q^{n+1}=1$，则要求 $J=$________、$K=$________；如要使 $Q^{n+1}=0$，则要求 $J=$________、$K=$________。

9. 维持阻塞 D 触发器具有________和________功能，其特性方程为________。如将输入端 D 和输出端 $\overline{Q}$ 相连，则 D 触发器处于________状态。

10. 通常同一时钟脉冲引起触发器两次或更多次翻转的现象称为________现象，具有这种现象的触发器是________触发方式的触发器，如________。

11. 时序逻辑电路按照其触发器是否有统一的时钟控制分为________时序电路和________时序电路。

12. 在同步 RS 触发器的特性方程中，约束条件为 $RS=0$，说明这两个输入信号不能同时为________。

13. 描述同步时序逻辑电路的三组方程分别是________、________、________。

14. 在计时器中，循环工作的状态称为________，如进入无效状态时，继续输入时钟脉冲后，能________，称为能自启动。

15. 集成计数器的清零方式分为________和________；置数方式分为________和________。因此，集成计数器构成任意进制计数器的方法有________和________法两种。

16. 由 4 个触发器组成的 4 位二进制加法计数器共有________个有效计数状态，其最大计数值为________。

17. 3.2 MHz 的脉冲信号经一级 10 分频后输出为________ Hz，再经一级 8 分频后输出为________ Hz，最后经 16 分频后输出________ Hz。

18. 用以暂时存放数码的数字逻辑部件，称为________，根据作用的不同可分为________和________两大类。移位寄存器又分为________、________和________。

19. 4 位移位寄存器可寄存________个数码，如将这些数码全部从串行输出端输出时，需输入________个移位脉冲。

20. 设集成十进制(默认为 8421 码)加法计数器的初态为 $Q_4Q_3Q_2Q_1=1001$，则经过 5 个 CP 脉冲以后计数器的状态为________。

二、判断题

1. 同步时序电路由组合电路和存储器两部分组成。（ ）

2. 组合电路是不含有记忆功能的器件。（ ）

3. 同步时序电路具有统一的时钟 CP 控制。（ ）

4. 由与非门组成的基本 RS 触发器在 $\overline{R}_D=1$、$\overline{S}_D=0$ 时，触发器置 1。（ ）

5. 由或非门组成的基本 RS 触发器在 $R_D=1$、$S_D=0$ 时，触发器置 1。（ ）

6. 同步 D 触发器在 $CP=1$ 期间，D 端输入信号变化时，对输出 Q 端的状态没有影响。（ ）

7. 同步 JK 触发器在 $CP=1$ 期间，J、K 端输入信号变化时，输出 Q 端的状态相应发生变化。（ ）

8. 边沿 JK 触发器在 $CP=1$ 期间，J、K 端输入信号变化时，对输出 Q 端的状态没有影响。（ ）

9. 边沿 JK 触发器在输入 $J=1$、$K=1$，时钟脉冲的频率为 64 kHz 时，则输出 Q 端的脉冲频率为 32 kHz。（ ）

10. 具有低电平有效的异步置 0 端 $\overline{R}_D$ 和置 1 端 $\overline{S}_D$ 的 TTL 边沿 JK 触发器，在 $\overline{R}_D=0$、$\overline{S}_D=1$ 时，只能被置 0，与 J、K 端输入信号没有关系。（ ）

11. 维持阻塞 D 触发器在输入 $D=1$ 时，输入时钟脉冲 CP 上升沿后，触发器只能翻到 1 状态。（ ）

12. 同步触发器存在空翻现象，而边沿触发器和主从触发器克服了空翻。（ ）

13. 由两个 TTL 或非门构成的基本 RS 触发器，当 $R=S=0$ 时，触发器的状态为不定。（ ）

14. 对边沿 JK 触发器，在 CP 为高电平期间，当 $J=K=1$ 时，状态会翻转一次。（ ）

15. 计数器的模是指构成计数器的触发器的个数。（ ）

16. 利用反馈归零法获得 N 进制计数器时，若为异步置零方式，则状态 SN 只是短暂的过渡状态，不能稳定而是立刻变为 0 状态。（ ）

17. 由于每个触发器有两个稳定状态，因此，存放 8 位二进制数时需要 4 个触发器。（ ）

18. 计数器的模是指构成计数器的触发器的个数。（ ）

19. 为了防止主从 JK 触发器出现一次翻转现象，必须在 CP 脉冲为 1 期间，保持 J、K 号不变。（ ）

20. 维持阻塞边沿触发器在 CP 脉冲为 0 或 1 期间，允许输入信号变化。（ ）

三、选择题

1. 要使由与非门组成的基本 RS 触发器保持原状态不变，$\overline{R}_D$ 和 $\overline{S}_D$ 端输入的信号应取(　　)。

A. $\overline{R}_D=\overline{S}_D=0$　　B. $\overline{R}_D=0$、$\overline{S}_D=1$　　C. $\overline{R}_D=\overline{S}_D=1$　　D. $\overline{R}_D=1$、$\overline{S}_D=0$

2. 要使由或非门组成的基本RS触发器保持原状态不变，$\overline{R}_D$和$\overline{S}_D$端输入的信号应取(　　)。

A. $\overline{R}_D=\overline{S}_D=0$　　B. $\overline{R}_D=0$、$\overline{S}_D=1$　　C. $\overline{R}_D=\overline{S}_D=1$　　D. $\overline{R}_D=1$、$\overline{S}_D=0$

3. 维持阻塞D触发器在时钟CP上升沿到来前$D=1$，而在CP上升沿到来以后D变为0，则触发器状态为(　　)。

A. 0状态　　B. 1状态　　C. 状态不变　　D. 状态不确定

4. 下降沿触发的边沿JK触发器在时钟脉冲CP下降沿到来前$J=1$、$K=0$，而在CP下降沿到来之后变为$J=0$、$K=1$，则触发器状态为(　　)。

A. 0状态　　B. 1状态　　C. 状态不变　　D. 状态不确定

5. 下降沿触发的边沿JK触发器CT74LS112的$\overline{R}_D=1$、$\overline{S}_D=1$，且$J=1$、$K=1$时，如输入时钟脉冲频率为110 kHz的方波，则Q端输出脉冲的频率为(　　)。

A. 220 kHz　　B. 110 kHz　　C. 55 kHz　　D. 27.5 kHz

6. 要将维持阻塞D触发器CT74LS74输出Q置为低电平0时，则输入为(　　)。

A. $D=0$，$\overline{R}_D=1$、$\overline{S}_D=1$，输入CP负跳变

B. $D=1$，$\overline{R}_D=1$、$\overline{S}_D=1$，输入CP正跳变

C. $D=1$，$\overline{R}_D=1$、$\overline{S}_D=0$，输入CP正跳变

D. $D=1$，$\overline{R}_D=0$、$\overline{S}_D=1$，输入CP正跳变

7. 下列逻辑电路中，为时序逻辑电路的是(　　)。

A. 变量译码器　　B. 加法器　　C. 数码寄存器　　D. 数据选择器

8. N个触发器可以构成最大计数长度(进制数)为(　　)的计数器。

A. N　　B. $2N$　　C. N^2　　D. 2^N

9. 触发器是(　　)的数字部件。

A. 组合逻辑　　B. 具有记忆功能　　C. 无记忆功能　　D. 只由与非门组成

10. CP脉冲下降沿有效的主从触发器，当CP由高电平回到低电平时，此时是(　　)。

A. 主触发器接收输入信号　　B. 从触发器状态不变

C. 主触发器状态改变　　D. 从触发器接收主触发器的状态

11. 由JK触发器组成的计数器，其中一个触发器的状态方程为$Q^{n+1}=Q^n$，则(　　)。

A. $J=0$、$K=1$　　B. $J=K=0$　　C. $J=K=1$　　D. $J=1$、$K=0$

12. 主从JK触发器，当$J=K=1$时，每来一个CP脉冲，触发器将(　　)。

A. 翻转一次　　B. 翻转两次　　C. 空翻　　D. 保持状态不变

13. 由与或非门组成的基本RS触发器，当(　　)时出现不定态。

A. $R=0$、$S=1$　　B. $R=S=0$　　C. $R=S=1$　　D. $R=1$、$S=0$

14. 下列触发器的特性方程中，有约束条件的触发器是(　　)。

A. JK触发器　　B. RS触发器　　C. D触发器　　D. T触发器

15. 触发器的次态Q^{n+1}是指触发器的(　　)。

A. 上一个状态　　B. 现在的状态　　C. 下一个状态　　D. 不好确定的状态

16. 时序逻辑电路的主要组成电路是(　　)。

A. 与非门和或非门　　B. 触发器和组合逻辑电路

C. 施密特触发器和组合逻辑电路　　D. 整形电路和多谐振荡电路

17. 一个三进制计数器和一个八进制计数器串联起来后,最大计数值为(　　)。

A. 5　　B. 19　　C. 23　　D. 31

18. 由两个模数分别为M、N的计数器级联成的计数器,其总的模数为(　　)。

A. $M+N$　　B. $M-N$　　C. $M\times N$　　D. M/N

19. 利用集成计数器的同步清零功能构成N进制计数器时,写二进制代码的数是(　　)。

A. $2N$　　B. N　　C. $N-1$　　D. $N+1$

20. 利用集成计数器的异步置数功能构成N进制计数器时,写二进制代码的数是(　　)。

A. $2N$　　B. N　　C. $N-1$　　D. $N+1$

21. 特性方程为$Q^{n+1}=\overline{Q^n}$的触发器为(　　)。

A. D触发器　　B. T触发器　　C. JK触发器　　D. T′触发器

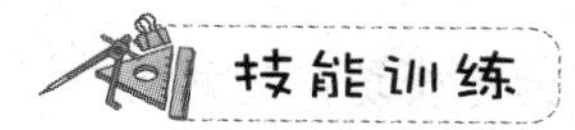

训练项目　十进制加法计数器的设计与调试

一、项目概述

计数器是一种实现计数功能的时序逻辑部件。它不仅用于计数,还用于分频、定时、产生节拍脉冲和数字运算,在数字测量、数字控制和计算机系统中有着广泛的应用。计数器按进位制分为二进制、十进制和任意进制;按计数的递增或递减分为加法计数、减法计数;按计数的动作步调分为同步计数、异步计数。数字系统中常用十进制计数器。十进制计数时它的每1位需要0～9十个数码,因此需要用4个触发器来组成,常采用8421BCD码的计数进制。

二、训练目的

通过该训练项目,加深理解时序逻辑电路的工作原理;掌握时序逻辑电路逻辑功能的描述方法;掌握时序逻辑电路的一般分析方法和设计方法;掌握时序逻辑电路功能的测试方法;学会用集成触发器构成计数器的方法。

三、训练内容与要求

1. 训练内容

利用数字电路实验仪(或面包板)、集成器件,设计和组装成十进制加法计数器。

2. 训练要求

①设计同步十进制加法计数器,计数循环为0000～1001的8421码。

②用集成触发器74LS112构成计数器,分析设计的过程原理。

③组装、调试同步十进制加法计数器。

④画出完整的电路图,写出设计、调试报告。

四、电路原理分析

同步时序逻辑电路中所有触发器的时钟脉冲都接在同一个信号源上,各个触发器的状态转换都是同步的,所有触发器的状态变化都发生在同一时刻。其设计步骤如图 3-86 所示。

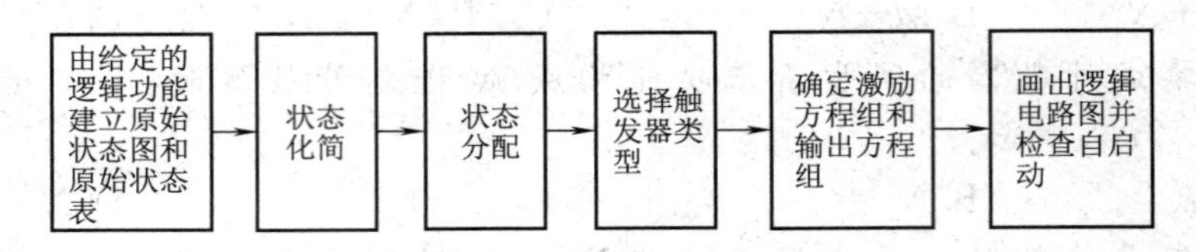

图 3-86　同步时序逻辑电路的设计步骤

(1)根据给定的逻辑功能建立原始状态图和原始状态表

①明确电路的输入条件和相应的输出要求,分别确定输入变量和输出变量的数目和符号。

②按给出的逻辑功能画出原始状态图,找出所有可能的状态和状态转换之间的关系。

③根据原始状态图建立原始状态表。

(2)状态化简——求出最简状态图

合并等价状态,消去多余状态的过程称为状态化简。在完成所要求的逻辑功能的前提下,尽量减少状态的数量,以使电路简化。

(3)状态编码(状态分配)

给每个状态赋以一个二进制代码的过程,这一步得到一个二进制状态表。编码方案选择得当,设计结果将得到简化。

(4)确定触发器的个数,选择触发器的类型

根据状态数确定触发器的个数 M,$2^{n-1}<M\leqslant 2^n$(M:状态数;n:触发器的个数)。同时选择设计电路所使用的触发器的类型。

(5)求电路的输出方程和各触发器的驱动方程

根据编码后的状态表和触发器的驱动表,求得电路的输出方程和各触发器的驱动方程。

(6)画出逻辑电路图,检查能否自启动

五、内容安排

1. 同步 8421BCD 码十进制加法计数器的设计

(1)功能描述

计数器的功能是对输入脉冲的个数进行计数,计数的规律是 8421BCD 码,见表 3-26。

(2)画出原始状态图

由表 3-26 可知,十进制计数状态个数为 $M=10$,用 $S_0\sim S_9$ 这 10 个状态来反映输入脉冲的个数,如图 3-87 所示。

(3)十进制计数器应有 10 个状态,已经为最简,无须化简

(4)状态编码

该计数器选用自然序列的 8421BCD 码给 $S_0\sim S_9$ 这 10 个状态编码,即 $S_0=0000$、$S_1=$

0001、…、$S_9=1001$。由此可列出编码后的状态转换图如图 3-88 所示，状态转换表见表 3-27。

表 3-26　8421BCD 码十进制加法计数器状态表

计数脉冲	输出状态			
	Q_3^n	Q_2^n	Q_1^n	Q_0^n
0	0	0	0	0
1	0	0	0	1
2	0	0	1	0
3	0	0	1	1
4	0	1	0	0
5	0	1	0	1
6	0	1	1	0
7	0	1	1	1
8	1	0	0	0
9	1	0	0	1

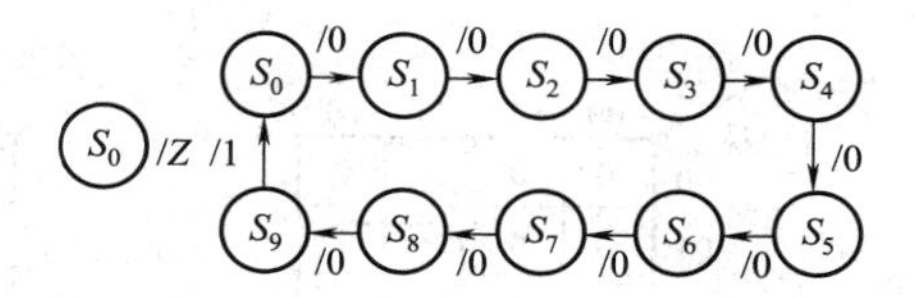

图 3-87　原始状态转换图

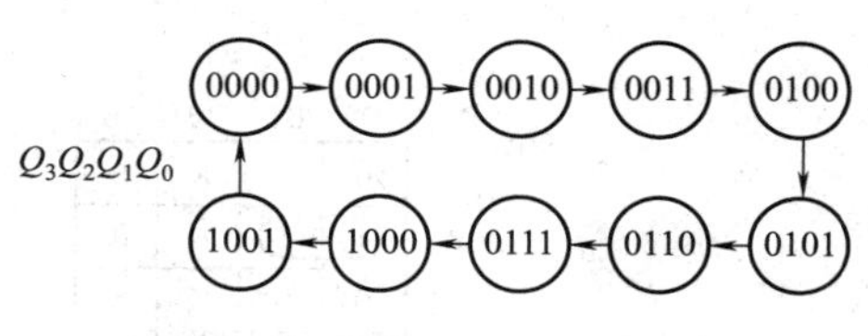

图 3-88　编码后的状态转换图

表 3-27　状态转换表

状态转换顺序	现态				次态				进位输出
	Q_3^n	Q_2^n	Q_1^n	Q_0^n	Q_3^{n+1}	Q_2^{n+1}	Q_1^{n+1}	Q_0^{n+1}	Z
S_0	0	0	0	0	0	0	0	1	0
S_1	0	0	0	1	0	0	1	0	0
S_2	0	0	1	0	0	0	1	1	0
S_3	0	0	1	1	0	1	0	0	0
S_4	0	1	0	0	0	1	0	1	0
S_5	0	1	0	1	0	1	1	0	0
S_6	0	1	1	0	0	1	1	1	0
S_7	0	1	1	1	1	0	0	0	0
S_8	1	0	0	0	1	0	0	1	0
S_9	1	0	0	1	0	0	0	0	1

(5)确定触发器的个数，选择触发器的类型

十进制状态数共有 10 个，$M=10$，根据 $2^{n-1}<M\leqslant 2^n$，可知计数器需要 4 个触发器。本设计选用 4 个 CP 下降沿触发的 JK 触发器，分别用 F_0、F_1、F_2、F_3表示。

(6)求输出方程和各触发器的驱动方程

由图 3-88 或表 3-27，得到相应的输出及各触发器次态的卡诺图如图 3-89 所示。

由卡诺图可求得输出方程和状态方程分别为

$$Z=Q_3^nQ_0^n$$

$$Q_3^{n+1}=Q_2^nQ_1^nQ_0^n\overline{Q}_3^n+\overline{Q}_0^nQ_3^n$$

$$Q_2^{n+1}=Q_1^nQ_0^n\overline{Q}_2^n+\overline{Q_1^nQ_0^n}Q_2^n$$

$$Q_1^{n+1}=\overline{Q}_3^nQ_0^n\overline{Q}_1^n+\overline{Q}_0^nQ_1^n$$

$$Q_0^{n+1}=\overline{Q}_0^n$$

将状态方程和JK触发器的特性方程进行比较，可得驱动方程为

$$J_0=K_0=1;J_1=\overline{Q_3^n}Q_0^n,K_1=Q_0^n;J_2=K_2=Q_1^nQ_0^n;J_3=Q_2^nQ_1^nQ_0^n,K_3=Q_0^n$$

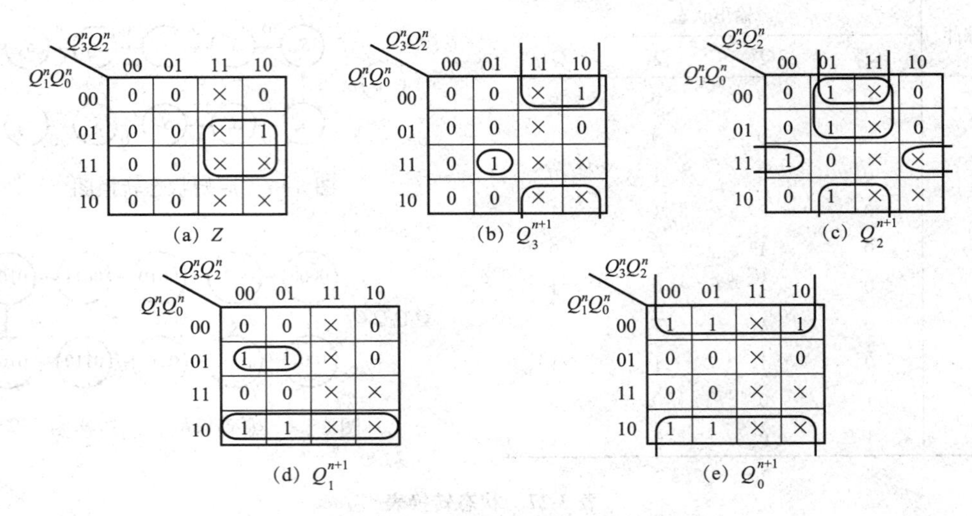

图 3-89　输出及各触发器次态的卡诺图

(7)画逻辑电路图

根据驱动方程画出4个由JK触发器组成的逻辑电路，如图3-90所示。

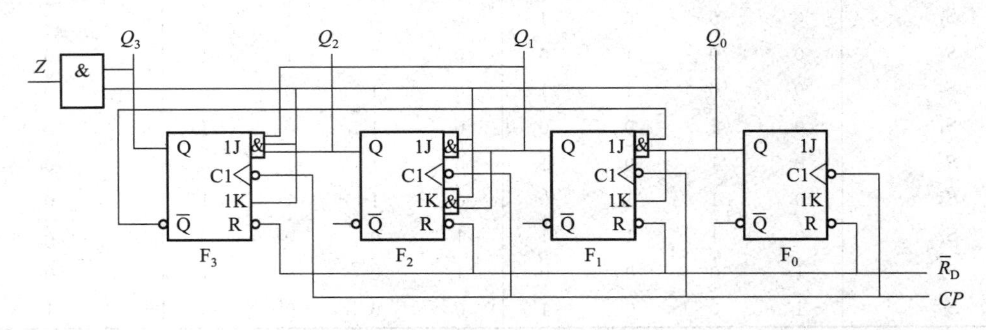

图 3-90　JK触发器构成的十进制加计数器

(8)检查能否自启动

将无效状态1010～1111分别代入状态方程进行计算，可以验证，在CP脉冲作用下都能回到有效状态，得到电路完整的状态图如图3-91所示。可见，该电路能够自启动。

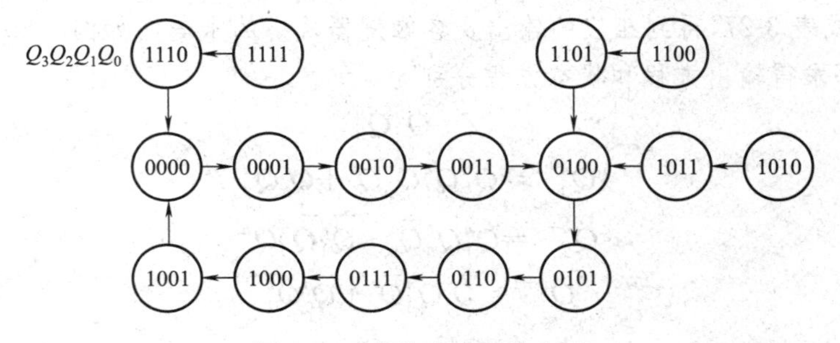

图 3-91　电路完整的状态图

(9)选择集成触发器

根据逻辑电路图,为便于安装,选择两个74LS112双JK触发器,其引脚排列图如图3-92所示。

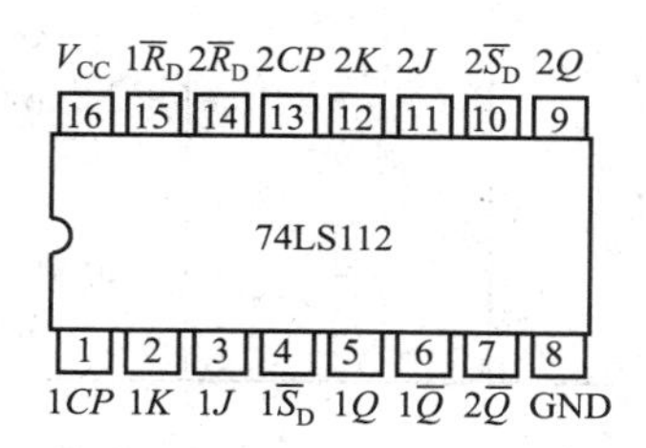

图3-92　双JK触发器74LS112引脚排列图

2. 电路组装

①按照所给图3-93连接电路,确认无误后接通电源。

②在输入端连接脉冲源,在输出端连接译码显示器、逻辑电平显示器。

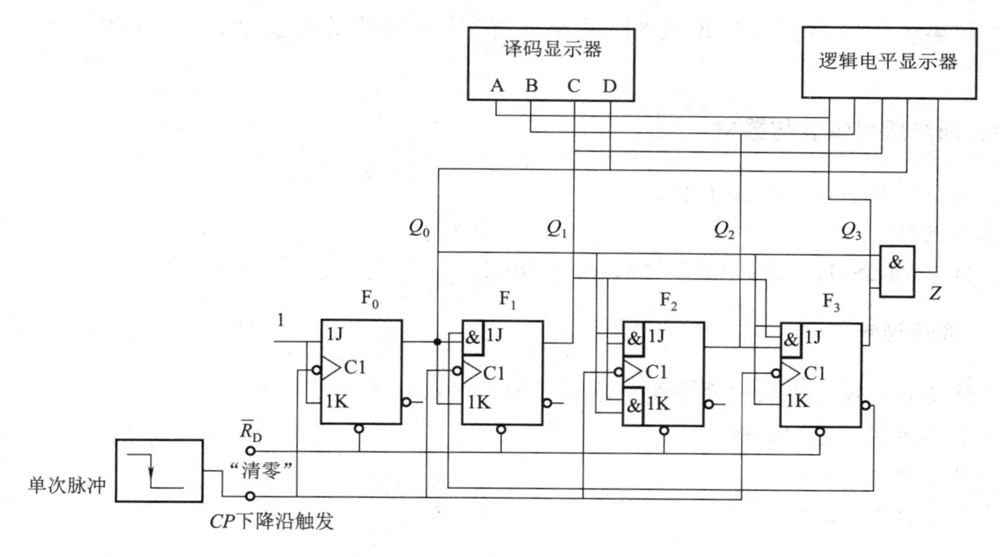

图3-93　十进制加法计数器接线图

3. 电路功能测试

(1)认识集成双JK触发器74LS112

观察集成双JK触发器74LS112的外形及引脚排列,集成双JK触发器74LS112内含两个独立的JK触发器,正确区分两个JK触发器的信号输入端($1J$、$1K$、$2J$、$2K$),触发器的状态输出端($1Q$、$1\overline{Q}$、$2Q$、$2\overline{Q}$),时钟脉冲信号输入端($1CP$、$2CP$),异步清零端($1\overline{R}_D$、$2\overline{R}_D$),异步置数端($1\overline{S}_D$、$2\overline{S}_D$),电源输入端(V_{CC})和接地端(GND)。

(2)查验计数功能

表3-28为74LS112的功能表,从功能表可以看出74LS112内的两个JK触发器是时钟脉冲CP下降沿有效(用"↓"表示)。测试中用示波器观察输出状态的变化时刻,并对照功能表查验计数功能。

表 3-28　74LS112 的功能表

$\overline{R}_D$	$\overline{S}_D$	CP	J	K	Q^{n+1}	功能说明
0	1	×	×	×	0	清零
1	0	×	×	×	1	置 1
1	1	↓	0	0	Q^n	保持
1	1	↓	0	1	0	置 0
1	1	↓	1	0	1	置 1
1	1	↓	1	1	$\overline{Q}^n$	翻转

(3)查验复位、置位功能

复位、置位信号为低电平有效，异步清零端 $\overline{R}_D=0$ 时，触发器复位，即 $Q=0$；异步置数端 $\overline{S}_D=0$ 时，触发器置位，即 $Q=1$。$\overline{R}_D=\overline{S}_D=1$ 时，触发器的输出状态在 CP 下降沿到来瞬间随触发信号 J、K 而变化。

逻辑电路图中与门用 74LS08 四个二输入端与门。CP 端是计数脉冲输入端，接数字电路实验仪的单次脉冲输出。J、K 为“1”是接电源，输出端接数码显示，可检查输出状态的正确性。

六、训练所用仪表与器材

①数字逻辑电路实验仪 1 台。
②示波器 1 台。
③器件 74LS112×2，74LS74×2，74LS08×1。

七、成绩评定

训练项目成绩评定采取百分制分段评定的方法：
①电路组装工艺，40 分。
②电路测试，40 分。
③总结报告，20 分。

脉冲波形的产生与变换电路

脉冲信号广泛地存在于数字系统中，如触发器的时钟信号、计数器的计数脉冲信号等。所谓脉冲信号，从狭义上讲，是指一种持续时间极短的电压或电流信号；从广义上讲，凡不具有连续正弦波形状的信号，几乎都可以统称为脉冲信号，如矩形波、方波、锯齿波和微分波等各种波形都是脉冲信号。

在数字系统中，常需要各种不同类型的脉冲信号。脉冲电路就是产生不同脉冲信号和进行脉冲信号变换的电路。脉冲技术是现代电子技术的一个重要内容，在计算机、自动控制、自动检测、信息传送等方面有着广泛的应用。脉冲电路主要研究的是脉冲波形的产生、整形、变换与控制等。随着集成电路技术的迅速发展，用于波形的产生、整形、变换的电路形式有很多，它们可以由门电路或 TTL、CMOS 集成门电路组成，也可以由 555 定时器组成，目前广为应用的是 555 定时器。

本章主要介绍 555 定时器的结构特点、功能，重点介绍由 555 定时器构成的多谐振荡器、单稳态触发器、施密特触发器及它们的主要应用。

第一节　概　　述

一、常见的脉冲波形

在数字系统中，常常需要各种不同频率、不同宽度和不同幅值的脉冲信号。为了保证数字电路中的脉冲信号有足够的幅度和一定的转换速度，必须对脉冲信号的波形提出一定的要求。

1. 脉冲信号

“脉冲”含有脉动和短促的意思。在电子技术中，脉冲是指作用时间极短的电压或电流。通常广义地把各种非正弦波的信号都称为脉冲信号。脉冲信号可以是周期的，也可以是非周期的。

2. 常见的脉冲波形

常见的脉冲波形有方波、矩形波、锯齿波、阶梯波、钟形波、尖顶波等，其波形如图 4-1 所示。

不同的脉冲信号有着不同的用途。方波、矩形波和尖顶波可以作为自动控制系统中的开关信号或触发信号；锯齿波可以作为电视、雷达、示波器等设备中的扫描信号；钟形波可以作为导航信号；阶梯波可以作为阶梯扫描仪的扫描信号等。

各种脉冲波形的形成，需要由相应的脉冲电路来产生。脉冲电路一般由两部分组成，即开关电路与线性电路。利用开关电路（如晶体管、集成逻辑门电路）产生脉冲的瞬态过程，以实现脉冲的突变性;利用线性电路(如电阻、电容构成的 RC 电路)控制瞬态过程的快慢和状态,以得到不同脉冲波形。

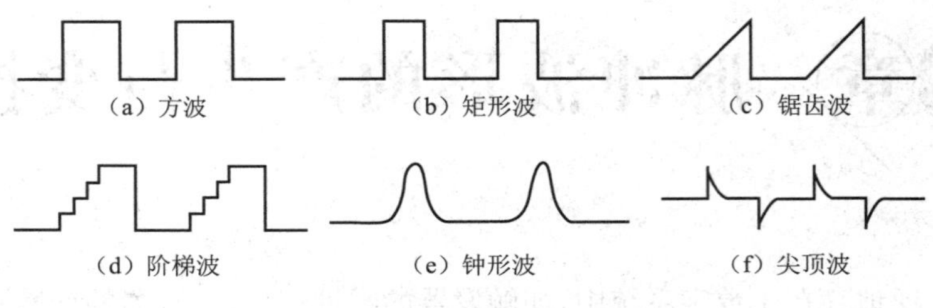

图 4-1　常见的脉冲波形

二、矩形脉冲波形的参数

由于脉冲波形种类很多,用以描述各种脉冲波形特征的参数就不一样。下面仅以矩形脉冲波形为例,介绍其波形的参数。矩形脉冲在时序电路中常作为时钟信号,它的波形好坏关系到电路能否正常工作。为定量描述矩形脉冲的特性,通常使用图 4-2 所示的几个主要参数。

①脉冲幅度 U_m:脉冲电压的最大变化幅度。

②上升时间 t_r:脉冲上升沿从 $0.1U_m$ 上升到 $0.9U_m$ 所需的时间。

③下降时间 t_f:脉冲下降沿从 $0.9U_m$ 下降到 $0.1U_m$ 所需的时间。

④脉冲宽度 t_w:从脉冲前沿的 $0.5U_m$ 到后沿的 $0.5U_m$ 之间的时间,又称脉冲持续时间。

⑤脉冲周期 T:周期性连续脉冲中,两个相邻脉冲间的时间间隔。有时也采用频率 $f=\frac{1}{T}$ 来表示每秒内脉冲重复的次数。

⑥占空比 q:脉冲宽度 t_w 与脉冲周期 T 的比值为

$$q=\frac{t_w}{T} \tag{4-1}$$

利用这些参数就可以清楚地描述一个矩形脉冲的基本特性。获取矩形脉冲的方法有两种:一种是利用多谐振荡器直接产生所需的矩形脉冲;另一种是通过整形电路将已有的周期变化的波形变换成所需的矩形脉冲。

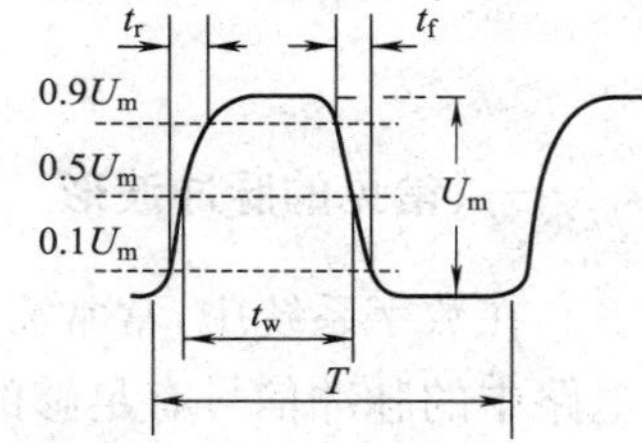

图 4-2　矩形脉冲波形的参数

第二节　555 定时器

555 定时器是一种将模拟电路和数字电路集成于一体的中规模集成器件。它始于 20 世纪 70 年代初,当时仅作为定时器用,所以称为 555 定时器或 555 时基电路。它是一种产生时间延迟和多种脉冲信号的控制电路,其应用十分广泛,通常只需外接几个阻容元件就可构成多谐振荡器、单稳态触发器、施密特触发器及各种波形的脉冲发生器。能实现脉冲的产生、整形与变换、定时与延时等功能。由于使用灵活、控制方便,广泛应用在自动控制、测量技术、家用电器及仿真玩具等方面。

555定时器有双极型和CMOS型两大类。典型的双极型定时器型号为5G555,CMOS型定时器型号为CC7555,这两种型号的芯片内仅有一个时基电路,称为单时基电路。双时基电路的型号有5G556、CC7556等。

一、电路组成

现以5G555定时器为例分析其工作原理和逻辑功能。它的内部电路组成和引脚排列图如图4-3所示。它由分压器、电压比较器、基本RS触发器、放电开关及输出缓冲器等五个部分组成。下面分析各部分电路的作用。

1. 分压器

由3个阻值相同的电阻组成分压器,为电压比较器提供参考电压。由于分压器的3个电阻均为5 kΩ,故称为555电路。电压比较器C_1的参考电压为$U_{R1}=\frac{2V_{CC}}{3}$,电压比较器C_2的参考电压为$U_{R2}=\frac{V_{CC}}{3}$。如在控制电压端CO上外接电压U_{CO}时,可调整参考电压值,此时$U_{R1}=U_{CO}$,$U_{R2}=\frac{U_{CO}}{2}$。不用CO端引脚时,一般通过0.01 μF的电容接地,以旁路高频干扰。

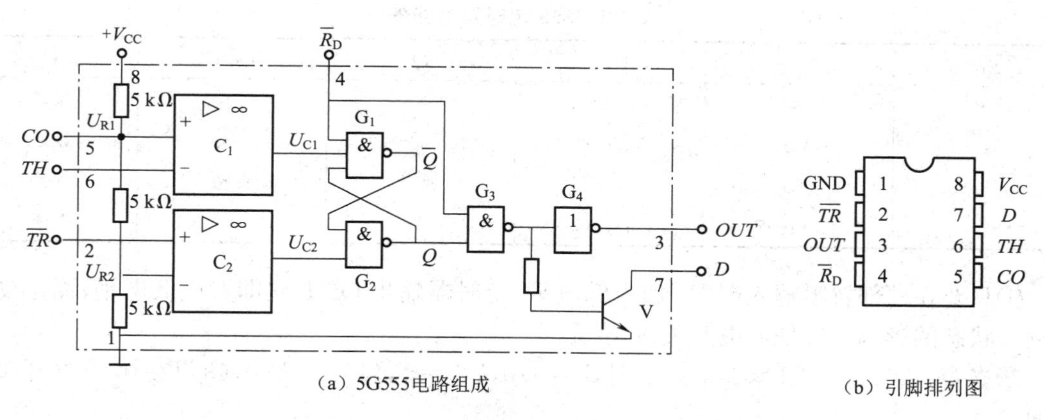

(a) 5G555电路组成　　(b) 引脚排列图

图4-3　5G555电路组成和引脚排列图

2. 电压比较器

电压比较器由两个结构相同的集成运放C_1、C_2组成。其作用是将触发电压与参考电压进行比较,比较后的结果用数字"1"和"0"在输出端表示出来。由图可见,C_1的同相输入端接U_{R1},反相输入端接阈值端TH;而C_2的同相输入端接触发端$\overline{TR}$,反相输入端接U_{R2}。根据电压比较器输入电压与输出电压的关系,可知$U_+>U_-$时,比较器输出为高电平;$U_+<U_-$时,比较器输出为低电平。

3. 基本RS触发器

它由两个与非门交叉组成。电压比较器的输出U_{C1}、U_{C2}是基本RS触发器的输入信号,因而两个电压比较器的输出状态决定基本RS触发器的工作状态。当$U_{TH}>U_{R1}$、$U_{\overline{TR}}>U_{R2}$时,$U_{C1}=0$,$U_{C2}=1$,基本RS触发器置0;当$U_{TH}<U_{R1}$、$U_{\overline{TR}}>U_{R2}$时,$U_{C1}=1$,

$U_{C2}=1$，基本 RS 触发器状态保持不变；当 $U_{TH}<U_{R1}$、$U_{\overline{TR}}<U_{R2}$ 时，$U_{C1}=1$，$U_{C2}=0$，基本 RS 触发器置 1。

$\overline{R}_D$ 是外部置零输入端。当 $\overline{R}_D=0$ 时，G_3 输出 1，G_4 输出 0，使定时器输出 OUT 立即置成低电平。正常工作时必须使 $\overline{R}_D$ 处于高电平。

4. 放电开关

在 555 定时器的实际应用中，都会利用外接电容的充放电过程来实现定时控制。为了能准确定时，在完成一次定时控制后，应及时将电容上已充的电荷放掉，保证电容每次充电从零开始。因此，电路中设置了一个放电开关 V。当基本 RS 触发器置 0 时，V 导通，放电开关呈闭合状态，放电端 D 近似接地，为电容放电提供通路。当触发器置 1 时，V 截止，放电开关呈打开状态。

5. 输出缓冲器

G_4 为输出缓冲器，它的作用是提高电路的带负载能力，并隔离负载对定时器的影响。

二、定时器的功能

根据定时器各个部分的作用可列出它的功能表，见表 4-1。下面结合功能表进行分析。

表 4-1　555 定时器功能表

$\overline{R}_D$	U_{TH}	$U_{\overline{TR}}$	Q	OUT	D
0	×	×	×	0	接通
1	$>2V_{CC}/3$	$>V_{CC}/3$	0	0	接通
1	$<2V_{CC}/3$	$>V_{CC}/3$	保持	保持	保持
1	$<2V_{CC}/3$	$<V_{CC}/3$	1	1	关断

①只要在外部置零输入端 $\overline{R}_D$ 加入低电平，定时器输出 OUT 立即置成低电平，而不受其他输入状态的影响。并使放电开关 V 导通。

②当 $U_{TH}>2V_{CC}/3$、$U_{\overline{TR}}>V_{CC}/3$ 时，$U_{C1}=0$，$U_{C2}=1$，触发器置 0，$OUT=0$，放电开关 V 导通。

③当 $U_{TH}<2V_{CC}/3$、$U_{\overline{TR}}>V_{CC}/3$ 时，$U_{C1}=1$，$U_{C2}=1$，触发器状态保持不变，因而输出状态和放电开关状态也维持不变。

④当 $U_{TH}<2V_{CC}/3$、$U_{\overline{TR}}<V_{CC}/3$ 时，$U_{C1}=1$，$U_{C2}=0$，触发器置 1，$OUT=1$，放电开关 V 截止。

CMOS 型 555 定时器的电路结构与双极型有较大差别，但从引脚的功能上看，两者是完全相同的，可以互相兼容。双极型 555 定时器的优点是驱动能力强，而 CMOS 型定时器的优点是输入阻抗高、功耗小，在定时要求较长的场合下应选用 CMOS 型定时器。

三、555 定时器的主要参数

5G555 及 CC7555 定时器的主要参数见表 4-2。

表 4-2　5G555 及 CC7555 定时器的主要参数

参　数	单　位	5G555	CC7555
电源电压 $V_{CC}(V_{DD})$	V	4.5～16	3～18
静态电流 I	mA	10	0.12
定时精度	%	1	2
阈值端触发电压 U_{TH}	V	$2V_{CC}/3$	$2V_{DD}/3$
阈值端触发电流 I_{TH}	μA	0.1	50×10^{-6}
触发端触发电压 $U_{\overline{TR}}$	V	$V_{CC}/3$	$V_{DD}/3$
触发端触发电流 $I_{\overline{TR}}$	μA	0.5	50×10^{-6}
放电端放电电流 I_D	mA	200	10～50
输出端驱动电流 I_L	mA	200	1～20
最高工作频率 f_{max}	kHz	500	500

第三节　施密特触发器

施密特触发器是一种脉冲整形、变换电路，它又称电平触发双稳态触发器。它具有如下特点：

①具有两个稳定的工作状态，当输入信号达到某一阈值时，输出电平发生突变，触发器状态会从一个稳态翻转到另一稳态。

②输出由低电平翻转到高电平，及输出由高电平翻转到低电平，所需的输入触发电平是不同的，即具有回差特性。

③无记忆功能，触发器的某一稳态需外加触发脉冲来维持，如撤除外加脉冲会导致电路状态的改变。

利用施密特触发器的这些特点，可以将边沿变化缓慢的波形整形成为边沿陡峭的矩形波，同时由于它具有回差特性，使电路的抗干扰能力增强。因此，被广泛应用于脉冲整形、脉冲变换和幅度鉴别等场合。

一、电路组成

555 定时器组成的施密特触发器如图 4-4(a)所示。图中将定时器的阈值端 TH 和触发端 $\overline{TR}$ 连接后作为触发器的输入端，复位端 $\overline{R}_D$ 接电源，控制电压端 CO 接 0.01 μF 的电容。

二、工作原理

设输入信号 u_I 为三角波，则以 u_I 上升和下降两个情况来分析施密特触发器的工作过程。

先分析 u_I 从零逐渐上升的过程：

当 $u_I < V_{CC}/3$ 时，基本 RS 触发器置 1，输出 u_O 为高电平，这是触发器的第一个稳态。

当 u_I 继续上升，在 $V_{CC}/3 < u_I < 2V_{CC}/3$ 时，基本 RS 触发器状态不变，输出 u_O 仍为高电平。

当 u_I 继续上升，在 $u_I \geq 2V_{CC}/3$ 时，基本 RS 触发器状态翻转为 0，输出 u_O 为低电平，即电路由第一个稳态翻转到第二个稳态。将输出 u_O 由高电平变为低电平所对应的 u_I 值称为正向阈值电压 U_{T+}。

再分析 u_I 从最大值逐渐下降的过程：

当 u_I 逐步下降，但只要在 $u_I > V_{CC}/3$ 这个阶段中，基本 RS 触发器状态不变，输出 u_O 仍为低电平。

当 u_I 继续下降，并下降到 $u_I = V_{CC}/3$ 时，基本 RS 触发器置 1，输出 u_O 又变为高电平，电路由第二个稳态又翻转到第一个稳态。将输出 u_O 由低电平变为高电平所对应的 u_I 值称为负向阈值电压 U_{T-}。

以后 u_I 继续下降，即使 $u_I < V_{CC}/3$，输出 u_O 状态也不变。除非第二个三角波又来到并使 $u_I \geq 2V_{CC}/3$ 时，输出 u_O 才由高电平变为低电平。

根据上述分析，可画出施密特触发器的工作波形，如图 4-4(b)所示。

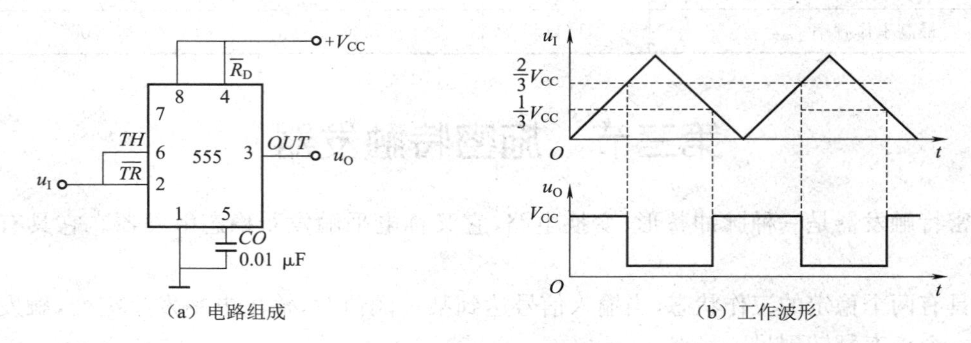

图 4-4　555 定时器组成的施密特触发器

三、电压传输特性与回差电压

由工作原理分析可知，u_I 上升过程的阈值电压和下降过程的阈值电压是不相等的，上升过程的阈值电压 $U_{T+} = 2V_{CC}/3$，下降过程的阈值电压 $U_{T-} = V_{CC}/3$，这种现象称为回差。其电压差值称为回差电压 ΔU_T，即

$$\Delta U_T = U_{T+} - U_{T-} = 2V_{CC}/3 - V_{CC}/3 = V_{CC}/3 \tag{4-2}$$

根据输出电压与输入电压之间的关系，可画出施密特触发器的电压传输特性，如图 4-5 所示。从曲线中可看到电路在传输中具有回差特性，又称滞后特性。这种回差特性是施密特触发器特有的，利用这种特性可作鉴幅器和比较器。

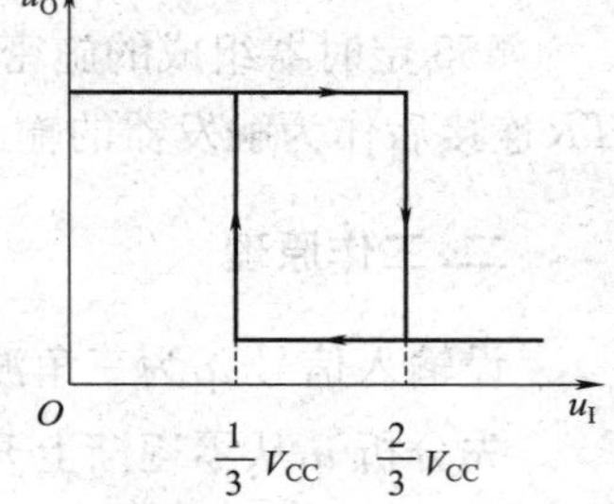

图 4-5　施密特触发器的电压传输特性

如果在控制电压端 CO 上加一直流电压 U_{CO}，则参考电压就会相应变化，这时 $U_{T+} = U_{CO}$，$U_{T-} = U_{CO}/2$。通过改变 U_{CO} 值，就可调节回差电压 ΔU_T 值的大小。U_{CO} 越大，回差电压就越大，电路的抗干扰能力也就越强。

施密特触发器除了由 555 定时器构成外，也可直接采用 TTL 或 CMOS 集成电路器件，如 74LS13、74LS14、74LS132、CC40106、CC4093 等。

四、应用举例

1. 波形变换

施密特触发器可以将边沿变化缓慢的波形整形成为边沿陡峭的矩形波，因此施密特触发器可将正弦波、三角波变换成矩形波。图 4-6 所示为正弦波变换成矩形波的例子。当输入电压 $u_I > U_{T+}$，输出 u_O 由高电平变为低电平；当输入电压 $u_I < U_{T-}$，输出 u_O 由低电平变为高电平，这样输出就得到矩形脉冲。

2. 脉冲整形

所谓整形就是将不规则的或因传输过程中受到干扰而使波形变坏的输入信号，经过整形电路后，使它成为一定宽度和幅度的规则矩形波。利用施密特触发器可对脉冲进行整形，使畸变的波形得以矫正。图 4-7 所示为对叠加在矩形波上的噪声进行整形的例子。

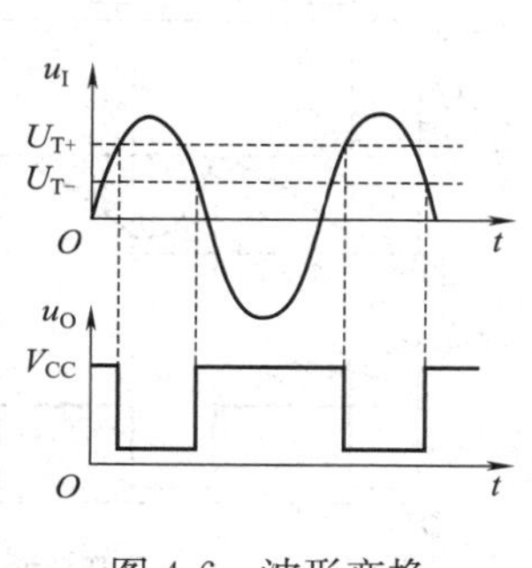

图 4-6　波形变换

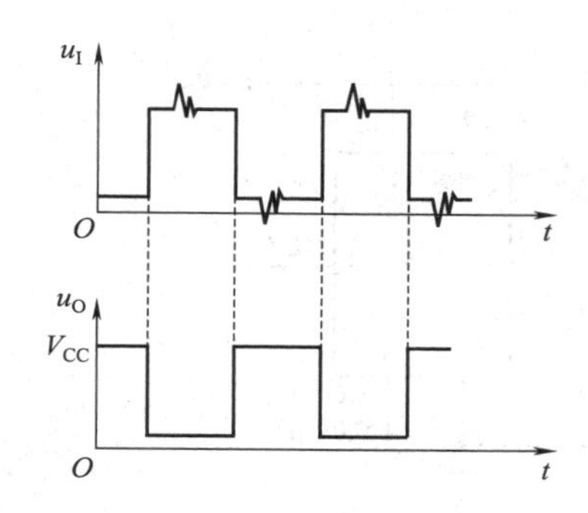

图 4-7　脉冲整形

3. 幅度鉴别

因施密特触发器的输出状态取决于输入信号幅度，可用来作幅度鉴别。对输入幅度不等的一串脉冲信号，只有信号幅度大于 U_{T+} 的脉冲才能使施密特触发器由高电平翻转到低电平；当信号幅度小于 U_{T-} 时，电路又恢复到高电平，这样有一矩形脉冲输出。而信号幅度小于 U_{T+} 的脉冲，不能使施密特触发器翻转，此时，输出状态不变，也就无脉冲输出，从而达到了幅度鉴别的作用。图 4-8所示就是从一串脉冲中选出幅度大于 U_{T+} 的脉冲。如果在控制电压端 CO 接一直流电压 U_{CO}，调节 U_{CO} 的值即可调节鉴幅值的大小。

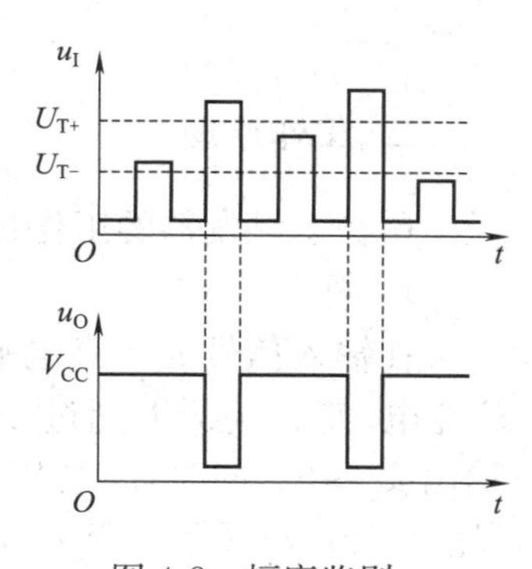

图 4-8　幅度鉴别

幅度鉴别常用在测量技术、自动保护电路中，也可用来抑制干扰信号，因此应用场合较多。

第四节　单稳态触发器

单稳态触发器有如下工作特点：

①有一个稳定状态和一个暂稳状态。

②在无外加触发脉冲时电路处于稳定状态，在有外加触发脉冲下电路将从稳定状态翻转到暂稳状态，暂稳状态持续一段时间后，又自动返回稳定状态。

③暂稳状态持续时间 t_w 的长短取决于电路本身的参数，而与触发脉冲无关。

由于单稳态触发器具有上述三个特点，被广泛应用于脉冲的整形、延时和定时等场合。

一、电路组成

555 定时器组成的单稳态触发器如图 4-9(a)所示。图中触发端 $\overline{TR}$ 作为外加触发脉冲的输入端，R、C 为外接定时元件，阈值端 TH 与放电端 D 连接后，一起接在 R 与 C 的连接处，复位端 $\overline{R}_D$ 接电源，控制电压端 CO 接 0.01 μF 的电容。

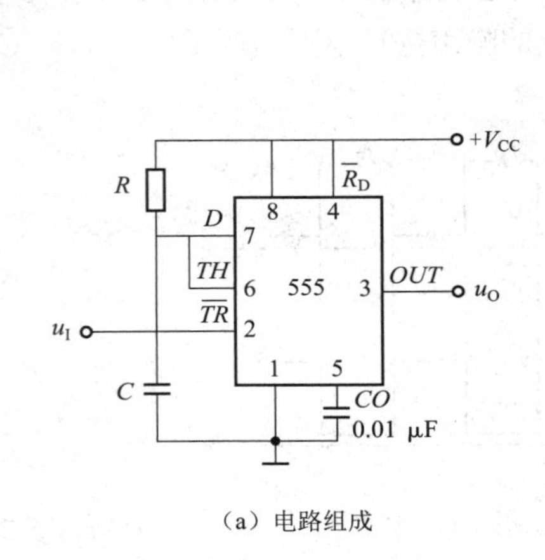

（a）电路组成

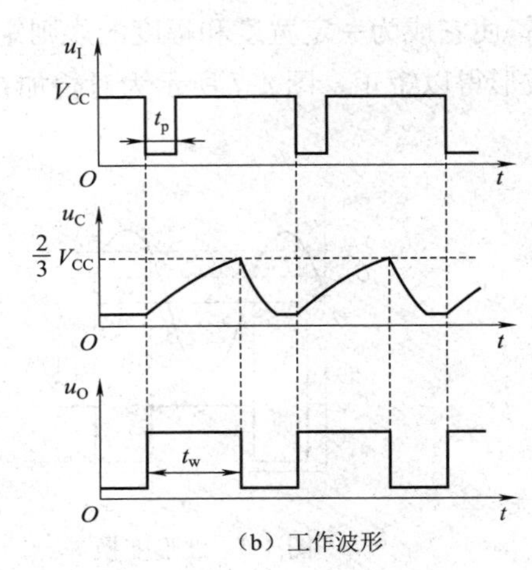

（b）工作波形

图 4-9　555 定时器组成的单稳态触发器

二、工作原理

单稳态触发器的工作过程一般分为五个阶段。

1. 稳态

在输入信号 u_I 为高电平，但触发负脉冲未到前，此时电路接通电源，电源 V_{CC} 经 R 给电容 C 充电，使 u_C 上升并超过 $2V_{CC}/3$ 时，则 $U_{TH}>2V_{CC}/3$，$U_{\overline{TR}}>2V_{CC}/3$，使基本 RS 触发器置 0，输出 $u_O=0$。同时，放电开关 V 导通，电容 C 经放电端 D 迅速放电，u_C 很快下降到零。此后，$U_{TH}<2V_{CC}/3$，$U_{\overline{TR}}>2V_{CC}/3$，使输出 u_O 保持在低电平，电路处于稳定状态。

2. 触发翻转

当输入信号 u_I 出现负脉冲后，使 $U_{\overline{TR}}<V_{CC}/3$，此时基本 RS 触发器由 0 翻转到 1，输出 u_O 也由低电平翻转到高电平。

3. 暂稳态

在电路触发翻转的同时，放电开关 V 截止，电路进入暂稳态，定时开始，电容又开始充电，电容电压 u_C 按指数规律上升并趋向 V_{CC}，充电时间常数 $\tau_w=RC$。在这个阶段内，输出 u_O 暂时保持在高电平。

4. 自动返回

当电路经过一段时间的暂稳态后，触发负脉冲已撤销，u_I 又为高电平。当电容电压 u_C 上

升到 $2V_{CC}/3$ 时，则 $U_{TH}>2V_{CC}/3$，$U_{\overline{TR}}>2V_{CC}/3$，又使基本 RS 触发器置 0，输出 u_O 自动返回到低电平。同时，放电开关 V 导通，定时结束，即暂稳态结束。

5. 恢复

放电开关 V 导通后，电容 C 放电，该放电时间常数较小，放电电流仅经过放电开关。放电过程结束后，电路恢复在稳定状态，在此阶段内，输出 u_O 保持在低电平。

下一个负脉冲到达后，又重复上述过程。根据上述分析可画出电路的工作波形图，如图 4-9(b)所示。

三、输出脉冲宽度的计算

由工作波形可见，输出脉冲宽度 t_w 等于暂稳态持续时间，也就是定时电容 u_C 从 0 充电到 $2V_{CC}/3$ 所需的时间。根据 RC 电路过渡过程的三要素法可求出输出脉冲宽度 t_w，即

$$t_w=\tau_w \ln 3 \approx 1.1RC \tag{4-3}$$

由式(4-3)可知，单稳态触发器输出脉冲宽度与定时元件 R、C 有关，调节定时元件 R、C 的大小，就可改变输出脉冲宽度。一般电阻的取值在几百欧到几兆欧，电容的取值在几百皮法到几百微法，t_w 的范围在几微秒到几分钟。

单稳态触发器输出脉冲的周期取决于输入脉冲的周期，而输出脉冲的幅度近似等于电源电压，即 $U_{om}=V_{CC}$。

值得注意的是：触发负脉冲到达后，在 t_w 时间内不能再次输入负脉冲，故输入触发脉冲的宽度 t_p 应小于 t_w。实际应用时，如 t_p 大于 t_w 时，可在输入端加接 RC 微分电路以缩短输入触发脉冲的宽度，以微分后的负尖脉冲来触发电路。

单稳态触发器除了由 555 定时器构成外，还可用 TTL 或 CMOS 集成电路器件，如 74121、74122、74123、74221、CC14528 等构成。

四、应用举例

1. 整形

当单稳态触发器的定时元件参数一定时，其输出脉冲宽度是一定的，而输出脉冲幅度近似为电源电压，利用这一特性可对脉冲进行整形，如图 4-10 所示。图中 u_I 为形状和幅度已受干扰影响而使波形变坏的输入矩形波，u_O 为宽度和幅度规则的输出矩形波。

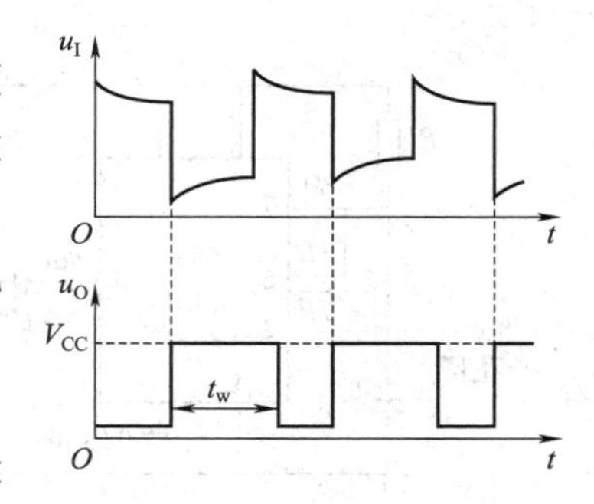

图 4-10　单稳态作整形

2. 定时

单稳态触发器能输出一定宽度 t_w 的矩形脉冲，利用它可作与门的控制信号，实现定时控制。图 4-11 所示为定时控制在测量信号频率中的应用，调节单稳态触发器的定时元件参数，使暂态时间 $t_w=1$ s。当单稳态触发器的输出 u_B 为低电平时，封锁与门，被测信号 u_A 不能通过；当 u_B 为高电平时，即 $t_w=1$ s 的时间内，开启与门，被测信号 u_A 通过与门并使计数器计数，则计数器在 1 s 内所计得的输入脉冲数即为被测信号的频率。

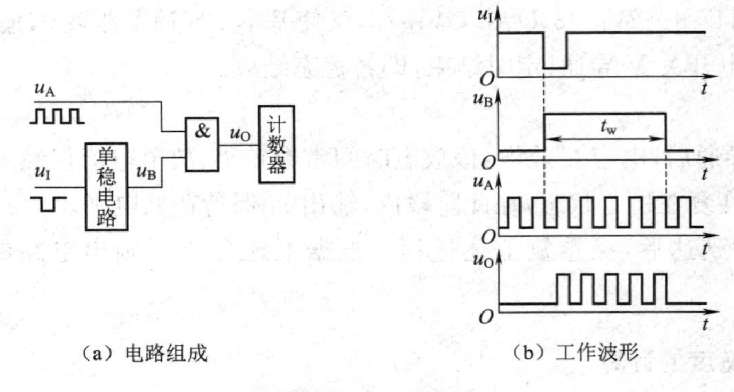

（a）电路组成　　（b）工作波形

图 4-11　单稳态作定时

3. 延时

定时与延时是相对的，只要在使用中适当安排就可实现定时或延时。定时控制一般利用单稳态电路的暂稳态时间，而延时控制一般利用在暂稳态后，即利用暂态持续时间作延时时间。图 4-12 所示为两个单稳态电路组成的延时电路。在级间采用了 RC 微分环节，以减少输入第二级的负脉冲宽度。由工作波形可见，u_{O2} 的下降沿比 u_I 滞后了 $t_w = t_{w1} + t_{w2}$。使用中可分别调整 t_{w1}（由 R_1 和 C_1 决定）和 t_{w2}（由 R_2 和 C_2 决定），即可调整延时时间。

4. 分频

脉冲电路可以对脉冲波形进行变换，也可以对脉冲频率进行变换。分频就是将较高频率的信号变换成较低频率的信号。如有一输入信号频率为 f_1，对它进行 n 分频后的频率为 $f_2 = f_1/n$，而 n 分频后的信号周期则为 $T_2 = nT_1$。如对频率为 $f_1 = 10$ kHz（$T_1 = 0.1$ ms）的输入脉冲进行 5 分频，则分频后的频率为 $f_2 = 2$ kHz（$T_2 = 0.5$ ms）。原来 1 ms 内有 10 个连续脉冲，经 5 分频后，1 ms 内仅有 2 个连续脉冲。

利用 555 单稳态触发器构成的分频电路如图 4-13(a)所示。输入信号先经 RC 微分电路，以产生负尖脉冲去触发单稳态电路。

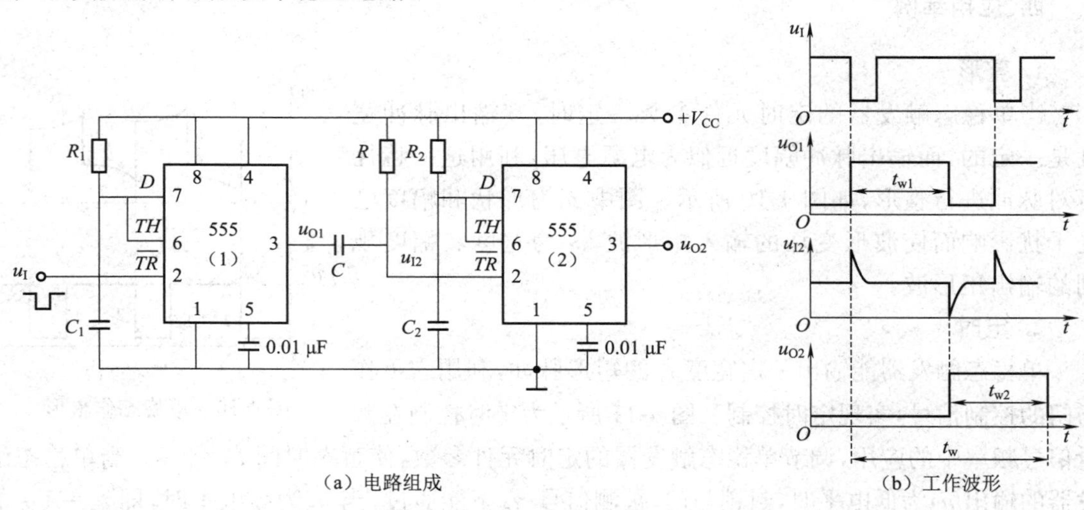

（a）电路组成　　（b）工作波形

图 4-12　单稳态作延时

当定时时间 t_w 大于输入信号的周期 T 时，仅第一个输入负尖脉冲能对电路起触发作用，使电路由稳态翻转到暂稳态，输出 $u_O=1$。在暂稳态时间内的后续输入脉冲均不能使电路触发翻转。进入暂稳态后，放电开关截止，定时电容开始充电，当 $u_C=U_{TH}\geqslant 2V_{CC}/3$，且输入脉冲使 $U_{\overline{TR}}\geqslant V_{CC}/3$ 时，输出 u_O 由 1 翻转到 0，放电开关导通，电容放电，暂稳态结束。以后只有在电路恢复到稳态后，再输入的第一个脉冲才能再次使电路触发。利用这种分频特性可以将 555 单稳态电路做成任意数的分频电路。其波形图如图 4-13(b)所示。

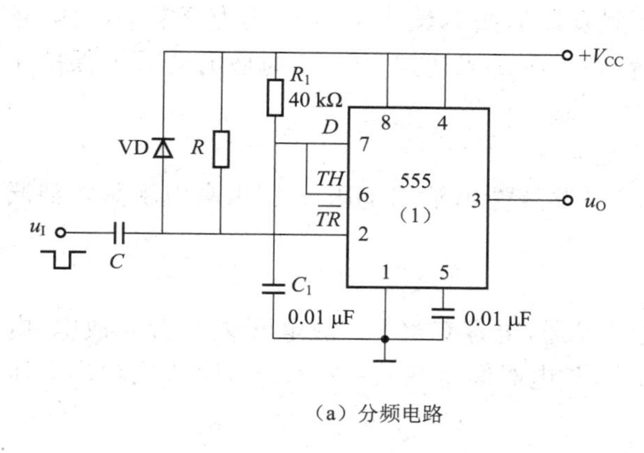

（a）分频电路

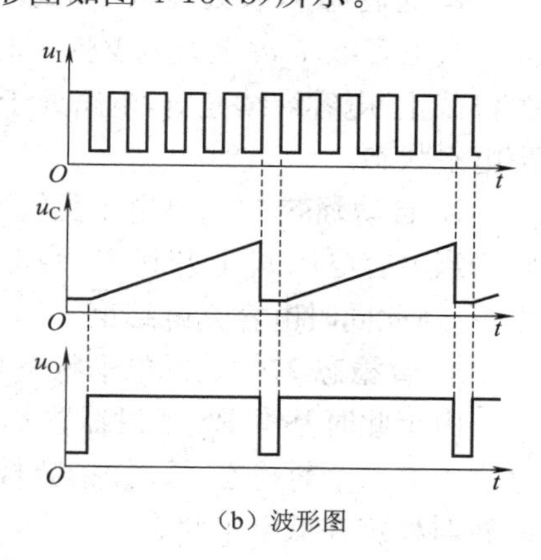

（b）波形图

图 4-13　利用 555 单稳态触发器构成的分频电路及波形图

分频电路中的定时电阻 R_1 和定时电容 C_1 的数值可按以下规律选定：如要求分频处理的输入脉冲周期为 T_1，分频数是 n，那么定时时间 t_w 选择在 $nT_1\sim(n-1)T_1$ 间，就可在输出端得到 n 分频的脉冲信号。例如对 10 kHz 的脉冲信号进行 5 分频，则应取 t_w 为

$$4\times 0.1\ \text{ms}<t_w<5\times 0.1\ \text{ms}$$

现取 $t_w=0.45$ ms，即 $0.45\ \text{ms}=1.1R_1C_1$，可以近似选择定时电阻 $R_1=40$ kΩ，定时电容 $C_1=0.01$ μF。

第五节　多谐振荡器

多谐振荡器是一种产生矩形脉冲的自激振荡器。由于矩形脉冲是由基波和许多高次谐波组成的，因此这种振荡器称为多谐振荡器。又因多谐振荡器在振荡过程中没有稳定的输出状态，仅有两个暂稳状态，因此又称无稳态触发器。在多谐振荡器接通电源时，它不需要外加的触发脉冲就能自动地从一种暂稳状态翻转到另一种暂稳状态，其输出状态不断从高电平到低电平，从低电平到高电平交替翻转，从而产生一定频率一定宽度的矩形脉冲。在数字系统中，常把它作为脉冲信号源。

一、电路组成

由 555 定时器组成的多谐振荡器如图 4-14(a)所示。图中 R_1、R_2 和 C 是决定振荡周期的定时元件。将阈值端 TH 与触发端 $\overline{TR}$ 连接后，接在电容 C 与电阻 R_2 的连接处，将放电端 D 接 R_1 与 R_2 的连接处，控制电压端 CO 接 0.01 μF 电容，$\overline{R}_D$ 端接电源。

二、工作原理

设接通电源前，电容电压 u_C 为零。在刚接通电源时，由于 u_C 不能突变，所以 $U_{TH}=U_{\overline{TR}}=$

$u_C < V_{CC}/3$。此时，555 定时器的基本 RS 触发器置 1，输出电压 u_O 为高电平，放电开关 V 截止。由于放电开关截止，电源 V_{CC} 经 R_1、R_2 对电容 C 开始充电，电路进入暂态，u_C 按指数规律上升，电容充电趋向为 V_{CC}，充电时间常数 $\tau_1=(R_1+R_2)C$。下面将多谐振荡器的工作过程分为四个阶段来说明。

1. 暂稳态 1（暂处高电平状态）

当电容电压 u_C 上升到 $V_{CC}/3$ 时，基本 RS 触发器仍置 1，输出电压 u_O 仍为高电平，放电开关仍截止，电容继续充电，电路处于第一个暂稳态。在 u_C 未达到 $2V_{CC}/3$ 时输出电压 u_O 保持在高电平状态。

2. 自动翻转 1（由高电平翻转到低电平）

当电容电压 u_C 上升到 $2V_{CC}/3$ 时，基本 RS 触发器置 0，输出电压 u_O 则由高电平翻转到低电平，与此同时电容充电结束。

3. 暂稳态 2（暂处低电平状态）

由于此时基本 RS 触发器置 0，放电开关 V 导通，电容 C 经 R_2、放电开关 V 开始放电，电路进入第二个暂稳态。u_C 按指数规律逐渐下降，放电时间常数 $\tau_2=R_2C$。这阶段内输出电压 u_O 暂时稳定在低电平状态。

4. 自动翻转 2（由低电平翻转到高电平）

当电容电压 u_C 下降到 $V_{CC}/3$ 时，基本 RS 触发器置 1，输出电压 u_O 则由低电平翻转到高电平，电容放电结束。此时放电开关截止，电容又重新开始充电，电路又回到第一个暂态。如此周而复始，形成振荡，在输出端得到矩形脉冲电压。输出电压与电容电压的波形如图 4-14(b) 所示，输出脉冲的电压幅度近似为 V_{CC}。

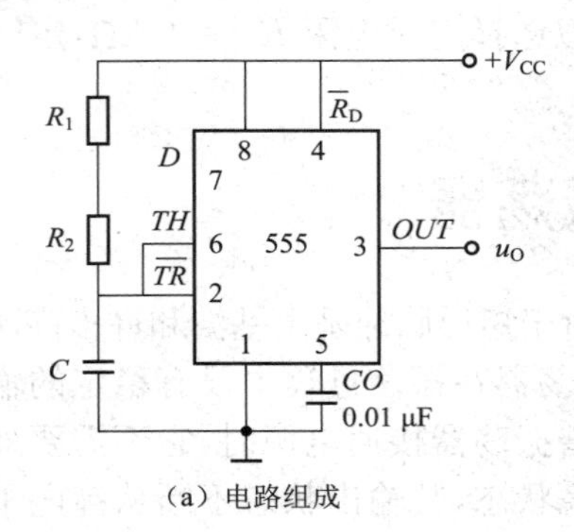

(a) 电路组成

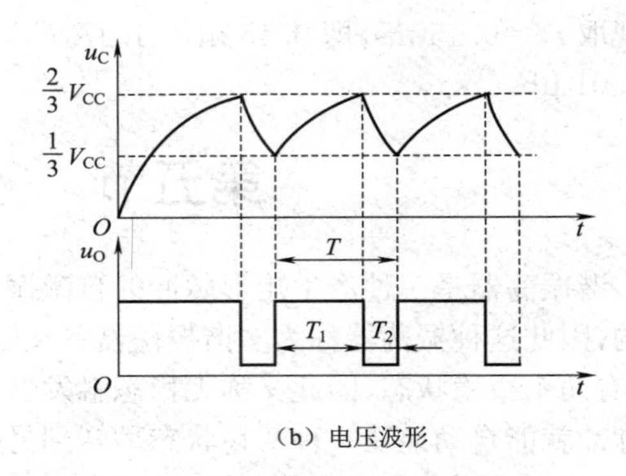

(b) 电压波形

图 4-14　由 555 定时器组成的多谐振荡器

三、振荡周期的计算

矩形波的周期取决于电容充放电的时间常数，由于充电时间常数 $\tau_1=(R_1+R_2)C$ 大于放电时间常数 $\tau_2=R_2C$，故高电平持续时间大于低电平持续时间。对于两个暂稳态时间，可通过 RC 电路过渡过程的三要素法求出。

第一暂态时间也就是电容的充电持续时间，u_C 由 $V_{CC}/3$ 充电到 $2V_{CC}/3$ 所需的时间：

$$T_1=(R_1+R_2)C\ln2\approx0.7(R_1+R_2)C \tag{4-4}$$

第二暂态时间也就是电容的放电持续时间，u_C 由 $2V_{CC}/3$ 放电到 $V_{CC}/3$ 所需的时间：

$$T_2 = R_2 C \ln 2 \approx 0.7 R_2 C \tag{4-5}$$

两个暂稳态时间之和就是多谐振荡器的振荡周期：

$$T = T_1 + T_2 \approx 0.7(R_1 + 2R_2)C \tag{4-6}$$

而振荡频率为

$$f = \frac{1}{T} = \frac{1.43}{(R_1 + 2R_2)C} \tag{4-7}$$

从式(4-7)可知，当改变 R 和 C 的参数时就可改变振荡频率。用 5G555 定时器组成的多谐振荡器最高振荡频率达 500 kHz，用 CC7555 定时器组成的多谐振荡器最高振荡频率可达 1 MHz。但该振荡电路由于高电平持续时间大于低电平持续时间，这使输出脉冲的占空比较大，且占空比不可调节。

下面介绍一种占空比可调的多谐振荡器，如图 4-15 所示。在电路中增加两个导引二极管 VD_1、VD_2 及可调电阻 R_P。这样使电容的充放电电流有不同的路径，充电电流只经过 R_A，$\tau_1 = R_A C$；放电电流只经过 R_B，$\tau_2 = R_B C$；对应的暂态时间为

$$T_1 = 0.7 R_A C$$

$$T_2 = 0.7 R_B C$$

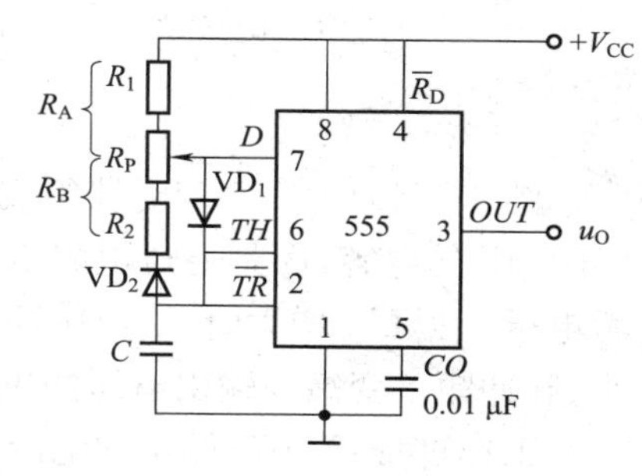

图 4-15 占空比可调的多谐振荡器

振荡周期为

$$T = T_1 + T_2 = 0.7(R_A + R_B)C$$

占空比为

$$q = \frac{T_1}{T_1 + T_2} = \frac{R_A}{R_A + R_B}$$

只要调节 R_P，使 $R_A = R_B$，就能使占空比 $q = 50\%$，使输出波形变为方波脉冲。

应该指出，多谐振荡器除了由 555 定时器构成外，还可用 TTL 或 CMOS 集成门电路组成，也可以用石英晶体和门电路组成。

四、应用举例

1. 模拟声响电路

图 4-16(a)为两个振荡器组成的模拟声响电路。图中振荡器(1)的定时元件为 $R_1 = 57\ \text{k}\Omega$，$R_2 = 43\ \text{k}\Omega$，$C_1 = 10\ \mu\text{F}$，振荡周期约 1 s，即振荡频率为 1 Hz；振荡器(2)的定时元件为 $R_3 = R_4 = 9.5\ \text{k}\Omega$，$C_2 = 0.01\ \mu\text{F}$，振荡周期约 0.2 ms，即振荡频率为 5 kHz。由于振荡器(1)的输出接到振荡器(2)的复位端 $\overline{R}_D$，因此，在 u_{O1} 输出高电平时，振荡器(2)才能振荡，在 u_{O1} 输出低电平时，振荡器(2)不能振荡。扬声器便可发出“呜呜”的间隙声响，其工作波形如图 4-16(b)所示。

2. 压控振荡器

若振荡器的输出频率随输入电压的变化而变化，那么此类振荡器称为电压控制振荡器，简称压控振荡器(UCO)。压控振荡器广泛应用于自动检测、自动控制、锁相技术、模/数转换技术、脉冲调制技术中。目前已生产了多种压控振荡器的集成电路产品。从工作原理分有施密特触发器型、电容交叉充放电型和定时器型。现介绍直接用 555 定时器组成的压控振荡器，它

的特点是电路简单、成本低、线性度好。

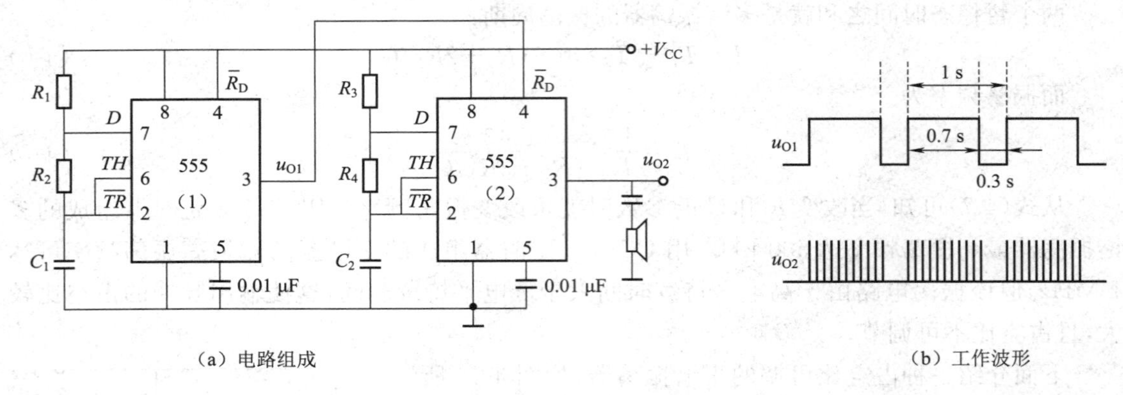

(a) 电路组成　(b) 工作波形

图 4-16　模拟声响电路

图 4-17(a)为 555 定时器组成的压控振荡器电路结构。由图可见，控制电压端 CO 不再接 0.01 μF 的电容，而是通过电阻 R_P 加上可变的直流电压 U_{CO}，调节 R_P 可改变 555 定时器的参考电压。当 U_{CO} 增大时，输出脉冲周期随之增大，脉冲频率变低；当 U_{CO} 减小时，脉冲周期也减小，脉冲频率变高。输出电压的工作波形如图 4-17(b)所示。

工作过程：当 CO 端不加电压时，即 $U_{CO}=0$ V，此时电路的工作形式即为一般的多谐振荡器。其输出频率即为电路本身的振荡频率，称为中心频率 f_0。

当 CO 端所加的电压 $U_{CO}>2V_{CC}/3$ 时，$U_{R1}=U_{CO}$、$U_{R2}=U_{CO}/2$，使参考电压升高，电容充电时间变长，输出脉冲周期增大，频率变低，$f<f_0$。

当 CO 端所加的电压 $U_{CO}<2V_{CC}/3$ 时，则输出脉冲周期变短，频率变高，$f>f_0$。

由上述分析可见，控制电压端 CO 的电压变化能引起输出频率的变化。因此，如果将输入电压直接接在 CO 端，就可以用输入电压来控制输出频率，因此这类压控振荡器又称电压频率转换器。目前，已生产出定时器型的电压频率转换器，它的集成电路器件型号为 LM331。

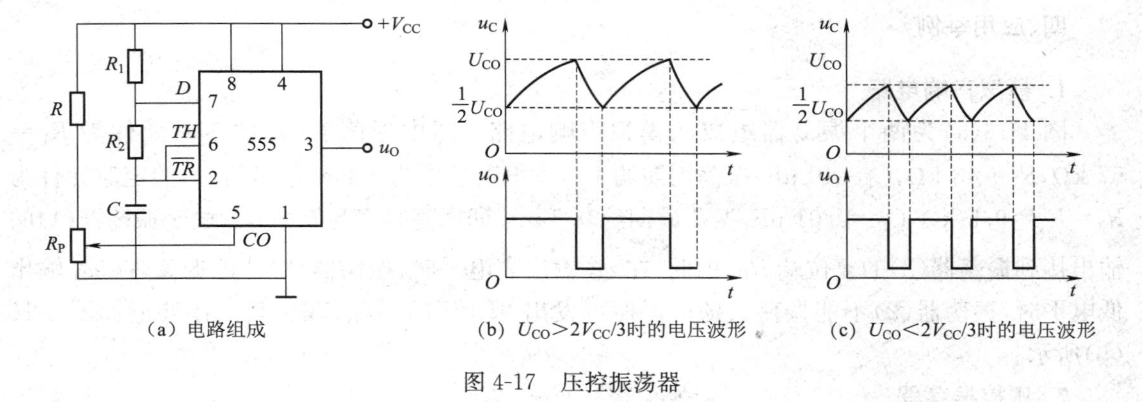

(a) 电路组成　(b) $U_{CO}>2V_{CC}/3$时的电压波形　(c) $U_{CO}<2V_{CC}/3$时的电压波形

图 4-17　压控振荡器

3. 锯齿波发生器

图 4-18(a)所示为锯齿波发生器的电路结构，它是多谐振荡器的一种应用。图 4-18(b)所示为锯齿波发生器的工作波形。

锯齿波电压从定时电容两端获得，由于电容电压 u_C 按指数规律变化，使得锯齿波电压线性较差。这是因为在电容充电的过程中，电容电压逐渐升高，电阻上电压逐渐降低，而引起充电电流逐渐变小的缘故。为此，电路中采用恒流源充电，使充电电流有一个恒定的电流 i_C，此时 u_C与 i_C的关系为

$$u_C=\frac{Q_C}{C}=\frac{i_C t}{C}$$

由上式可知，u_C随时间线性增长，u_C就能获得线性较好的锯齿电压。图 4-18 中电容充电电流 i_C即为恒流源的电流 i_E，即

$$i_C=i_E=\frac{U_Z-U_{EB}}{R_2}\approx\frac{U_Z}{R_2}$$

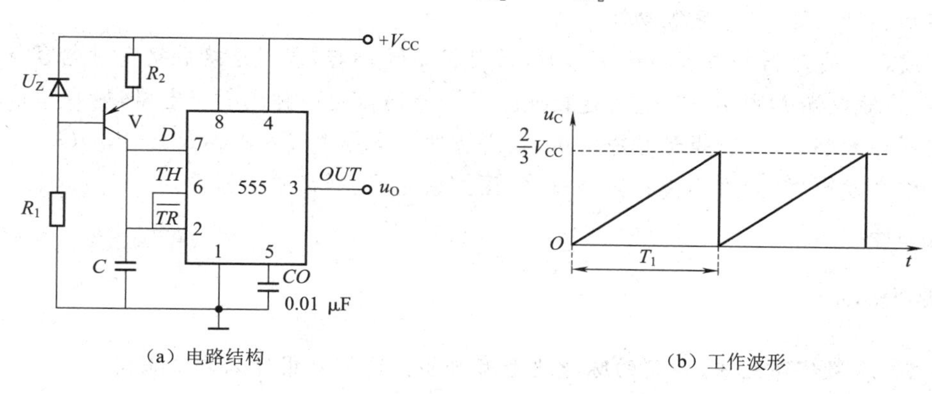

（a）电路结构　　（b）工作波形

图 4-18　锯齿波发生器

工作过程如下：

在电路接通电源后，$U_{TH}<2V_{CC}/3$、$U_{\overline{TR}}<V_{CC}/3$，基本 RS 触发器置 1，放电开关 V 截止，恒流源即向电容充电，电容电压 u_C按线性关系上升；当 $u_C>2V_{CC}/3$ 时，因 $U_{TH}>2V_{CC}/3$、$U_{\overline{TR}}>V_{CC}/3$，基本 RS 触发器置 0，放电开关 V 导通，电容迅速放电，形成较陡峭的脉冲下降沿。当电容放电完毕，放电开关 V 又截止，电容又开始充电，如此周而复始。对于扫描时间 T_1可由下式求出：

$$T_1=\frac{2V_{CC}R_2C}{3U_Z}$$

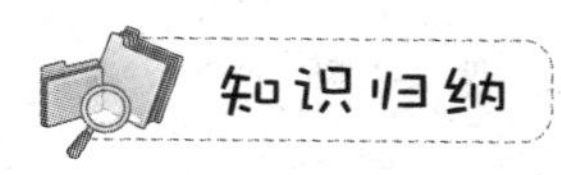

①所谓脉冲信号，从狭义上讲是指一种持续时间极短的电压或电流信号；从广义上讲，凡不具有连续正弦波形状的信号。几乎都可以统称为脉冲信号。常见的脉冲信号波形有方波、矩形波、锯齿波、阶梯波、钟形波、尖顶波等，各种脉冲波形有着不同的用途。脉冲波形通常采用两种方法获取：一是利用脉冲振荡器直接产生所需要的脉冲波形；二是利用整形电路，将不理想的波形变换成所要求的脉冲波形。

②555 定时器是一种应用十分灵活的中规模集成器件。利用外接电阻、电容和其他元器件可组成施密特触发器、单稳态触发器、多谐振荡器等脉冲电路。TH 端、$\overline{TR}$端的电压决定了输出状态的瞬态变换，实现了脉冲的突变。而外接的 RC 电路的充放电变化，则引起输出波形

的变化。

③利用 555 定时器构成施密特触发器时，只要将 TH 端、$\overline{TR}$端连接在一起作电位输入端，依靠电位触发，将触发器从一个稳态翻转到另一个稳态。因此，施密特触发器电路是具有回差特性的双稳电路，它的抗干扰能力较强，回差电压为 $\Delta U_T = U_{T+} - U_{T-}$。施密特触发器电路常用于波形变换、整形及鉴幅。

④利用 555 定时器构成单稳态触发器时，只要将 TH 端与放电端连接后接定时电容与电阻的连接处，触发端$\overline{TR}$接外加触发脉冲输入端。单稳态触发器有一个稳态，一个暂稳态。在触发脉冲下，电路由稳态进入暂稳态，经 t_w后，能自动返回稳态。利用暂稳态时间 $t_w = 1.1RC$，可实现整形、定时、延时、分频等功能。

⑤利用 555 定时器构成多谐振荡器时，只要将 TH 端与$\overline{TR}$端连接后接定时电容与电阻的连接处，并将放电端 D 接 R_1 与 R_2 的连接处。多谐振荡器是一种无稳态电路，能自动地在两个暂稳态间不停地翻转，输出矩形脉冲电压，矩形脉冲的周期为 $T = 0.7(R_1 + 2R_2)C$。多谐振荡器常用作信号发生器，如用作模拟声响电路、压控振荡器、锯齿发生器等。

知识训练

题 4-1　在数字系统中，常见的脉冲波形有哪些？通常采用什么方法获得？

题 4-2　简述 555 定时器的电路组成，各部分的作用，U_{TH}、$U_{\overline{TR}}$与 u_O的关系。

题 4-3　555 定时器构成的施密特触发器的特点是什么？其回差电压是如何形成的？

题 4-4　在图 4-4 所示 555 定时器组成的施密特触发电路中，试求：

(1) $V_{CC} = 12$ V，且无外接控制电压时，U_{T+}、U_{T-}及 ΔU_T的值。

(2) $V_{CC} = 9$ V，外接控制电压 $U_{CO} = 5$ V 时，U_{T+}、U_{T-}及 ΔU_T的值。

题 4-5　已知施密特触发器的 $U_{T+} = 2$ V，$U_{T-} = 1$ V，输入信号 u_I为一正弦波，其幅值为 3 V，试画出对应于 u_I的输出电压 u_O的波形。

题 4-6　已知施密特触发器的输入信号 u_I如图 4-19 所示，其中 $V_{CC} = 18$ V。如 CO 端悬空，试画出对应于 u_I的输出电压 u_O的波形；如 CO 端接一直流电源且 $U_{CO} = 15$ V，试画出这时的输出波形。

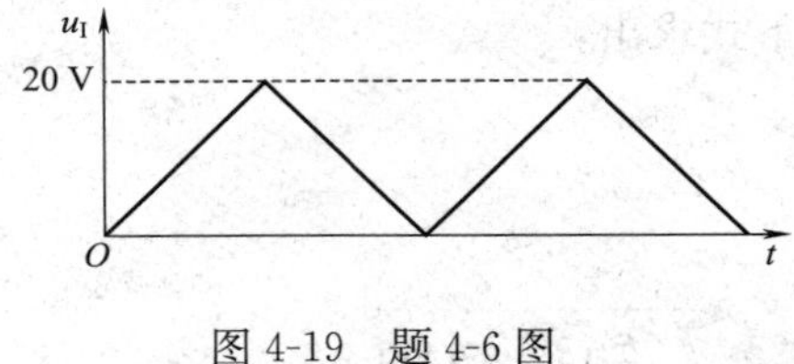

图 4-19　题 4-6 图

题 4-7　图 4-20 为 555 定时器组成的延时电路，若给定 $C = 25$ μF，$R = 91$ kΩ，$V_{CC} = 12$ V，试计算开关 SA 断开后经过多长的延迟时间 u_O才跳变为高电平。

题 4-8　如何用 555 定时器构成单稳态触发器？单稳态触发器的工作过程是怎样的？

题 4-9　图 4-9 为 555 定时器组成的单稳态触发器，已知 $V_{CC} = 15$ V，$R = 20$ kΩ，$C = 0.1$ μF，求输出脉冲的宽度，并画出 u_I、u_C、u_O的波形。

题 4-10　图 4-21 为一相片曝光定时电路，试分析其定时原理，并计算该电路的定时范围。

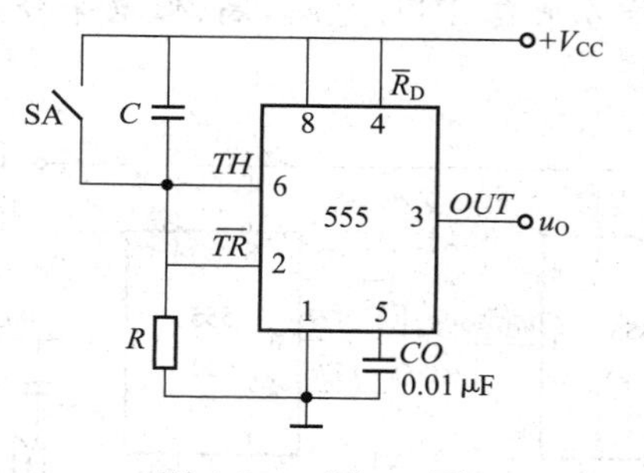

图 4-20 题 4-7 图

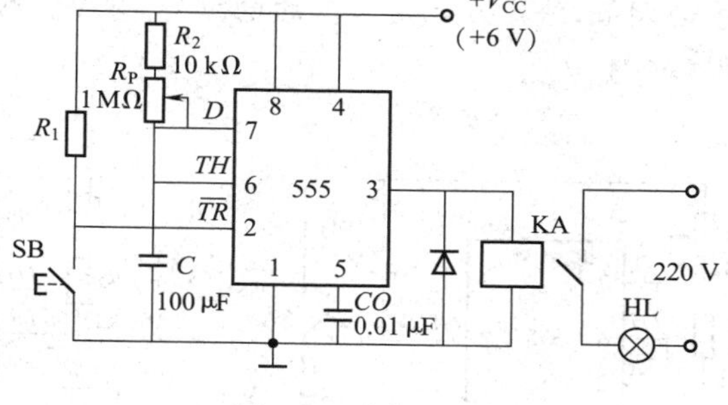

图 4-21 题 4-10 图

题 4-11 图 4-22 为两个 555 定时器组成的延迟报警器，当开关 SA 断开后，经过一定时间后扬声器发出声音。如在延迟时间内重新闭合 SA，扬声器不会发出声音。试求延迟时间和扬声器发出声音的频率。

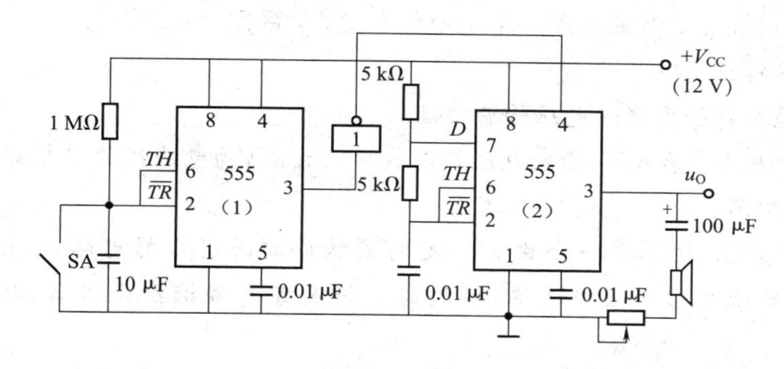

图 4-22 题 4-11 图

题 4-12 555 定时器组成的分频电路如图 4-13 所示，如输入信号频率为 10 kHz，对它进行十分频，当 $C=0.01\ \mu F$ 时，试计算该电路的定时电阻 R，并画出分频后的电压波形。

题 4-13 如何用 555 定时器构成多谐振荡器？其工作原理是怎样的？怎样计算振荡周期？

题 4-14 555 定时器组成的多谐振荡器如图 4-14 所示，当 $R_1=R_2=10\ k\Omega$，$C=0.1\ \mu F$，$V_{CC}=18\ V$ 时，试计算其振荡频率 f、输出电压幅度 U_{OM} 及占空比 q，并画出电容 C 的电压与输出电压的波形图。

题 4-15 在图 4-15 中，为了得到占空比为 2/3、振荡频率为 10 kHz 的输出脉冲，若取 $C=0.1\ \mu F$，试计算电阻 R_A、R_B 的值。

题 4-16 分析图 4-23 所示的红外遥控发射器的原理，LED 为红外发光管，试计算其发射频率。

题 4-17 在图 4-17 的压控振荡器中，若在 CO 端外加一变化的电压，试说明电压 U_{CO} 增大时，输出频率如何变化？

题 4-18 图 4-24 为救护车扬声器发音电路。在给定参数下，试计算扬声器发出的高、低音频率和高、低音的持续时间。

题 4-19 试用 555 定时器设计一个单稳态触发器，要求输出脉冲宽度在 1～10 s 的范围内可手动调节，给定 555 定时器的电源为 15 V。触发信号来自 TTL 电路，高、低电平分别为 3.4 V 和 0.1 V。

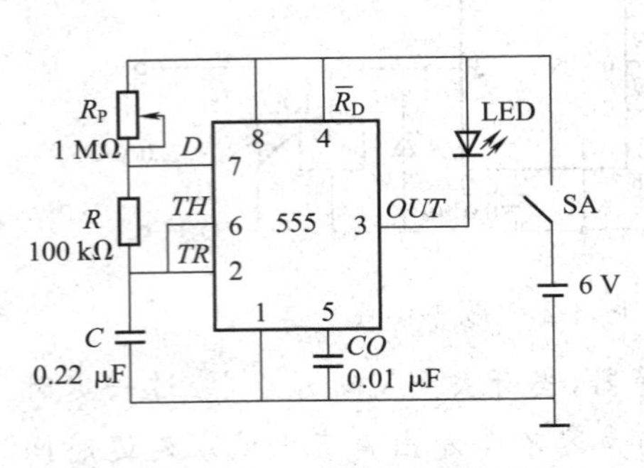

图 4-23　题 4-16 图

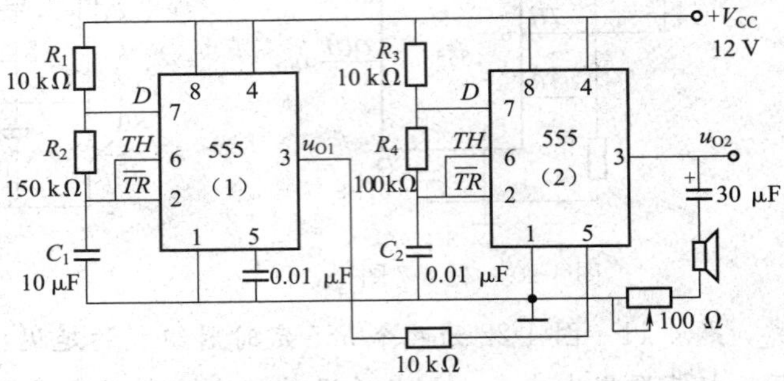

图 4-24　题 4-18 图

题 4-20　试用 555 定时器组成一个施密特触发器，要求：

(1)画出电路接线图。

(2)画出该施密特触发器的电压传输特性。

(3)若电源电压 V_{CC} 为 6 V，输入电压是以 $u_i=6\sin\omega t$ V为包络线的单相脉动波形，试画出相应的输出电压波形。

题 4-21　图 4-25 所示是一个由 555 定时器构成的防盗报警电路，a、b 两端被一细铜丝接通，此铜丝置于盗窃者必经之路，当盗窃者闯入室内将铜丝碰断后，扬声器即发出报警声。

(1)试问 555 定时器接成何种电路?

(2)说明本报警电路的工作原理。

题 4-22　用 555 定时器组成的多谐振荡器电路如图 4-26 所示，若 $R_1=R_2=5.1$ kΩ，$C=0.01$ μF，$V_{CC}=12$ V，试计算电路的振荡频率。

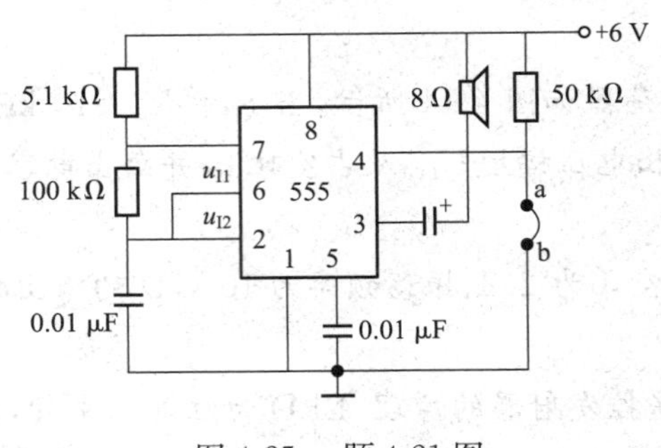

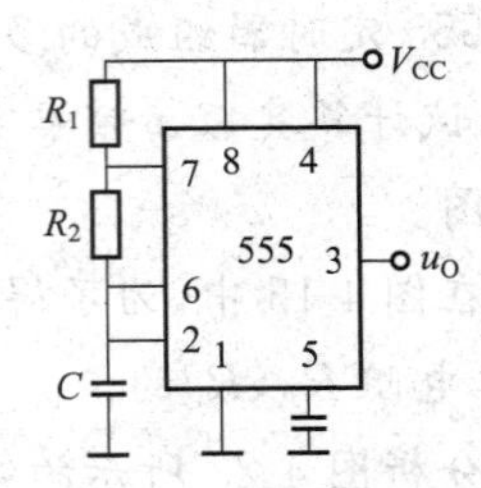

图 4-25　题 4-21 图

图 4-26　题 4-22 图

题 4-23　由集成定时器 7555 构成的电路如图 4-27 所示，请回答下列问题：

(1)构成电路的名称。

(2)画出电路中 u_C、u_O 的波形(标明各波形电压幅度、u_O 波形周期)。

题 4-24　由 555 定时器构成的多谐振荡器如图 4-28 所示，现要产生 1 kHz 的方波(占空比不作要求)，确定元器件参数，写出调试步骤和所需测试仪器。

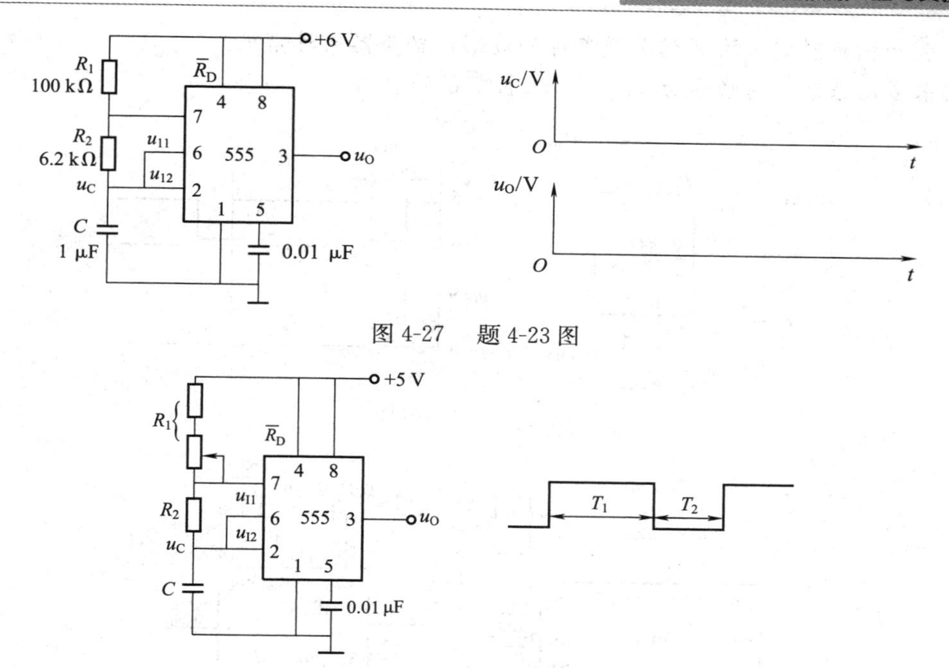

图 4-27　题 4-23 图

图 4-28　题 4-24 图

题 4-25　用集成定时器 555 所构成的施密特触发器电路及输入波形 u_I 如图 4-29 所示，试画出对应的输出波形 u_O。

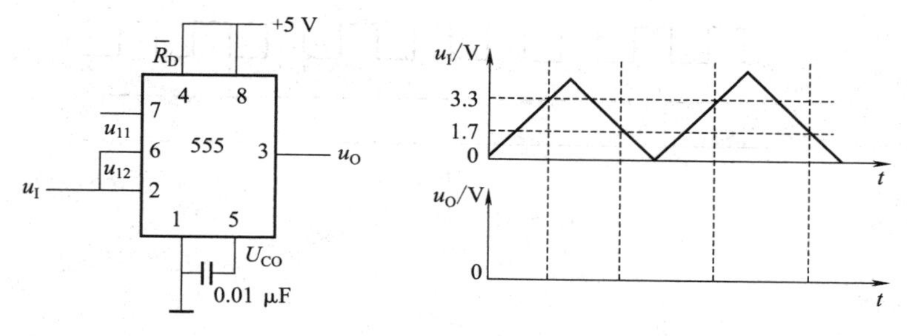

图 4-29　题 4-25 图

题 4-26　由集成定时器 555 构成的电路如图 4-30 所示，请回答下列问题：

(1)构成电路的名称。

(2)已知输入信号波形 u_I，画出电路中 u_O 的波形(标明 u_O 波形的脉冲宽度)。

题 4-27　4 位二进制加法计数器 74161 和集成单稳态触发器 74LS121 组成如图 4-31 所示电路。

(1)分析 74161 组成的电路，画出状态图。

(2)估算 74LS121 组成的电路的输出脉宽 T_w 值。

(3)设 CP 为方波(周期 $T \geqslant 1$ ms)，在图 4-31(b)中画出图 4-31(a)中 u_I、u_O 两点的工作波形。

题 4-28　由 555 定时器和模数 $M=2^4$ 的同步计数器及若干逻辑门构成的电路如图 4-32 所示。

(1)说明 555 定时器构成的多谐振荡器，在控制信号 A.B.C 取何值时起振工作？

(2)驱动扬声器啸叫的 Z 信号是怎样的波形？扬声器何时啸叫？

(3)若多谐振荡器的频率为 640 Hz,求电容 C 的取值。

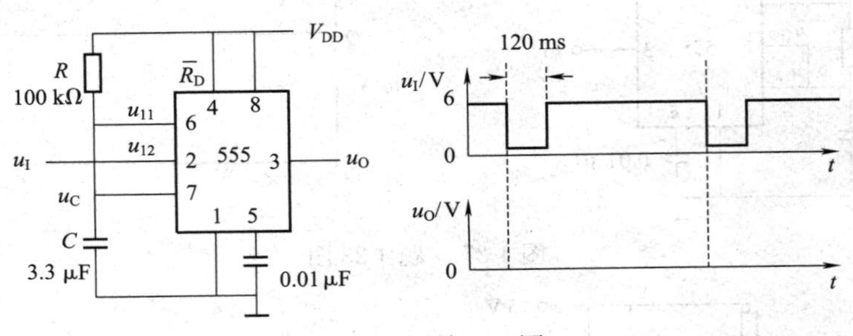

图 4-30　题 4-26 图

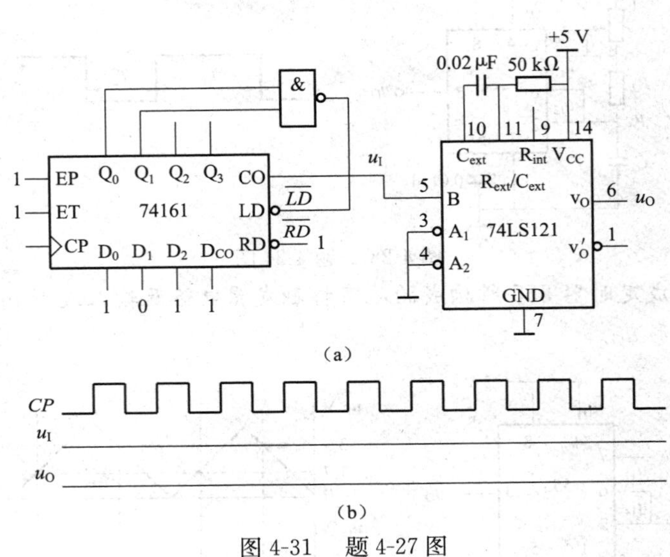

图 4-31　题 4-27 图

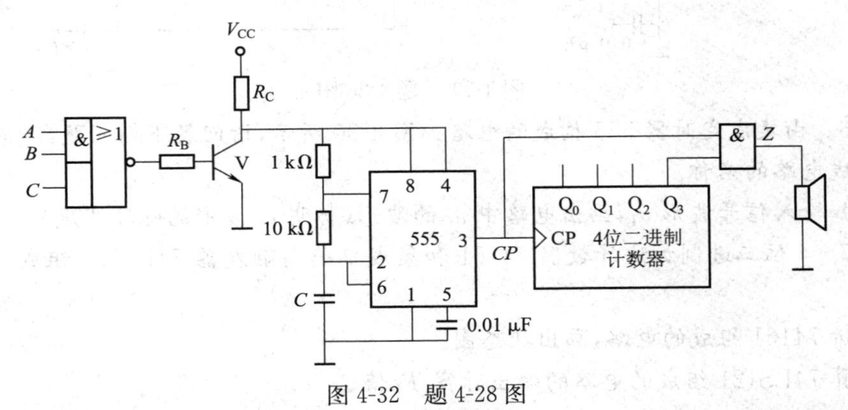

图 4-32　题 4-28 图

题 4-29　由 555 定时器构成的电子门铃电路如图 4-33 所示，按下开关 S 使门铃 Y 鸣响，且抬手后持续一段时间。

(1)计算门铃鸣响频率。

(2)在电源电压 V_{CC} 不变的条件下，要使门铃的鸣响时间延长，可改变电路中哪个元件的参数？

(3)电路中电容 C_2 和 C_3 具有什么作用?

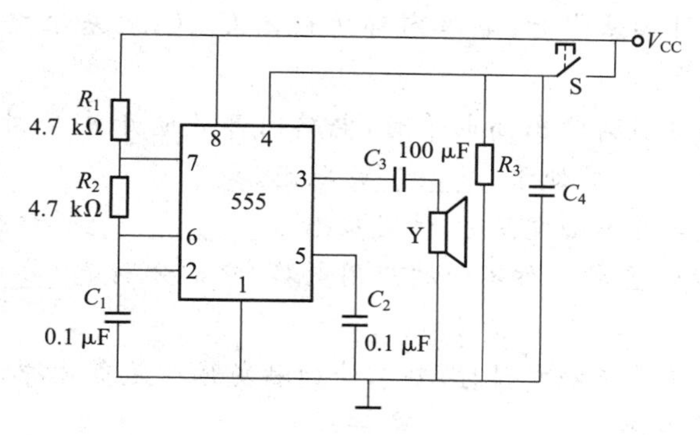

图 4-33　题 4-29 图

题 4-30　由 555 定时器构成的施密特触发器如图 4-34 所示。

(1)在图 4-34(b)中画出该电路的电压传输特性曲线。

(2)如果输入 u_i 为图 4-34(c)的波形所示信号,对应画出输出 u_O 的波形。

(3)为使电路能识别出 u_i 中的第二个尖峰,应采取什么措施?

(4)在 555 定时器的哪个引脚能得到与 3 引脚一样的信号,如何连接?

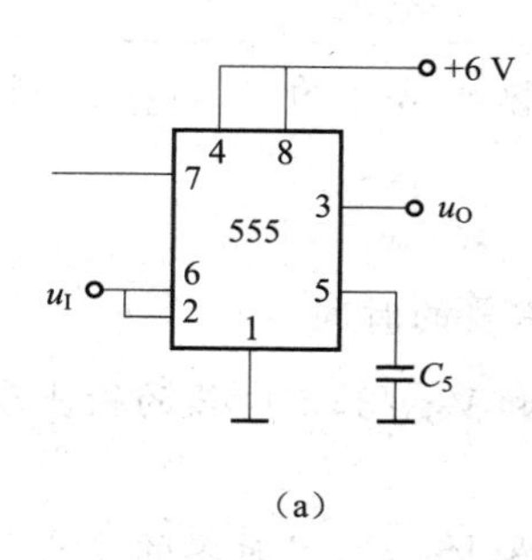

(a)

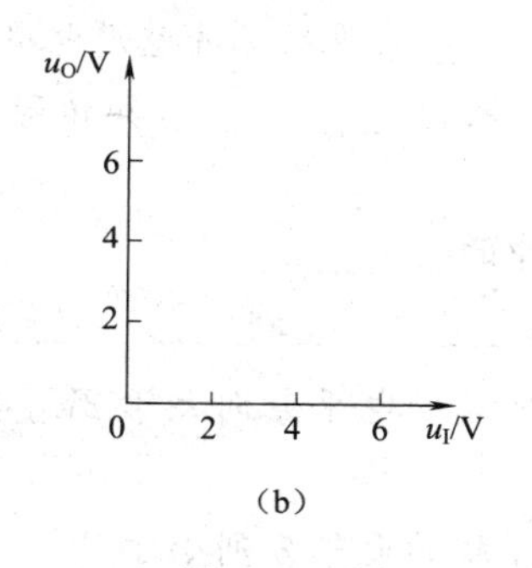

(b)

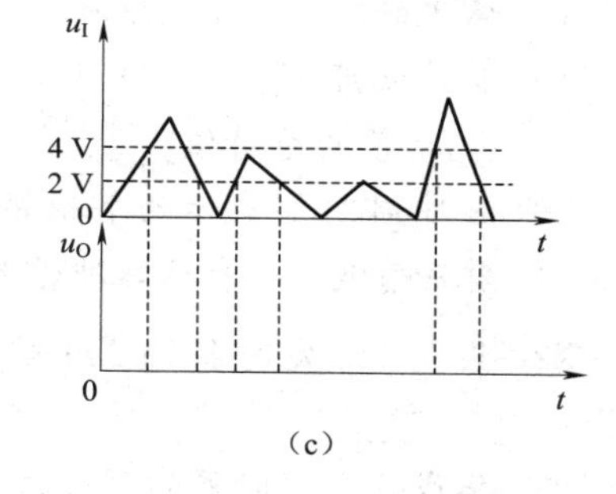

(c)

图 4-34　题 4-30 图

知识自测

一、填空题

1. 获得矩形脉冲的方法通常有两种:一种是__________;另一种是__________。

2. 多谐振荡器的两个暂稳态之间的转换是通过__________来实现的。

3. 单稳态触发器有__________个稳定状态和__________个暂稳态。

4. 单稳态触发器的暂稳态持续时间取决于__________,而与外触发信号的宽度无关。

5. 施密特触发器可将输入变化缓慢的信号变换成__________信号输出,它的典型应用有__________、__________、__________。

6. 使用集成电路手册查找 74HC14 芯片,当电源供电电压为 6 V 时,该施密特触发器的上、下限触发阈值电压分别为__________和__________。

7. 555 定时器的 4 引脚为复位端，在正常工作时应接________电平。

8. 555 定时器的 5 引脚悬空时，电路内部比较器 C_1、C_2 的基准电压分别是________和________。

9. 当 555 定时器的 3 引脚输出高电平时，电路内部放电开关 V 处于________状态；3 引脚输出低电平时，放电开关 V 处于________状态。

10. 555 定时器构成单稳态触发器时，稳定状态为________，暂稳态为________。

11. 555 定时器可以配置成三种不同的应用电路，它们分别是________、________、________。

12. 555 定时器构成单稳态触发器时，要求外加触发脉冲是负脉冲，该负脉冲的幅度应满足________，且其宽度要满足________条件。

13. 555 定时器构成多谐振荡器时，电容电压 u_C 将在________和________之间变化。

14. 施密特触发器有________个阈值电压，分别称为________和________。它们之间的差值称为________。

15. 单稳态触发器有________个稳定状态；多谐振荡器有________个稳定状态。

16. 占空比 q 是指矩形波________持续时间与其________之比。

17. ________触发器能将缓慢变化的非矩形脉冲变换成边沿陡峭的矩形脉冲。

18. 常见的脉冲产生电路有________，常见的脉冲整形电路有________、________。

19. 脉冲幅度 V_m 表示脉冲电压变化的________，其值等于脉冲信号的________和________之差的绝对值。

20. 脉冲周期 T 表示两个相邻脉冲的________。

21. 脉冲宽度 T_w 表示脉冲信号从________到________所需要的时间。

22. 集成 555 定时器的 TH 端、$\overline{TR}$ 端的电平分别大于 $2V_{DD}/3$ 和 $V_{DD}/3$，定时器的输出状态是________。

23. 集成 555 定时器的 TH 端、$\overline{TR}$ 端的电平分别小于 $2V_{DD}/3$ 和 $V_{DD}/3$，定时器的输出状态是________。

24. 多谐振荡电路没有________，电路不停地在两个________之间转换，因此又称________。

25. 设多谐振荡器的输出脉冲宽度和脉冲间隔时间分别为 t_{w1} 和 t_{w2}，则脉冲波形的占空比为________。

26. 在触发脉冲作用下，单稳态触发器从________转换到________后，依靠自身电容的放电作用，又能回到________。

27. 已知 555 定时器组成的施密特触发器的 $V_{CC}=9$ V，则 $U_{T+}=$________，$U_{T-}=$________，$\Delta U_T=$________。

28. 在 555 定时器组成的单稳态触发器中，输出脉冲宽度为________。

29. 单稳态触发器输出脉冲的频率和________，其输出脉冲宽度 T_W 与________的值成正比。

30. 555 定时器组成的多谐振荡器只有两个暂稳态，其输出脉冲的周期为________，输出的脉冲宽度为________。

二、判断题

1. 单稳态触发器具有回差特性。 (　　)

2. 多谐振荡器有多个稳定状态。 (　　)

3. 施密特触发器有两个稳定状态。 (　　)

4. 在单稳态和无稳态电路中，由暂稳态过渡到另一个状态，其“触发”信号是由外加触发脉冲提供的。 (　　)

5. 多谐振荡器是一种自激振荡电路，不需要外加输入信号，就可以自动地产生矩形脉冲。 (　　)

6. 单稳态触发器和施密特触发器不能自动地产生矩形脉冲，但可以把其他形状的信号变换成矩形波。 (　　)

7. 单稳态触发器的暂稳态时间与输入触发脉冲宽度成正比。 (　　)

8. 多谐振荡器输出信号的周期与阻容元件的参数成正比。 (　　)

9. 用555定时器可以构成单稳态触发器和施密特触发器，但不可以构成多谐振荡器。 (　　)

10. 施密特触发器可用于将三角波变换成正弦波。 (　　)

11. 555定时器由分压器、比较器、基本RS触发器、放电开关、输入缓冲器组成。 (　　)

12. 在555定时器组成的单稳态触发器中加大负触发脉冲的宽度可以增大输出脉冲的宽度。 (　　)

13. 在由555定时器组成的多谐振荡器中，电源电压V_{CC}不变，减小控制电压U_{CO}时，振荡频率会升高。 (　　)

14. 在由555定时器组成的多谐振荡器中，控制电压U_{CO}不变，增大电源电压V_{CC}时，振荡频率会升高。 (　　)

15. 555定时器中同相端的参考电压是$V_{CC}/3$。 (　　)

三、选择题

1. 表示脉冲电压变化最大值的参数称为(　　)。

A. 脉冲幅度　　B. 脉冲宽度　　C. 脉冲前沿　　D. 脉冲后沿

2. 表示两个相邻脉冲重复出现的时间间隔的参数称为(　　)。

A. 脉冲周期　　B. 脉冲宽度　　C. 脉冲前沿　　D. 脉冲后沿

3. 将脉冲信号从脉冲前沿的1.5U_m到后沿的0.5U_m所需要的时间称为(　　)。

A. 脉冲周期　　B. 脉冲宽度　　C. 脉冲前沿　　D. 脉冲后沿

4. 集成555定时器的输出状态有(　　)。

A. 0状态　　B. 1状态　　C. 0和1状态　　D. 高阻态

5. 多谐振荡器能产生(　　)。

A. 正弦波　　B. 矩形波　　C. 三角波　　D. 锯齿波

6. 单稳态触发器具有(　　)功能。

A. 计数　　B. 定时、延时　　C. 定时、延时和整形　　D. 产生矩形波

7. 按输出状态划分，施密特触发器属于(　　)触发器。

A. 单稳态　　B. 双稳态　　C. 无稳态　　D. 以上都不对

8. 施密特触发器常用于对脉冲波形的(　　)。

A. 计数　　B. 寄存　　C. 延时与定时　　D. 整形与变换

9. 用 555 定时器构成的施密特触发器的回差电压 ΔU_T 可表示为(　　)。

A. $\frac{1}{2}V_{DD}$　　B. $\frac{1}{3}V_{DD}$　　C. $\frac{2}{3}V_{DD}$　　D. V_{DD}

10. 施密特触发器用于整形时，输入信号最大幅度应(　　)。

A. 大于 U_{T+}　　B. 小于 U_{T+}　　C. 大于 U_{T-}　　D. 小于 U_{T-}

11. 单稳态触发器输出脉冲宽度的时间为(　　)。

A. 稳态时间　　B. 暂稳态时间

C. 暂稳态时间的 0.7 倍　　D. 暂稳态和稳态时间和

12. 如果宽度不等的脉冲信号变换成宽度符合要求的脉冲信号时，应采用(　　)。

A. 单稳态触发器　　B. 施密特触发器

C. 触发器　　D. 多谐振荡器

13. 如果单稳态触发器输入触发脉冲的频率为 10 kHz，则输出的脉冲的频率为(　　)。

A. 5 kHz　　B. 10 kHz　　C. 20 kHz　　D. 40 kHz

14. 要使 555 定时器组成的多谐振荡器停止振荡，应使(　　)。

A. CO 端接高电平　　B. GND 端接低电平

C. $\overline{R}_D$ 端接高电平　　D. $\overline{R}_D$ 端接低电平

15. 为了获得输出频率非常稳定的脉冲信号，应采用(　　)。

A. 对称的多谐振荡器　　B. 555 定时器组成的多谐振荡器

C. 石英晶体振荡器　　D. 单稳态触发器

16. 为了提高 555 定时器组成的多谐振荡器的振荡频率，外接 R、C 应(　　)。

A. 同时增大 R、C 值　　B. 同时减小 R、C 的值

C. 同比增大 R 值减小 C 值　　D. 同比减小 R 值增大 C 值

17. 用 555 定时器组成施密特触发器，当输入控制端 CO 外接 10 V 电压时，回差电压为(　　)。

A. 3.33 V　　B. 5 V　　C. 6.66 V　　D. 10 V

18. 能将正弦波变成同频率方波的电路为(　　)。

A. 稳态触发器　　B. 施密特触发器

C. 双稳态触发器　　D. 无稳态触发器

19. 用来鉴别脉冲信号幅度时，应采用(　　)。

A. 稳态触发器　　B. 双稳态触发器

C. 多谐振荡器　　D. 施密特触发器

20. 输入为 2 kHz 矩形脉冲信号时，欲得到 500 Hz 矩形脉冲信号输出，应采用(　　)。

A. 多谐振荡器　　B. 施密特触发器

C. 单稳态触发器　　D. 二进制计数器

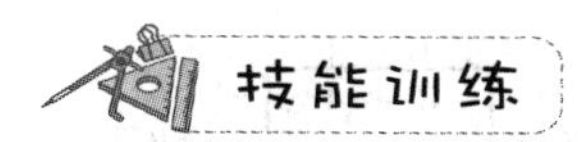

训练项目　555集成定时器典型应用的设计与调试

一、项目概述

在数字系统中，常需要各种不同类型的脉冲信号。555定时器是一种将模拟电路和数字电路集成于一体的中规模集成器件。它是一种产生时间延迟和多种脉冲信号的控制电路，其应用十分广泛，通常只需外接几个阻容元件就可构成施密特触发器、单稳态触发器、多谐振荡器及产生各种波形的脉冲发生器。能实现脉冲的产生、整形与变换、定时与延时等功能。由于其使用灵活、控制方便，广泛应用在自动控制、自动检测、信息传送、家用电器及仿真玩具等方面。

二、训练目的

通过该项目训练，加深对555定时器工作原理的理解。掌握555定时器构成施密特触发器、单稳态触发器、多谐振荡器的方法。能学会555集成定时器典型应用电路的组装和测量。

三、训练内容与要求

1. 训练内容

利用数字电子技术实验仪(或面包板)、555集成器件、连接导线等，设计并组装成施密特触发器、单稳态触发器、多谐振荡器。根据本训练项目要求，完成电路安装的布线图设计，并完成电路的组装、调试和测量，撰写项目训练报告。

2. 训练要求

①掌握555定时器电路的原理、电路结构和功能。

②学会555定时器的典型应用；掌握用555定时器构成单稳态触发器作为定时器的使用方法，用555定时器构成多谐振荡器作为模拟音响电路的使用方法。

③撰写项目训练报告。

四、电路原理分析

1. 555定时电路的组成与工作原理

5G555定时器的内部电路组成和引脚排列图如图4-35所示。它由分压器、电压比较器、基本RS触发器、放电开关及输出缓冲器等五个部分组成。

(1)分压器

由3个5 kΩ的电阻组成分压器，为电压比较器提供参考电压。电压比较器C_1的参考电压为$U_{R1}=2V_{CC}/3$，电压比较器C_2的参考电压为$U_{R2}=V_{CC}/3$。

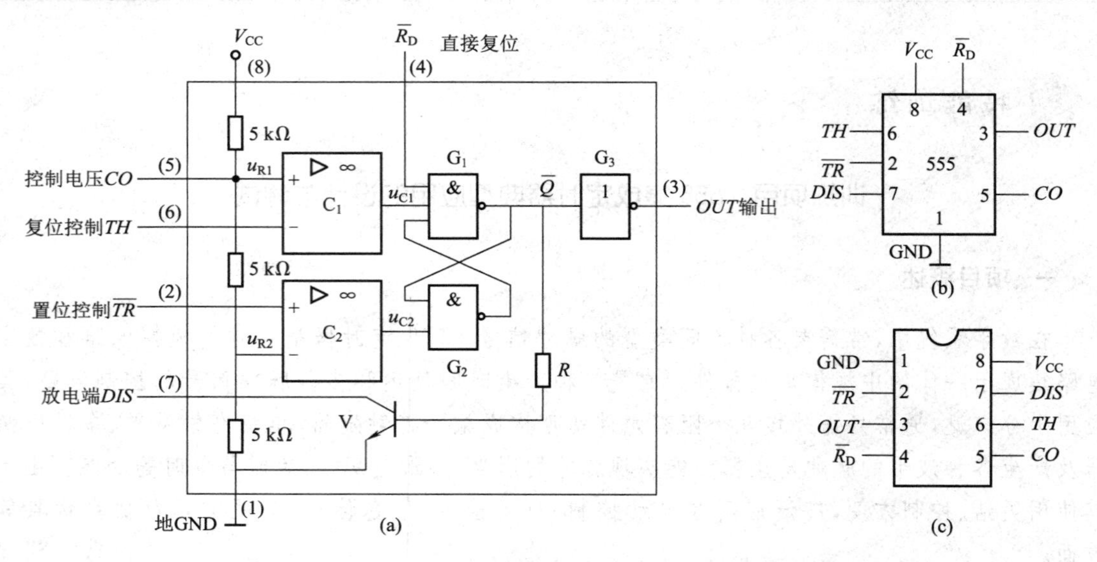

图 4-35　5G555 定时器的内部电路组成和引脚排列图

(2)电压比较器

电压比较器由 2 个集成运放 C_1、C_2 组成。它将触发电压与参考电压进行比较，比较后的结果用数字“1”“0”输出。当 $U_+>U_-$ 时，比较器输出为高电平；$U_+<U_-$ 时，输出为低电平。

(3)基本 RS 触发器

基本 RS 触发器由两个与非门交叉组成。当 $U_{TH}>U_{R1}$、$U_{\overline{TR}}>U_{R2}$ 时，基本 RS 触发器置 0；当 $U_{TH}<U_{R1}$、$U_{\overline{TR}}>U_{R2}$ 时，基本 RS 触发器状态保持不变；当 $U_{TH}<U_{R1}$、$U_{\overline{TR}}<U_{R2}$ 时，基本 RS 触发器置 1。

(4)放电开关

当基本 RS 触发器置 0 时，放电开关闭合，放电端 D 接地；当触发器置 1 时，放电开关打开。

(5)输出缓冲器

输出缓冲器的作用是提高电路的带负载能力，并隔离负载对定时器的影响。

(6)定时器的功能

①当 $U_{TH}>2V_{CC}/3$，$U_{\overline{TR}}>V_{CC}/3$ 时，触发器置 0，$OUT=0$，放电开关导通。

②当 $U_{TH}<2V_{CC}/3$，$U_{\overline{TR}}>V_{CC}/3$ 时，触发器状态保持，输出状态和放电开关状态也不变。

③当 $U_{TH}<2V_{CC}/3$，$U_{\overline{TR}}<V_{CC}/3$ 时，触发器置 1，$OUT=1$，放电开关截止。

2. 施密特触发器

555 定时器组成的施密特触发器如图 4-36 所示。将定时器的阈值端 TH 和触发端 $\overline{TR}$ 连接后作为触发器的输入端，复位端 $\overline{R}_D$ 接电源，控制电压端 CO 接 0.01 μF 的电容。利用施密特触发器的回差特性，可实现回差、脉冲整形、幅度鉴别。

3. 单稳态触发器

555 定时器组成的单稳态触发器如图 4-37 所示。触发端 $\overline{TR}$ 作为外加触发脉冲的输入端，

R、C为外接定时元件，阈值端TH与放电端D连接后，一起接在R与C的连接处，复位端$\overline{R}_D$接电源，控制电压端CO接0.01 μF的电容。单稳态触发器的主要应用为整形、定时、延时、分频。

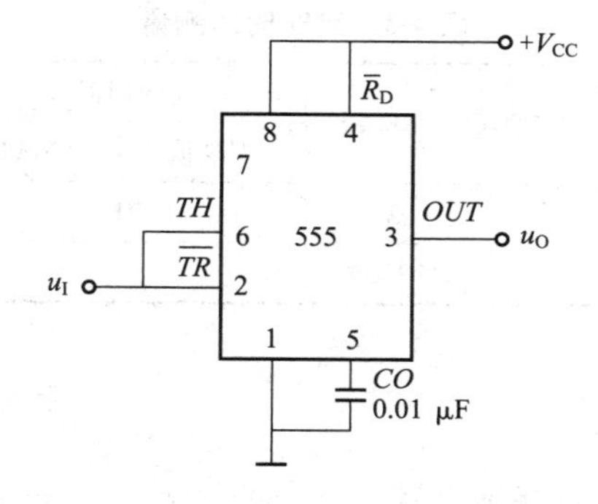

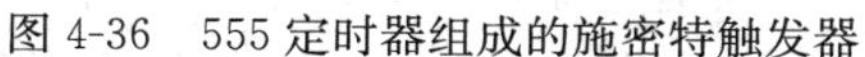

图4-36　555定时器组成的施密特触发器

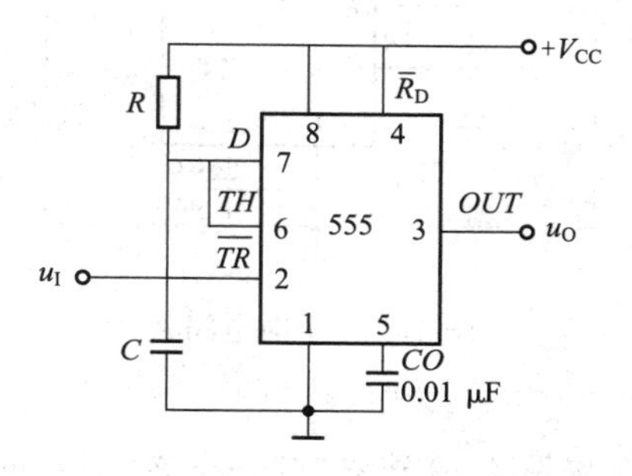

图4-37　555定时器组成的单稳态触发器

4. 多谐振荡器

555定时器组成的多谐振荡器如图4-38所示。R_1、R_2和C是决定振荡周期的定时元件。将阈值端TH与触发端$\overline{TR}$连接后，接在电容C与电阻R_2的连接处，将放电端D接R_1与R_2的连接处，控制电压端CO接0.01 μF电容，$\overline{R}_D$端接电源。其主要应用为模拟声响电路、压控振荡器、锯齿波发生器。

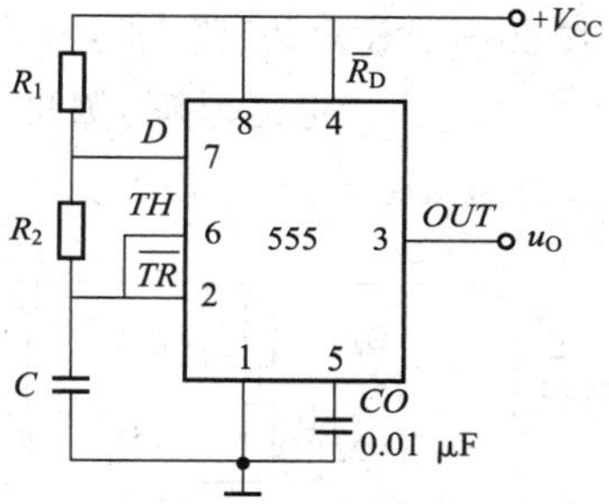

图4-38　555定时器组成的多谐振荡器

五、内容安排

1. 知识准备

①指导教师讲解555定时器工作原理，构成多谐振荡器、单稳态触发器、施密特触发器的方法。

②学生利用5G555构成单稳态触发器作定时电路，利用5G555构成多谐振荡器作为“叮——咚”门铃，利用5G556构成多谐振荡器作为模拟救护车发音电路。

③在面包板上完成电路布线图设计。

2. 电路组装、调试和测量

(1)定时电路

为使用方便，用LED作为负载代替小型继电器，以反映负载受定时控制的情况。

① 按图4-39连接定时电路，检查无误后接通电源。

② 改变R_P，观察其阻值变化时对定时的影响。当$R_P=0$和$R_P=470\ \text{k}\Omega$时，将对应的定时时间测量值填写于表4-3中，并与理论值进行比较。

该电路是利用555定时器构成的单稳态触发器实现定时控制的，定时时间取决于单稳态电路的暂态时间。当按下按钮SB时，相当于输入一个负脉冲，电路翻转到暂态，输出为高电平。与此同时，放电开关截止，电容经R_2和R_P充电，当u_C上升到$2V_{CC}/3$时，电路翻转到稳态，输出为低电平，定时结束。电路的暂态时间$t_w=1.1(R_2+R_P)C$。

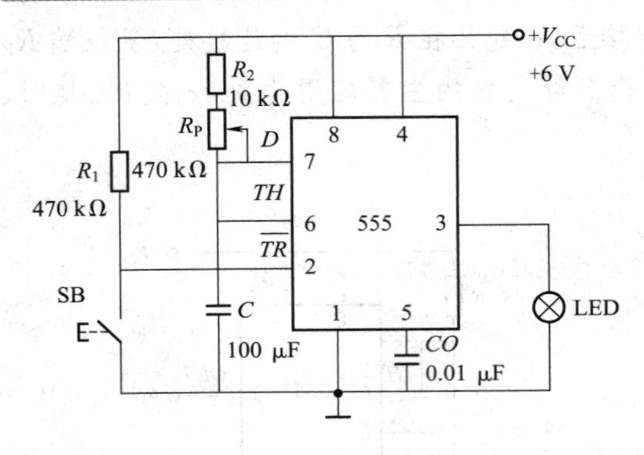

图 4-39　定时电路

表 4-3　定时时间测量

$R_2=10\ k\Omega, C_1=100\ \mu F$		定时时间/s	
		理论值	测试值
R_P	0		
	470 kΩ		

(2)“叮——咚”门铃

① 按图 4-40 连接“叮——咚”门铃电路，检查无误后接通电源。

② 观察门铃的音响，在按下门铃开关 SB 时发出“叮——”声的持续音响，松开开关 SB 时发出一个较短的“咚”声，听到“叮——咚”音响即告完成。

③ 分析电路原理，测出音响频率并填于表 4-4 中。用示波器观察 555 定时器 2 端和 3 端工作波形。

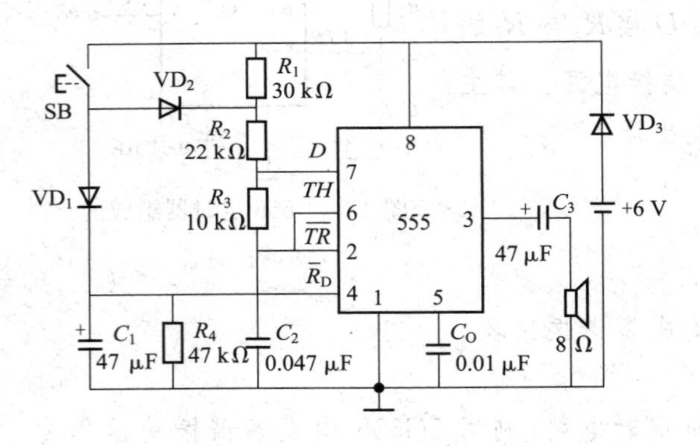

图 4-40　“叮——咚”门铃电路

表 4-4　“叮——咚”音响频率测量

测试条件	f_{01}		f_{02}	
	理论值	测试值	理论值	测试值
按下 SB			/	/
松开 SB	/	/		

在门铃开关 SB 未按下时，555 定时器的 4 端通过 R_4 接地，定时器处于复位状态，无声响。当 SB 按下后，4 端通过 VD_1 接至高电平，振荡器起振，振荡频率 f_{01} 按下式计算，这就是连续的“叮——”声。

松开 SB 时，555 定时器 4 端存有电容 C_1 的充电电压，维持短时间的振荡，这时的振荡频率 f_{02} 按下式计算，这就是“咚”声的频率。C_1 通过 R_4 放电后，随着 4 端电位的降低，555 定时器很快又恢复为停振状态。

$$f_{01}=\frac{1.433}{(R_2+2R_3)C_2} \qquad f_{02}=\frac{1.433}{(R_1+R_2+2R_3)C_2}$$

(3)模拟救护车发音电路

①按图 4-41 连接模拟救护车发音电路，检查无误后接通电源。

②改变 R_{P2}，观察扬声器音调的变化，体会压控振荡器的作用。

③改变 R_{P1}，用示波器观察 R_{P1} 变化时 u_{O1}、u_{C2}、u_{O2} 的波形，测量 u_{O1}、u_{O2} 的输出频率，并将测量的数据填入表4-5中。测量 u_{O2} 的输出频率时，为了使被测量的波形相对稳定，可人为地加大 R_{P1}，使 u_{O1} 的输出周期加大，其输出的高电平或低电平就能在较长时间内稳定下来，这样就能测出 u_{O1}、u_{O2} 的两个频率。

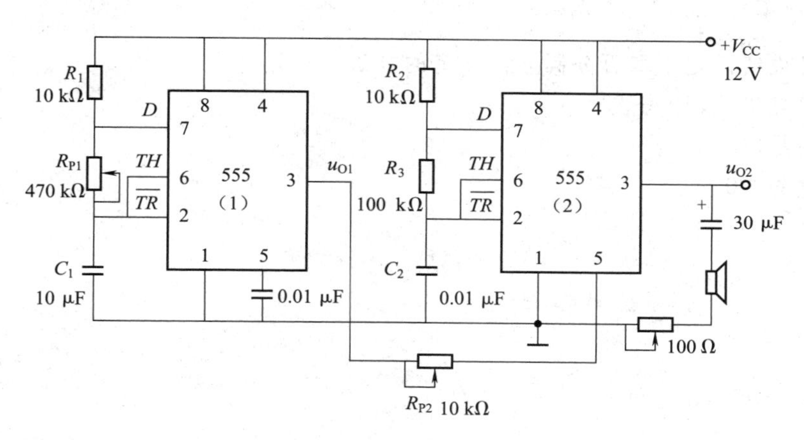

图4-41　模拟救护车发音电路

表4-5　模拟救护车发音电路频率测量

测试条件		f_{01}		f_{02}	
		理论值	测试值	理论值	测试值
555(2)5引脚开路	$R_{P1}=0$				
	$R_{P1}=470\ \text{k}\Omega$				
$R_{P1}=150\ \text{k}\Omega$ 555(2)5引脚接通	U_{O1} 为高电平				
	U_{O1} 为低电平				

本电路可用双定时器5G556构成，也可用两片单定时器5G555构成。555(1)组成振荡频率为几赫至几十赫的多谐振荡器，555(2)组成振荡频率为几百赫至几千赫的压控振荡器，输出两种高、低音音频信号，这两种音调交替出现便形成了救护车的声音。

555(1)的振荡频率 f_{01} 可按下式计算，即

$$f_{01}=\frac{1.433}{(R_1+2R_{P1})C_1}$$

555(2)的中心振荡频率 f_{02} 为

$$f_{02}=\frac{1.433}{(R_2+2R_3)C_2}$$

如将555(1)的输出端 u_{O1} 接到555(2)的电压控制端 U_{CO}，则555(2)的振荡频率将受 u_{O1} 的控制，其振荡频率将会变化。当 u_{O1} 为高电平时，555(2)的输出频率变低；当 u_{O1} 为低电平时，555(2)的输出频率变高，于是在扬声器中可听到“嘀——嘟——嘀——嘟”的声音。调节 R_{P1} 可改变“嘀”与“嘟”的间隔时间。

六、训练所用仪表与器材

①数字电子技术实验仪1台。

②双踪示波器1台。
③数字万用表1块。
④5G555集成电路2块。

七、成绩评定

训练项目成绩评定采取百分制分段评定的方法：
①电路组装工艺，40分。
②电路测量，40分。
③总结报告，20分。

第五章 数/模和模/数转换

本章主要介绍数/模转换和模/数转换的基本原理,以及几种常用的典型集成器件。

在数/模转换器中,主要介绍倒T形电阻网络的数/模转换器,并简单分析集成DAC0832、DAC1208数/模转换器。在模/数转换器中,主要介绍逐次逼近型模/数转换器,以及集成ADC0809、AD574A模/数转换器。

第一节 概 述

随着数字技术,特别是计算机技术的飞速发展与普及,在现代工业控制、通信及智能化仪器检测等领域,为了提高系统的性能指标,对信号的处理广泛采用了数字计算机技术。在数字系统中,需要处理的对象往往是一些随时间连续变化的物理量,它们都是模拟信号,如电压、电流、声音、图像、温度、压力、光通量等,这些模拟信号必须转换成数字信号才能被数字系统接受;而经计算机分析、处理后输出的数字量也往往需要将其转换为相应的模拟信号才能为执行机构所接受,实现实时控制的目的。

把模拟信号转换成数字信号的过程称为模/数转换,简称A/D(analog to digital)转换,而实现这种转换的电路称为A/D转换器,简称ADC(analog to digital converter)。把数字信号转换成模拟信号的过程称为数/模转换,简称D/A(digital to analog)转换,实现这种转换的电路称为D/A转换器,简称DAC(digital to analog converter)。

A/D和D/A转换在实际应用中具有十分重要的意义,表现在:

①A/D和D/A转换器是计算机与外围设备连接不可缺少的电路。图5-1为典型的计算机实现过程控制的系统框图。由图可以看出,A/D和D/A转换器是计算机与控制对象联系的桥梁,因此又称接口电路。

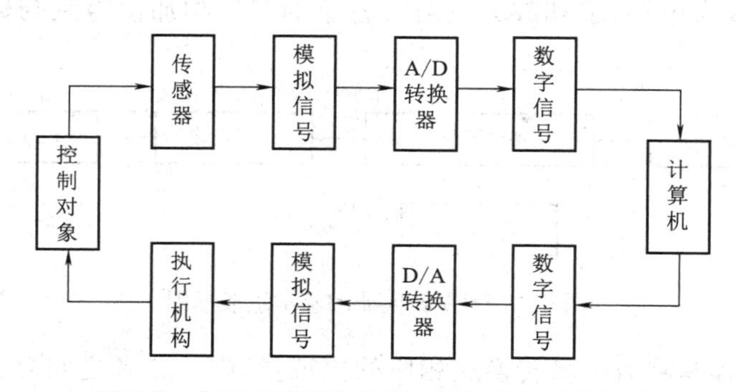

图5-1 典型的计算机实现过程控制的系统框图

②在数字测量仪表系统中,A/D 转换器是所有数字测量仪表的核心部件。因为若使模拟量以数字量的形式显示出来,必须先将模拟量转换成数字量。

③在数字通信、遥控遥测技术和远距离的信息传输系统中,由于数字信号的抗干扰能力比模拟信号强,保密性能好,因此常需要将模拟信号转换成数字信号发送出去,在接收端再将数字信号转换成模拟信号。故 A/D 和 D/A 转换器也是这些系统中不可缺少的重要组成部分。

衡量 A/D 和 D/A 转换器性能优劣的主要指标有:转换精度和转换速度。转换精度是表征 A/D 和 D/A 转换器数据处理的准确性;转换速度是表征 A/D 和 D/A 转换器控制及检测速度的快慢。

目前常用的 D/A 转换器中,基本的类型有三种:权电阻网络型、权电流网络型和梯形电阻网络型。

A/D 转换器的类型也很多,可以分为直接 A/D 转换器和间接 A/D 转换器两大类。在直接 A/D 转换器中,输入的模拟信号直接被转换成相应的数字信号;而间接 A/D 转换器,输入的模拟信号首先被转换成某种中间量(如时间、频率等),然后再将这个中间量转换成输出的数字信号。在 D/A 转换器的数字量的输入方式上,又有并行输入和串行输入两种类型。相对应的 A/D 转换器数字量的输出方式上也有并行输出和串行输出两类。

第二节 D/A 转换器(DAC)

一、D/A 转换的基本原理

D/A 转换的功能是将数字量转换成模拟量。

D/A 转换的基本原理:数字量是用代码按数位组合起来的,对于有权码,每一位都对应一定的权。若将数字量转换成模拟量,必须将每一位的代码按权的大小转换成相应的模拟量,然后将这些模拟量求和,就可得到与数字量相对应的模拟量,从而实现了 D/A 转换。

D/A 转换器的基本组成框图如图 5-2 所示,该图为 n 位 D/A 转换器的框图。由图可知,D/A 转换器是由数码寄存器、模拟电子开关电路、译码电路、求和放大电路和基准电压等几个部分组成的。D/A 转换器的转换原理:n 位数字输入量以串行或并行的方式输入并寄存在数码寄存器中,寄存器输出的每位数码驱动对应的模拟开关,随后将在译码电路中获得的相应数位的权值送入求和放大电路,求和放大电路将各位的权值相加便得到与数字量相对应的模拟量。

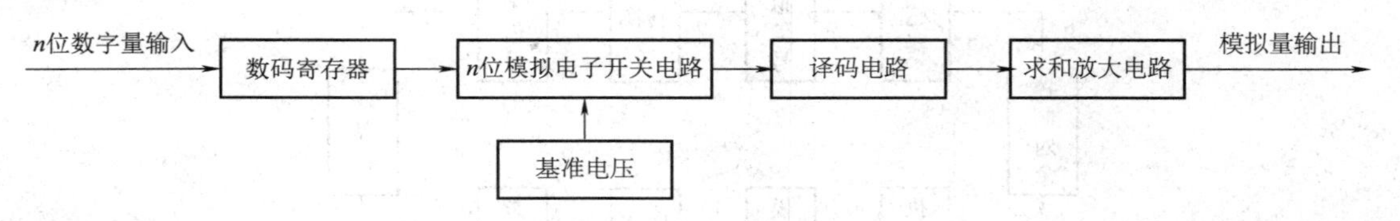

图 5-2 D/A 转换器的基本组成框图

由于 D/A 转换器是将数字量转换成相应的模拟量,因此二者之间存在着一定的比例关系。若设输出的模拟量为 u_o(或 i_o),输入的二进制数字量为 D,则它们的转换关系为

$$u_o = kD \tag{5-1}$$

式中，k 为转换比例系数。

按照 D/A 转换的原理，若数字量 D 为 n 位二进制数，则可得

$$u_o = k \times (2^{n-1} \times d_{n-1} + 2^{n-2} \times d_{n-2} + \cdots + 2^1 \times d_1 + 2^0 \times d_0) \tag{5-2}$$

式中，$d_{n-1}, d_{n-2}, \cdots, d_0$ 为二进制各位上的数值(0 或 1)；$2^{n-1}, 2^{n-2}, \cdots, 2^0$ 是各位的权，最高位的权是 2^{n-1}，用 MSB 表示，最低位的权是 2^0，用 LSB 表示。

图 5-3 为 3 位二进制数 D/A 转换器的转换关系。由图可见，当输入数字量增加时，输出模拟量是一个按比例增加的阶梯波。3 位 D/A 转换器的输入为 3 位，其输入组合为 $2^3 = 8$ 种，对于 n 位 D/A 转换器，其输入组合为 2^n 种。设输出模拟量的满度值为 1，输入数字为 3 位，那么转换的最小模拟量为 $\frac{1}{2^3}$，即 $1\text{LSB} = \frac{1}{2^3}$。最小模拟输出为零，最大模拟输出为满度值减 1LSB，即

$$U_{max} = \text{满度模拟量} - 1\text{LSB} = 1 - \frac{1}{2^3} = \frac{7}{8}$$

3 位 D/A 转换器的应用也可推广到 n 位 D/A转换器，其转换方法相同。

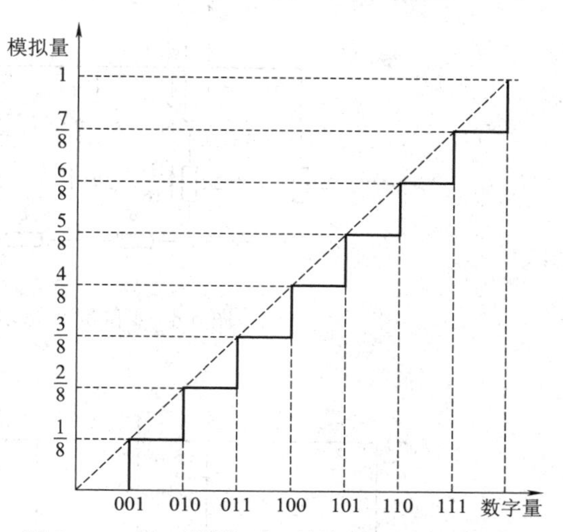

图 5-3　3 位二进制 D/A 转换器的转换关系

二、倒 T 形电阻网络 D/A 转换器

图 5-4 为 4 位倒 T 形电阻网络 D/A 转换器的电路图。图中由 R 和 $2R$ 组成电阻译码网络，网络形状呈倒 T 形，$S_0 \sim S_3$ 为模拟开关，运算放大器 A 组成求和放大电路，U_{REF} 为基准电压。模拟开关 $S_0 \sim S_3$ 受输入数码 $d_0 \sim d_3$ 控制。当输入的某位代码 $d_i = 0$ 时，开关 S_i 将电阻 $2R$ 接集成运放的同相输入端(接地)；当 $d_i = 1$ 时，S_i 接运算放大器的反相输入端，电流 I_F 流入求和电路。

输入寄存器用于锁存 4 位二进制数码 $d'_3 d'_2 d'_1 d'_0$，在寄存指令作用下，输入的 4 位二进制数码被存入寄存器中，同时寄存器的输出端出现与输入相同的 4 位二进制代码，分别控制对应的模拟开关。

倒 T 形电阻网络 D/A 转换器的电路有以下特点：

①根据集成运算放大器“虚短”的概念，且由于同相输入端接地，则 $u_- = u_+ = 0$，这样无论模拟开关 S_i 处于何位置，与其相连的 $2R$ 电阻均接地(虚地)，这样流经 $2R$ 电阻的电流与开关的位置无关。

②在计算倒 T 形电阻网络中各支路电流时，可将电阻网络等效成如图 5-5 所示电路。由电路可得，从 AA′、BB′、CC′、DD′ 每个端口向左看过去的等效电阻都是 R，因此从基准电压 U_{REF} 流入倒 T 形电阻网络的总电流 $I_{REF} = \frac{U_{REF}}{R}$ 是固定不变的，而每条支路的电流为 $\frac{I_{REF}}{16}$、$\frac{I_{REF}}{8}$、$\frac{I_{REF}}{4}$、$\frac{I_{REF}}{2}$。

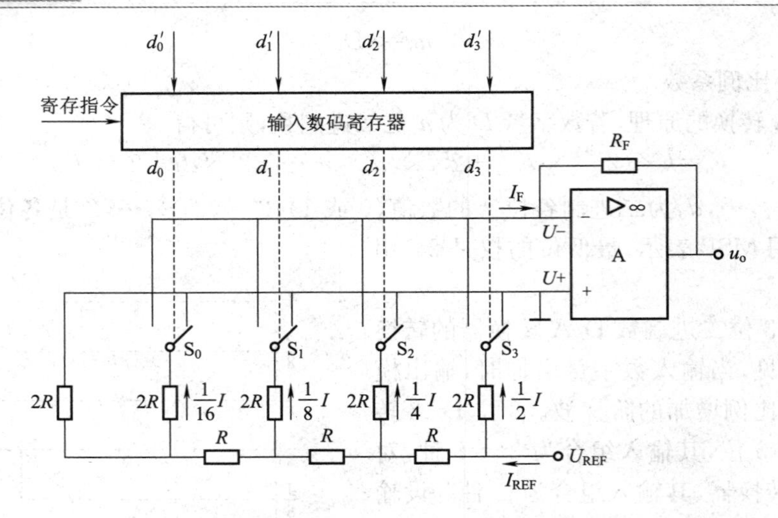

图 5-4　4 位倒 T 形电阻网络 D/A 转换器的电路图

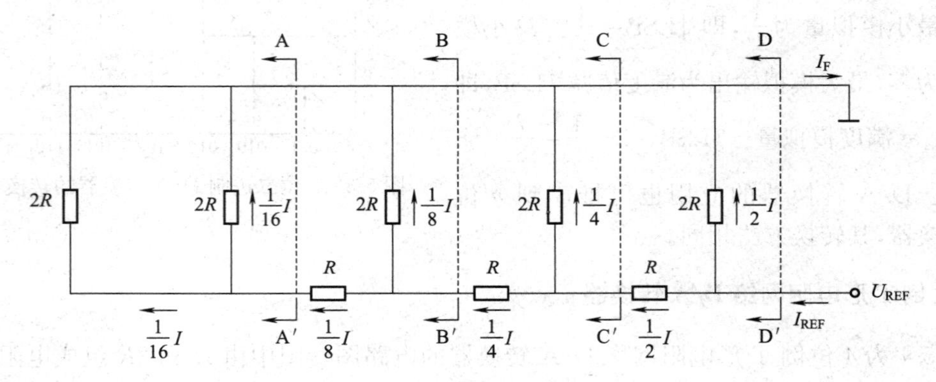

图 5-5　倒 T 形电阻网络支路电流的等效电路

根据集成运放求和电路“虚断”的概念，由图 5-4 所示电路可见，4 条支路的电流全部流入 R_F，则

$$\begin{aligned}I_F&=\frac{I_{REF}}{2}\times d_3+\frac{I_{REF}}{4}\times d_2+\frac{I_{REF}}{8}\times d_1+\frac{I_{REF}}{16}\times d_0\\&=\frac{I_{REF}}{2^4}(2^3\times d_3+2^2\times d_2+2^1\times d_1+2^0\times d_0)\\&=\frac{U_{REF}}{2^4R}(2^3\times d_3+2^2\times d_2+2^1\times d_1+2^0\times d_0)\end{aligned}\tag{5-3}$$

由式(5-3)可以推出该电路输出模拟电压的计算公式：

$$u_o=-I_FR_F=-R_F\frac{U_{REF}}{2^4R}(2^3\times d_3+2^2\times d_2+2^1\times d_1+2^0\times d_0)\tag{5-4}$$

若取 $R_F=R$，则

$$u_o=-\frac{U_{REF}}{2^4}(2^3\times d_3+2^2\times d_2+2^1\times d_1+2^0\times d_0)\tag{5-5}$$

将式(5-5)推广到 n 位输入的倒 T 形电阻网络 D/A 转换器，可得到 D/A 转换器的输出模拟电压与输入数字量之间的关系，即 n 位 D/A 转换器的一般表达式：

$$u_o = -\frac{U_{REF}}{2^n}(2^{n-1}d_{n-1}+2^{n-2}d_{n-2}+\cdots+2^1d_1+2^0d_0)$$
$$= -\frac{U_{REF}}{2^n}D_n \quad (5\text{-}6)$$

式(5-6)说明输出的模拟电压与输入的数字量成正比。倒T形电阻网络D/A转换器由于各支路的电流直接流入运算放大器的输入端,它们之间不存在传输上的时间差,因而提高了转换速度,而且也减小了动态过程中输出端可能出现的尖脉冲。它是目前被广泛使用的速度较快的D/A转换器。

【例5-1】 某8位倒T形电阻网络DAC,其反馈电阻为R,基准电压为$U_{REF}=10.24$ V。试求当输入数字量$d_7 \sim d_0$为①01010111;②10000000时的输出电压值u_o。

解:因为 $u_o = -\frac{U_{REF}}{2^n}(2^{n-1}d_{n-1}+2^{n-2}d_{n-2}+\cdots+2^1d_1+2^0d_0)$

$$\frac{U_{REF}}{2^n}=\frac{10.24}{2^8}\text{ V}=0.04\text{ V}$$

所以①$u_o=-0.04\times(1\times2^6+1\times2^4+1\times2^2+1\times2^1+1\times2^0)$ V$=-3.48$ V

②$u_o=-0.04\times1\times2^7$ V$=-5.12$ V

【例5-2】 已知某倒T形电阻网络DAC的反馈电阻$R_F=R$,基准电压为$U_{REF}=16$ V。试分别求出4位和8位DAC的最小输出电压和最大输出电压。

解:输入数字量为$D=00\cdots01$(仅最低位为1,其余各位均为0)时的模拟输出电压称为最小输出电压U_{omin},或称最小分辨电压U_{LSB}。输入数字量为$D=11\cdots11$(输入代码各位均为1)时的模拟输出电压称为最大输出电压U_{omax},或称满刻度输出电压。根据式(5-6)不难求出

$$u_{omin}(4\text{ 位})=-\frac{U_{REF}}{2^4}D_n=-\frac{16}{2^4}(2^3\times0+2^2\times0+2^1\times0+2^0\times1)\text{ V}=-1\text{ V}$$

$$u_{omin}(8\text{ 位})=-\frac{U_{REF}}{2^8}D_n=-\frac{16}{2^8}\text{ V}\approx0.06\text{ V}$$

$$u_{omax}(4\text{ 位})=-\frac{U_{REF}}{2^4}D_n=-\frac{16}{2^4}(2^4-1)\text{ V}=-15\text{ V}$$

$$u_{omax}(8\text{ 位})=-\frac{U_{REF}}{2^8}D_n=-\frac{16}{2^8}(2^8-1)\text{ V}\approx-15.94\text{ V}$$

比较计算结果可知,在U_{REF}和R_F相同的条件下,最小输出电压越小,最大输出电压越大。

三、D/A转换器主要技术指标

1. 转换精度

在D/A转换器中,通常用分辨率和转换误差来描述转换精度。

(1)分辨率

分辨率反映了D/A转换器所能分辨的最小输出模拟电压的能力。该指标与转换器的位数和满刻度值有关。将最小输出电压(对应于二进制数字量最低位为1)与最大输出电压(对应于二进制数字量全1)之比称为分辨率,即

$$S=\frac{U_{omin}}{U_{omax}}=\frac{1}{2^n-1} \quad (5\text{-}7)$$

D/A转换器的位数越高,其值越小,它的分辨率越高,转换就越灵敏。如8位D/A转换

器的分辨率为 $1/(2^8-1)=0.0039$；10 位 D/A 转换器的分辨率为 $1/(2^{10}-1)=0.00098$。分辨率的值越小，说明在相同条件下的最小输出电压就越小。

【例 5-3】 如满刻度输出电压 $U_{omax}=10$ V，求 D/A 转换器为 8 位、10 位的最小输出电压。

解：

$$U_{LSB}(8\text{ 位})=\frac{U_{omax}}{2^8-1}=\frac{10}{2^8-1}\text{ V}=39\text{ mV}$$

$$U_{LSB}(10\text{ 位})=\frac{U_{omax}}{2^{10}-1}=\frac{10}{2^{10}-1}\text{ V}=9.8\text{ mV}$$

另外，分辨率还可以用 ADC 的位数表示，n 位 ADC 的输出电压能分出 2^n 个电压等级，当然 ADC 的位数越多，输出电压等级越多，最小分辨电压 U_{LSB} 的值越小，表示精度越高。

(2)转换误差

由于 D/A 转换器的各个环节在参数、性能上与理论值之间存在着差异，所以实际能达到的转换精度是由转换误差来决定的。所谓转换误差是指输出电压实际值与理论值之间的差异，通常用输出电压满刻度 FSR 的百分数或用最低有效位数字的倍数来表示。如转换误差为 1LSB/2(1LSB 表示最低有效位的倍数)，表示输出电压的绝对误差等于最低有效位为 1 时的输出电压的一半；转换误差为 0.2%FSR 则表示转换误差与满刻度电压之比为 0.2%。

造成 D/A 转换器转换误差的原因有：基准电压 U_{REF} 的波动、运算放大器的零点漂移、模拟开关的导通内阻和导通压降、电阻网络中电阻值的偏差等。

转换误差是实际输出值与理论计算值之差，这种差值，由转换过程各种误差引起，主要指静态误差，它包括：

①非线性误差。它是由模拟开关导通的电压降和电阻网络电阻阻值偏差产生的，常用满刻度的百分数来表示。

②比例系数误差。它是参考电压 U_{REF} 偏离规定值引起的，也用满刻度的百分数来表示。

③漂移误差。它是由运算放大器零点漂移产生的误差。当输入数字量为 0 时，由于运算放大器的零点漂移，输出模拟电压并不为 0。这使输出电压特性与理想电压特性产生一个相对位移。

因此，为了获得高精度的 D/A 转换器，单纯依靠选用高分辨率的 D/A 转换器器件是不够的，还必须有高稳定度的基准电压源 U_{REF} 和低漂移的运算放大器与之配合使用，才可能获得较高的转换精度。

(3)线性度

对于理想的 D/A 转换器，输出模拟量应随着输入数字量等量增加，理想输入/输出特性曲线是一条直线，但实际的系统在转换过程中存在着非线性误差。通常把 D/A 转换的实际输出量对理想输入/输出特性曲线的接近程度称为线性度，用满刻度输出 FSR 的百分数或最低位 LSB 的分数表示。例如：$U_{REF}=10$ V，线性度 $<0.2\%$，那么非线性误差为 $10\times0.2\%$ V $=$ 20 mV。

非线性误差产生的原因是由于模拟开关的导通内阻和导通压降不可能真正等于零，且每个开关的导通压降并不一定相等，另外，开关在接地和接基准电压时的压降也不一定相同，这些原因使得误差既非常数又不与输入数字量成正比，因而产生非线性误差。产生非线性误差的另一个原因是倒 T 形电阻网络中电阻阻值的偏差，由于每条支路电阻阻值的误差不一定相同，不同位置上的电阻偏差对输出电压的影响也不一样，这也使输出端产生非线性误差。非线性误差引起系统工作不稳定，应力求避免。

2. 转换速度

D/A 转换器的转换速度包括：建立时间 t_{set} 和转换速率 S_R。

建立时间 t_{set}：是指 D/A 转换器输入由全 0 变全 1 或全 1 变全 0 时输出电压达到规定值所需要的时间。建立时间短，说明 D/A 转换器的转换速度快。一般含有基准电压和集成运放的 DAC，其 t_{set} 约为 1.5 μs。

转换速率 S_R：是指 DAC 输出电压的最大变化速率，它取决于运算放大器的性能。总的一次转换所需要的时间最大值为

$$T_{TRmax}=t_{set}+U_{omax}/S_R$$

式中，U_{omax} 为输出模拟量的最大值。

四、DAC0832 集成 D/A 转换器

1. DAC0832 集成 D/A 转换器简介

DAC0832 是带有双缓冲输入的 8 位倒 T 形电阻网络集成 D/A 转换器，它采用 CMOS 工艺，为 20 引脚双列直插式封装，可直接与微机系统连接。

DAC0832 的主要技术参数为：电源电压 V_{CC} 为 5～10 V，最高电压为 15 V；分辨率为 8 位；基准电压 U_{REF} 为 −10～+10 V；转换时间为 1 μs；功耗为 20 mW。有三种输入工作方式，分别为直通式、单缓冲式和双缓冲式；有两种输出工作方式，分别为单极性电压输出和双极性电压输出。

2. DAC0832 集成 D/A 转换器的结构框图及引脚功能

DAC0832 集成 D/A 转换器的结构框图和引脚排列图如图 5-6 所示。由 DAC0832 结构框图可知，芯片内部有 2 个 8 位数据寄存器（双缓冲器），1 个 8 位 D/A 转换电路和 3 个控制逻辑门。输入寄存器接收输入信号，其输出送到 DAC 寄存器。D/A 转换器对从 DAC 寄存器送来的数字信号进行转换，以电流形式输出。

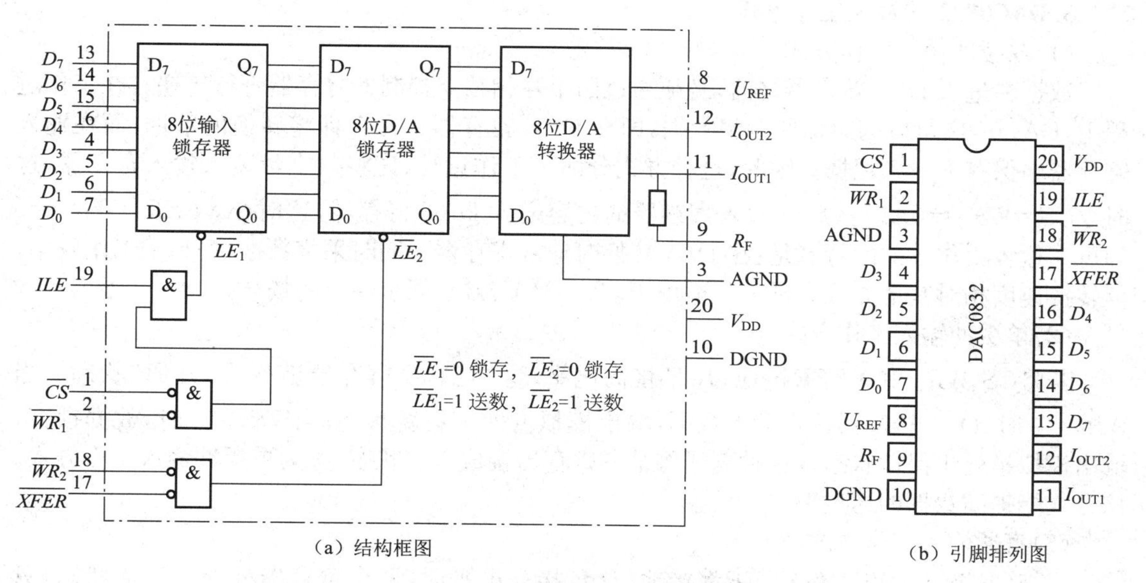

（a）结构框图　　（b）引脚排列图

图 5-6　DAC0832 集成 D/A 转换器结构框图和引脚排列图

采用两个寄存器可使 D/A 转换器在进行 D/A 转换和输出时，能同时进行数据采集，从而提高了转换速度。两个寄存器可根据需要，接成三种工作方式。芯片内部的 D/A 转换器采用倒 T 形电阻网络，输入 8 位数字信号，控制对应的 8 个电子开关。芯片内部无运算放大器，使用时应外接运算放大器。芯片中已设反馈电阻 R_F，如运算放大器的增益不够时，仍需外接电阻。

DAC0832 的引脚功能如下：

①$D_0 \sim D_7$：8 位二进制数字输入端，D_0是最低位，D_7是最高位。

②ILE：输入寄存器锁存信号（高电平有效）。

③$\overline{CS}$：输入寄存器片选信号（低电平有效）。

④$\overline{WR}_1$：输入寄存器写信号（低电平有效）。在$\overline{CS}=0$ 且 ILE=1 时，若$\overline{WR}_1=0$，则$\overline{LE}_1$为高电平，允许数据装入输入寄存器中；当$\overline{WR}_1=1$ 或是$\overline{CS}=1$ 时，则$\overline{LE}_1$ 为低电平，数据锁存，这时不能接收数据信号。

⑤$\overline{WR}_2$：DAC 寄存器写信号（低电平有效）。当$\overline{WR}_2=0$、$\overline{XFER}=0$ 时，则$\overline{LE}_2$ 为高电平，允许输入寄存器的数据装入 DAC 寄存器；当$\overline{LE}_2$ 为低电平时，锁存装入的数据。

⑥$\overline{XFER}$：传送控制信号（低电平有效）。与$\overline{WR}_2$ 一起构成对 DAC 寄存器的锁存控制信号。

⑦U_{REF}：基准电压。其值范围为$-10 \sim +10$ V。

⑧I_{OUT2}：D/A 模拟电流输出端 2，接集成运放同相输入端，通常该端接地。$I_{OUT1}+I_{OUT2}=$常数。

⑨I_{OUT1}：D/A 模拟电流输出端 1，接集成运放反相输入端。当 DAC 寄存器中数码全为 1 时，其值为最大；数码全为 0 时，其值为最小。

⑩R_F：反馈电阻。为外部运算放大器提供一个反馈电阻。

⑪AGND：模拟电路接地端。

⑫DGND：数字电路接地端。

⑬V_{DD}：电源电压。可以从 5～15 V 选用，15 V 为最佳工作状态。

3. DAC0832 的输入工作方式

(1)双缓冲输入工作方式

数据在进入 D/A 转换器之前，必须通过两个互相独立控制的寄存器进行传递。在工作过程中，DAC0832 可以同时保留两组数据，即在 DAC 寄存器中保存即将转换的数据，而在输入寄存器中保存下一组数据。因此，这种方式分两个工作过程，先将数字量装入输入寄存器，这时令$\overline{CS}=\overline{WR}_1=0$ 即可；后将输入寄存器的内容送入 DAC 寄存器，这时令$\overline{XFER}=\overline{WR}_2=0$ 即可。这种工作方式的特点是：在 D/A 转换时输入寄存器可同时采集数据，提高了工作效率。但转换速度相对其他方式会慢些。适用于多路 D/A 转换、同步输出的场合。

(2)单缓冲输入工作方式

若将$\overline{CS}$、$\overline{WR}_2$ 和$\overline{XFER}$接地，ILE 接高电平，这样 DAC 寄存器就变成“开通”状态。当$\overline{WR}_1=0$ 时，D/A 转换器接收输入数据，输出模拟量处于更新状态；当$\overline{WR}_1=1$ 时，数据锁存，输出模拟量处于保持状态。这种方式将某一寄存器接成直通状态，称为单缓冲输入工作方式。该方式能提高数据的通过率。

(3)直通输入工作方式

当把$\overline{CS}$、$\overline{WR}_1$、$\overline{WR}_2$ 和$\overline{XFER}$都接地，ILE 接高电平时，两个寄存器都处于直通状态，只要输入数字量就立即进行转换，此时输出模拟量连续快速地反映输入数码的变化。但它不能用于总线结构。

典型的 DAC0832 芯片外接线电路如图 5-7 所示，输出方式为单极性电压输出(即输出电压只能单一方向变化)，输入方式为直通输入方式。

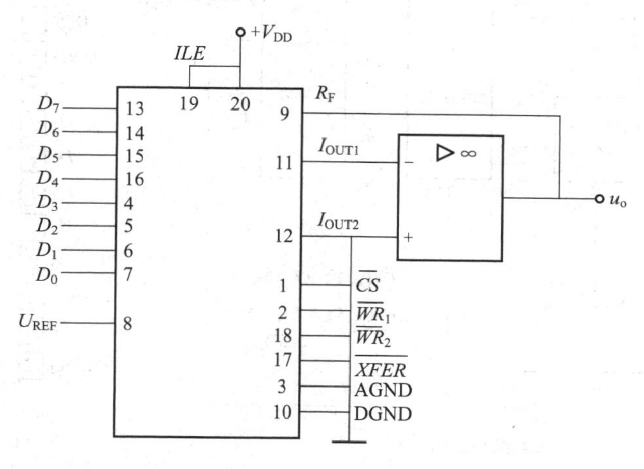

图 5-7　典型的 DAC0832 芯片外接线电路

五、DAC1208 集成 D/A 转换器

1. DAC1208 集成 D/A 转换器简介

8 位 DAC 分辨率不够，可采用 12 位 DAC。常用的 12 位 DAC 有 DAC1208 系列，它有 DAC1208、DAC1209 和 DAC1210 三种类型，它们都是与微处理器直接兼容的 12 位 D/A 转换器，可不添加任何接口逻辑而直接与 CPU 相连。它们的主要区别是线性误差不同。该类器件可与所有的通用微处理器直接相连，可采用双缓冲、单缓冲或直接数字输入，逻辑输入符合 TTL 电压电平规范(1.4 V 逻辑域值)，特殊情况下能独立操作。1 μs 的电流稳定时间，12 位的分辨率，具有满量程 10 位、11 位或 12 位的线性度(在全温度范围内保证)，低功耗设计，只需要 20 mW。参考电压为－10～＋10 V，5～15 V 为单电源。

2. DAC1208 集成 D/A 转换器的内部结构及工作方式

DAC1208 系列芯片为标准 24 脚双列直插式(DIP24)封装，其结构框图和引脚排列图如图 5-8 所示。从图中可以看出，DAC1208 系列芯片的逻辑结构与 DAC0830 系列芯片相似，也是双缓冲结构，主要区别在于它的两级缓冲寄存器和 D/A 转换器均为 12 位。为了便于和应用广泛的 8 位 CPU 相连，12 位数据输入锁存器分成了一个 8 位输入锁存器和一个 4 位输入锁存器，以便利用 8 位数据总线分两次将 12 位数据写入 DAC 芯片。这样 DAC1208 系列芯片的内部就有 3 个寄存器，需要 3 个端口地址。为此，内部提供了 3 个 LE 信号的控制逻辑。由于其逻辑结构和各引脚功能与 DAC0830 系列芯片相似，因此只讨论 12 位数据输入锁存器与处理器 8 位数据总线的相连问题。

DAC1208 的引脚功能如下：

①$\overline{CS}$：片选信号(低电平有效)。

②$\overline{WR_1}$：输入寄存器写信号(低电平有效)。

③$BYTE_1/\overline{BYTE_2}$：字节顺序控制信号。该信号为 1 时，开启 8 位和 4 位两个锁存器，将

12 位数据全部装入锁存器；该信号为 0 时，仅开启 4 位输入锁存器。

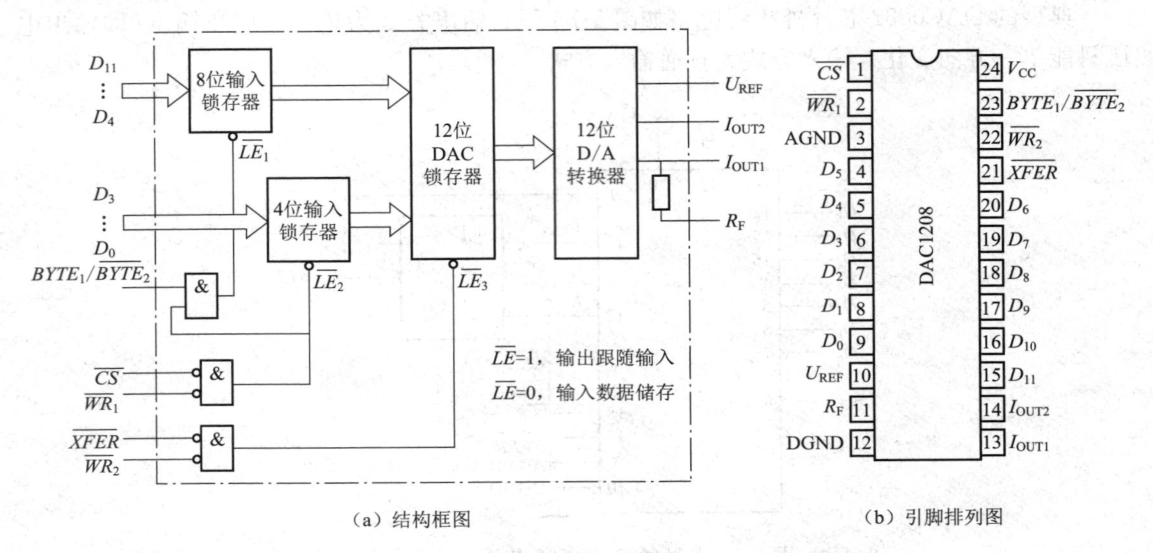

图 5-8　DAC1208 集成 D/A 转换器结构框图和引脚排列图

④$\overline{WR}_2$：辅助写。该信号与$\overline{XFER}$信号相结合，当同为低电平时，把锁存器中数据装入 DAC 寄存器；当为高电平时，DAC 寄存器中的数据被锁存起来。

⑤$\overline{XFER}$：传送控制信号，与$\overline{WR}_2$ 信号结合，将输入锁存器中的 12 位数据送至 DAC 寄存器。

⑥D_0～D_{11}：12 位数据输入。

⑦I_{OUT1}：D/A 转换电流输出口 1。当 DAC 寄存器全 1 时，输出电流最大；全 0 时，输出为 0。

⑧I_{OUT2}：D/A 转换电流输出口 2。$I_{OUT1}+I_{OUT2}$＝常数。

⑨R_F：反馈电阻输入。

⑩U_{REF}：基准电压。其值范围为－10～＋10 V。

⑪V_{CC}：电源电压。5～15 V。

⑫DGND、AGND：数字地和模拟地。

为了区分 8 位输入锁存器和 4 位输入锁存器，增加了一条高/低字节控制线（字节 1/字节 2）。在与 8 位数据总线相连时，DAC1208 系列芯片的输入数据线高 8 位 D_{11}～D_4 连到数据总线的 D_7～D_0，低 4 位 D_3～D_0 连到数据总线的 D_7～D_4，图 5-9 给出了 DAC1208 系列芯片与 IBM-PC 总线的连接。12 位数据输入需由两次写入操作完成，设高/低字节控制信号字节 1/字节 2 的端口地址（即 DAC1208 系列的高 8 位输入锁存器和低 4 位输入锁存器的地址）分别为 220H 和 221H，12 位 DAC 寄存器的端口地址（即选通信号$\overline{XFER}$）为 222H，由地址译码电路提供。由于 4 位输入锁存器的 LE 端只受$\overline{CS}$和$\overline{WR}_1$ 控制，因此当译码器 74LS138 的输出端 Y_0＝0，使高/低字节控制线信号为"1"时，若$\overline{IOW}$为有效信号，则两个输入锁存器都被选中；而当译码输出端 Y_1＝0，使高/低字节控制线信号为"0"时，若$\overline{IOW}$为有效信号，则只选中 4 位输入锁存器。可见，两次写入操作都使 4 位输入锁存器的内容更新。如果采用单缓冲方式（即直通方式），则在 12 位数据不是一次输入的情况下，边传送边转换会使输出产生错误的瞬间毛刺。因此,DAC1208 系列芯片的 D/A 转换器必须工作在双缓冲方式下,在送数时要先送入 12 位数据中的高 8 位数据 $D_{11} \sim D_4$,并在$\overline{WR}_1$ 上升沿将数据锁存,实现高字节缓冲,然后再送入低 4 位数据 $D_3 \sim D_0$,并在$\overline{WR}_1$ 上升沿将数据锁存,实现低位字节缓冲。当译码输出端 $Y_2 = 0$ 且$\overline{IOW} = 0$(即$\overline{WR}_2 = 0$)时,12 位数据一起写入 DAC1208 系列芯片的 DAC 寄存器,并在$\overline{WR}_2$ 上升沿将数据锁存,开始 D/A 转换。

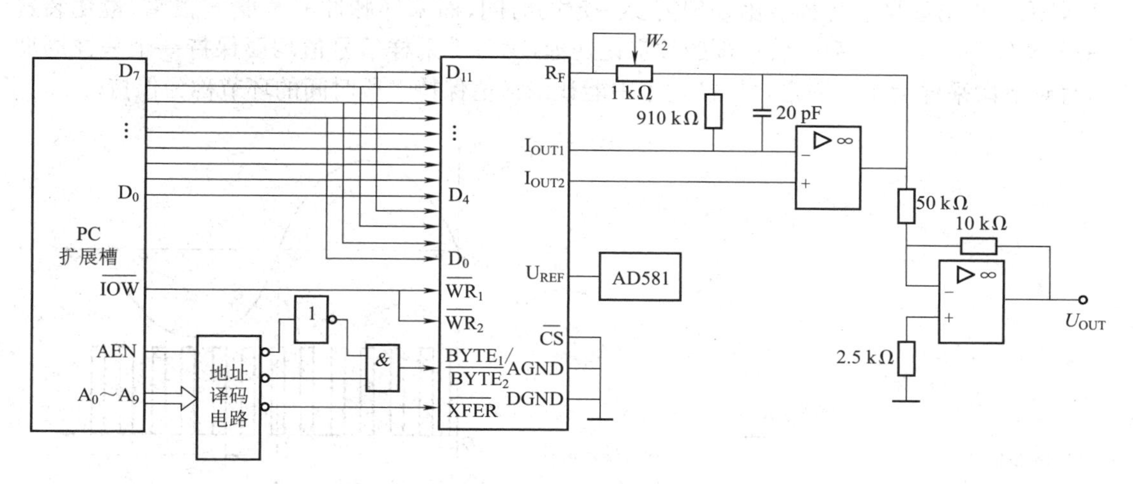

图 5-9　DAC1208 系列芯片与 IBM-PC 总线的连接

第三节　A/D 转换器(ADC)

A/D 转换的功能是将模拟量转换成相应的数字量。在 A/D 转换器中,因为输入的模拟信号在时间上是连续的而输出的数字信号是离散的,所以要想将连续的信号数字化,必须对连续的模拟信号在一系列的瞬间进行采样,然后将采样值转换成数字量输出。A/D 转换一般要经过采样、保持、量化和编码 4 个过程。首先对输入的模拟电压信号进行采样,采样结束后进入保持时间,在这段时间内将采样的电压量化为数字量,并按一定的编码形式给出转换结果;然后再开始下一次采样。模拟信号经过 A/D 转换器转换成数字信号后,就可送入数字系统进行处理。

一、A/D 转换的一般步骤

1. 采样与保持

采样是利用模拟开关将随时间连续变化的模拟量转换为在时间上离散的数字量。模拟信号的采样过程如图 5-10 所示。在图 5-10(a)中,u_i为输入模拟信号,S 为模拟开关,u_S为采样脉冲,u_o为采样输出信号。

模拟开关 S 在采样脉冲 u_S的控制下做周期性的通断。在采样脉冲 u_S为高电平时,模拟开关 S 闭合,$u_o = u_i$;u_S为低电平时,模拟开关 S 断开,$u_o = 0$。因此,在输出端得到一个脉冲式的采样信号 u_o,采样波形如图 5-10(b)所示。由采样过程的输出波形可知,如果采样脉冲的频率越高,采样的次数越多,模拟信号数字化的性能越好,采样输出信号就越能真实地复现输入信号。但采样频率又不能太高,否则会使转换电路容量造成浪费或使处理电路变得复杂。合理地选择采样频率是由采样定理确定的。

采样定理：设采样脉冲 u_S 的频率为 f_s，输入模拟信号的最高频率分量的频率为 f_{imax}，理论上只需满足

$$f_s > 2f_{imax} \tag{5-8}$$

通常取 $f_s=(3\sim5)f_{imax}$。

对采样输出信号进行数字化处理需要一定的时间，而采样脉冲的宽度 τ_S 很窄，量化装置还来不及处理。为了有利于后一步的数字化处理，对每个采样信号值均要保持一个采样周期 T_S，直到下次采样为止。通常将转换过程中能让采样值保持一段时间的环节称为保持。

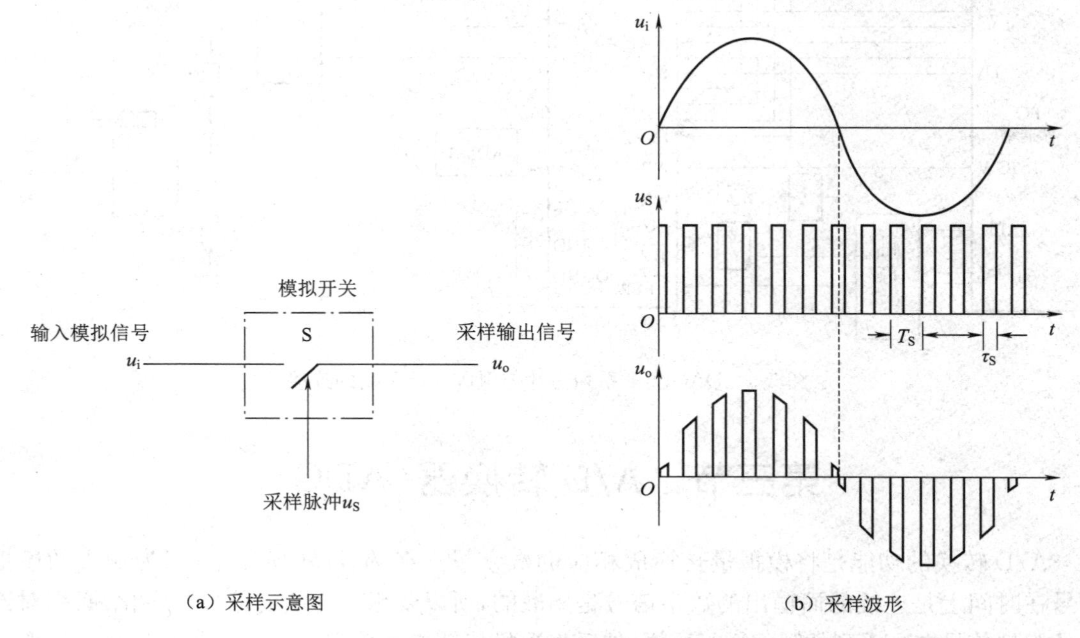

(a) 采样示意图　　(b) 采样波形

图 5-10　模拟信号的采样过程

采样和保持过程一般是通过采样-保持电路同时完成的。图 5-11(a)所示为采样-保持电路。在图中，A_1、A_2 为集成运放组成的电压跟随器，起缓冲隔离作用。V 为模拟开关（场效应管作模拟开关），C 为存储电容，由漏电流很小的钽电容组成。该电路的工作原理是：当 u_S 为高电平时，V 导通，输入模拟信号 u_i 向 C 充电，使 $u_C=u_i$，又由于 A_2 为跟随器，所以 $u_o=u_C=u_i$，此时处于采样状态。由于电容充电时间常数远小于采样脉冲宽度 τ_S，电容电压完全能跟随输入信号的变化。当 u_S 为低电平时，V 截止，因场效应管截止时的阻抗很大，电压跟随器的输入电阻又很大，所以电容上的电压保持在采样结束时的值，即处于保持状态。当下一个采样脉冲到达时，V 又导通，电容电压跟随输入信号的变化，获得新的采样信号。采样-保持波形如图 5-11(b)所示。

实际应用中可采用集成采样-保持电路，图 5-12 是集成采样-保持电路 LF398 的逻辑电路接线图。如果采用一般的采样-保持电路，会影响采样速度。这是由于在采样过程中输入电压需要经过 V 向电容 C 充电，这就限制了采样速度，同时在 C 充电时对被采样的模拟信号有影响，因此实用的集成采样-保持电路是在简单的采样-保持电路基础上进行了改进。

图中$+V_{CC}$和$-V_{CC}$为内部集成运放电路的正负电源，u_i为输入模拟信号，u_o为采样-保持输出电压，u_S为采样脉冲。当u_S为高电平时进行采样，而在低电平时处于保持状态。R_P为外接电阻(一般为几十千欧)，通过R_P的调节可调整输出电压的零点；C_H为外接保持电容，一般应大于1 000 pF。

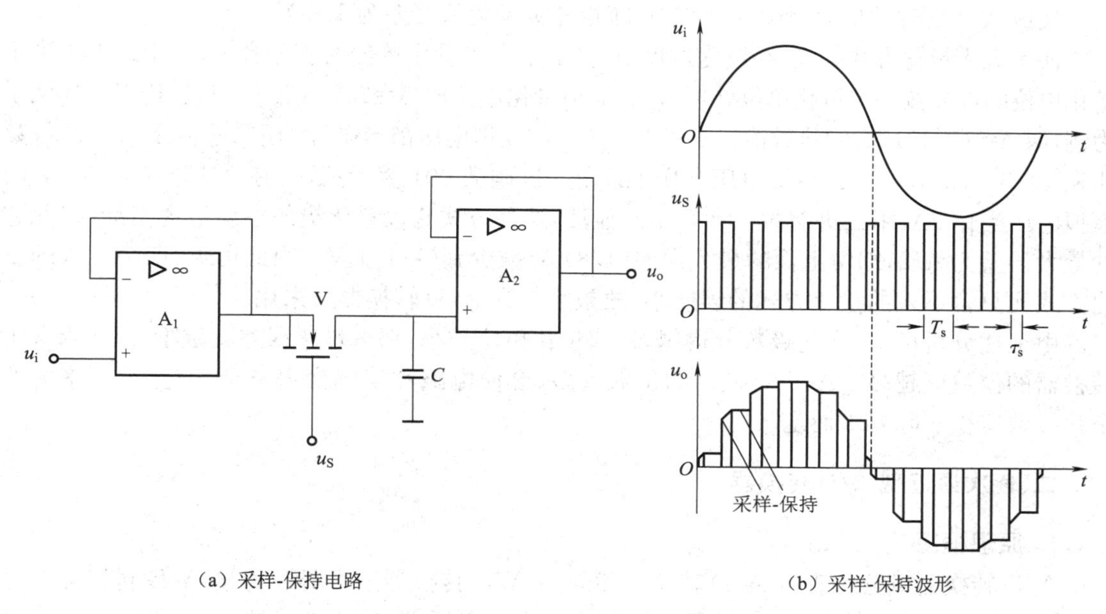

图5-11　采样-保持电路及波形

2. 量化和编码

采样-保持电路的输出虽已成为离散的阶梯电压，但其阶梯电压幅值仍是连续的。根据定义，数字信号应在时间上是离散的，在数值变化上是不连续，任何一个数字量的大小只能是某一规定的最小数量单位的整数倍。要把采样-保持电路输出的连续变化的所有电压幅值都转换为不同的数字信号，是不可能的。为此，应将它化为某一规定的最小数量单位的整数倍。通常将采样-保持后的电压幅值化为最小数量单位的整数倍的过程称为量化。在量化过程中所取的最小数量单位称为量化单位，用Δ表示。不难看出，它是数字信号最低位为1时所对应的模拟量，即1LSB。

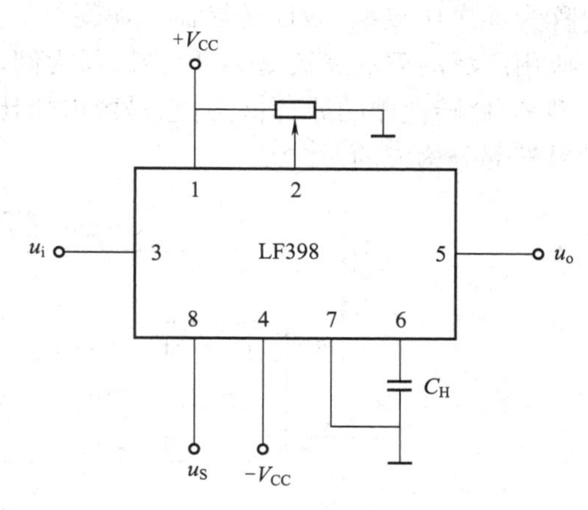

图5-12　集成采样-保持电路LF398的逻辑电路接线图

把量化的结果用二进制代码表示出来，称为编码。这些代码就是A/D转换的结果。

由于模拟信号采样值是连续的，采样-保持的输出电压就不一定能被Δ整除，因而量化过程中就不可避免地出现误差，这种误差称为量化误差，它是无法消除的。

量化过程中常采用两种近似量化方式：只舍不入量化方式和四舍五入量化方式。

只舍不入量化方式是指：在量化过程中，把不足量化单位的部分舍去，其最小量化单位取

$\Delta=U_m/2^n$。例如将变化范围为 0～1 V 的输入模拟电压，通过 3 位 A/D 转换器转换成 3 位二进制代码，现取 $\Delta=(1/8)$ V，当输入模拟电压为 0～(1/8) V 时，量化值为 0Δ，用二进制数 000 表示；当输入模拟电压为 1/8～(2/8) V 时，量化值为 1Δ，用二进制数 001 表示，依此类推。显然，当输入模拟电压为 7/8～1 V 时，量化值为 7Δ，用二进制数 111 表示。用这种方式将模拟量转换成数字量时的最大量化误差为 Δ，即相邻级量化值之差为 1/8 V。

四舍五入量化方式是指：在量化过程中，将不足半个量化单位的部分舍去，大于或等于半个量化单位的部分按一个量化单位处理，它的最小量化单位取 $\Delta=2U_m/(2^{n+1}-1)$。仍以上述例子为例，取 $\Delta=(2/15)$ V，它将数值在 0～(1/15) V 的模拟电压都当作 0Δ，用二进制数 000 表示；数值在 1/15～(3/15) V 的模拟电压当作 1Δ，用二进制数 001 表示；数值在 3/15～(5/15) V 的模拟电压当作 2Δ，用二进制数 010 表示。显然，这种方式它以量化级的中间值为基准，因此它的最大误差为 Δ/2，即由上面的最大误差(1/8) V 减少到(1/15) V。由此可见，四舍五入的量化方式比只舍不入的量化方式的误差小，故被大多数 A/D 转换器所采用。

由上述分析可知，量化级数分得越多，或量化单位越小，那么量化误差就越小，但要求A/D转换器的位数就越多。A/D 转换器的位数增多，会使电路和编码变得复杂，究竟采用多大的量化级数应视实际要求而定。

二、逐次逼近型 A/D 转换器

1. 原理框图

A/D 转换器可分为直接 A/D 转换器和间接 A/D 转换器两大类。直接 A/D 转换器又分为并联比较型和反馈比较型两类，目前最常用的逐次逼近型 A/D 转换器属于反馈比较型，又称为逐次比较型 A/D 转换器。而间接 A/D 转换器的主要有双积分型 A/D 转换器。下面以应用广泛的逐次逼近型 A/D 转换器为例，说明 A/D 转换器的工作原理。图 5-13 为逐次逼近型 A/D 转换器的原理框图，它是由电压比较器、D/A 转换器、寄存器、控制逻辑电路和时钟信号五部分构成的。

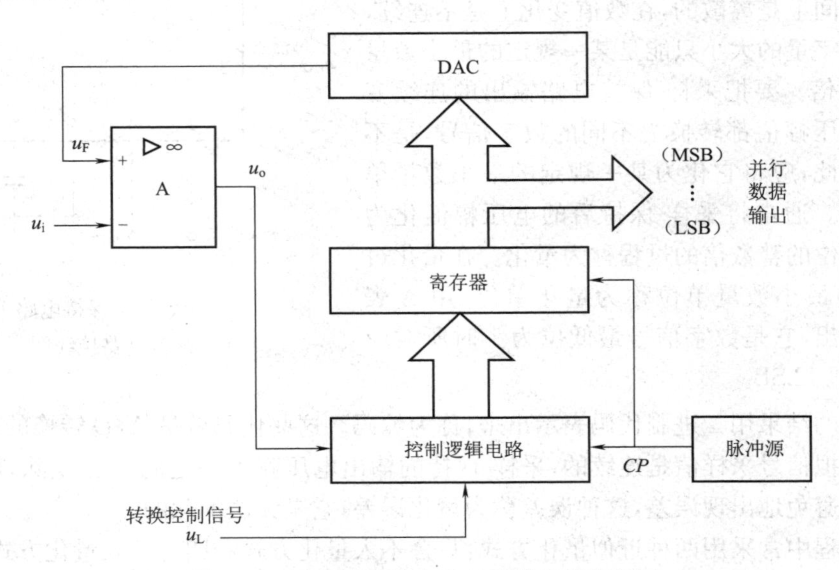

图 5-13　逐次逼近型 A/D 转换器的原理框图

逐次逼近型A/D转换器的工作原理类似于物理学中的用天平称重量。在转换开始之前先将寄存器清零,使D/A转换器的数字量为零。当转换控制信号u_L为高电平时转换开始,时钟信号先将寄存器的最高位置1,使寄存器的输出为100…0,这个数字量经过D/A转换器进行转换后变成相应的模拟电压u_F,并送到电压比较器与待转换的输入模拟电压u_i进行比较,若$u_F>u_i$,则说明数字量过大,应将这个1清除;若$u_F<u_i$,则说明该数字量还不够大,这个1应该保留。取舍工作是由电压比较器的输出u_o经控制逻辑电路完成的。随后再将次高位置1,用同样的方法比较u_F和u_i的大小,以确定该位1的取舍。这样一直逐位比较下去,直到最低位为止。比较结束后,寄存器中的数码就是所求的输出数字量。

2. 工作原理

下面结合图5-14所示的逻辑电路具体说明逐次比较的工作过程。图5-14中A为电压比较器,当$u_F<u_i$时比较器输出$u_o=0$;当$u_F>u_i$时比较器输出$u_o=1$。F_A~F_C组成数码寄存器,F_1~F_5和G_1~G_9组成控制逻辑电路。

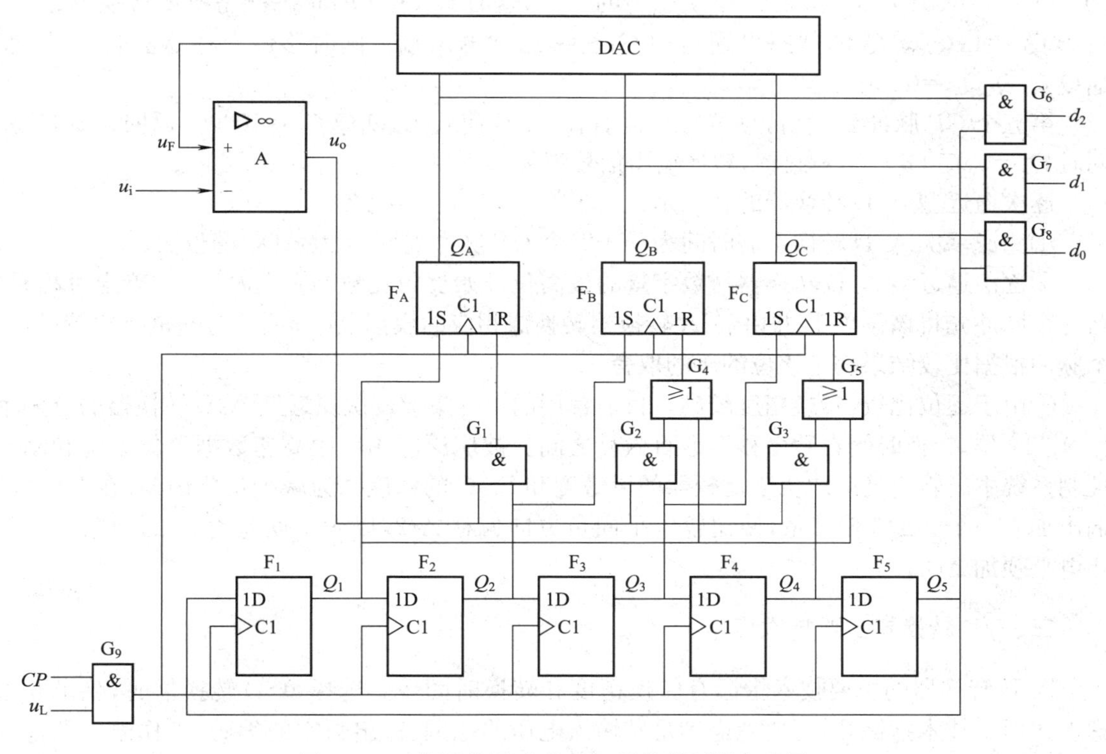

图5-14　3位逐次逼近型A/D转换器逻辑电路图

在转换开始前先将寄存器F_A~F_C置零,同时将F_1~F_5组成的环形移位寄存器置成$Q_1Q_2Q_3Q_4Q_5=10000$。当转换控制信号u_L为高电平时转换开始。

第一个CP脉冲到达后,由于$Q_5=0$,封锁输出门G_6~G_8。同时Q_A置1,Q_B、Q_C置0,这时$Q_AQ_BQ_C=100$。经D/A转换器将100转换成相应的模拟电压u_F,u_F和u_i在比较器中比较。若$u_F<u_i$时比较器输出$u_o=0$;若$u_F>u_i$时比较器输出$u_o=1$。同时移位寄存器右移1位,使$Q_1Q_2Q_3Q_4Q_5=01000$。

第二个CP脉冲到达后,使Q_B置1。若原来的$u_o=1$,则最高位所设的1应该清除,即Q_A

应置成 0；若原来的 $u_o=0$，则 Q_A 的 1 须保留。这样第二个 CP 脉冲后，$Q_AQ_BQ_C$ 有两个可能的状态 110 或 010，将它们送到 D/A 转换器转换成模拟电压 u_F，再与 u_i 进行比较，若 $u_F<u_i$ 时比较器输出 $u_o=0$；若 $u_F>u_i$ 时比较器输出 $u_o=1$。同时移位寄存器右移 1 位，使 $Q_1Q_2Q_3Q_4Q_5=00100$。

第三个 CP 脉冲到达后，使 Q_C 置 1。因为 Q_A 的 1 的取舍已在第二个 CP 脉冲后确定，现在确定 Q_B 的状态。若上一步的比较结果使 $u_o=1$，则次高位所设的 1 应该清除，即 Q_B 应置成 0；若 $u_o=0$，则 Q_B 的 1 须保留。这样第三个 CP 脉冲后，$Q_AQ_BQ_C$ 的状态是 111、011、101、001 四个状态中的一个，并将它们送到 D/A 转换器转换成模拟电压 u_F，再与 u_i 进行比较，若 $u_F<u_i$ 时比较器输出 $u_o=0$；若 $u_F>u_i$ 时比较器输出 $u_o=1$。同时移位寄存器右移 1 位，使 $Q_1Q_2Q_3Q_4Q_5=00010$。

第四个 CP 脉冲到达后，Q_A、Q_B 保持原状态不变，现在确定 Q_C 的状态。若上一步的比较结果使 $u_o=1$，则 Q_C 应置成 0；若 $u_o=0$，则 Q_C 的 1 须保留。这样形成 $Q_AQ_BQ_C$ 为 111、011、101、001、110、010、100、000 八个状态中的一个，这时 $Q_AQ_BQ_C$ 的状态就是所要转换的结果。由于 $Q_5=1$，$Q_AQ_BQ_C$ 的状态可通过门 $G_6\sim G_8$ 送到输出端。同时移位寄存器右移 1 位，使 $Q_1Q_2Q_3Q_4Q_5=00001$。

第五个 CP 脉冲到达后，移位寄存器右移 1 位，使 $Q_1Q_2Q_3Q_4Q_5=10000$，返回初始状态。同时 $Q_5=0$，门 $G_6\sim G_8$ 被封锁，转换输出信号消失。

逐次逼近型 A/D 转换器的特点是：

①完成一次 A/D 转换所需时间为$(n+2)$个 CP 脉冲周期，n 为 ADC 的位数。

②逐次逼近型 A/D 转换器从数字量的最高位开始逐位比较，每一位状态的确定过程是：前一个脉冲先将该位置 1，并由 D/A 转换器转换成相应的模拟电压 u_F，再与 u_i 进行比较；后一个脉冲根据比较结果确定该位的 1 的取舍。

③由于逐位比较，转换精度较高。目前常用的单片集成逐次逼近型 A/D 转换器的分辨率为 8～12 位，转换时间在数微秒至数百微秒之间。被广泛应用在中高速数据采集系统和动态控制系统中。转换精度取决于比较器的灵敏度和 DAC 的精度。为减少量化误差，在 DAC 的输出加入一个 $-\Delta/2$ 偏移量，使比较电平向负方向偏移 $\Delta/2$，以满足误差为 $\Delta/2$，但第一个量化电平须加 $\Delta/2$。

三、A/D 转换器主要技术指标

A/D 转换器的主要技术指标有转换精度和转换时间等。选择 A/D 转换器时，除了要考虑上述两个技术指标外，还要考虑满足其输入电压的范围、输出数字的编码、工作温度的范围以及电压稳定度等方面的要求。

1. 分辨率

分辨率又称分解度，反映了 A/D 转换器对输入信号的分辨能力。从理论上讲，n 位输出的 A/D 转换器能区分 2^n 个不同等级的输入模拟电压，能区分输入电压的最小值为满量程输入的 $1/2^n$。当最大输入电压一定时，输出的位数越多，量化电平越小，能分辨的电压越小，分辨率越高。因此，常用二进制的位数来表示分辨率。例如 A/D 转换器的输出为 10 位二进制数，最大输入信号为 5 V，那么这个转换器的输出应能区分出输入信号的最小差异为 $5\ \text{V}/2^{10}=4.88\ \text{mV}$。

2. 转换误差

转换误差通常是以输出误差的最大值的形式给出的。它表示实际输出的数字量与理论输出的数字量之差。常用最低有效位的倍数表示，又称相对误差。例如，给出某数字电压表的相对误差为 LSB/2，则表明实际输出的数字量和理论上的数字量之间的误差小于最低位的半个字。

分辨率和转换误差一般用来描述 A/D 转换器的转换精度。

3. 转换时间

转换时间是指 A/D 转换器完成一次从模拟量转换到数字量所需的时间。有时也用转换速率来表示转换的快慢，转换速率是转换时间的倒数。

A/D 转换器转换时间的长短主要是由转换电路的类型来决定的，不同类型的 A/D 转换器的转换时间相差甚远。集成 A/D 转换器按转换时间可分为：高速型，其转换时间小于 20 μs；中速型，其转换时间在 20～300 μs 之间；低速型，其转换时间大于 300 μs。

【例 5-4】 某温度测量仪表在测量范围 0～100 ℃之内，输出电流 4～20 mA，经 250 Ω 标准电阻转换成 1～5 V 的电压，用 8 位 ADC 转换成数字量送入计算机处理。若计算机采样读得数字量为 BCH(十六进制表示法)，问相应的温度为多少？

解：仪表满刻度 100 ℃相当于 5 V 的电压，转换成数字量为 $2^8-1=255$。用十六进制数表示为 FFH，相当于二进制 11111111。分辨率为(5/255) V=0.019 6 V。

仪表零点(0 ℃)相当于 1 V 电压，转换成数字量为(255/5)×1=51，用十六进制数表示为 33H，即二进制数 00110011。

测量值 BCH，用二进制表示为 10111100，其十进制数为 188，于是可求得温度值为

$$t=[100\times(188-51)/(255-51)]\ ℃=67.2\ ℃$$

四、ADC0809 集成 A/D 转换器

集成 ADC 的种类较多，有 8 位、10 位、12 位和 16 位，多数采用逐次逼近型。常用芯片有 8 位的 ADC0809、ADC0804、AD570，10 位的 AD7570、AD571，12 位的 AD574。下面介绍 8 位 ADC0809。

ADC0809 是一个 8 位集成单片 A/D 转换器，为逐次逼近型转换方式，采用 CMOS 工艺制成，28 个引脚采用双列直插式排列。芯片内部由三大部分组成：8 通道模拟开关，它可以直接输入 8 个单端的模拟信号；逐次逼近 A/D 转换器；三态输出锁存缓冲器，可输出 8 位数字量。ADC0809 芯片可与微机系统兼容、连接。图 5-15 所示为 ADC0809 的原理框图，图 5-16 为它的引脚排列图。

各引脚功能如下：

①$IN_0\sim IN_7$：8 路模拟通道输入端。

②$d_0\sim d_7$：8 位数字量输出端。

③$ADDA$、$ADDB$、$ADDC$：模拟通道地址选择端，当 $CBA=000$ 时选通输入通道 IN_0，$CBA=001$ 时选通输入通道 IN_1，依次类推。

④ALE：地址锁存允许控制端，当 ALE 为高电平时，锁存所选择的输入通道，使该通道的模拟量送入 A/D 转换器。

⑤$START$：启动转换控制端，高电平有效。由它启动 ADC0809 内部的 A/D 转换器。在信号的上升沿将内部寄存器清零，在下降沿开始进行转换。

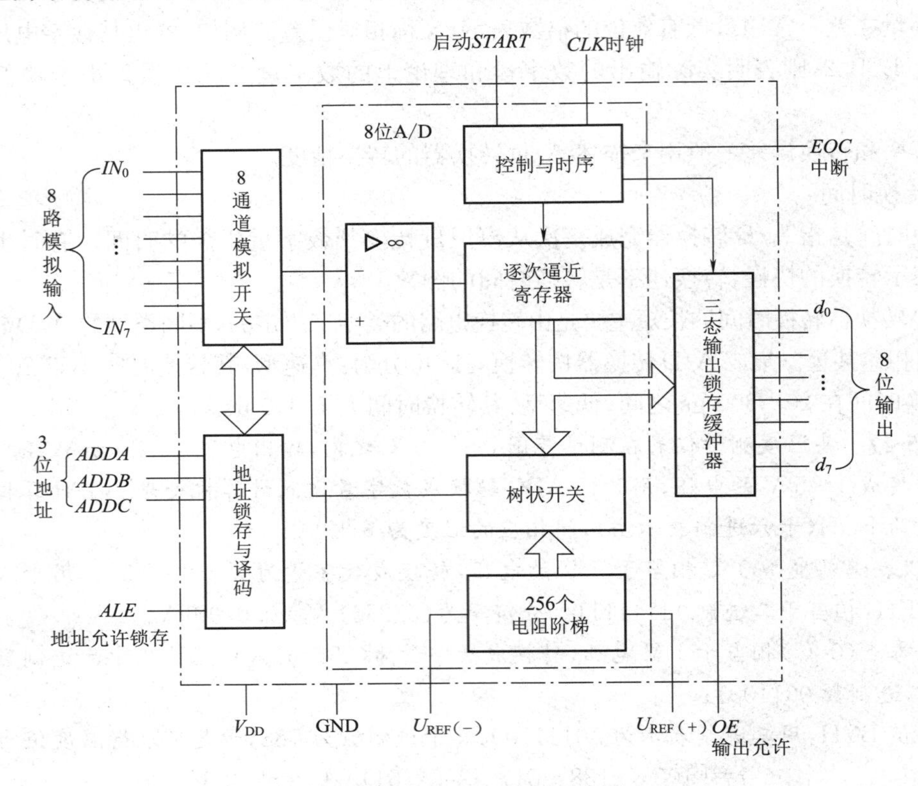

图 5-15　ADC0809 的原理框图

⑥CLK：时钟脉冲输入端，只有时钟脉冲输入时，控制与时序电路才能工作。

⑦EOC：转换结束信号输出端，当 A/D 转换结束时，发出一个正脉冲，使 EOC 变为高电平，并将转换结果送入三态输出寄存器。

⑧OE：输出允许控制端，当 $OE=1$ 时，将三态输出锁存缓冲器中的数据送到数据输出线上。

⑨$U_{REF(+)}$、$U_{REF(-)}$：正、负基准电压。

⑩V_{DD}、GND：电源及接地端。

集成 ADC0809 转换器的性能如下：

①工作电压为+5 V。

②分辨率为 8 位。最大失调误差为 1LSB。

③模拟量输入电压范围为 0～5 V，不需要零点和满刻度调节。

④工作时钟频率典型值为 640 kHz，转换时间为 100 μs。

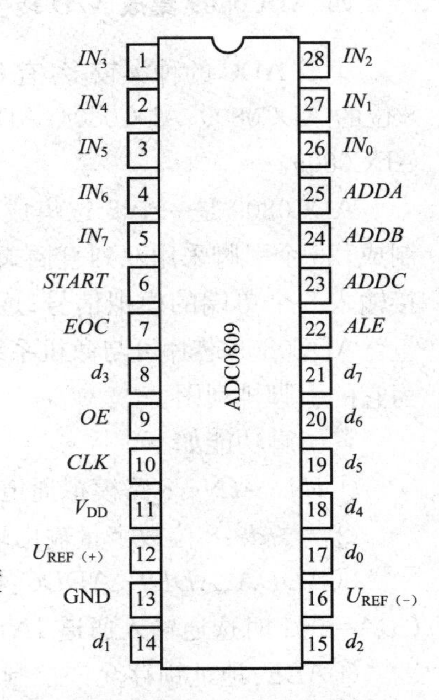

图 5-16　ADC0809 的引脚排列图

集成 ADC0809 转换器的使用要点如下：

①ADC0809 需外接采样-保持电路。采样-保持电路可采用单片集成采样-保持电路，如 LF398、LF198，接线方式可按图 5-12 进行。

②双基准电压的使用。ADC0809 给出了两个基准电压 $U_{REF(+)}$、$U_{REF(-)}$，通常情况下 $U_{REF(+)}$ 接电源 V_{DD}，$U_{REF(-)}$ 接地。也可以按指定的基准电压连接。

※五、AD574A 集成 A/D 转换器

AD574A 是美国 Analog 公司的产品，是目前国际市场上较先进的、价格低廉、应用较广的混合集成 12 位逐次逼近型 A/D 转换芯片，转换结果通过三态缓冲器输出，因而可直接和许多微处理器的总线相接。它分 6 个等级，即 AD574AJ、AK、AL、AS、AT、AU，前三种使用温度范围为 0～+70 ℃，后三种为−55～+125 ℃。它们除线性度及其他某些特性因等级不同而异外，主要性能指标和工作特点相同。

1. 主要技术指标和特性

①非线性误差：小于±1/2LSB 或±1LSB(因等级不同而异)。

②模拟电压输入范围：单极性 0～10 V，0～20 V；双极性±5 V，±10 V。

③转换速率：35 μs。

④供电电源：5 V，±15 V。

⑤启动转换方式：由多个信号联合控制，属脉冲式。

⑥输出方式：具有多路方式的可控三态输出缓存器。

⑦内部时钟，无须外加时钟。

⑧片内有基准电压源。可外加 V_R，也可通过将 V_o(R)与 V_i(R)相连提供 V_R。内部提供的 V_R 为(10.00±0.1) V(max)，可供外部使用，其最大输出电流为 1.5 mA。

⑨可进行 12 位或 8 位转换。12 位输出可一次完成，也可两次完成(先高 8 位，后低 4 位)。

2. 内部结构与引脚功能

AD574A 的内部结构与引脚如图 5-17 所示。由图可见，它由两片大规模集成电路混合而成：一片为以 D/A 转换器 AD565 和 10 V 基准源为主的模拟片，一片为集成了逐次逼近寄存器 SAR 和转换控制电路、时钟电路、三态输出缓冲器电路和高分辨率比较器的数字片，其中 12 位三态输出缓冲器分成独立的 A、B、C 三段，每段 4 位，目的是便于与各种字长微处理器的数据总线直接相连。

各引脚功能如下：

①$12/\overline{8}$：输出数据模式选择。选择数据总线是 12 位或 8 位输出。当接高电平时，输出数据是 12 位字长；当接低电平时，将转换输出的数据变成两个 8 位字输出。

②A_0：转换数据长度选择。结合 $12/\overline{8}$端用来控制转换方式和数据输出格式。A_0 为低电平时，进行 12 位转换；A_0 为高电平时，则进行 8 位转换。

③$\overline{CS}$：片选信号。

④$R/\overline{C}$：读转换数据选择。当为高电平时，可将转换后数据读出；当为低电平时，启动转换。

⑤CE：芯片允许信号，用来控制转换与读操作。只有当它为高电平时，并且$\overline{CS}=0$ 时，$R/\overline{C}$信号的控制才起作用。CE 和$\overline{CS}$、$R/\overline{C}$、$12/\overline{8}$、A_0 信号配合可进行转换和读操作的控制。

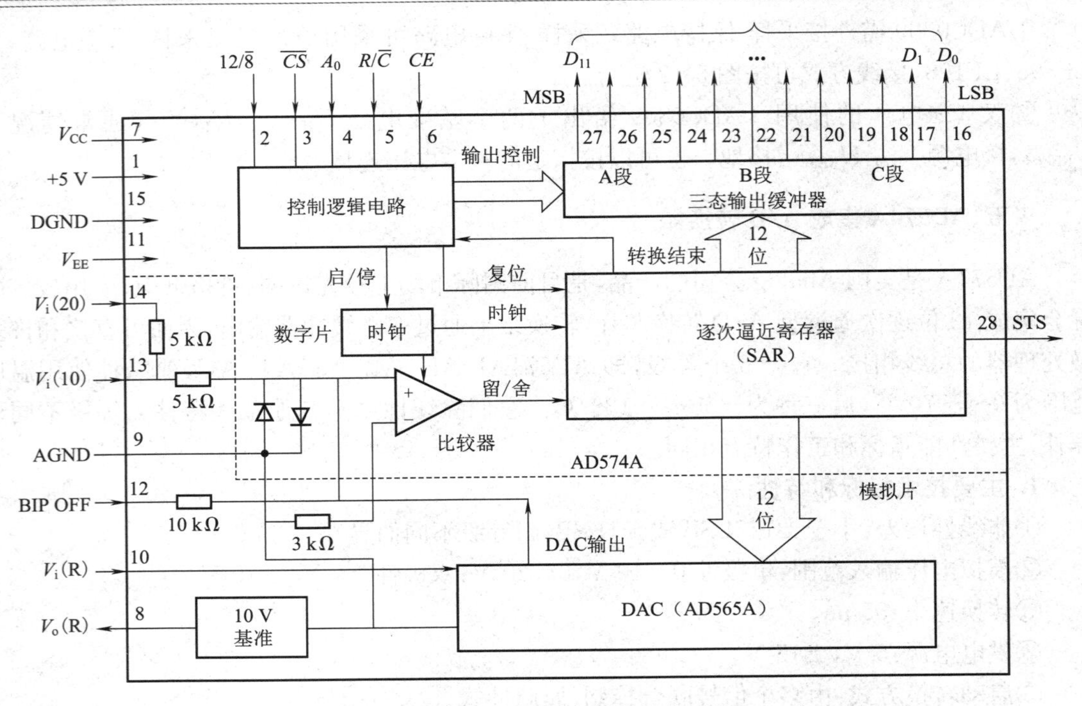

图 5-17　AD574A 的内部结构与引脚

⑥V_{CC}：正电源，电压范围为 0～＋16.5 V。

⑦V_o(R)：＋10 V 参考电压输出端，具有 1.5 mA 的带负载能力。

⑧AGND：模拟地。

⑨DGND：数字地。

⑩V_i(R)：参考电压输入端。

⑪V_{EE}：负电源，可选加－11.4～－16.5 V 之间的电压。

⑫BIP OFF：双极性偏移端，用于极性控制。单极性输入时接模拟地(AGND)，双极性输入时接 V_o(R)端。

⑬V_i(10)：单极性 0～10 V 范围输入端，双极性±5 V 范围输入端。

⑭V_i(20)：单极性 0～20 V 范围输入端，双极性±10 V 范围输入端。

⑮*STS*：转换状态输出端，只在转换进行过程中呈现高电平，转换一结束立即返回到低电平。可用查询方式检测此端电平变化，来判断转换是否结束，也可利用它的负跳变沿来触发一个触发器产生 *IRQ* 信号，在中断服务程序中读取转换后的有效数据。

从转换被启动并使 *STS* 变高电平一直到转换周期完成这一段时间内，AD574A 对再来的启动信号不予理睬，转换进行期间也不能从输出数据缓冲器读取数据。

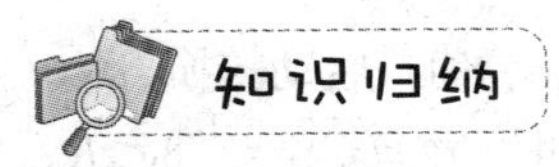

①把模拟信号转换成数字信号的过程称为模/数转换，简称 A/D 转换，实现这种转换的电

路称为 A/D 转换器，简称 ADC。把数字信号转换成模拟信号的过程称为数/模转换，简称 D/A转换，实现这种转换的电路称为 D/A 转换器。A/D 和 D/A 转换器是计算机与控制对象之间重要的接口电路。

②D/A 转换的基本原理：将每一位数字量的代码按权的大小转换成相应的模拟量，然后将这些模拟量求和，就可得到与数字量相对应的模拟量，从而实现了数/模转换。

常用的 D/A 转换器有权电阻网络、权电流网络和梯形电阻网络等形式。倒 T 形电阻网络的 D/A 转换器由数码寄存器、模拟电子开关电路、电阻译码网络、运算放大器和基准电压等组成。输出模拟电压与输入数字量之间的关系为 $u_o=-\frac{U_{REF}}{2^n}D_n$。

D/A 转换器的主要参数有转换精度和转换速度。典型的集成 D/A 转换器有 DAC0832 和 DAC1208。DAC0832 是一种相当普遍且成本较低的 D/A 转换器。该器件是一个 8 位转换器，它将一个 8 位的二进制数转换成模拟电压，可产生 256 种不同的电压值。DAC0832 可工作在三种不同的工作模式：直通方式、单缓冲方式、双缓冲方式。

③A/D 转换一般要经过：采样、保持、量化和编码 4 个过程。采样是利用模拟开关将连续变化的模拟量转换为离散的数字量；将转换过程中采样值保持一段时间的环节称为保持；将采样-保持后的电压幅值化为最小数量单位的整数倍的过程称为量化；把量化的结果用二进制代码表示称为编码。

A/D 转换器分为直接 A/D 转换器和间接 A/D 转换器。最常用的 A/D 转换器为逐次逼近型，其工作原理类似于天平称重量。

A/D 转换器的主要参数有分辨率、转换误差和转换时间。典型的集成 A/D 转换器有 ADC0809 和 ADC574A。ADC0809 是一种普遍使用且成本较低的、由 National 半导体公司生产的 CMOS 材料 A/D 转换器。它具有 8 个模拟量输入通道，可在程序控制下对任意通道进行 A/D 转换，得到 8 位二进制数字量。ADC0809 内部各单元的功能如下：a. 通道选择开关；b. 通道地址锁存和译码；c. 逐次逼近 A/D 转换；d. 8 位锁存器和三态门。

知识训练

题 5-1 名词解释：

(1)A/D 转换； (2)D/A 转换； (3)模拟量； (4)数字量； (5)分辨率；
(6)量化误差； (7)转换时间； (8)绝对精度和相对精度；
(9)温度灵敏度； (10)传感器。

题 5-2 某 8 位倒 T 形电阻网络 DAC 中，其反馈电阻为 R，基准电压为 $U_{REF}=-10$ V。试求：

(1)当输入数字量 $d_7 \sim d_0=11010111$ 时的输出电压 u_o。

(2)当输入数字量 $d_7 \sim d_0=10011001$ 时的输出电压 u_o。

(3)若输出电压 $u_o=2$ V，输入数字量为多少？

题 5-3 已知 8 位倒 T 形电阻网络 DAC 中，$R_F=R$，最小输出电压为 0.02 V，试计算：

(1)当输入数字量 $d_7 \sim d_0=01001001$ 时的输出电压 u_o。

(2)它的最大输出电压为多少？

题 5-4　什么是D/A转换器的分辨率？试求12位D/A转换器的分辨率。

题 5-5　D/A转换器的分辨率取决于(　　)。

A. 输入数字量的位数

B. 输出模拟电压的大小，输出电压越大，分辨率就越高

C. 参考电压U_{REF}的大小，U_{REF}越大，分辨率越高

题 5-6　已知某D/A转换器满刻度的输出电压为10 V。试问要求1 mV的分辨率，其输入数字量的位数至少是多少？

题 5-7　某10位倒T形电阻网络DAC中$U_{REF}=-10$ V，$R_F=R$。试问：

(1)输出电压最小增量约为多少？

(2)若转换误差不大于半个字，当输入数字量为08AH时，输出电压产生的相对误差为多少？

(3)若输入数字量分别为0100101110B、09CH、3E6H，则输出电压各为多少？

题 5-8　A/D转换器的工作过程有哪些？简要说明各过程的作用。

题 5-9　逐次逼近型A/D转换器主要由哪几部分组成？它们的主要功能是什么？

题 5-10　一个A/D转换器满量程时的输入电压为10 V，要求最小分辨电压为20 mV。试问：

(1)该转换器的位数至少为多少？

(2)该转换器的分辨率为多少？

题 5-11　一个8位A/D转换器，其输入电压为0～10 V，要求能分辨0.005 V的电压变化。试问：

(1)该转换器的位数至少为多少？

(2)若输入电压为5 V，输出数字量为多少？

题 5-12　有一个10位逐次逼近型ADC，其最小量化单位电压为0.005 V。试求：

(1)参考电压U_{REF}。

(2)可转换的最大的模拟电压。

(3)若输入电压$u_I=-3.568$ V，转换成数字量(用十六进制表示)为多少？产生的转换误差为多少？

题 5-13　一个逐次逼近型ADC中的10位DAC的输出电压最大值$U_{omax}=12.276$ V，时钟频率$f_S=500$ kHz。试问：

(1)若输入电压为4.32 V，转换后的输出数字量为多少？

(2)完成这次转换需要的时间为多少？

题 5-14　某温度测量仪表的量程为0～150 ℃，输出电流为4～20 mA，经500 Ω标准电阻转换成2～10 V的电压，用10位ADC转换成数字量输入计算机处理。若计算机采样读得数字量为2DCH，问相应的温度为多少？

题 5-15　已知倒T形电阻网络DAC的$R_F=R$，$U_{REF}=10$ V，试分别求出4位DAC和8位DAC的输出最大电压，并说明这种DAC输出最大电压与位数的关系。

题 5-16　要设计一个D/A转换系统，请回答以下问题：

(1)如果要求模拟输出电压的最大值为10 V，基准电压U_{REF}应选多少？

(2)如果要求模拟输出电压的最大值为10 V，电压的最小变化量为50 mV，应选几位的

DAC芯片？是DAC0832还是AD7533？

(3)如果输出电压的最大值为10 V，要求转换误差小于25 mV，DAC芯片的线性度误差应为多少？

(4)如果DAC芯片的建立时间$t_s=1\ \mu s$，外接运算放大器的电压变化率$S_R=2\ V/\ \mu s$，在最大输出电压为10 V时转换时间大约需要多少？

题5-17　已知R-$2R$网络型D/A转换器$U_{REF}=+5$ V，试分别求出4位D/A转换器和8位D/A转换器的最小输出电压，并说明这种D/A转换器最小输出电压与位数的关系。

题5-18　双积分式A/D转换器电路如图5-18所示。

(1)若被测电压$u_{I(max)}=2$ V，要求分辨率≤0.1 mV，则二进制计数器的计数总容量N应大于多少？

(2)需要多少位的二进制计数器？

(3)若时钟频率$f_{cp}=200$ kHz，则采样-保持时间为多少？

(4)若$f_{cp}=200$ kHz，$|u_I|<|U_{REF}|=2$ V，积分器输出电压的最大值为5 V，此时积分时间常数RC为多少毫秒？

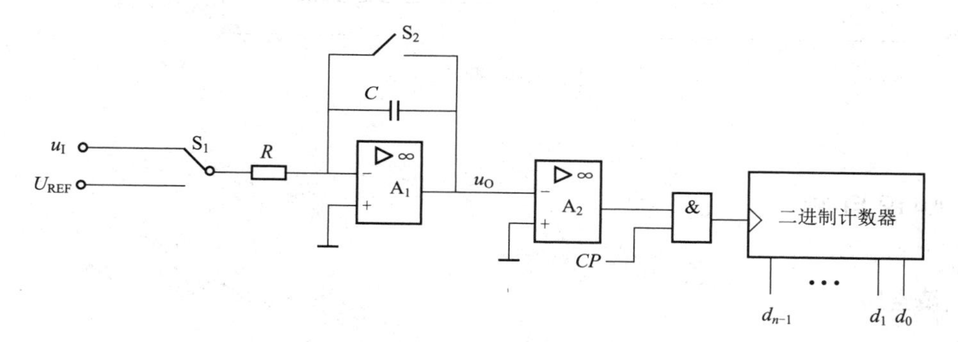

图5-18　题5-18图

题5-19　图5-19所示为4位逐次逼近型A/D转换器，其4位D/A输出电压u_O与输入电压u_I波形分别如图5-19(b)、(c)所示。

(1)转换结束时，图5-19(b)、(c)的输出数字量各为多少？

(2)若4位A/D转换器的输入满量程电压为5 V，估计两种情况下的输入电压范围各为多少？

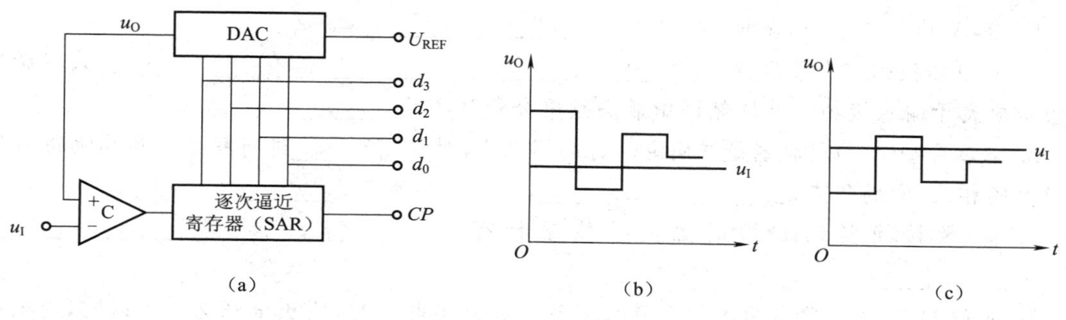

图5-19　题5-19图

题 5-20　由 555 定时器、3 位二进制加计数器、理想运算放大器 A 构成如图 5-20 所示电路。设计数器初始状态为 000，且输出低电平 $U_{OL}=0$ V，输出高电平 $U_{OH}=3.2$ V，$\overline{R}_D$ 为异步清零端，高电平有效。

(1)说明点画线框(1)、(2)部分各构成什么功能电路？

(2)点画线框(3)构成几进制计数器？

(3)对应 CP 画出 u_O 波形，并标出电压值。

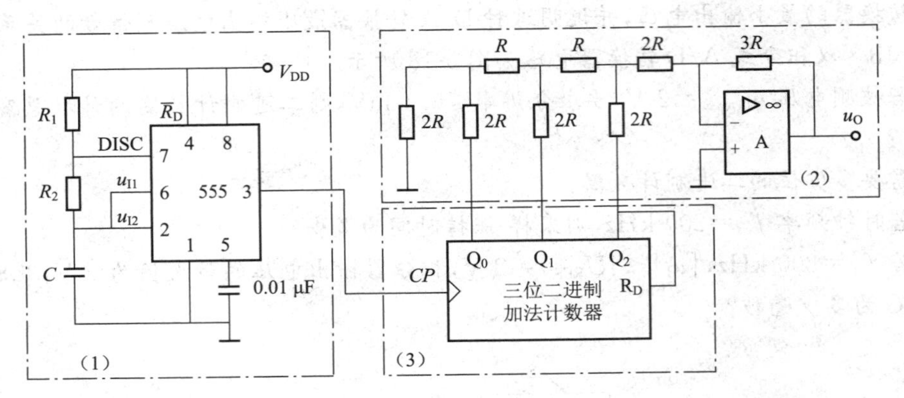

图 5-20　题 5-20 图

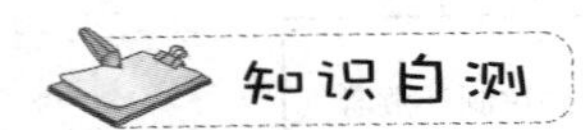

一、填空题

1. D/A 转换器用来将输入的__________转为__________输出。

2. 倒 T 形电阻网络 D/A 转换器中，电阻网络中的电阻值只有__________；各节点的对地等效电阻均为__________。

3. 和电阻网络的 D/A 转换器相比，权电流 D/A 转换器的主要优点是__________。

4. 电阻网络 D/A 转换器主要由__________、__________、__________ 3 部分组成，其中__________为 D/A 转换器的核心。

5. A/D 转换器用来将输入的__________转为__________输出。

6. 在 A/D 转换器中，量化单位是指________________。

7. A/D 转换的四个步骤是__________、__________、__________、__________。采样脉冲的频率应大于输入模拟信号的频谱中最高频率分量频率的__________。

8. 双积分型 A/D 转换器是在固定的时间间隔内，对__________进行积分。和其他的 A/D 转换器的相比，它的优点是__________、__________，主要缺点是__________。

9. 模/数转换器(ADC)的主要性能参数有：__________、__________、__________、__________、__________。

10. 8 位 D/A 转换器当输入数字量只有最高位为高电平时，输出电压为 5 V；若只有最低位为高电平，则输出电压为__________；若输入为 10001000，则输出电压为__________。

11. 就实质而言，__________类似于译码器，__________类似于编码器。

12. 已知被转换信号的上限频率为 10 kHz，则 A/D 转换器的采样频率应高于__________。完成一次转换所用时间应小于__________。

13. 衡量 A/D 转换器性能的两个主要指标是__________和__________。

14. 就逐次逼近型和双积分型两种 A/D 转换器而言，__________抗干扰能力强；__________转换速度快。

15. D/A 转换器的分辨率取决于__________。

16. 实现 A/D 转换的方法很多，常用的有__________法、__________法及__________法等。

二、判断题

1. 在 D/A 转换器中，输入数字量位数越多，输出的模拟电压越接近实际的模拟电压。（　　）
2. *R*-2*R* 倒 T 形电阻网络 D/A 转换器的转换精度比权电阻网络 D/A 转换器的高。（　　）
3. 在 D/A 转换器中，转换误差是完全可以消除的。（　　）
4. 在 A/D 转换器中，量化单位越小，转换精度越差。（　　）
5. 在 A/D 转换器中，输出的数字量位数越多，量化误差越小。（　　）
6. 在 A/D 转换器中，量化误差数是不可以消除的。（　　）
7. 双积分型 A/D 转换器的主要优点是工作稳定、抗干扰能力强、转换精度高。（　　）
8. 权电阻网络 D/A 转换器的电路简单且便于集成工艺制造，因此被广泛使用。（　　）
9. D/A 转换器的最大输出电压的绝对值可达到基准电压 U_{REF}。（　　）
10. D/A 转换器的位数越多，能够分辨的最小输出电压变化量就越小。（　　）
11. D/A 转换器的位数越多，转换精度越高。（　　）
12. A/D 转换器的二进制数的位数越多，量化单位 Δ 越小。（　　）
13. A/D 转换过程中，必然会出现量化误差。（　　）
14. A/D 转换器的二进制数的位数越多，量化级分得越多，量化误差就可以减小到 0。（　　）
15. 一个 n 位逐次逼近型 A/D 转换器完成一次转换要进行 n 次比较，需要 $(n+2)$ 个时钟脉冲。（　　）

三、选择题

1. *R*-2*R* 倒 T 形电阻网络 D/A 转换器中的电阻值为（　　）。

A. 分散值　　B. R 和 $2R$　　C. $2R$ 和 $3R$　　D. R 和 $(1/2)R$

2. 将输入的数字量转换成与之成正比的模拟量输出的电路是（　　）。

A. ROM　　B. RAM　　C. D/A 转换器　　D. A/D 转换器

3. D/A 转换器中的运算放大器输入和输出信号为（　　）。

A. 二进制代码和电流　　B. 二进制代码和电压

C. 模拟电压和电流　　D. 电流和模拟电压

4. 双积分型 A/D 转换器输出的数字量和输入的模拟量关系为（　　）。

A. 正比　　B. 反比　　C. 二次方　　D. 无关

5. 根据采样定理，采样脉冲的频率为（　　）。

A. 小于模拟信号的频谱的最高频率的一半

B. 大于模拟信号的频谱的最高频率的两倍

C. 小于模拟信号的频谱的最低频率的一半

D. 大于模拟信号的频谱的最低频率的两倍

6. 并联比较型 A/D 转换器不可缺少的组成部分是(　　)。

A. 计数器　　B. D/A 转换器　　C. 编码器　　D. 积分器

7. 8 位 D/A 转换器，当输入数字量只有最低位为 1 时，输出电压为 0.02 V；若输入数字量只有最高位为 1 时，则输出电压为(　　)V。

A. 0.039　　B. 2.56　　C. 1.27　　D. 都不是

8. D/A 转换器的主要参数有(　　)、转换精度和转换速度。

A. 分辨率　　B. 输入电阻　　C. 输出电阻　　D. 参考电压

9. 图 5-21 所示 R-$2R$ 倒 T 形电阻网络 D/A 转换器的转换公式为(　　)。

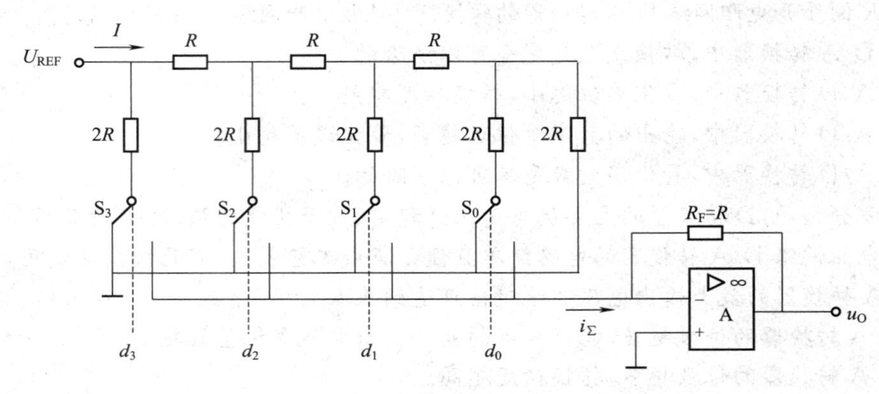

图　5-21

A. $u_o=-\dfrac{U_{REF}}{2^3}\sum_{i=0}^{3}d_i\times 2^i$　　B. $u_o=-\dfrac{2}{3}\dfrac{U_{REF}}{2^4}\sum_{i=0}^{3}d_i\times 2^i$

C. $u_o=-\dfrac{U_{REF}}{2^4}\sum_{i=0}^{3}d_i\times 2^i$　　D. $u_o=\dfrac{U_{REF}}{2^4}\sum_{i=0}^{3}d_i\times 2^i$

10. 对电压、频率、电流等模拟量进行数字处理之前，必须将其进行(　　)。

A. D/A 转换　　B. A/D 转换　　C. 直接输入　　D. 随意

11. A/D 转换器中，转换速度最高的为(　　)转换。

A. 并联比较型　　B. 逐次逼近型　　C. 双积分型　　D. 计数型

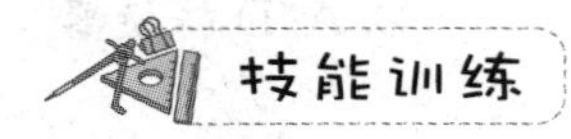

训练项目　D/A、A/D 转换器

一、项目概述

在数字电子技术的很多应用场合往往需要把模拟量转换为数字量，其转换电路称为模/数转换器(A/D 转换器，简称 ADC)；或把数字量转换成模拟量，其转换电路称为数/模转换器

(D/A 转换器,简称 DAC)。完成这种转换的电路有多种,特别是单片大规模集成 A/D、D/A 转换器问世,为实现上述的转换提供了极大的方便。使用者可借助于手册提供的器件性能指标及典型应用电路,即可正确使用这些器件。本训练项目将采用大规模集成电路芯片 DAC0832 实现 D/A 转换,ADC0809 实现 A/D 转换。

二、训练目的

了解 D/A 和 A/D 转换器的基本工作原理和基本结构;掌握大规模集成 D/A 和 A/D 转换器 DAC0832 和 ADC0809 的性能、引脚功能及其典型应用;掌握集成 D/A 转换器的测试方法以及测试模/数转换器静态线性的方法,加深对其主要参数意义的理解。

三、训练内容与要求

1. 训练内容

利用数字电子技术实验装置提供的电路板(或面包板)、集成器件、逻辑开关、连接导线等,组装 D/A、A/D 转换器训练测试电路。根据本训练项目要求,以及给定的集成逻辑器件,完成电路安装的布线图设计,按照所给测试接线图,安装相关电路,完成电路功能测试,并撰写出项目训练报告。

2. 训练要求

①掌握 D/A 和 A/D 转换器的基本工作原理和基本结构。

②熟悉 ADC0809、DAC0832 各引脚功能、使用方法;学会对集成器件功能的测试;学会对 D/A 和 A/D 转换器电路的组装和测量。

③绘好完整的训练项目电路和所需的记录表格,拟定各个训练项目内容的具体操作方案。

④撰写项目训练报告。

四、电路原理分析

1. D/A 转换器 DAC0832

DAC0832 是采用 CMOS 工艺制成的单片电流输出型 8 位 D/A 转换器。图 5-22 是 DAC0832 的逻辑框图及引脚排列图。

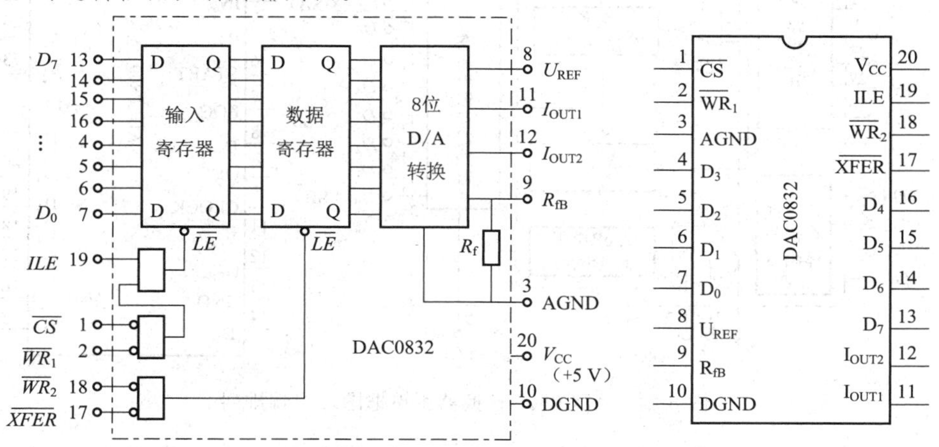

图 5-22 DAC0832 的逻辑框图及引脚排列图

器件的核心部分采用倒T形电阻网络的8位D/A转换器，如图5-23所示。它是由倒T形R-$2R$电阻网络、模拟开关、运算放大器和参考电压(U_{REF})四部分组成的。

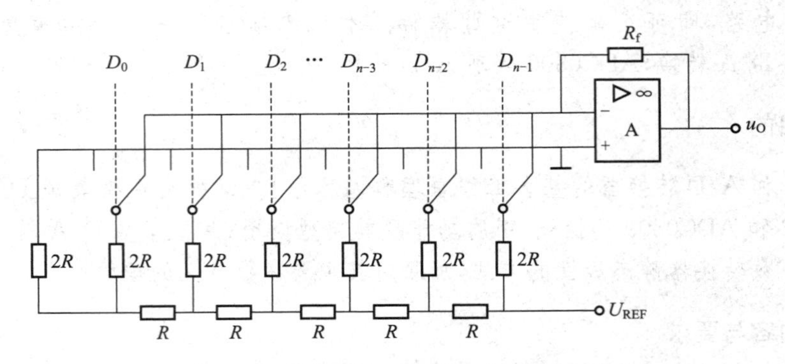

图5-23 倒T形电阻网络D/A转换电路

集成运放的输出电压为

$$u_o=\frac{U_{REF}\cdot R_f}{2^nR}(D_{n-1}\cdot 2^{n-1}+D_{n-2}\cdot 2^{n-2}+\cdots+D_0\cdot 2^0)$$

由上式可见，输出电压u_o与输入的数字量成正比，这就实现了从数字量到模拟量的转换。

一个8位的D/A转换器，有8个输入端，每个输入端是8位二进制数的1位，有一个模拟输出端，输入有$2^8=256$个不同的二进制组态，输出为256个电压之一，即输出电压不是整个电压范围内任意值，而只能是256个可能值。

DAC0832输出的是电流，要转换为电压，还必须经过一个外接的运算放大器。

2. A/D转换器ADC0809

ADC0809是采用CMOS工艺制成的单片8位8通道逐次逼近型A/D转换器，其逻辑框图及引脚排列图如图5-24所示。

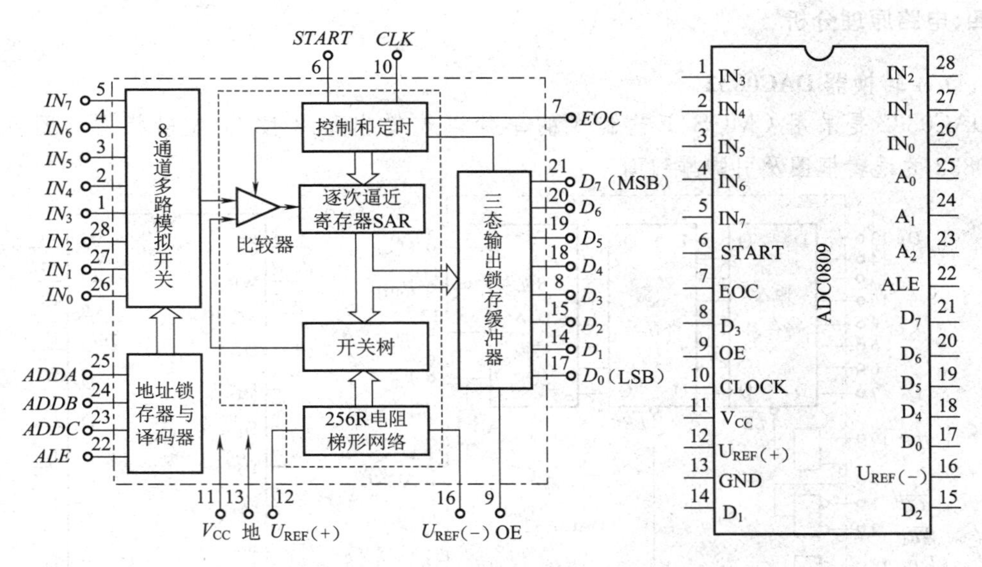

图5-24 ADC0809转换器逻辑框图及引脚排列

器件的核心部分是8位A/D转换器，它由比较器、逐次逼近寄存器、D/A转换器及控制和定时 5 部分组成。

(1)模拟量输入通道选择

8 路模拟开关由 A_2、A_1、A_0 三地址输入端选通 8 路模拟信号中的任何一路进行 A/D 转换,地址译码与模拟输入通道的选通关系见表 5-1。

表 5-1 地址译码与模拟输入通道的选通关系

被选模拟通道		IN_0	IN_1	IN_2	IN_3	IN_4	IN_5	IN_6	IN_7
地　址	A_2	0	0	0	0	1	1	1	1
	A_1	0	0	1	1	0	0	1	1
	A_0	0	1	0	1	0	1	0	1

(2)D/A 转换过程

在启动端(START)加启动脉冲(正脉冲),D/A 转换即开始。如将启动端(START)与转换结束端(EOC)直接相连,转换将是连续的,在用这种转换方式时,开始应在外部加启动脉冲。

五、内容安排

1. D/A 转换器 DAC0832

①按图 5-25 接线,电路接成直通方式,即 CS、$\overline{WR}_1$、$\overline{WR}_2$、$\overline{XFER}$接地;ALE、V_{CC}、U_{REF}接+5 V 电源;集成运放电源接±15 V;D_0～D_7 接逻辑开关的输出插口,输出端 u_o接直流数字电压表。

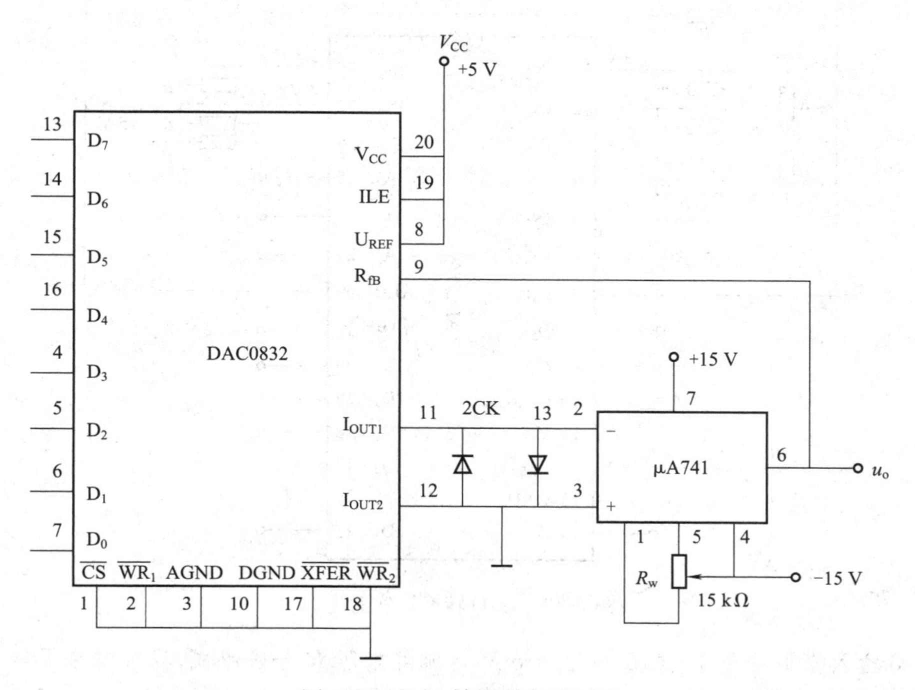

图 5-25 D/A 转换器实验电路

②调零，令 $D_0 \sim D_7$ 全置零，调节集成运放的电位器，使 μA741 输出为零。

③按表 5-2 所列输入数字信号，用数字电压表测量集成运放的输出电压 u_o，并将测量结果填入表中，并与理论值进行比较。

表 5-2　D/A 转换器测量结果

输入数字量								输出模拟量 u_o/V
D_7	D_6	D_5	D_4	D_3	D_2	D_1	D_0	$V_{CC}=+5$ V
0	0	0	0	0	0	0	0	
0	0	0	0	0	0	0	1	
0	0	0	0	0	0	1	0	
0	0	0	0	0	1	0	0	
0	0	0	0	1	0	0	0	
0	0	0	1	0	0	0	0	
0	0	1	0	0	0	0	0	
0	1	0	0	0	0	0	0	
1	0	0	0	0	0	0	0	
1	1	1	1	1	1	1	1	

2. A/D 转换器 ADC0809

按图 5-26 接线。

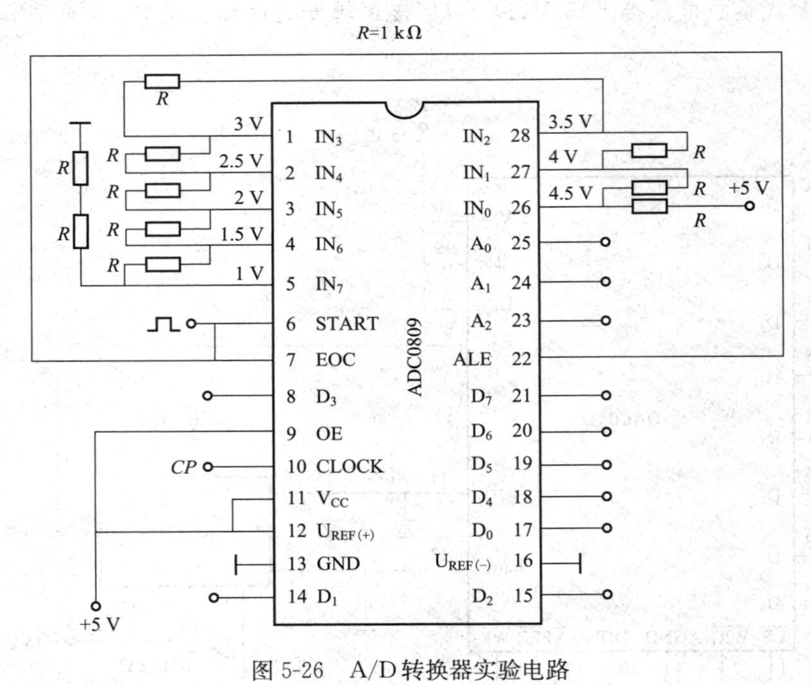

图 5-26　A/D 转换器实验电路

①8 路输入模拟信号 1～4.5 V，由+5 V 电源经电阻 R 分压组成；变换结果 $D_0 \sim D_7$ 接逻辑电平显示器输入插口，CP 时钟脉冲由计数脉冲源提供，取 $f=100$ kHz；$A_0 \sim A_2$ 地址端接逻辑电平输出插口。

②接通电源后，在启动端（START）加一正单次脉冲，下降沿一到即开始A/D转换。

③按表5-3的要求观察，记录IN_0～IN_7 8路模拟信号的转换结果，并将转换结果换算成十进制数表示的电压值，并与数字电压表实测的各路输入电压值进行比较，分析误差原因。

表5-3 A/D转换器测量结果

被选模拟通道	输入模拟量	地址			输出数字量								
IN	u_i/V	A_2	A_1	A_0	D_7	D_6	D_5	D_4	D_3	D_2	D_1	D_0	十进制
IN_0	4.5	0	0	0									
IN_1	4.0	0	0	1									
IN_2	3.5	0	1	0									
IN_3	3.0	0	1	1									
IN_4	2.5	1	0	0									
IN_5	2.0	1	0	1									
IN_6	1.5	1	1	0									
IN_7	1.0	1	1	1									

六、训练所用仪表与器材

①5 V、±15 V直流电源。
②双踪示波器。
③计数脉冲源。
④逻辑电平开关。
⑤逻辑电平显示器。
⑥直流数字电压表。
⑦DAC0832、ADC0809、μA741、电位器、电阻元件、电容元件若干。

七、成绩评定

训练项目成绩评定采取百分制分段评定的方法：
①电路组装工艺，20分。
②主要性能指标测试，50分。
③总结报告，30分。
整理测试数据，并进行对照分析。

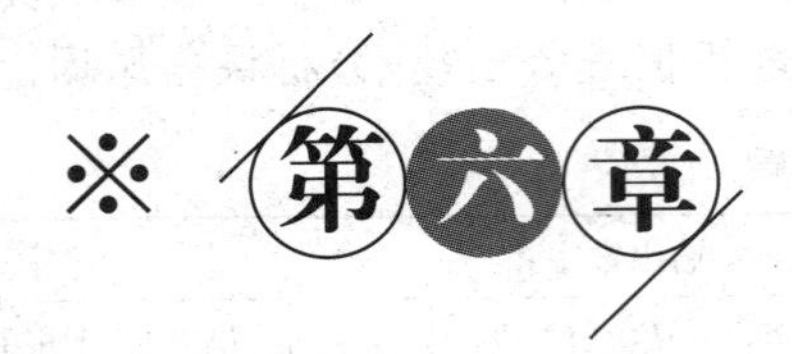

半导体存储器和可编程逻辑器件

半导体存储器是计算机和其他数字系统中不可缺少的组成部分。近年来,随着集成电路技术的迅速发展,计算机的应用已十分普及,因此,学习本章内容显得十分必要。

本章主要介绍半导体存储器和可编程逻辑器件。先介绍只读存储器(ROM)和随机存取存储器(RAM)结构和工作原理及简单应用,然后简单介绍可编程逻辑器件的基本组成和工作原理以及开发过程。所谓可编程逻辑器件(PLD)泛指用户可以编程的器件。

第一节　概　　述

半导体存储器是计算机和一般数字系统用来存放以二进制代码表示的数据和运算程序等的重要部件。因为它由半导体材料所构成,所以称为半导体存储器。存储器由许多存储单元按矩阵形式排列组成。由于半导体存储器具有存取速度高、体积小、集成度高、成本低等特点,因此在微机和数字系统中得到广泛的应用。

一、半导体存储器的分类

半导体存储器按存储功能分为只读存储器 ROM (read only memory) 和随机存储器 RAM(random access memory)。只读存储器(ROM)是用来存放固定信息的存储器,要用专用的装置写入数据,数据一旦写入,便不能随意更改,即在操作过程中,只能读取信息,不能删除或修改信息。该存储器的优点是结构简单、集成度高、具有不易失性。随机存储器(RAM)可以随时写入、更改和读出信息。该存储器的特点是使用灵活方便,但断电后所存储的信息会丢失。

半导体存储器按构成的元件类型又可分为双极型存储器和 MOS 型存储器。双极型存储器是以双极型触发器作为存储单元的,其特点是存取速度快、功耗大、集成度低和价格高,适用于对速度要求较高而存储容量不大的场合,常作为计算机的高速缓冲存储器。MOS 型存储器是以 MOS 电路作为存储单元,其特点是存取速度较慢、功耗小、集成度高和价格便宜,目前在半导体存储器中占主导地位,大容量的存储器均采用 MOS 型,因此它常作为计算机的大容量内部存储器。

只读存储器(ROM)按存储内容的写入方式的不同可分为固定 ROM 和可编程 ROM。可编程 ROM 又可分为一次可编程存储器(PROM)、光可擦除可编程存储器(EPROM)、电可擦除可编程存储器(EEPROM)和快闪存储器等。

随机存储器(RAM)按所采用的存储单元工作原理的不同,又分为静态存储器(SRAM)和动态存储器(DRAM)。DRAM 的存储单元结构非常简单,其集成度远高于 SRAM,但存取速度低于 SRAM。

目前，存储器已不再单纯用于存储信息，还可用于实现组合逻辑电路和时序逻辑电路的功能。随着集成电路技术的发展，在 ROM 基础上开发出的可编程逻辑器件(PLD)具有完成上述功能的要求。近几年来，PLD 的发展十分迅速，常用的 PLD 产品有可编程逻辑阵列(PLA)、可编程阵列逻辑(PAL)和通用阵列逻辑(GAL)等。

二、半导体存储器的技术指标

半导体存储器在计算机系统和数字系统中，用来存储程序和大量的数据信息。计算机处理的数据量越大，需要半导体存储器的容量就越大，同时需要半导体存储器的速度也就越快，因此半导体存储器的存储容量和存储速度是衡量存储器性能的主要技术指标。

1. 存储容量

计算机中的信息单位有位 bit(1 个二进制位)和字节 Byte(8 个二进制位)，更多的是字 Word。

存储器的容量是指一个存储器芯片所能存储的二进制位数。存储容量越大，表明所能存放的信息越多。存储容量表示形式为

$$存储容量=字数\times位数(或字数\times字长)$$

例如：一个芯片有 1 024 个存储单元，每个单元能存储 8 位二进制数，则此芯片的存储容量为 1 024×8 位，写作 1 024×8 bit，其字数即为 1 024，位数为 8。该芯片的存储容量如用字节表示则为 1 024 B，为便于书写还可写作 1 KB(1 KB=1 024 B=2^{10} B)。如果这个存储器每次读或写 4 bit 二进制数，那么它的存储容量又可表示成 2 K×4 bit，其存储容量不变，但这时的字数变为 2 K，而位数变为 4 bit。存储器的位数也可以用字长来表示，字长指一个存储单元可以存储的二进制位数。

2. 存储速度

存储速度可用存取周期来表示。所谓存取周期是指连续两次存(取)操作间隔的最短时间。间隔时间越短，即存取周期越短，表明存储器的存储速度越快。

第二节　只读存储器(ROM)

只读存储器(ROM)存放的信息是固定不变的，经常用来存放固定不变的数据和程序，例如计算机系统的引导程序。所存信息是在制造时写入的，即在出厂时按用户要求将所存信息或数据“固化”在内部，所存内容在掉电时不会丢失。正常工作时只能读出信息，不能随时写入和修改信息。

一、ROM 的结构

虽然 ROM 的种类很多，但它们的基本结构大致相同。其结构主要由地址译码器、存储矩阵、输出缓冲器和控制逻辑四部分组成，如图 6-1 所示。

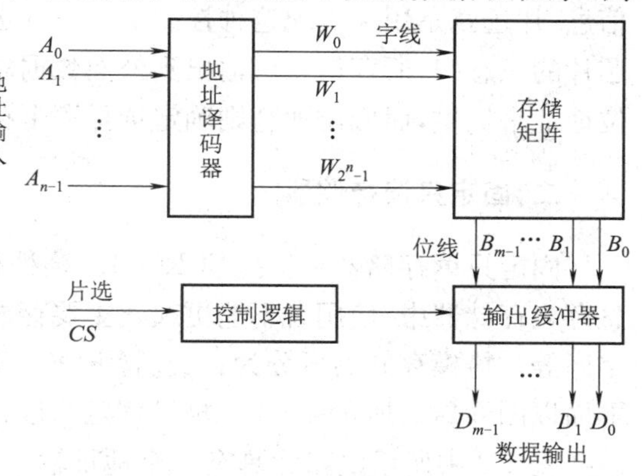

图 6-1 只读存储器的结构图

1. 地址译码器

在存储器中,读操作通常是以字节为单位进行的,对每个字节都编有地址。按照地址选择欲访问的单元,地址的选择由地址译码器实现。图中 $A_0 \sim A_{n-1}$ 为译码器的 n 条地址输入线,地址译码器为全译码,对应有 $W_0 \sim W_{2^n-1}$ 共 2^n 条输出线。当给定一个地址输入代码时,译码器只有一条输出 W_i 被选中,被选中的线可以在存储矩阵中取得一个 m 位二进制信息 $D_{m-1} \sim D_0$。这 m 位二进制信息称为一个字,因而 $W_0 \sim W_{2^n-1}$ 中每一条线称为"字线",$B_{m-1} \sim B_0$ 称为"位线"。字由若干位二进制信息组成,字的位数常称为字长。由上分析可见,地址译码器的作用就是根据输入的地址代码选择一条字线,以确定与该地址代码相对应的一组存储单元,而且任何时候,只能有一条字线被选中。

地址译码器的译码方式有单译码和双译码两种,图 6-1 为单译码方式,而大容量的存储器均采用双译码方式。双译码分行译码和列译码,每个单元有两条选择线,只有位于行、列选择线相交处的单元才能被访问。

2. 存储矩阵

存储矩阵是存储器的核心,它由若干基本存储单元按矩阵形式排列而成。每一个或每一组存储单元都有一个对应的地址代码。存储单元可用二极管构成,也可用三极管或 MOS 管构成。每个存储单元只能存放 1 位二进制代码(0 或 1)。对于有 n 条地址输入线、m 条位线的 ROM,存储器的容量就是 $2^n \times m$。例如,存储容量为 $2^8 \times 4$ 位,说明存储器有 256 组存储单元,每组为 4 位。存储器中的信息是以字为单位进行存储的,一组存储单元存储一个字,称为字单元。每个字单元的编码,称为地址。存储矩阵中字线与位线的交叉处是一个存储单元,它常用是否接有晶体管来区分 1 或 0,通常接有晶体管为 1,无晶体管为 0。

3. 输出缓冲器

输出缓冲器为三态数据缓冲器,是输出电路的主要组成部分。所存信息的读出是由存储矩阵的字线和位线来决定的。当地址选择线即字线选定后,就选定所要读出的存储单元的信息;数据线即位线选定后,则选定的信息被读出。输出缓冲器的作用是将被选中单元的信息通过三态缓冲器读出,并能提高存储器的带负载能力。

4. 控制逻辑

对大容量存储器,通常由若干 RAM 芯片组合而成。读操作仅与其中一片(或几片)传递信息,片选就是用来实现这种控制的。当片选信号$\overline{CS}$为有效电平时,则该芯片被选中,打开该芯片的三态门,所存信息可输出到外面数据总线上,就可以进行读操作。片选信号 $\overline{CS}$ 常由高位地址来提供,而低位地址则确定选择哪个存储单元。

二、固定只读存储器

固定只读存储器又称掩模 ROM。该种存储器在制造时,生产厂家就通过掩模技术将信息存入存储器中,使用者不能更改。主要存放固定的二进制信息,如调试好的应用程序、汉字字库等。掩模存储器可分为:二极管 ROM、双极型三极管 ROM 和 MOS 管 ROM 三种类型。下面以图 6-2(a)所示 4×4 二极管固定只读存储器电路为例,讨论其工作原理。

图 6-2 中所示电路为具有 2 个地址输入端和 4 位数据输出端的二极管 ROM 电路。它是由地址译码器、存储矩阵、输出缓冲器和控制逻辑(片选端)构成的。图中上点画线框为存储矩

阵，下点画线框为输出缓冲器。

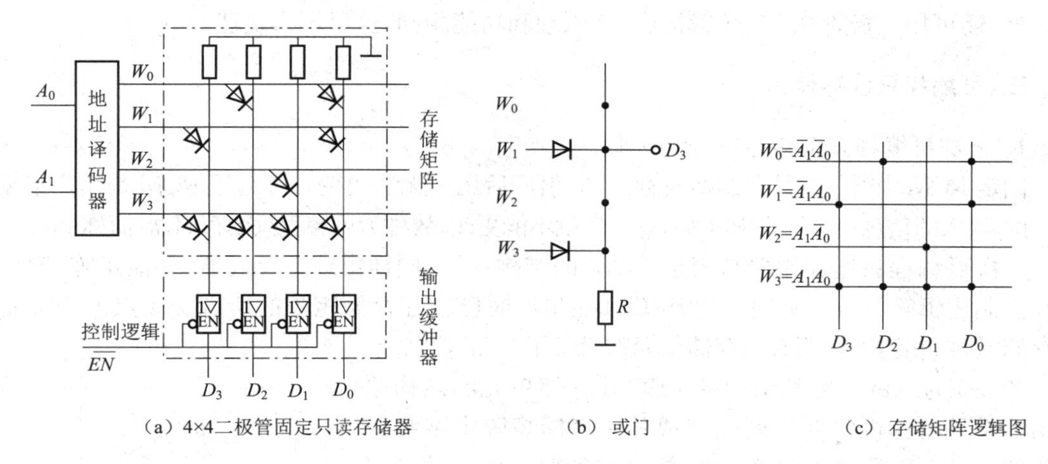

（a）4×4二极管固定只读存储器　　（b）或门　　（c）存储矩阵逻辑图

图 6-2　固定只读存储器

地址译码器选用单译码方式，其引出 4 条字选择线 $W_0 \sim W_3$，用于选择 4 个字中的一个。存储矩阵具有 4 条字线和 4 条位线，表示能存储 4 个字，每个字有 4 位。字线与位线的交叉点即为存储单元，交叉点的数目也就是存储单元数，该电路的存储单元数为 16，也就是说它的存储容量为 4×4 位。交叉点接有二极管时相当于存“1”，无二极管时相当于存“0”。所存字信息由 4 条位线经三态缓冲器传送到输出 $D_3 \sim D_0$。

在需要读取数据时，可输入指定的地址代码，并令$\overline{EN}=0$，这时 ROM 就可按指定地址，将各存储单元中所存的数据传送到输出数据线上，就得到该地址所存储的数据字。例如，当输入地址 $A_1A_0=00$ 时，字线 $W_0=1$，其他字线皆为“0”，字线 W_0 的高电平通过接有二极管的位线使 $D_2=D_0=1$，其他位线与字线 W_0 没有二极管连接，所以 $D_3=D_1=0$，如果此时$\overline{EN}=0$，就可在输出数据线上得到 $D_3D_2D_1D_0=0101$。根据图 6-2 所示电路中二极管的存储矩阵，可列出地址代码与输出数据之间的关系，见表 6-1。应该指出，二极管的存储矩阵接法，是根据用户要求去设计的，因此地址代码与输出数据之间的关系也是事先设定的，在制造时就将这种信息固定下来了，也就是说存储信息是人为写定的。

表 6-1　ROM 存储数据

地址输入		字线	数据			
A_1	A_0	W_i	D_3	D_2	D_1	D_0
0	0	W_0	0	1	0	1
0	1	W_1	1	0	0	1
1	0	W_2	0	0	1	0
1	1	W_3	1	1	1	1

图 6-2(c)为该存储矩阵的简化画法。字线与位线的交叉点有二极管时加黑点，交叉点上无二极管时不加黑点。这种简化图称为存储矩阵逻辑图。

存储矩阵实际上是由 4 个二极管或门电路组成的或矩阵。在图 6-2(a)中，以 D_3 为例，将 D_3 的相关电路单独画出，就可以发现字线 W_1 和 W_3 上的二极管与电阻 R 构成了一个或门，即 $D_3=W_1+W_3$，当 $W_0 \sim W_3$ 每根线上有高电平信号时，都会在 $D_0 \sim D_3$ 的 4 根线上输出一个 4 位二进制数据。而地址译码器是由 4 个二极管与门电路组成的与矩阵，地址译码器将地址输入代码译成 $W_0 \sim W_3$ 4 根线上的高电平信号。由此分析可见，ROM 是由组合逻辑电路构成的，所以它不具有记忆功能。

固定 ROM 的电路结构简单，集成度高，适宜批量生产。固定 ROM 的电路除了用二极管构成外，还可用三极管和 MOS 管构成，其原理和功能相同，这里不再赘述。

三、可编程只读存储器

1. 一次可编程只读存储器(PROM)

固定 ROM 中的信息是在制造时存入的，出厂后用户无法改变。可编程 ROM 是用户根据需要，可将存入的信息一次写入 PROM，写入后就不能更改，故称为可编程只读存储器，简称 PROM。

一次可编程只读存储器与固定 ROM 的结构一样，同样由地址译码器、存储矩阵、输出电路和控制逻辑等组成。不同的是 PROM 在出厂时已经在存储矩阵的所有交叉点上全部制作了存储元件，相当于将所有的存储单元都赋予了“1”的信息。

图 6-3 为双极型熔丝结构的 PROM 存储单元的结构原理图。它是由三极管和熔断丝组成的。存储矩阵中字线与位线的交叉点上所有存储单元都是以该种形式构成的。三极管的发射结相当于接在字线与位线间的二极管，熔丝用很细的低熔点合金丝或多晶硅导线制成。出厂时，所有的熔丝都是接通的，存储内容为“1”。用户可根据自己的需要用编程器将存储矩阵中的某些存储单元的熔丝烧断，如果熔丝烧断，则表示存储单元存入的信息为“0”；熔丝保留，则表示存储单元存入的信息为“1”。

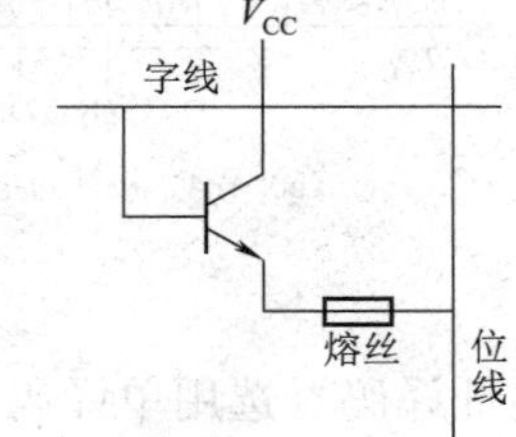

图 6-3　双极型熔丝结构的 PROM 存储单元的结构原理图

当要写入信息时，首先输入相应的地址代码，找出要写入“0”的单元地址，使选中的字线输出高电平，然后对要求写“0”的位线按规定加入高电平脉冲，使被选中字线的相应位线熔丝烧断；对要求写“1”的位线加入低电平脉冲，熔丝不烧断。

熔丝一旦烧断后，就无法再接通，也就是说存储内容由“1”改为“0”后，就无法再恢复到 1。若用户需要再次修改程序，则必须采用新的 PROM 进行编写。所以，PROM 只能一次写入，给用户带来了不便。

2. 可擦除可编程只读存储器(EPROM)

EPROM 器件是一种可擦除、可重新编程的只读存储器。它像 PROM 一样，由用户根据需要将信息写入存储单元。与 PROM 不同的是，对已写入的信息可以重新改写，可多次擦去并重新写入新的内容。

EPROM 的存储单元目前多采用 N 沟道叠栅注入 MOS 管(简称 SIMOS 管)。图 6-4 为 SIMOS 管的结构原理图。一个 N 沟道增强型 MOS 管上有两个重叠的栅极——控制栅极 G_C 和浮置栅极 G_F。控制栅极 G_C 用于控制读出和写入，浮置栅极 G_F 用于长期保存注入的电荷。

浮置栅极上未注入电荷前，在控制栅极上加入正常的高电平就能使漏-源极间产生导电沟道，SIMOS 管导通。若在浮置栅极上注入负电荷，则必须在控制栅极上加入更高的电压才能抵消注入负电荷的影响而形成导电沟道，因此在栅极加正常的高电平时 SIMOS 管将不会导通。

当漏-源极间加较高电压(+25 V)时，漏极附近的 PN 结将发生雪崩现象。如同时在控制栅极上加高压脉冲，则在栅极电场作用下，一些速度较高的电子便穿越 SiO_2 层到达浮置栅极，形成注入电荷。由图 6-4(b)可见，浮置栅极上注入电荷的 SIMOS 管相当于写入信息“1”，未注入电荷的相当于写入信息“0”。

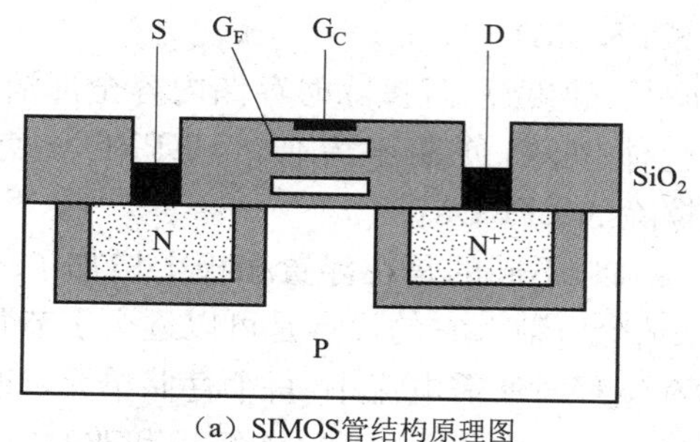

（a）SIMOS管结构原理图

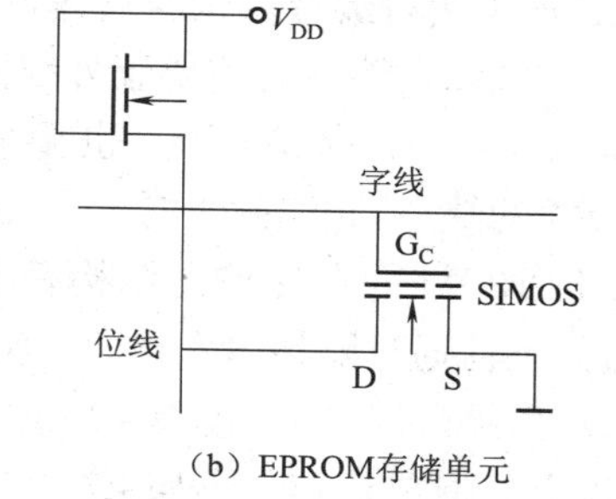

（b）EPROM存储单元

图 6-4　EPROM 存储单元电路

对已写入信息的 EPROM，如想改写，可用专用的紫外线灯照射芯片上的受光窗口，则芯片中写入的内容全部消失。每个 EPROM 器件的外壳上有透明的石英窗口，便于用紫外线或 X 射线照射，照射时一般需要 10～20 min。EPROM 的擦除为一次全部擦除，写入数据时需要专用的编程器。写好的 EPROM 要用不透光的胶纸将擦除窗口封住，以免丢失存储信息。常用的 EPROM 型号及容量见表 6-2。

表 6-2　常用的 EPROM 型号及容量

型号	2716/27C16	2732/27C32	2764/27C64	27128/27C128	27256/27C256	27512/27C512
容量	2K×8	4K×8	8K×8	16K×8	32K×8	64K×8
引脚数	24	24	28	28	28	28

2716 芯片是目前广泛使用的可擦除可编程只读存储。采用 24 引脚双列直插式封装，芯片上开有透明的石英玻璃窗口，其引脚排列图如图 6-5 所示。

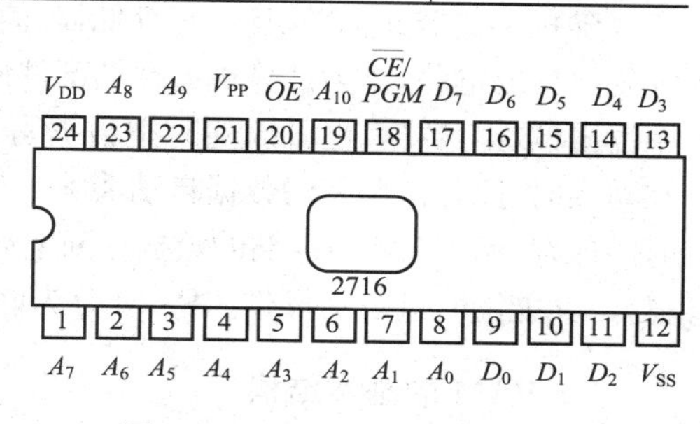

图 6-5　2716 芯片引脚排列图

2716 芯片存储矩阵为 128 行×128 列，因有 2 KB，故地址线有 11 条（A_0～A_{10}）。数据线有 8 条（D_0～D_7），正常工作时作数据输出，编程写入时作数据输入。$\overline{CE}/PGM$ 为片选控制与编程信号端，$\overline{OE}$为数据输出控制信号端。V_{PP} 为编程写入电源。芯片工作方式由 V_{PP}、$\overline{CE}/PGM$ 和$\overline{OE}$三者组合决定，其工作方式见表 6-3。

表 6-3　2716 EPROM 工作方式

工作方式	条件					数据线状态 D_7～D_0	说明
	$\overline{CE}/PGM$	$\overline{OE}$	V_{PP}	V_{CC}	V_{SS}		
读出	0	0	+5 V	+5 V	0 V	输出	$\overline{CE}$=0、$\overline{OE}$=0 时，数据输出
禁止输出	×	1	+5 V			高阻	$\overline{OE}$=1 时，禁止数据输出
待机	1	×	+5 V			高阻	$\overline{CE}$=1 时，不工作，功耗降低
编程	50 ms 正脉冲	1	+25 V			输入	将数据线的内容写入单元，写操作
编程校验	0	0	+25 V			输出	按读出方式，校验写入内容
禁止编程	0	1	+25 V			高阻	禁止数据线上内容写入

3. 电可擦可编程只读存储器(EEPROM 或 E^2PROM)

EPROM 在擦除时需要紫外线照射,擦除时间长,速度慢,且擦除时存储内容全部消失,即使只需修改一个存储单元,也要将所存内容整体擦除,使用不方便。EEPROM 克服了 EPROM 的缺点,它实际上是一种用电信号快速擦除的 EPROM。

EEPROM 的存储单元结构基本与 EPROM 相似,不同的是在浮置栅极上增加了一个隧道管,使电荷通过隧道管泄放,而不需要紫外线来消除电荷。它的优点是可以逐个字节独立擦除和改写,擦除时间短,能在 10 ms 内完成,擦除和编程时所需电流小,每个存储单元可改写一万次以上。但单片容量不如 EPROM,而且价格也高些。由于 EEPROM 编程和改写方便、使用灵活,因而获得广泛应用。

目前常用的 EEPROM 是 28 系列,型号有 2816、2816A、2817、2817A,它们均为 2K×8 位。其中 28 系列为早期产品,擦除或编程时需要外加 21 V 的电压。28A 系列为改进型产品,为目前普遍采用的产品,如 2817A、2864A(8K×8 位)等,21 V 的高电压制作在芯片内部,擦除或编程时不用专门加入高电压,均采用单一的 5 V 电源。

虽然 EEPROM 改用了电信号擦除,但由于它在擦除信息或编程写入时需要高电压脉冲,擦、写时间仍较长。随着微电子技术的发展,新一代的存储器——快闪存储器已问世,并以高集成度、大容量、低成本、使用方便等优点而受到关注。

第三节 随机存储器

随机存储器又称随机读/写存储器,简称 RAM。它是由许许多多的基本寄存器组合起来的大规模集成电路,作为计算机的存储部件使用。在工作时,可以随时从任何一个指定地址的单元中读出(取出)数据,也可以随时把数据写入任何一个由地址代码决定的某地址的存储单元中。在写入时,原存储单元的数据自动清除。与只读存储器(ROM)相比,ROM 中存储的数据可以长时间保存,而 RAM 中存储的数据在断电后全部消失,不利于数据的长期保存;RAM 既能进行读操作,又能随时进行写操作。RAM 分为静态随机存储器(SRAM)和动态随机存储器(DRAM)。

一、RAM 的基本结构

图 6-6 为随机存储器的基本结构图。它由地址译码器、存储矩阵、读/写控制电路和数据缓冲四部分组成。

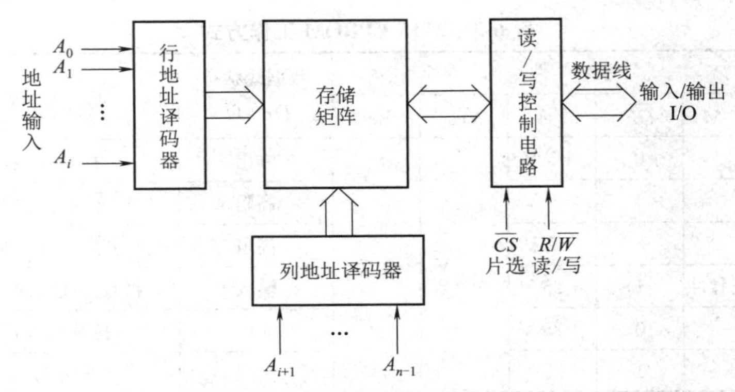

图 6-6 随机存储器的基本结构图

1. 地址译码器

RAM 中存放着大量的信息，这些信息按一定的顺序存放在 RAM 的各存储单元中。为了准确地对某单元进行读/写操作，通常对各单元进行编号，也就是给各单元赋予地址。当输入地址代码时，利用地址译码器找到相应的存储单元。对于大容量的存储器，常采用双译码方式，将地址译码器分成行地址译码器和列地址译码器两部分。行地址译码器输出若干条行选择线，根据输入地址代码选取某一行线，再从存储矩阵中选中某一行单元；列地址译码器输出若干条列选择线，根据输入的其余几位地址代码选取某一列线，再根据列线信号选中某一列单元。只有被行、列选择线都选中的单元才能被访问，即位于行、列选择线的交叉处的单元才可以进行读/写操作。被选中的单元，通过读/写控制信号，进行读出或写入信息。

2. 存储矩阵

存储矩阵是 RAM 的主体，由若干存储单元组成二维矩阵，每个存储单元存放 1 位二进制信息。在译码器和读/写控制信号 $R/\overline{W}$ 的控制下，按照地址选择欲访问的单元，可从指定的单元中读出数据，又可写入数据。与 ROM 不同的是，RAM 的存储矩阵中的每条字线（行线）与位线（列线）的交叉点上都有一存储单元，且存储单元是由具有记忆功能的元件构成的。图 6-7为 16×1 位的 RAM 矩阵示意框图。

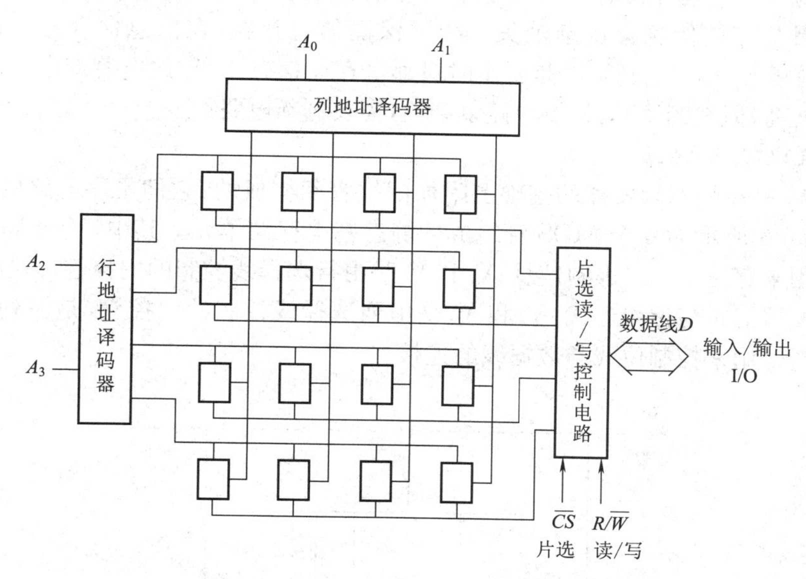

图 6-7　16×1 位的 RAM 矩阵示意框图

3. 读/写控制电路

读/写控制电路是用来对电路的工作状态进行控制的。当读/写控制信号 $R/\overline{W}=1$ 时，RAM 进行读操作，将存储单元的数据送到输入/输出端；当 $R/\overline{W}=0$ 时，进行写操作，将输入/输出端的数据写入存储单元中。图中双向箭头表示一组可双向传输数据的导线。对于大容量的 RAM 需要多片 RAM 芯片组成，这就需要片选操作，片选信号$\overline{CS}$就是为此设置的。当某一 RAM 芯片的片选信号$\overline{CS}=0$ 时，该芯片被选中才能工作，然后按照地址译码器选择该芯片中欲访问的单元；若$\overline{CS}=1$ 时，则该 RAM 芯片不能工作。一般片选信号由高位地址码产生，而低位地址码确定选中哪个存储单元。

4. 数据缓冲

存储器的数据线都是挂接在 CPU 的数据总线上的。为了减轻数据总线的负载，先将存储器内部数据线挂接在双向三态门上，然后再通过三态门挂接到外部数据总线上。这样当存储器芯片未被选中时，三态门对数据总线呈高阻状态，这就起到数据缓冲的作用。由此可见，三态门可控制数据的输入或输出，而三态门受$\overline{CS}$、$R/\overline{W}$ 的控制。I/O 端既是输入端又是输出端，读/写操作在$\overline{CS}$、$R/\overline{W}$ 信号的控制下进行。当$\overline{CS}=0$、$R/\overline{W}=1$ 时，存储器处于读状态，这时选中的存储单元中的数据经三态门传送 I/O 端；当$\overline{CS}=0$、$R/\overline{W}=0$ 时，存储器处于写状态，这时加在 I/O 端的数据经三态门写入选中的存储单元；当$\overline{CS}=1$ 时，则三态门处高阻状态，将存储器内部电路与外部数据总线隔离。

二、RAM 存储单元的工作原理

静态 RAM(SRAM)的存储单元通常是由触发器记忆信息的，一旦电源断开，数据就会丢失；动态 RAM(DRAM)的存储单元通常是依靠 MOS 电路中的栅极电容来记忆信息的，两者存储信息的原理和结构不同。DRAM 由于利用电容充放电来存储信息，当电容充电具有电压时，存储信息为“1”；当电容放电无电压时，存储信息为“0”。根据电容的工作状态可知，电容会有漏电现象，因此存储信息会逐渐消失。为了保证信息存在，在信息保存期间就要不断对 DRAM 进行刷新。所谓“刷新”，就是要定时对那些存储信息为“1”的电容充电。DRAM 所用器件少，集成度高，但它的读/写控制电路复杂，且需要刷新电路。

1. 静态 RAM(SRAM)

静态 RAM 是在静态触发器的基础上附加门控管而构成的，它们是靠电路的自保功能存储数据的。图 6-8 所示为 6 个 MOS 管组成的静态基本存储单元。其中，$V_1 \sim V_4$ 构成一个双稳态触发器，用来存储 1 位二进制信息；V_5 和 V_6 是由行选择线控制的门控管，以控制该单元是否被选中，触发器能否与位线连接；V_7 和 V_8 是由列选择线控制的门控管，是一列存储单元共用的两个门控管，用来控制位线与数据线的连接。

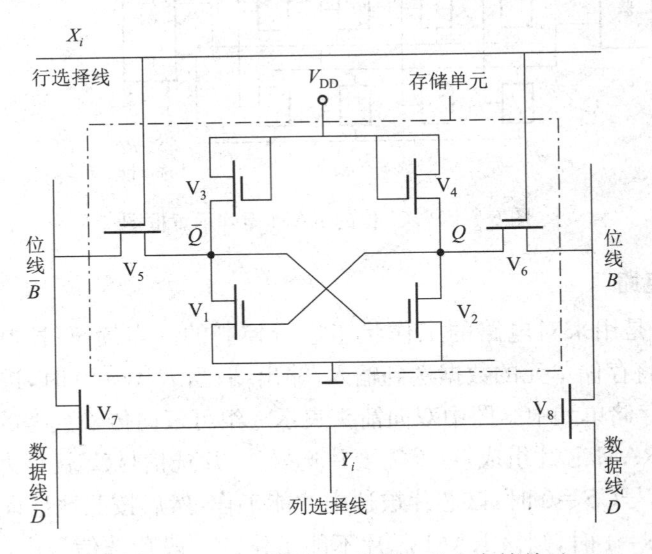

图 6-8　6 个 MOS 管组成的静态基本存储单元

电路的工作原理：当行选择线和列选择线都为高电平时，4 个门控管 $V_5 \sim V_8$ 都导通，触发器的输出与数据线接通，该存储单元通过数据线传送数据。当行选择线和列选择线中任意一个不为高电平时，触发器的输出都无法与数据线接通，数据不能通过数据线传送。

例如，当读出数据时，设此存储单元已存入信息“1”，即 $Q=1$、$\overline{Q}=0$，当 $X_i=1$、$Y_i=1$ 时，V_5、V_6 导通，使触发器 Q 和 $\overline{Q}$ 与位线 B 和 $\overline{B}$ 接通，$B=Q$、$\overline{B}=\overline{Q}$；同时，$V_7$、$V_8$ 导通，使位线 B 和 $\overline{B}$ 与数据线 D 和 $\overline{D}$ 接通，$D=B$、$\overline{D}=\overline{B}$。这样逐级传递可将存储单元所存信息送到数据线，使 $D=1$、$\overline{D}=0$。读出信息时，触发器状态不受影响，为非破坏性读出。如要写入信息 $D=1$、$\overline{D}=0$，由于 $V_5 \sim V_8$ 都导通，加在数据线上的信息可逐级传递到存储单元，其中 $D=1$ 经 V_8、V_6 送到 V_1 栅极，使 V_1 导通、V_2 截止，即 $Q=1$、$\overline{Q}=0$，也就实现了将信息 $D=1$ 写入存储单元的目的。当 X_i、Y_i 中有一个为低电平时，存储单元与外部隔离，数据无法读出或写入，存储单元保持信息不变。

2. 动态 RAM(DRAM)

静态 RAM 存储单元所用 MOS 管多，既增加了功耗，又降低了集成度。DRAM 的存储单元是利用 MOS 管栅极电容对电荷的暂存作用存储信息的，由于结构简单、集成度高，在大容量 RAM 中应用较广。但由于栅极电容的容量很小，又存在一定的漏电流，所以需要及时充电，因此 DRAM 需要备有刷新电路。

常见的 DRAM 存储单元有四管、三管和单管电路结构。四管、三管电路多见在早期产品中，其特点是外围电路简单，读出信号大，但所用 MOS 管多，集成度仍不易提高。目前大容量的 DRAM 存储单元普遍采用单管结构，它的特点是集成度高、功耗小、价格低、外围电路比较复杂。

图 6-9 所示为单管动态存储单元，它是所有存储单元中电路结构最简单的一种。其存储单元由一只 N 沟道增强型 MOS 管 V 和一个电容 C_S 组成。在进行读操作时，字线给出高电平，使 V 导通，这时 C_S 经 V 向位线上的分布电容 C_B 提供电荷，使位线获得读出的信号电平；在进行写操作时，字线给出高电平，使 V 导通，位线上的数据经过 V 存入 C_S 中。由于电容 C_S 的容量较小，使位线上得到的信号较弱，且每次电容读出时电荷要减小，造成破坏性读出。因此，在单管动态存储单元中，需要设置高灵敏度的读出放大器和用于刷新的再生放大器。

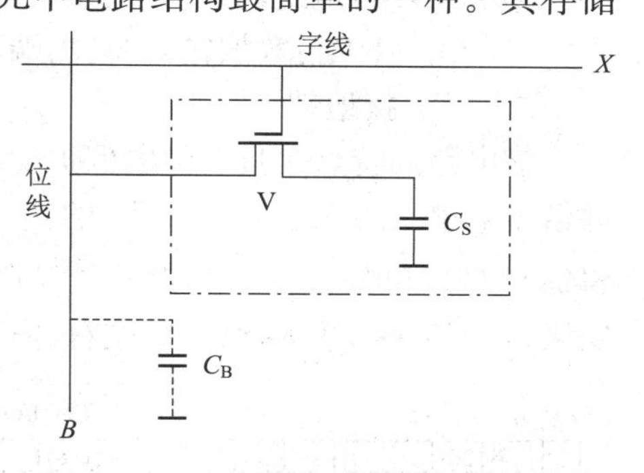

图 6-9　单管动态存储单元

三、常用 RAM 芯片简介

常用 SRAM 芯片型号见表 6-4。

表 6-4　常用 SRAM 芯片型号

型号	2114/21C14	6116/61C16	6264/62C64	62128/62C128	62256/62C256	62010/62C010
容量	1K×4	2K×8	8K×8	16K×8	32K×8	128K×8
引脚数	18	24	28	28	28	32

1. SRAM 62128 芯片

图 6-10 为 SRAM 62128 芯片的引脚排列图。该芯片是 8 位 16 KB 的 SRAM。图中各引

脚的名称和功能如下：

①V_{CC}:芯片电源,电压为 5 V。

②$\overline{CE}$:芯片片选控制端,低电平有效。$\overline{CE}=1$ 时该片未能选中,输出为高阻;$\overline{CE}=0$ 时该片被选中,可以开始工作。

③$\overline{WE}$:写操作控制端,低电平有效。当$\overline{CE}=0$、$\overline{WE}=0$、$\overline{OE}=1$ 时,为写操作。

④$\overline{OE}$:读操作控制端,低电平有效。当$\overline{CE}=0$、$\overline{WE}=1$、$\overline{OE}=0$ 时,为读操作。

⑤$A_0 \sim A_{13}$:地址输入端,共 14 根。

⑥$I/O_0 \sim I/O_7$:数据输入/输出端口,为双向数据传输线,读/写操作时分时复用。

⑦NC:空引脚。

⑧GND:接地端。

2. SRAM 62256 芯片

图 6-11 为 SRAM 62256 芯片的引脚排列图。该芯片是 8 位 32 KB 的 SRAM。图中各引脚的名称和功能如下：

①V_{CC}:芯片电源,电压为 5 V。

②$\overline{CE}$:芯片片选控制端,低电平有效。$\overline{CE}=1$ 时该片未能选中,输出为高阻;$\overline{CE}=0$ 时该片被选中,可以开始工作。

③$\overline{WE}$:写操作控制端,低电平有效。当$\overline{CE}=0$、$\overline{WE}=0$、$\overline{OE}/RFSH=1$ 时,为写操作。

④$\overline{OE}/RFSH$:读选通/刷新允许控制端,低电平有效。当$\overline{CE}=0$、$\overline{WE}=1$、$\overline{OE}/RFSH=0$ 时,为读操作;当$\overline{OE}/RFSH=1$ 时,芯片内部电路自动刷新。

⑤$A_0 \sim A_{14}$:地址输入端,共 15 根。

⑥$I/O_0 \sim I/O_7$:数据输入/输出端口,为双向数据传输线,读/写操作时分时复用。

⑦GND:接地端。

该电路的特点是具有掉电保护功能。当 SRAM 62256 在掉电之后,如保持$\overline{CE}$为高电平,并给 V_{CC} 电源加上大于 3 V 的电压,电路就能起到掉电保护的作用。这是因为:当 SRAM 62256的$\overline{CE}=1$ 时,芯片处于降耗保持状态,此时流过的电源电流为维持电流,只有微安级,且 V_{CC} 由 5 V 降到 3 V 左右,内部存储的数据可保持而不丢失。

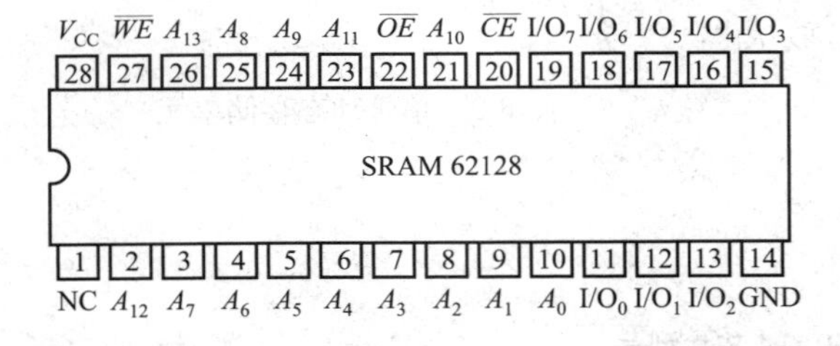

图 6-10　SRAM 62128 芯片的引脚排列图

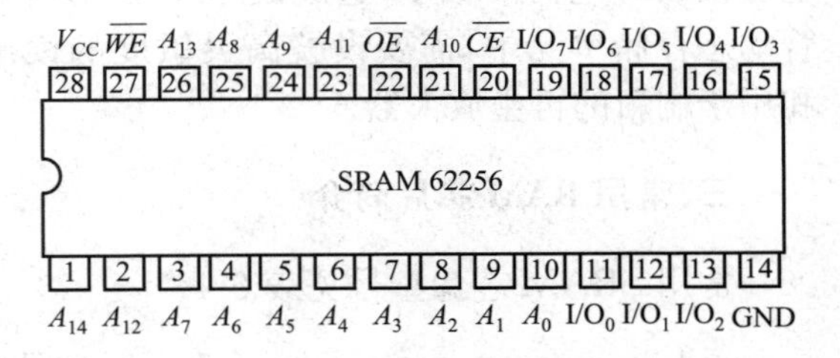

图 6-11　SRAM 62256 芯片的引脚排列图

四、RAM 的容量扩展

在实际应用中,往往一片存储器的容量不能满足存储容量的需求,此时就需要将几片存储器按一定的方式连接,扩展成满足存储容量要求的存储器。考虑到存储容量=字数×位数,因此 RAM 的扩展分为位扩展和字扩展。所谓位扩展是指现有芯片的位数不足时,利用多片芯片来组成位数更多而字数不变的存储器。而字扩展是字数不足时，利用多片芯片来组成字数更多而位数不变的存储器。但也有字、位同时扩展的情况。

1. 位扩展

将两片或两片以上同型号的 RAM 进行位扩展的方法：将各芯片的 RAM 的地址输入端、片选控制端和读/写控制端一一对应并联在一起，而每片的数据输入/输出端作为整个 RAM 的 I/O 端的一位。例如：将容量为 1K×4 位的 2114 芯片扩展为 1K×8 位的存储器。由题意可知，由于扩展后存储器的字数不变，只是位数从 4 位扩展为 8 位，因此可选用两片 2114 芯片进行位扩展。按照位扩展的并联连接方法连接，具体连接电路如图 6-12 所示。图中第(1)片芯片的 I/O 端作为扩展后存储器的高 4 位，第(2)片芯片的 I/O 端作为扩展后存储器的低 4 位，扩展后一个字的位数变成 8 位，从高到低位为 $I/O_7 \sim I/O_0$。

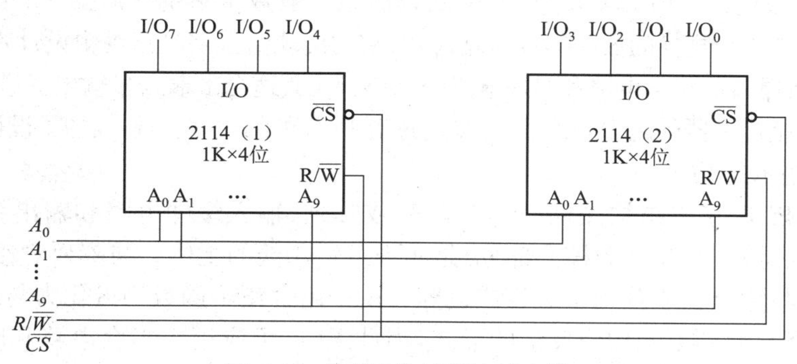

图 6-12 RAM 位扩展连接电路

2. 字扩展

将两片或两片以上同型号的 RAM 进行字扩展的方法：将各芯片的 RAM 的地址输入端、读/写控制端、I/O 端都对应并联在一起，并用一个译码器控制各个 RAM 的片选控制端。例如：将 4 片 2114 芯片扩展为 4K×4 位的存储器。由于扩展后存储器的字数从 1K 变为 4K，而位数不变，因此 4 片的 I/O 端并联在一起。按照字扩展的连接方式接线，具体连接电路如图 6-13 所示。

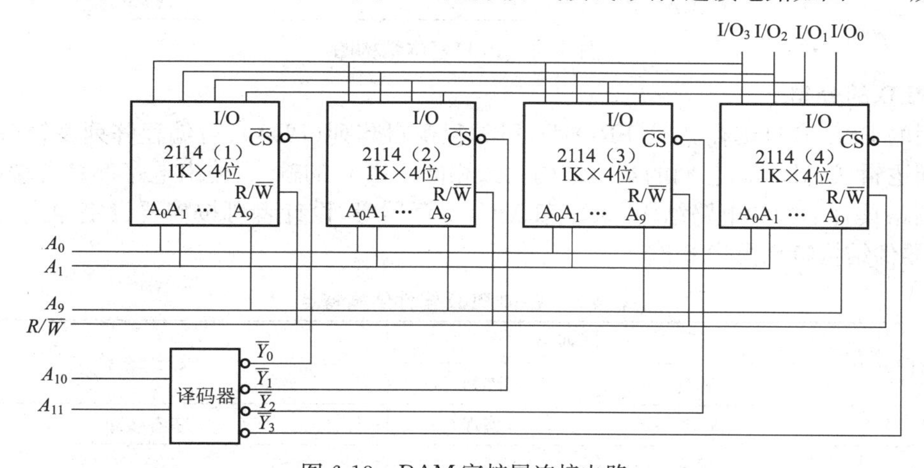

图 6-13 RAM 字扩展连接电路

如要字数与位数同时扩展时，可将上述两种方法结合起来使用，这里不再赘述。对于 ROM 的容量扩展方法基本同 RAM。

第四节　可编程逻辑器件

一、概述

在组合电路和时序电路中讨论的各类通用标准器件，它们除了完成各自固有的逻辑功能外，还可用这些中小规模的标准器件构成功能复杂的电路，但需要很多芯片，且芯片的连接十分复杂，有时还需要外电路的支持，从而导致电路成本提高，功耗增大，占用空间大，可靠性下降。

随着集成电路工艺的发展，在 ROM 基础上开发出了可编程逻辑器件（programmable logic device，PLD），PLD 的出现解决了上述问题。PLD 是一种由用户对器件进行编程以实现所需逻辑功能的大规模集成电路。PLD 集成度很高，足以满足一般数字系统的需要，一片 PLD 芯片可代替几十片或上百片中小规模的数字集成电路芯片，它的出现给数字电路逻辑设计带来了崭新的变化，大有替代各种常规的组合电路和时序电路的趋势。尤其适合多输入多输出变量的场合，在逻辑功能设计时不再是通过器件之间的连线，而是通过对 PLD 的编程来实现，增加了设计的灵活性。

1. PLD 的基本结构

图 6-14 为 PLD 基本结构图，它由与阵列、或阵列、输入缓冲电路和输出缓冲电路构成。与阵列和或阵列是构成 PLD 的核心部分，是实现逻辑功能的主体。与阵列对输入电路的输入项进行与运算，其输出在或阵列中进行或运算。由于组合逻辑函数均可化为与或式，而时序电路又由组合电路与存储单元构成反馈的形式，因此 PLD 可应用于组合电路和时序电路，对数字系统的设计就有更普遍的意义。

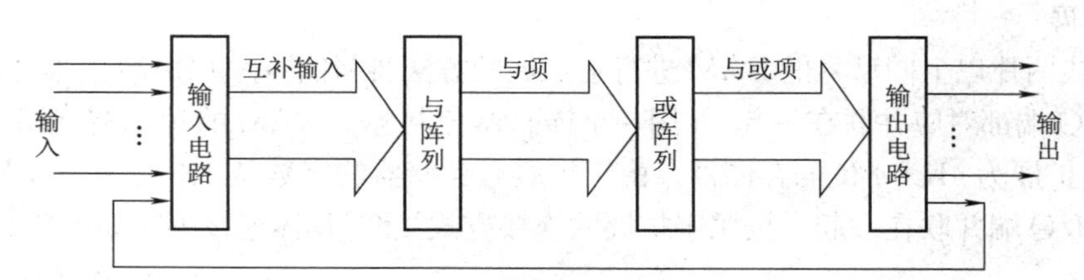

图 6-14　PLD 基本结构图

2. PLD 的分类

常用的 PLD 有只读存储器（PROM）、可编程逻辑阵列（PLA）、可编程阵列逻辑（PAL）和通用阵列逻辑（GAL）等，它们的基本结构大致相同。PLD 的输入、输出电路都具有缓冲作用，且输出电路具有不同的电路结构，如三态、OC、寄存器等，设计者可按需要设定输出方式。各种 PLD 器件结构特点见表 6-5。

表 6-5　各种 PLD 器件结构特点

器件	阵列		输出结构
	与阵列	或阵列	
PROM	固定	可编程	三态缓冲
PLA	可编程	可编程	三态、OC
PAL	可编程	固定	I/O、三态、寄存器、互补
GAL	可编程	固定	输出逻辑宏单元由用户定义

3. 编程的概念

PLD编程的开发系统由硬件与软件两部分组成。硬件包括计算机和专门的编程器，软件包括各种编程软件。编程软件操作很简便，一般在普通的 PC 上就可运行，这给用户带来了方便。PLD 的编程与可编程 ROM 相似。图 6-15 给出了一个四输入与门编程的例子。在 4 个与门的输入端都串入了熔丝，如熔丝均接通，则 $Y=ABCD$，若熔丝 1、3 被烧断，则 $Y=BD$，这就是与门的可编程结构。出厂时，熔丝全部接通，使用时由用户按编程来确定某些熔丝烧断。现在的 PLD 大多采用电可擦可编程的方式，可反复编程。

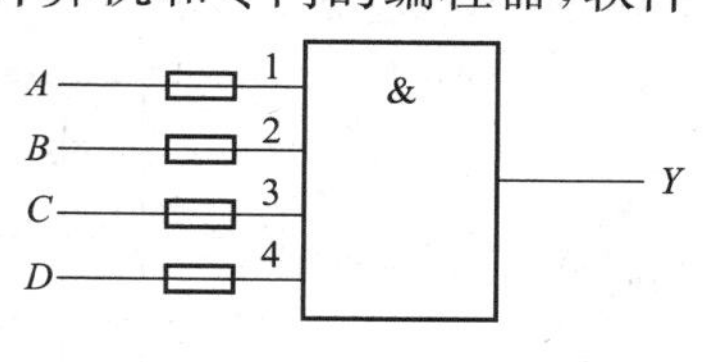

图 6-15　四输入与门的可编程结构示意图

4. PLD 简化逻辑符号表示法

为了便于对 PLD 电路进行分析，常采用图 6-16 所示的 PLD 简化逻辑符号来表示，这是目前国内外通行的画法。其中，图 6-16(a)为 PLD 与门的逻辑符号，4 个输入变量 A、B、C、D 称为输入项，用竖线表示，它们共用一条输入线。竖线与共用输入线的交叉点为编程点，交叉点有“·”符号的，表示该编程点为固定连接点，即硬连接点，产品出厂时已确定，用户不能改动，与此相应的输入项成为乘积项的一部分；交叉点有“×”符号的，表示可由用户定义的编程点，并表示编程点已接通，因此它的输入项成为乘积项的一部分；在交叉点上既无“·”，也无“×”，表示编程点熔丝已烧断，即断开连接。与门的输出 Y 称为“乘积项”，按照上述约定，则图 6-16(a)的表达式为 $Y=A\cdot B\cdot D$。图 6-16(b)为输出恒等于 0 的与门。图 6-16(c)为或门的逻辑符号，输出 Y 的“和项”表达式为 $Y=A+B+C$。图 6-16(d)为输入缓冲器的逻辑符号，PLD 中的输入缓冲器采用互补输出结构，它的两个输出 Y_1、Y_2 分别是输入 A 的原码和反码，即 $Y_1=A$，$Y_2=\overline{A}$。

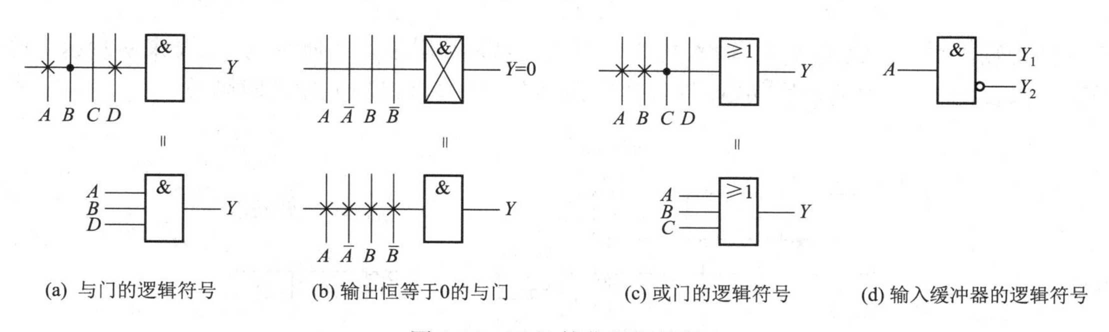

图 6-16　PLD 简化逻辑符号

二、可编程逻辑阵列(PLA)

可编程逻辑阵列(programmable logic array，PLA)由可编程的与逻辑阵列、可编程的或逻辑阵列、输入缓冲器和输出缓冲器四部分组成。图 6-17 所示为 PLA 的基本电路结构，它具有 3 个输入端和 3 个输出端，与逻辑阵列最多可提供 6 个可编程的乘积项，或逻辑阵列最多可提供 3 个组合逻辑函数。它与 PROM 组成的逻辑阵列不同的是与阵列和或阵列都是可编程的。由于与阵列是可编程的，通过编程只产生所需的乘积项，这使阵列规模大为减少，提高了芯片的利用率。如 PROM 有 n 个输入端就需 2^n 个乘积项，而图 6-17 中，3 个输入端只提供 6 个乘积项。

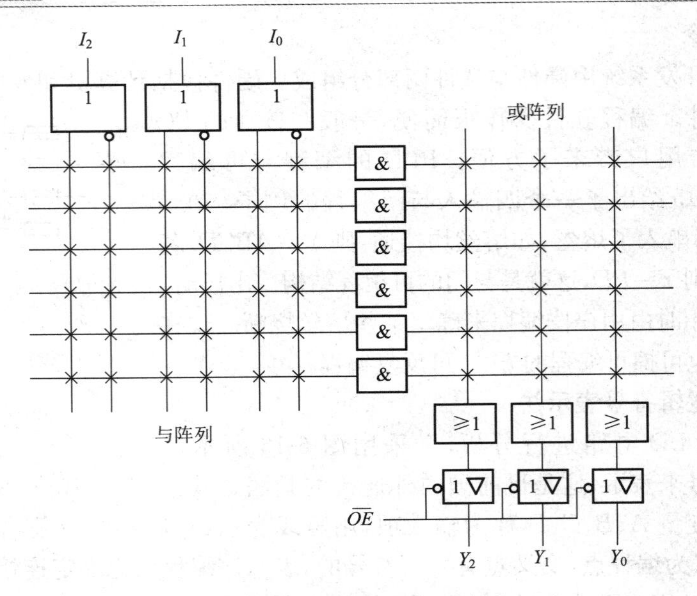

图 6-17 PLA 的基本电路结构

PLA 不仅可用于组合电路，实现不同的组合逻辑函数；如果在或阵列的输出外接触发器，还可用于时序电路。另外，还可用于实现码制转换和存储微程序指令。例如，用 PLA 实现下列 3 个逻辑函数。

$$Y_0 = I_0 I_1 I_2 + \bar{I}_1 I_2$$

$$Y_1 = \bar{I}_0 I_1 I_2 + I_0 \bar{I}_1$$

$$Y_2 = \bar{I}_0 \bar{I}_1 \bar{I}_2 + I_1 \bar{I}_2$$

因为输出是 3 个逻辑函数，输入是 3 个变量，所以可用图 6-17 所示的 PLA 来实现这 3 个逻辑函数。图 6-18 为编程后的电路连接图，在 $\overline{OE}=0$ 时，可得到上述逻辑函数。

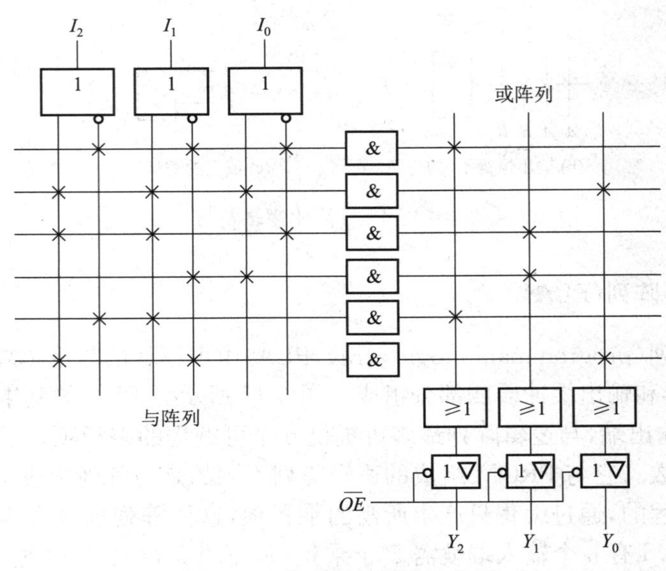

图 6-18 编程后的电路连接图

PLA 的编程方式有两种:一种方式称为掩模 PLA,它是由制造商根据用户提供的真值表来完成的;另一种方式称为现场 PLA,用 FPLA 表示,它是由用户自己进行编程来完成的。目前使用的 FPLA 被预制成系列化的定型产品,其规格用输入项数(输入变量数)、与阵列的输出端数和或阵列的输出端数(输出变量数)三者的乘积来表示。如常用 12×50×6,它表示的是有 12 个变量输入端,与阵列能产生 50 个乘积项,或阵列有 6 个输出端。常用的 FPLA 的规格还有 16×48×8 和 14×48×8 等。

三、可编程阵列逻辑(PAL)

PAL 是在 PROM 和 PLA 基础上发展而来的,PAL 具有规则的阵列结构,能实现多种逻辑功能,且编程简单,是目前使用较多的可编程逻辑器件之一。它采用双极型工艺制作,熔丝编程方式。

PAL 由可编程的与逻辑阵列、固定的或逻辑阵列和输出电路三部分构成。可编程的与逻辑阵列使器件使用十分灵活,能获得不同形式的组合逻辑函数,实现多变的逻辑功能;而固定的或逻辑阵列可使器件更小、速度更快。PAL 器件不仅能实现组合逻辑功能,有些型号的 PAL 器件在输出电路中还设置触发器和从触发器的输出到与阵列的反馈线,利用这些器件可构成计数、寄存等时序电路。

图 6-19 所示为编程后的 PAL 电路结构。在编程前,与阵列所有交叉点上均有熔丝接通,编程后将有用的熔丝保留,用"×"表示;无用的熔丝烧断。图 6-19 中产生的逻辑函数为

$$Y_0 = I_0 I_1 + I_1 I_2 + I_2 I_3 + I_0 I_3$$

$$Y_1 = \bar{I}_0 \bar{I}_1 + \bar{I}_1 \bar{I}_2 + \bar{I}_2 \bar{I}_3 + \bar{I}_0 \bar{I}_3$$

$$Y_2 = I_0 I_1 I_2 + I_1 I_2 I_3 + I_0 I_2 I_3$$

$$Y_3 = \bar{I}_0 \bar{I}_1 \bar{I}_2 + \bar{I}_1 \bar{I}_2 \bar{I}_3 + \bar{I}_0 \bar{I}_2 \bar{I}_3$$

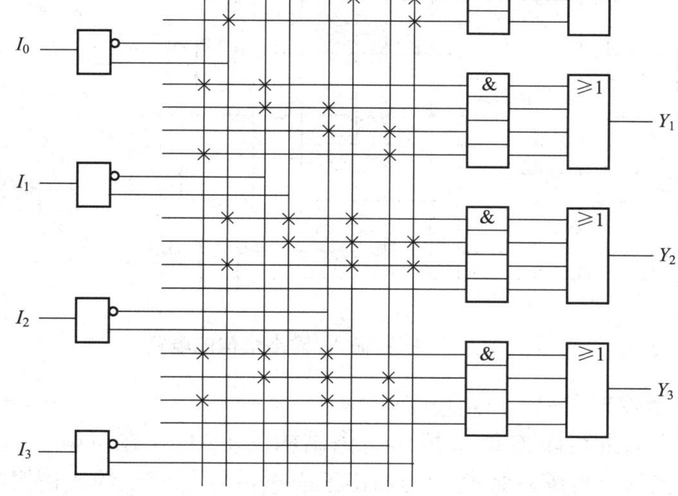

图 6-19　编程后的 PAL 电路结构

根据 PAL 器件的输出电路的结构和反馈方式可将其分成三大类型。

1. 专用输出结构的PAL

图6-19给出的PLA电路就属于这种专用输出结构，其输出端是一个与或门。在有些PAL器件中，输出端还采用了与或门结构或者互补输出结构，图6-20所示为互补输出的专用输出结构的电路。需要指出，有些PAL器件在一定的条件下还可作为输入端使用。

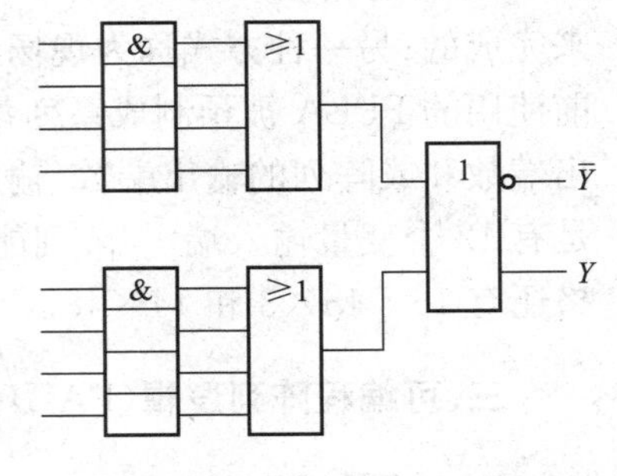

图6-20　互补输出的专用输出结构的电路

这种专用输出结构的PAL只用于简单的组合逻辑电路的设计。常用的具有专用输出结构的PAL有PAL10H8(10输入，8输出，高电平有效)、PAL10L8(10输入，8输出，低电平有效)、PAL16C1(16输入，1输出，互补型)等。

2. 可编程输入/输出结构的PAL

可编程输入/输出结构的电路如图6-21所示。它的结构特点是：输出端是一个具有可编程控制端的三态缓冲器G_1，其控制端的信号来自于逻辑阵列中的一个乘积项；同时，三态缓冲器G_1的输出端又经过一个互补输出的缓冲器G_2反馈到可编程的与阵列中。

若用户编程使具有可编程控制端的三态缓冲器G_1的控制端信号(来自与逻辑阵列中)为1，则I/O作为输出端口。如在图6-21所示的编程情况下，当$I_1=I_2=1$时，也就是它们的乘积项为1，所以$C_1=1$，I/O_1处于输出状态。若三态缓冲器的控制端信号为0，即它们的乘积项为0，则I/O作为输入端口。在图6-21中，由于C_2恒定于零，G_3处于高阻状态，因此I/O_2可作为输入端使用。这时加到I/O_2上的输入信号经G_4接到与逻辑阵列中。这种结构的PAL比专用输出结构的PAL更具有灵活性，使组合逻辑电路的设计更方便。属于这种结构的器件有PAL16L8、PAL20L10等。

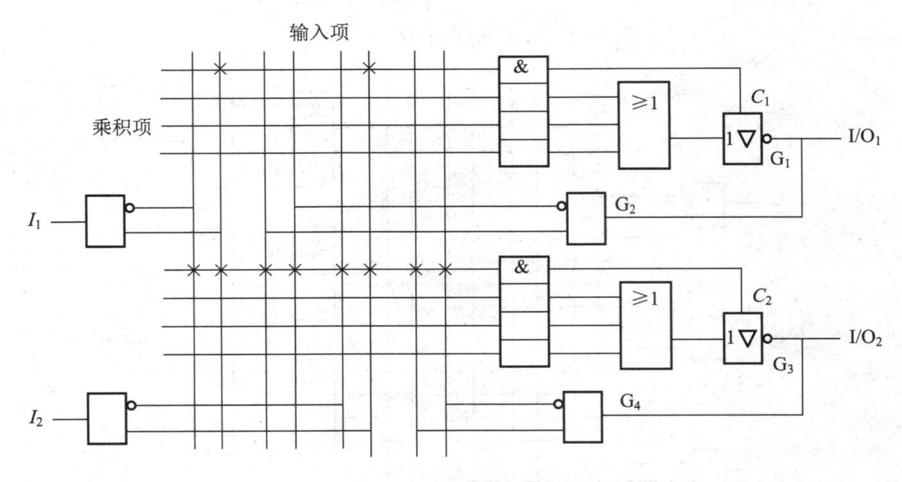

图6-21　可编程输入/输出结构的电路

3. 寄存器输出结构的PAL

寄存器输出结构的电路如图6-22所示。该结构的PAL是在可编程输入/输出结构的基础上改进而成的。在具有可编程控制端的输出三态缓冲器与固定的或逻辑阵列输出之间串入了一个由D触发器组成的寄存器，同时D触发器的输出端$\overline{Q}$又经过一个互补输出的缓冲器反馈到可编程的与逻辑阵列的输入端。这一结构使电路具有了记忆功能，不仅可存储与或逻辑阵列的输出状态，而且也能方便地组成各种时序电路。如在图 6-22 所示的编程情况下，能得到 $D_1=I_1$，$D_2=Q_1$，则相当于两个触发器和与或逻辑阵列构成了移位寄存器，CLK 为移位时钟脉冲。属于这种结构的器件有 PAL16R4、PAL16R6、PAL16R8 等。

若在 PAL 寄存器输出结构的或逻辑阵列的输出端增加一个异或门，就构成了 PAL 的异或输出结构。该电路可实现对寄存状态进行保持的操作，并通过编程可以控制输出的极性，便于对输出的函数求反，使时序电路的设计进一步简化。

如图 6-23 所示的编程情况下，当 $I_1=0$ 时，$D_1=Q_1$，则 $Q_1^{n+1}=Q_1^n$，在时钟脉冲到来时触发器的状态不变。对于 F_2 触发器，当 $I_1=0$ 时，$D_2=Y_2=Q_1 I_2+\overline{Q}_1\overline{I}_2$；而当 $I_1=1$ 时，$D_2=\overline{Y}_2=\overline{Q_1 I_2+\overline{Q}_1\overline{I}_2}$，则得到 Y_2 的反函数。属于这种结构的器件有 PAL20X4、PAL20X8、PAL20X10 等。

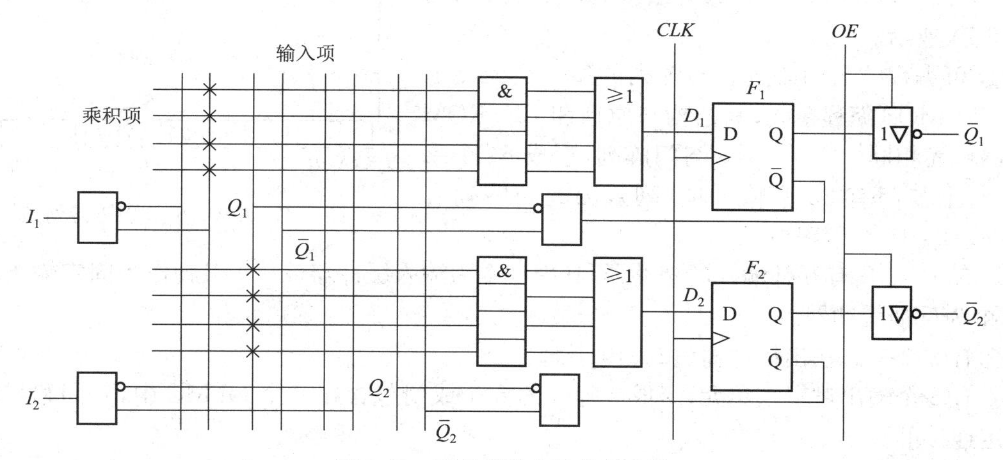

图 6-22　寄存器输出结构的电路

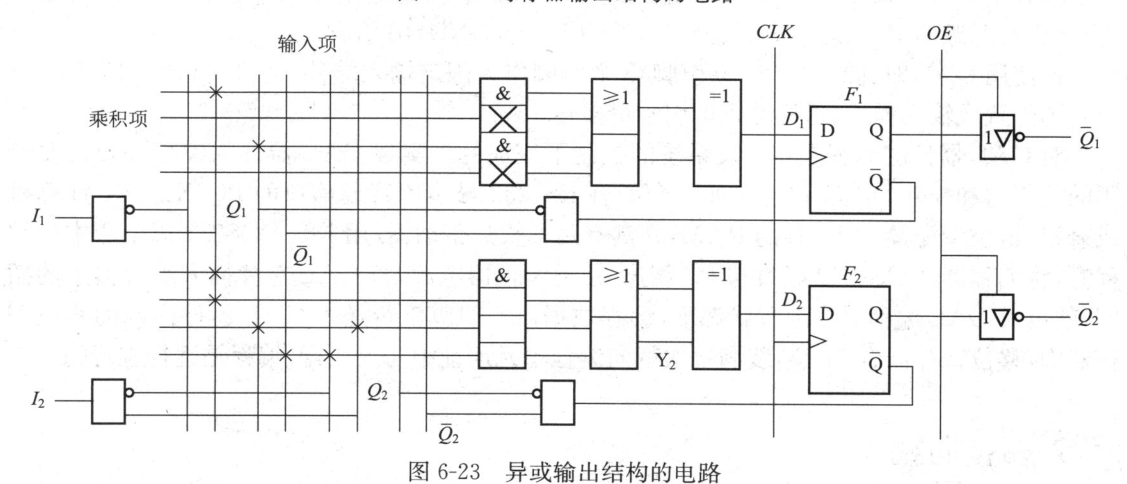

图 6-23　异或输出结构的电路

四、通用阵列逻辑(GAL)

由于 PAL 采用了熔丝结构，一旦编程后就不能修改。另外，不同电路结构要选用不同型号的 PAL 器件，不便于用户使用。20 世纪 80 年代中期研制出的通用阵列逻辑(GAL)器件，克服了 PAL 以上的两点不足。它是在 PAL 器件的基础上发展起来的新一代器件，它直接继承了 PAL 器件的与或阵列结构，但采用了 EECMOS 新工艺，使 GAL 器件具有电可擦除、可重新编程和可重新配置其结构等功能。与 PAL 的主要区别在于，电路中增加了灵活的、可编程的输出逻辑宏单元 OLMC，通过编程可将 OLMC 设置成不同的工作状态，即使使用同一型号的 GAL 器件，也能实现 PAL 器件所有的各种输出模式，增强了输出功能，提高了器件的通用性。另外，还采用了电子标签新技术，便于用户存放各种备查信息，以实现文档管理。用 GAL 器件设计数字逻辑系统，不仅灵活性大，而且能对 PAL 器件进行仿真，并能完全兼容。GAL 器件分两大类：一类与 PAL 相似，其与阵列可编程，而或阵列固定连接，这类产品有 GAL16V8、GAL20V8；另一类与 PLA 相同，其与、或阵列均可编程，如 GAL39V18。

现以通用阵列逻辑器件 GAL16V8 为例进行简单介绍。GAL16V8 由以下五部分组成，其引脚排列图如图 6-24 所示。

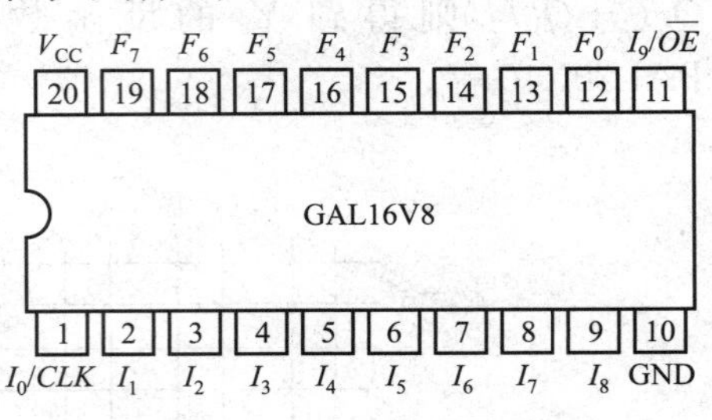

图 6-24　GAL16V8 引脚排列图

① 可编程的与门阵列。与阵列的每个交叉点上设有 EECMOS 编程单元，其结构与原理和 EEPROM 的存储单元相同。它是 8×8 与门阵列，形成 64 个乘积项，每个与门有 32 个输入项（列），因此与阵列有 32×64=2 048 个编程单元。

②有 16 个具有互补输入的缓冲器，其中 8 个为输入缓冲器（2～9 引脚作为固定输入），另外，8 个为反馈缓冲器。

③有 8 个三态输出缓冲器（12～19 引脚）。

④有 8 个输出逻辑宏单元，组成或阵列的 8 个或门包含在 8 个 OLMC 中，它们和与阵列是固定连接的。

⑤有 1 个时钟脉冲 CLK 的输入端（1 引脚）和 1 个三态输出缓冲器的控制端$\overline{OE}$（11 引脚）。另有电源端 V_{CC}（20 引脚，V_{CC}=5 V）和接地端（GND，10 引脚）。

在使用 GAL 时，除了将（2～9 引脚）8 个引脚作为固定输入端外，还可将（12～19 引脚）8 个引脚配置成输入模式，这样输入端引脚最多达 16 个。

对 GAL 器件的编程是在开发系统的控制下完成的。实现 GAL 器件的编程一般需要专用的编程器和配套的编程软件。如一台配有 RS-232 异步串行通信口的 PC/XT/AT 计算机或兼容机，至少配置 512 KB 的 RAM，并具有两个软盘驱动器，用 MS-DOS2.1 以上版本。编程时，将编程器经 RS-232 接口与 PC 相连，接通编程器电源，将 GAL 芯片插入编程器上的插座，就可对 GAL 编程。在编程状态下，编程数据由 9 引脚串行送入 GAL 器件内部的移位寄存器中，移位寄存器有 64 位，装满一次就向编程单元地址中写入一行，编程是逐行进行的。

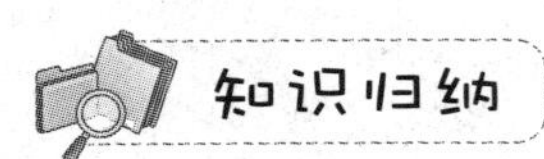

①半导体存储器是一种具有存储大量数据功能的半导体器件。按存储功能，存储器可分为只读存储器（ROM）和随机存储器（RAM）两大类。ROM 按写入方式的不同可分为固定 ROM、PROM、EPROM、EEPROM。RAM 按存储单元工作原理的不同，又分为 SRAM 和 DRAM。

②ROM用来存放固定信息，在正常工作状态下只能读取信息，不能删除或修改信息。ROM结构简单、集成度高、数据不易丢失。RAM用来存放经常快速更换数据的场合，RAM可以随时写入、更改和读出信息，使用灵活方便，但断电后信息会丢失。

③PLD是在ROM基础上开发出的可编程逻辑器件，它不仅用于存储信息，还可用于实现组合逻辑电路和时序逻辑电路的功能。常用的PLD产品有可编程逻辑阵列(PLA)、可编程阵列逻辑(PAL)和通用阵列逻辑(GAL)等。PLD的主要特点是通过编程方法来设置逻辑功能。

④PLD由与阵列、或阵列、输入缓冲电路和输出缓冲电路组成。与阵列和或阵列是构成PLD的核心部分，是实现逻辑功能的主体。PLD的编程与可编程ROM相似，使用时由用户按编程来确定某些熔丝烧断。现在的PLD大多采用电可擦可编程的方式，可反复编程。

⑤PLA由可编程的与逻辑阵列、可编程的或逻辑阵列、输入缓冲器和输出缓冲器4部分组成。PLA的编程方式有两种：一种方式称为掩模PLA，它是由制造商根据用户提供的真值表而完成的；另一种方式称为现场FPLA，由用户自己进行编程来完成的。

⑥PAL具有规则的阵列结构，能实现多种的逻辑功能，且编程简单，是目前使用较多的PLD器件之一。它采用双极型工艺制作，熔丝编程方式。它由可编程的与逻辑阵列、固定的或逻辑阵列和输出电路三部分构成。通过编程，将有用的熔丝保留，无用的熔丝烧断，就可获得所需的组合逻辑函数。根据PAL输出电路的结构和反馈方式可分成专用输出结构的PAL、可编程输入/输出结构的PAL、寄存器输出结构的PAL。

⑦GAL是在PAL器件的基础上发展起来的新一代器件，采用了EECMOS新工艺，使GAL器件具有电可擦除、可重新编程等功能。电路中增加了可编程的输出逻辑宏单元OLMC，通过编程可将OLMC设置成不同的输出模式，提高了器件的通用性。另外，还采用了电子标签新技术，便于用户存放各种备查信息，以实现文档管理。用GAL器件设计数字逻辑系统，不仅灵活性大，而且能对PAL器件进行仿真，并能完全兼容。

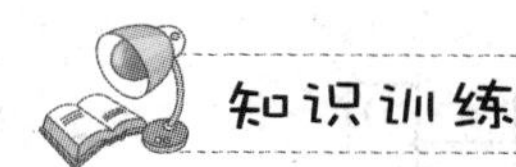

知识训练

题6-1　半导体存储器是如何分类的？按照数据的存取方式不同，可分为哪几类？

题6-2　半导体存储器的指标有哪些？

题6-3　什么是ROM？ROM有哪些种类？

题6-4　试比较ROM、PROM和EPROM及E^2PROM有哪些异同？

题6-5　RAM主要由哪几部分组成？各有什么作用？

题6-6　静态RAM和动态RAM有哪些区别？

题6-7　存储器的地址线与存储容量有什么关系？设某存储器有6条地址线，该存储器的容量是多少？

题6-8　RAM 256×8的存储器有多少根地址线、字线、位线？

题6-9　试用2114RAM构成2K×8位存储器。

题6-10　SRAM的存储单元靠什么记忆信息？DRAM的存储单元靠什么记忆信息？它们各自的特点是什么？

题6-11　GAL16V8有几根地址线？能编址多少字节？

题 6-12　GAL16V8 的输出逻辑宏单元有几种模式？各是什么含义？

题 6-13　什么是可编程逻辑器件？有哪些种类？

题 6-14　PLA 的“与”阵列，“或”阵列同 ROM 的与或阵列比较有何区别？

题 6-15　下列存储器各应有多少地址输入端？

(1)512×8 位。

(2)64K×1 位。

题 6-16　试用 4 片 1K×4 位的 RAM 芯片组成一个 2K×8 位 RAM，画出电路图。

题 6-17　设 RAM 芯片容量为 512×8 位，欲扩展为 4K×8 位，需要几片 RAM？画出连线示意图。

题 6-18　现有 RAM2114 芯片(1 024×4)，试问：

(1)该 RAM 有多少个存储单元？

(2)该 RAM 共有多少根地址线？

(3)访问该 RAM 时，每次有几个存储单元会被选中？

(4)该 RAM 有多少个字？字长是几位？

题 6-19　已知 ROM 如图 6-25 所示，试列表说明 ROM 存储的内容。

题 6-20　PLD 有哪些种类？它们的共同特点是什么？

题 6-21　试分别用 PLD 中的两种类型实现 3 位多数表决器逻辑。试画出逻辑阵列图。

(1)用 PLA 电路。

(2)用 PAL 电路。

题 6-22　试用 PLA 实现下面的逻辑函数：

$Y_0=\bar{I}_0I_1I_2+I_0\bar{I}_1\bar{I}_2+I_0I_1\bar{I}_2+I_0I_1I_2$

$Y_1=\bar{I}_0\bar{I}_1\bar{I}_2+\bar{I}_0I_1\bar{I}_2+\bar{I}_0I_1I_2+I_0\bar{I}_1\bar{I}_2+I_0I_1I_2$

题 6-23　已知编程后的 PAL 电路结构如图 6-26 所示。试写出逻辑函数的表达式。

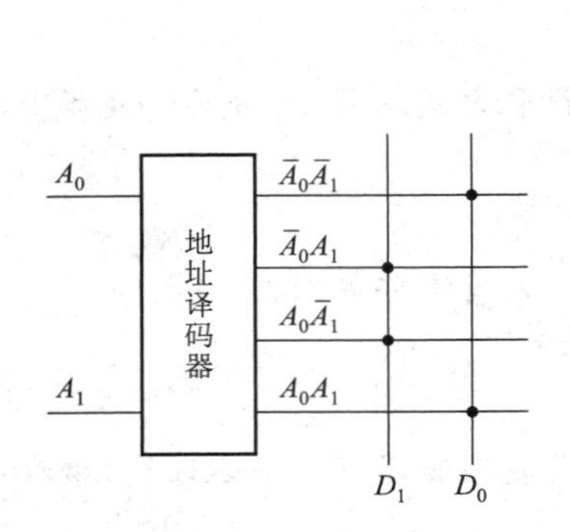

图 6-25　题 6-19 图

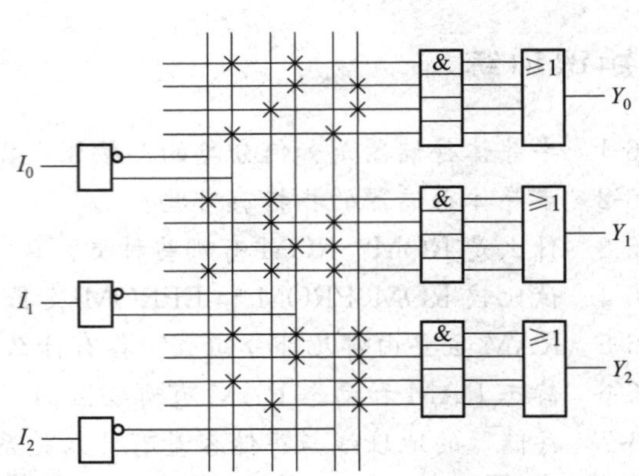

图 6-26　题 6-23 图

题 6-24　用 ROM 设计一个组合逻辑电路，用来产生下列逻辑函数。画出存储矩阵的点阵图。

$Y_1=\bar{A}\bar{B}\bar{C}\bar{D}+\bar{A}B\bar{C}D+A\bar{B}C\bar{D}+ABCD$

$Y_2=\bar{A}\bar{B}C\bar{D}+\bar{A}BCD+A\bar{B}\bar{C}\bar{D}+AB\bar{C}D$

$Y_3=\overline{A}B\overline{D}+\overline{B}C\overline{D}$

$Y_4=BD+\overline{B}\overline{D}$

题 6-25　试写出图 6-27 所示阵列图的逻辑函数表达式和真值表，并说明其功能。

题 6-26　图 6-28 是 16×4 位 ROM，$A_3A_2A_1A_0$ 为地址输入，$D_3D_2D_1D_0$ 为数据输出，试分别写出 D_3、D_2、D_1 和 D_0 的逻辑表达式。

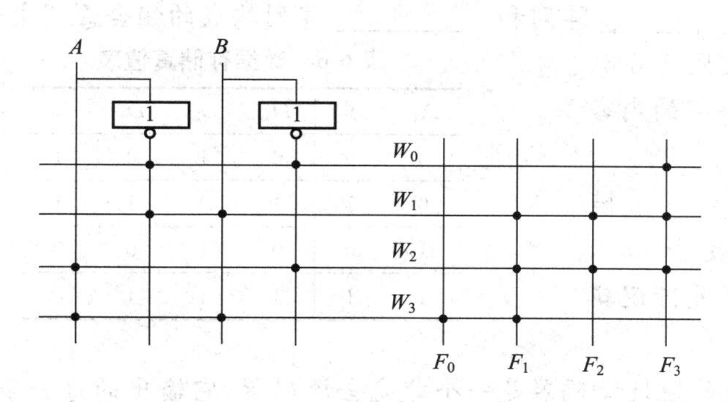

图 6-27　题 6-25 图

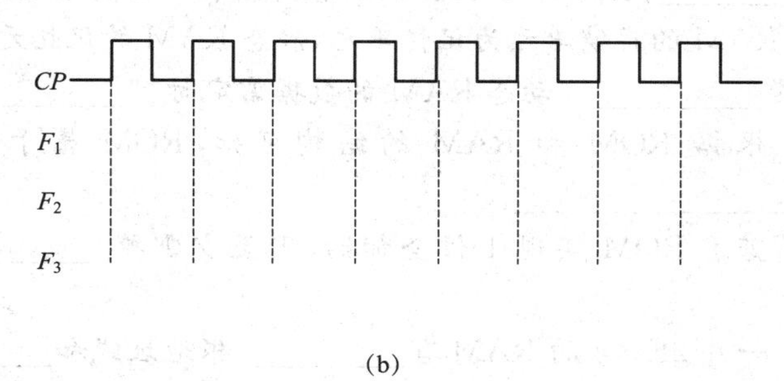

图 6-28　题 6-26 图

题 6-27　用 16×4 位 ROM 做成两个 2 位二进制数相乘（$A_1A_0\times B_1B_0$）的运算器，列出真值表，画出存储矩阵的阵列图。

题 6-28　由一个 3 位二进制加法计数器和一个 ROM 构成的电路如图 6-29(a)所示：

(1)写出输出 F_1、F_2 和 F_3 的表达式。

(2)画出 CP 作用下 F_1、F_2 和 F_3 的波形（计数器的初态为“0”）。

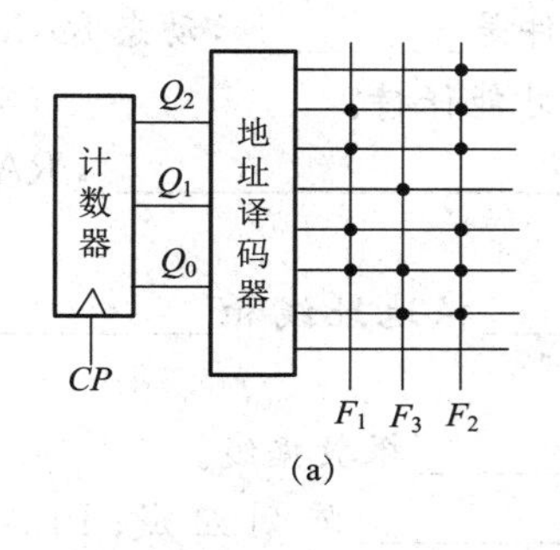

(a)

CP

F_1

F_2

F_3

(b)

图 6-29　题 6-28 图

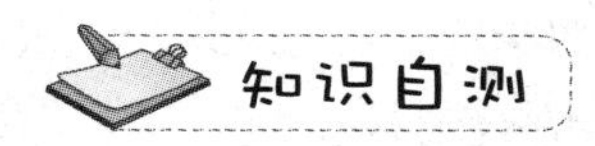

一、填空题

1. 半导体存储器芯片内包含大量的存储单元，每个存储单元都有唯一的__________代码加以区分，并能存储一位（或一组）__________信息。

2. RAM 的一般结构由__________、__________和读/写控制电路三部分组成。

3. 存储矩阵由若干存储单元组成，一个存储单元存储的内容称为存储器的一个__________，每个存储单元由若干个可以存放一位二进制信息的基本存储电路组成，一个存储单元所含有的基本存储电路的个数，即能存放的二进制位数称为存储器的__________。

4. 容量为 4K×8 位 RAM 存储器芯片，有________根地址输入线、________根数据输出线。

5. 存储器的读/写控制器受片选信号 CS 和读/写信号 R/W 控制，当 $CS=0$ 时，若$R/W=1$ 电路执行________操作；若 $R/W=0$，电路执行________操作。

6. 从存储功能来看 ROM 的结构，它由地址译码器和只读的存储矩阵两部分组成；从逻辑关系来看 ROM 的结构，它是由________阵列和________阵列构成的组合逻辑电路。

7. 某 ROM 的数据存储真值表见表 6-6，当地址变量 $A_1A_0=10$ 时，读出一个字的内容是 $D_3D_2D_1D_0=$________。

表 6-6　数据存储真值表

A_1	A_0	D_3	D_2	D_1	D_0
0	0	0	1	0	1
0	1	1	0	1	1
1	0	0	1	0	0
1	1	1	1	1	0

8. ROM 的阵列逻辑图中，________阵列形成以地址为变量的全部最小项，________阵列实现对某些最小项进行逻辑或运算。

9. PLA 的可编程与门阵列构成的地址译码器是一个非完全译码器，它输出的每一条字线可以对应一个________项，也可以对应一个由地址变量任意组合的________项。

10. PAL 由________的与门阵列和________的或门阵列构成。

11. ROM 在使用中只能________数据，存储在 ROM 中的数据________因为系统断电而丢失。

12. ROM 的存储单元作为一个开关单元，当开关元件为永久性断开时，表示存储单元存储的________；当开关元件为可控闭合时，表示存储单元中存储了数据________。

13. RAM 的存储单元为记忆单元，静态 RAM 的记忆元件是________，动态 RAM 的记忆元件是________。动态 RAM 的数据需定时________才能保持。

14. 根据 ROM 和 RAM 的结构可知，ROM 属于____________，RAM 属于____________。

15. 若用 ROM 实现 1 位全加器，则至少需要________根地址线和________根数据线。

16. 一片 2K×4 的 RAM 有________根地址线和________根数据线。

17. PROM 由固定的________阵列和可编程的________阵列组成；PLA 是由________的与阵列和________的或阵列组成；PAL 是由________的与阵列和________的或阵列组成。

18. 某 EPROM 有 8 根数据线，13 根地址线，则存储容量为________。

19. ROM 主要由________和________两部分组成。按照工作方式的不同进行分类，ROM 可分为________、________和________三种。

20. PAL、GAL 的与、或阵列中，可由用户编程的阵列是________。

二、判断题

1. ROM 用作程序存储器，若容量不够，可以进行字扩展。（　　）

2. RAM 的容量扩展可以是位扩展、字扩展或位字同时扩展。（　　）

3. 可编程程序存储器 E^2PROM 可以像 RAM 的一样进行随机读/写。（　　）

4. 快闪存储器兼有ROM和RAM的功能。（　　）
5. 可编程逻辑器件是指器件内部的逻辑电路可以由用户来设定。（　　）
6. 在一般情况下，GAL可以替代PAL。（　　）
7. PAL和GAL的阵列结构相同，只是输出结构不同。（　　）
8. 用PAL和GAL实现组合逻辑函数时，必须用最小项之和描述。（　　）
9. PAL器件可以反复擦写修改、方便灵活。（　　）
10. 可编程逻辑器件主要由与阵列、或阵列和输入电路组成。（　　）
11. PAL是一种阵列型的低密度可编程逻辑器件，它的与阵列是固定的，或阵列是可编程的。（　　）
12. 可编程逻辑阵列PLA的与和或阵列都是可编程的。（　　）
13. PROM不仅可以读，也可以写(编程)，它的功能与RAM相同。（　　）
14. PAL和GAL都是与阵列可编程、或阵列固定。（　　）
15. GAL与PAL的最大区别是它的每一个输出端上都有输出逻辑宏单元。（　　）

三、选择题

1. 可由用户以专用设备将信息写入，写入后还可以用专门方法(如紫外线照射)将原来内容擦除后再写入新内容的只读存储器称为(　　)。
   A. MROM　　B. PROM　　C. EPROM　　D. EEPROM
2. 下列存储器中，存储的信息在断电后将消失，属于“易失性”存储器件的是(　　)。
   A. 半导体ROM　　B. 半导体RAM　　C. 磁盘存储器　　D. 光盘存储器
3. 动态RAM的基本存储电路，是利用MOS管栅-源极之间电容对电荷的暂存效应来实现信息存储的。为避免所存信息的丢失，必须定时给电容补充电荷，这一操作称为(　　)。
   A. 刷新　　B. 存储　　C. 充电　　D. 放电
4. 有10位地址和8位字长的存储器，其存储容量为(　　)。
   A. 256×10位　　B. 512×8位　　C. 1 024×10位　　D. 1 024×8位
5. 某ROM有11根地址线和8根数据线，其存储容量为(　　)。
   A. 1 024×8位　　B. 112×8位　　C. 11×8位　　D. 2 048×8位
6. 容量为2 048×4位的RAM，其地址线和数据线的根数分别为(　　)。
   A. 4,4　　B. 2 048,4　　C. 10,4　　D. 11,4
7. 容量为256×4位的RAM，每给定一个地址码所选中的基本存储电路个数为(　　)。
   A. 4个　　B. 8个　　C. 256个　　D. 2 048个
8. 容量为1 024×4位的RAM，含有基本存储电路的数量为(　　)。
   A. 1 024个　　B. 10个　　C. 4个　　D. 4 096个
9. 具有对存储矩阵中的存储单元进行选择作用的是存储器中的(　　)。
   A. 地址译码器　　B. 读/写控制电路　　C. 存储矩阵　　D. 片选控制
10. 随机存储器RAM的I/O端口为输入端口时，应使(　　)。
   A. $\overline{CS}=0$、$R/\overline{W}=0$　　B. $\overline{CS}=0$、$R/\overline{W}=1$
   C. $\overline{CS}=1$、$R/\overline{W}=0$　　D. $\overline{CS}=1$、$R/\overline{W}=1$

11. 正常工作状态下，可以随时进行读/写操作的存储器是(　　)。

A. EPROM　　B. PROM　　C. MROM　　D. RAM

12. 用户不能改变存储内容的存储器是(　　)。

A. MROM　　B. PROM　　C. EPROM　　D. 以上均对

13. 随机存储器RAM在正常工作状态下，具有的功能是(　　)。

A. 只有读功能　　B. 只有写功能

C. 既有读功能、又有写功能　　D. 无读/写功能

14. 只读存储器ROM，当电源断电后再通电时，所存储的内容(　　)。

A. 全部改变　　B. 全部为0　　C. 不确定　　D. 保持不变

15. 随机存储器SRAM，当电源断电后再通电时，所存储的内容（　　）。

A. 全部改变　　B. 全部为0　　C. 不确定　　D. 保持不变

16. EPROM的与阵列是(　　)。

A. 全译码可编程阵列　　B. 全译码不可编程阵列

C. 非全译码可编程阵列　　D. 非全译码不可编程阵列

17. 关于PROM和PLA的结构，下列叙述不正确的是(　　)。

A. PROM的与阵列固定不可编程　　B. PROM的或阵列可编程

C. PLA的与、或阵列均可编程　　D. PROM的与、或阵列均不可编程

18. 可编程逻辑阵列PLA的工作特点是(　　)。

A. 与阵列、或阵列均不可编程　　B. 与阵列可编程、或阵列不可编程

C. 与阵列不可编程、或阵列可编程　　D. 与阵列、或阵列均可编程

19. 下列器件可实现组合逻辑函数的是(　　)。

A. DRAM　　B. SRAM

C. EPROM　　D. 以上都对

20. 用ROM实现组合逻辑函数时，所实现函数的表达式应变换成(　　)。

A. 最简与或式　　B. 标准与或式

C. 最简与非-与非式　　D. 最简或非-或非式

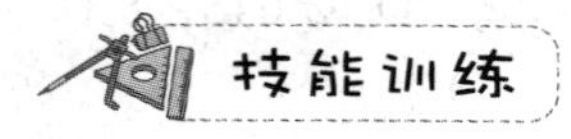

训练项目　随机存取存储器的应用

一、项目概述

半导体存储器是现代数字系统特别是计算机中的重要组成部分之一。它用于存放二进制信息，每一片存储芯片包含大量的存储单元，每一个存储单元由唯一的地址代码加以区分。RAM是可以随时从任一指定地址读出数据，也可以随时把数据写入任何指定的存储单元，且存取的速度与存储单元的位置无关的存储器。这种存储器在断电时将丢失其存储内容，故主要用于存储短时间使用的程序。按照存储信息的不同，随机存储器又分为静态随机存储器(SRAM)和动态随机存储器(DRAM)。RAM主要由读/写控制电路、存储矩阵、地址译码器

组成，在计算机中主要用来存放程序及程序执行过程中产生的中间数据、运算结果等。2114A是一种常用的静态存储器。

二、训练目的

通过本训练项目，加深对静态随机存储器组成和工作原理的理解；加深总线概念的理解；熟悉译码器、数码显示器的使用；掌握静态随机存储器的工作特性、使用方法及其应用。

三、训练内容与要求

1. 训练内容

利用数字电子技术实验装置提供的电路板（或面包板）、集成器件、逻辑开关、连接导线等，组装静态随机存储器测试电路。根据本训练项目要求，以及给定的集成逻辑器件，完成电路安装的布线图设计，并完成静态随机存储器构成电路的测试，撰写出项目训练报告。

2. 基本要求

①掌握随机存储器（RAM）的基本工作原理。

②查阅2114A、74LS160、74LS148的有关资料，熟悉其逻辑功能及引脚排列。

③2114A有10个地址输入端，训练中仅变化其中一部分，对于其他不变化的地址输入端应该如何处理？

④撰写项目训练报告。画出设计电路全图；叙述设计思想及设计过程；列出存入数据与地址码、显示字码、数码关系表；画出读/写时序波形图；叙述读/写操作步骤。

四、电路原理分析

1. RAM 2114A工作原理

RAM 2114A是一种1024×4位的静态随机存储器，采用HMOS工艺制作，它的逻辑符号与逻辑框图如图6-30所示。各引出端功能表见表6-7。

2114A具有下列特点：

①采用直接耦合的静态电路，不需要时钟信号驱动，也无须刷新。

②不需要地址建立时间，存取特别简单。

③在$\overline{CS}=0$、$\overline{WE}=1$时读出信息，读出是非破坏性的。

④在$\overline{CS}=0$时，$\overline{WE}$输入一个负脉冲，则能写入信息；同样，在$\overline{WE}=0$时，$\overline{CS}$输入一个负脉冲，也能写入信息。因此为了防止误写入，在改变地址码时，$\overline{WE}$或$\overline{CS}$必须至少有一个为1。

表6-7　2114A各引出端功能表

端　名	功　能
$A_9 \sim A_0$	地址输入端
$\overline{WE}$	写选通
$\overline{CS}$	芯片选择
$I/O_4 \sim I/O_1$	数据输入/输出端
V_{CC}	+5 V

⑤输入、输出信号是同极性的，使用公共的I/O端，能直接与系统总线相连接。

⑥使用单电源+5 V供电。

⑦输入、输出与TTL电路兼容，输出能驱动一个TIL门和$C_L=100$ pF的负载（$I_{OL}=2.1 \sim 6$ mA，$I_{OH} \approx -1.0 \sim -1.4$ mA）。

⑧具有独立片选功能和三态输出。

⑨器件具有高速与低功耗性能。

⑩读/写周期均小于 250 ns。

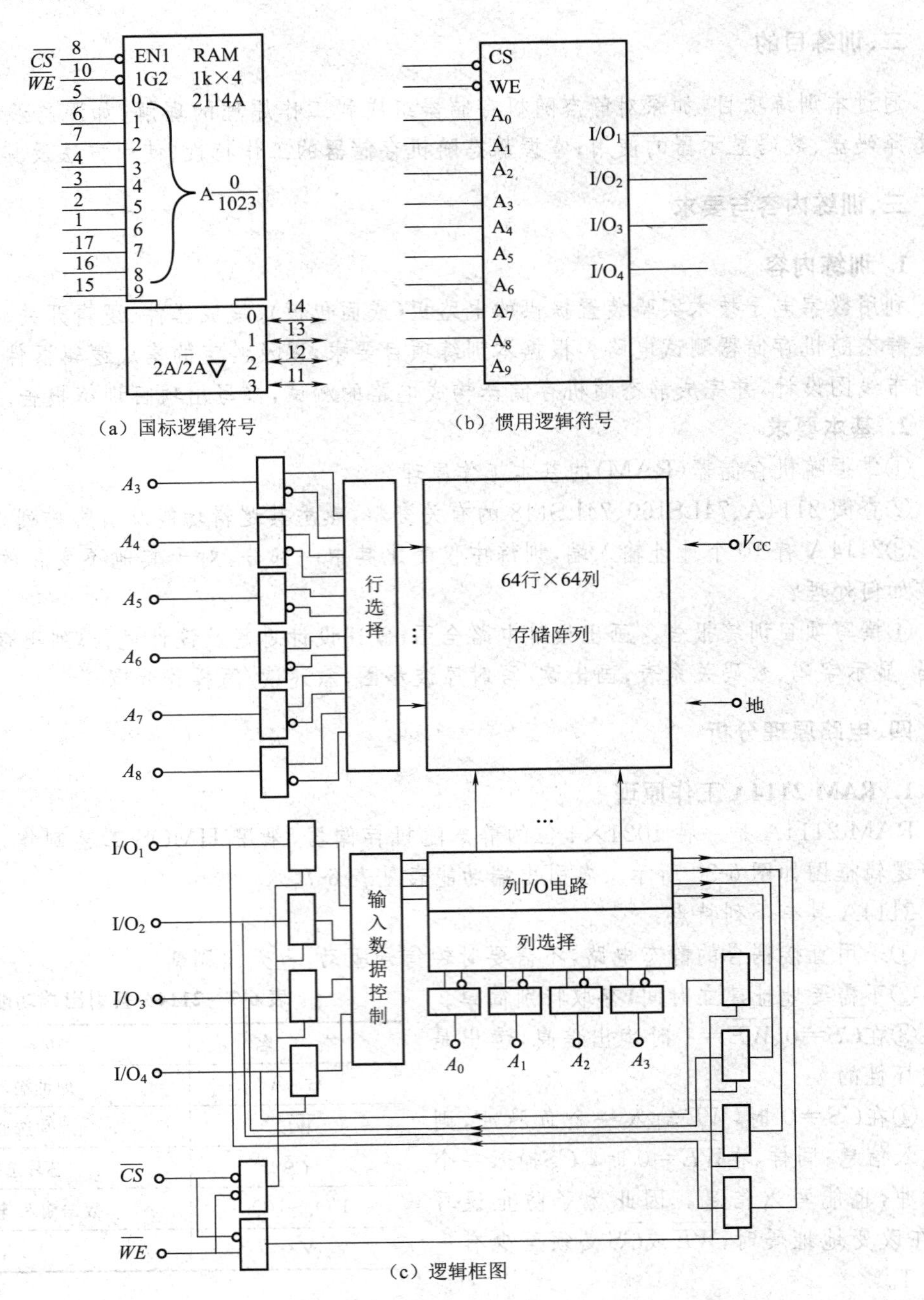

图 6-30 RAM2114A 的逻辑符号与逻辑框图

随机存储器种类很多,2114A 是一种常用的静态存储器,是 2114 的改进型。实验中也可使用其他型号的随机存储器。例如,6116 是一种使用较广的 2 048×8 位的静态随机存储器,它的使用方法与 2114A 相似,仅多一个 DE 读选通端,当$\overline{DE}=0$、$\overline{WE}=1$ 时,读出存储器内的信息；当$\overline{DE}=1$、$\overline{WE}=0$时，则把信息写入存储器。

随机存储器是一种快速存取的存储器，广泛应用于计算机或其他数字系统作主存储器使用，通电后可以根据要求写入信息，并在工作过程中能不断更改其存储内容。但一旦断电，信息全部消失。

2. 总线缓冲器的作用

RAM 2114 的 I/O 是一个输入、输出复用口，在计算机系统中是挂在数据总线上的。RAM 的工作需要一个输入数据寄存器，以便向 RAM 送入输入数据，还需要一个输出数据寄存器，使 RAM 输出的数据得以暂存。两个寄存器均不能直接与 RAM 相连，而是要用三态门缓冲器与 RAM 相连。这种挂接在总线上起缓冲作用的三态门称为总线缓冲器，图 6-31 为 4 位总线缓冲器与 RAM 的连接示意图，在本训练中输入数据寄存器实际上是用 4 位数据开关代替的，向 RAM 2114A 送入 BCD 码。输出数据寄存器实际上是用 BCD 码显示译码器和数码显示器（数码管）代替的，直接显示 2114 输出的某个存储单元的数据。

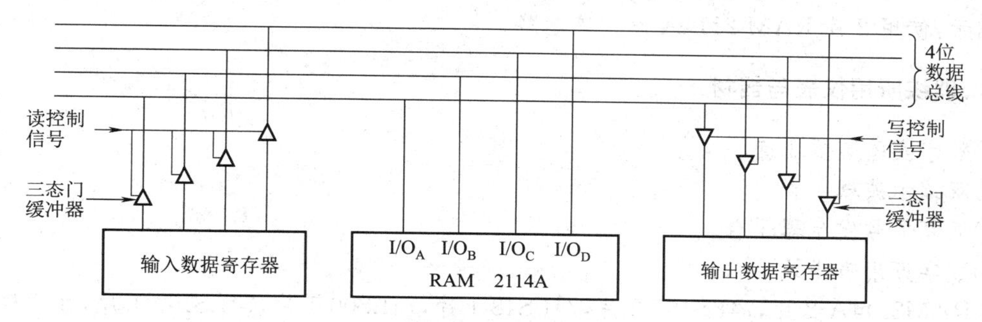

图 6-31　4 位总线缓冲器与 RAM 的连接示意图

3. 数码循环显示电路原理

本训练是完成由年、月、日组成的 8 位数码在一个数码管上连续自动逐个显示数码的循环显示电路，称为数码循环显示电路。电路原理示意图见图 6-32。电路功能如下：电路先进入写入工作状态，用数据开关向 RAM 2114A 写入 7 个 BCD 码，例如将年、月、日共 8 位 BCD 数码，按 RAM 地址顺序分别写入 RAM 2114A 存储单元内。写完 8 个数据后，电路进入第 2 个工作状态，逐个自动循环显示 RAM 2114A 内存入的数据。

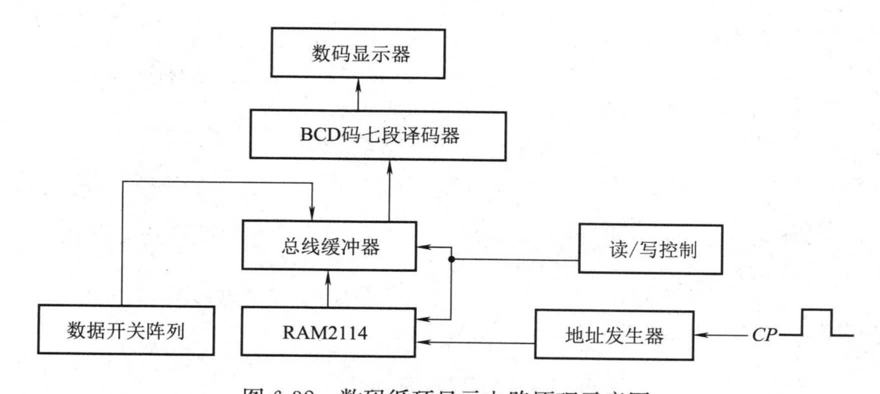

图 6-32　数码循环显示电路原理示意图

本训练电路由 RAM 2114A、地址发生器、总线缓冲器、数据开关阵列、BCD 码七段译码器、数码显示器等6个部分组成。本电路以RAM 2114A为核心，通过总线缓冲器将来自数据开关阵列的BCD码送入RAM，也可以通过总线缓冲器将RAM内的数据送到BCD码译码器；地址发生器是一个模8计数器，对存取的8个数据进行选址。若*CP*信号用连续信号，显示数码就能实现连续自动循环显示。

五、内容安排

①按数码循环显示电路原理设计并搭试实验电路。具体要求如下：

a. 将实验当日的日期(8位数码)写入RAM 2114A内。

b. 循环显示RAM 2114A存储单元数据。

c. 将RAM地址码接上LED，监视地址码。

②设计并搭试一个能显示任意字形的字码循环显示电路。例如能显示A、6、c、d、E、F……字符。

提示：使用2片RAM 2114A设计该电路。

六、训练所用仪表与器材

①数字实验装置1套。

②双踪示波器1台。

③低频信号发生器1台。

④数字万用表1块。

⑤RAM2144A 2片，74LS467 2片，74LS48 1片，74LS00 1片，74LS160 1片，共阴极数码管1只，逻辑开关盒1个等。

七、成绩评定

训练项目成绩评定采取百分制分段评定的方法：

①电路组装工艺，20分。

②主要性能指标测试，50分。

③总结报告，30分。

附录 A 半导体器件的命名方法

国产半导体器件是根据国家标准 GB/T 249—1989《半导体分立器件型号命名方法》命名的。

1. 半导体器件型号的组成

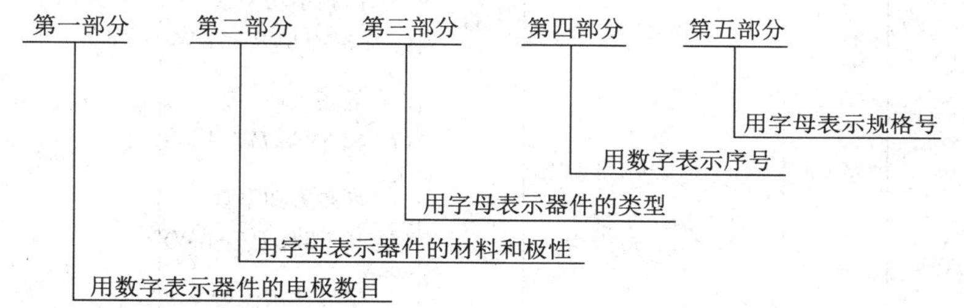

以 3DG6C 为例说明其各部分的含义：

第一部分：表示三极管。

第二部分：表示该三极管为硅材料 NPN 型三极管。

第三部分：表示该三极管为高频小功率管。

第四部分：表示产品序列号。

第五部分：表示规格号，表示三极的耐压值。

注：半导体特殊器件、复合管、激光器件的型号命名只有后面三个部分。

2. 五个组成部分的符号及其意义（见表 A-1）

表 A-1 半导体器件型号五个组成部分的符号及其意义

第一部分		第二部分		第三部分		第四部分	第五部分
用数字表示器件的电极数目		用字母表示器件的材料和极性		用字母表示器件的类型		用数字表示序号	用字母表示规格号
符号	意义	符号	意义	符号	意义		
2	二极管	A	N 型，锗材料	P	普通管		
		B	P 型，锗材料	V	微波管		
		C	N 型，硅材料	W	稳压管		
		D	P 型，硅材料	C	参量管		

续上表

第一部分		第二部分		第三部分		第四部分	第五部分
用数字表示器件的电极数目		用字母表示器件的材料和极性		用字母表示器件的类型		用数字表示序号	用字母表示规格号
符号	意义	符号	意义	符号	意义		
3	三极管	A	PNP 型，锗材料	Z	整流管		
		B	NPN 型，锗材料	L	整流堆		
		C	PNP 型，硅材料	S	隧道管		
		D	NPN 型，硅材料	N	阻尼管		
		E	化合物材料	U	光电器件		
				K	开关管		
				X	低频小功率管（f_α<3 MHz，P_C<1 W）		
				G	高频小功率管（$f_\alpha \geqslant$3 MHz，P_C<1 W）		
				D	低频大功率管（f_α<3 MHz，$P_C \geqslant$1 W）		
				A	高频大功率管（$f_\alpha \geqslant$3 MHz，$P_C \geqslant$1 W）		
				T	半导体闸流管（可控整流管）		
				Y	体效应管		
				B	雪崩管		
				J	阶跃恢复管		
				CS	场效应器件		
				BT	半导体特殊器件		
				FH	复合管		
				PIN	PIN 型管		
				JG	激光器件		

附录B　集成电路型号命名方法

我国集成电路型号规定几经变化，1982 年国家标准局颁布了国家标准《半导体集成电路型号命名方法》，在 GB 3430—1982 规定的 CT 1000～CT 4000 等系列的基础上，为了适应国内外集成电路发展的需要，1989 年又进行了修改，完全采用了国标通用的器件系列和品种代号。现行的集成电路就是以新国标 GB 3430—1989 规定命名的，器件的型号由五大部分组成，各部分的符号及含义见表 B-1。

表 B-1　我国集成电路现行国家标准命名规定

第 0 部分		第一部分		第二部分	第三部分		第四部分	
用字母表示器件符合国家标准		用字母表示器件的类型		用阿拉伯数字表示器件系列品种代号	用字母表示器件的工作温度范围		用字母表示器件的封装形式	
符号	意义	符号	意义		符号	意义	符号	意义
C	中国制造	T	TTL	其中 TTL 分为：	C	0～70 ℃	W	陶瓷扁平
		H	HTL	54/74×××	G	−25～70 ℃	F	多层陶瓷扁平
		E	ECL	54/74H×××	L	−25～85 ℃	D	多层陶瓷双列直插
		C	CMOS	54/74L×××	E	−40～85 ℃	B	塑料扁平
		F	线性放大器	54/74S×××	R	−55～85 ℃	S	塑料单列直插
		D	音响电视电路	54/74LS×××	M	−55～125 ℃	P	塑料双列直插
		W	稳压器	54/74AS×××	…	…	J	黑瓷双列直插
		J	接口电路	54/74ALS×××			H	黑瓷扁平
		B	非线性电路				K	金属菱形
		M	存储器				T	金属圆形
		μ	微型机电路				C	陶瓷芯片载体
		AD	A/D 转换器	CMOS 分为：			E	塑料芯片载体
		DA	D/A 转换器	4000 系列			G	网络针栅阵列
		SC	通信专用电路	54/74HC×××			…	…
		SJ	机电仪电路	54/74HCT×××				
		…	…	…				

注：4000A 系列电源电压为 3～15 V；4000B 系列电源电压为 3～18 V；74HC 系列电源电压为 2～6 V；4HCT 系列电源电压为 4.5～5.5 V。

示例

1. 肖特基 TTL 四 2 输入与非门

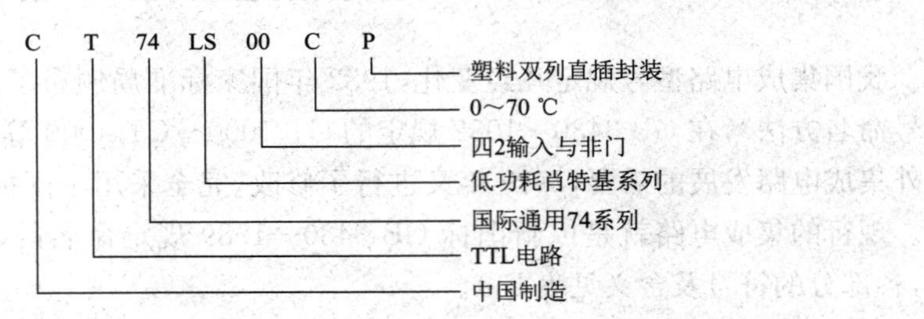

2. CMOS 四 2 输入或非门

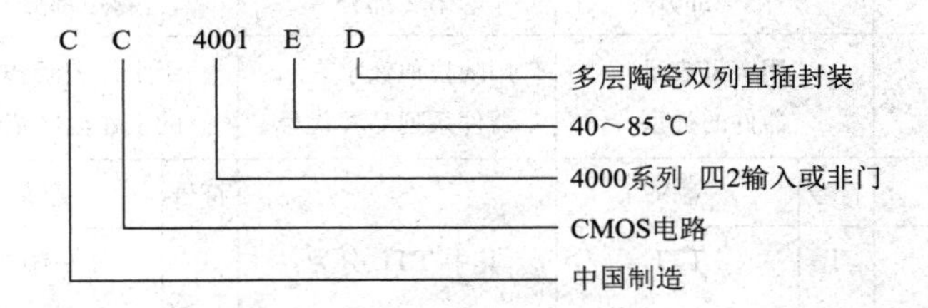

附录 C 常用电路图形符号新旧对照表

常用电路图形符号新旧对照表见表 C-1。

表 C-1 常用电路图形符号新旧对照表

名 称	新图形符号	旧图形符号	说 明
与门	A, B, &, Y	A, B, Y	$Y=A\cdot B$
或门	A, B, ≥1, Y	A, B, +, Y	$Y=A+B$
非门	A, 1, Y	A, Y	$Y=\overline{A}$
与非门	A, B, &, Y	A, B, Y	$Y=\overline{A\cdot B}$
或非门	A, B, ≥1, Y	A, B, +, Y	$Y=\overline{A+B}$
与或非门	A, B, C, D, &, ≥1, Y	A, B, C, D, +, Y	$Y=\overline{AB+CD}$
异或门	A, =1, Y	A, ⊕, Y	$Y=A\overline{B}+\overline{A}B$
同或门	A, B, =1, Y	A, B, ⊙, Y	$Y=\overline{AB}+AB$
集电极开路与非门 （与非 OC 门）	A, B, &, Y	A, B, Y	$Y=A\cdot B$
三态与非门 （TS 门）	A, B, $\overline{EN}$, &, Y	A, B, $\overline{E}$, Y	$\overline{EN}=0,Y=\overline{AB}$ $\overline{EN}=1$,Y 为高阻抗
半加器	A, B, Σ, CO, S, CO	A_i, B_i, H, C_i, S_i	

续上表

名　称	新图形符号	旧图形符号	说　明
全加器	A_i B_i C_{i-1} Σ CT CO S_i C_i	A_i B_i C_{i-1} Q C_i S_i	
基本 RS 触发器	$\bar{R}_D$ R $\bar{S}_D$ S $\bar{Q}$ Q	$\bar{R}_D$ $\bar{S}_D$ $\bar{Q}$ Q	
同步 RS 触发器	$\bar{R}_D$ R R 1R CP C1 S 1S $\bar{S}_D$ S $\bar{Q}$ Q	$\bar{R}_D$ R CP S $\bar{S}_D$ $\bar{Q}$ Q	
主从 JK 触发器	$\bar{R}_D$ K 1K CP C1 J 1J $\bar{S}_D$ $\bar{Q}$ Q	$\bar{R}_D$ K CP J $\bar{S}_D$ $\bar{Q}$ Q	CP=1 时，主触发器接受信号；输出端加“ㄱ”表示延迟输出，即 CP 由 1 变 0 时，从触发器接受主触发器的状态，输出状态在 CP 的下降沿变化
边沿触发 JK 触发器	R_D R K 1K CP C1 J 1J S_D S $\bar{Q}$ Q	R_D K CP J S_D $\bar{Q}$ Q	在 CP 输入端加“∧”表示边沿触发，且加小圈表示下降沿触发，不加小圈表示上升沿触发。该示例为上升沿触发
维持阻塞 D 触发器	$\bar{R}_D$ D D CP C1 $\bar{S}_D$ $\bar{Q}$ Q	$\bar{R}_D$ D CP $\bar{S}_D$ $\bar{Q}$ Q	上升沿触发
A/D 转换器	A D		
D/A 转换器	D A		

附录 D　常用数字集成电路一览表

常用数字集成电路一览表见表 D-1。

表 D-1　常用数字集成电路一览表

类　型	功　能	型　号
与非门	四 2 输入与非门	74LS00、74HC00
	四 2 输入与非门(OC)(OD)	74LS03、74HC03
	四 2 输入与非门(带施密特触发器)	74LS132、74HC132
	三 3 输入与非门	74LS10、74HC10
	三 3 输入与非门(OC)	74LS12、74ALS12
	双 4 输入与非门	74LS20、74HC20
	双 4 输入与非门(OC)	74LS22、74ALS22
	8 输入与非门	74LS30、74HC30
或非门	四 2 输入或非门	74LS02、74HC02
	双 5 输入或非门	74LS260
	双 4 输入或非门(带选通端)	7425
非门	六反相器	74LS04、74HC04
	六反相器(OC)(OD)	74LS05、74HC05
与门	四 2 输入与门	74LS08、74HC08
	四 2 输入与门(OC)(OD)	74LS09、74HC09
	三 3 输入与门	74LS11、74HC11
	三 3 输入与门(OC)	74LS15、74ALS15
	双 4 输入与门	74LS21、74HC21
或门	四 2 输入或门	74LS32、74HC32
与或非门	双 2 路 2-2 输入与或非门	74LS51、74HC51
	4 路 2-3-3-2 输入与或非门	74LS54、74LS55
	2 路 4-4 输入与或非门	
异或门	四 2 输入异或门	74LS86、74HC86
	四 2 输入异或门(OC)	74LS136、74ALS136
缓冲器	六反相缓冲器/驱动器(OC)	7406
	六缓冲/驱动器(OC)(OD)	7407、74HC07
	四 2 输入或非缓冲器	74LS28、74ALS28
	四 2 输入或非缓冲器(OC)	74LS33、74ALS33
	四 2 输入与非缓冲器	74LS37、74ALS37
	双 2 输入与非缓冲器(OC)	74LS38、74ALS38
	双 4 输入与非缓冲器	74LS40、74ALS40
驱动器	四总线缓冲器(三态输出,低电平有效)	74LS125、74HC125
	四总线缓冲器(三态输出,高电平有效)	74LS126、74HC126
	六总线缓冲器/驱动器(三态,反相)	74LS366、74HC366
	六总线缓冲器/驱动器(三态,同相)	74LS367、74HC367
	八缓冲器/线驱动器/线接收器(反相,三态,两组控制)	74LS240、74HC240
	八缓冲器/线驱动器/线接收器(三态,两组控制)	74LS244、74HC244
	八双向总线发送器/接收器(三态)	74LS245、74HC245

续上表

类　型	功　　能	型　　号
编码器	8线-3线优先编码器	74LS148、74HC2148
	10线-4线优先编码器(BCD码输出)	74LS147、74HC147
	8线-3线优先编码器(三态输出)	74LS348
	8线-8线优先编码器	74LS149
译码器	4线-10线译码器(BCD码输入)	74LS42、74HC42
	4线-10线译码器(余3码输入)	7443、74L43
	4线-10线译码器(余3格雷码输入)	7444、74L44
	4线-10线译码器/多路转换器	74LS154、74HC154
	双2线-4线译码器/多路分配器	74LS139、74HC139
	双2线-4线译码器/多路分配器(三态输出)	74ALS539
	BCD-十进制译码器/驱动器	74LS145
	4线-七段译码器/高压驱动器(BCD输入,OC)	74LS247
	4线-七段译码器/高压驱动器(BCD输入,上拉电阻)	74LS48、74LS248
	4线-七段译码器/高压驱动器(BCD输入,开路输出)	74LS47
	4线-七段译码器/高压驱动器(BCD输入,OC输出)	74LS49
	3线-8线译码器/多路转换器(带地址锁存)	74LS137、74ALS137
	3线-8线译码器/多路转换器	74LS138、74HC138
	4线-16线译码器	74LS154
数据选择器	16选1数据选择器/多路转换器(反码输出)	74AS150
	8选1数据选择器/多路转换器(原、反码输出)	74LS151、74HC151
	8选1数据选择器/多路转换器(反码输出)	74LS152、74HC152
	双4选1数据选择器/多路转换器	74LS153、74HC153
	双2选1数据选择器/多路转换器(原码输出)	74LS157、74HC157
	双2选1数据选择器/多路转换器(反码输出)	74LS158、74HC158
	8选1数据选择器/多路转换器(三态、原、反码输出)	74LS251、74HC251
代码转换器	BCD-二进制代码转换器	74184
	二进制-BCD代码转换器(译码器)	74185
运算器	4位二进制超前进位全加器	74LS288、74HC283 4008
触发器	双上升沿D触发器(带预置、清除)	74LS74、74HC74
	四D触发器(带清除)	74LS171
	四上升沿D触发器(互补输出、公共清除)	74LS175、74HC175
	八D触发器	74LS273、74HC273
	双上升沿JK触发器	4027
	双JK触发器(带预置、清除)	74LS76、74HC76
	与门输入上升沿JK触发器(带预置、清除)	7470
	四JK触发器	74276
施密特触发器	双施密特触发器	4583
	六施密特触发器	4584
	九施密特触发器	9014
计数器	十进制计数器	74LS90
	4位二进制同步计数器(异步清除)	74LS161、74HC161
	4位十进制同步计数器(同步清除)	74LS162、74HC162
	4位二进制同步计数器(同步清除)	74LS163、74HC163
	4位二进制同步加/减计数器	74LS190、74HC190
	4位十进制同步加/减计数器(双时钟、带清除)	74LS192、74HC192

续上表

类　型	功　能	型　号
寄存器	4 位通用移位寄存器(并入、并出、双向)	74LS194、74HC194
	8 位移位寄存器(串入、串出)	74LS91
	5 位移位寄存器(并入、并出)	74LS96
	16 位移位寄存器(串入、串/并出、三态)	74LS673、74HC673
	8 位移位寄存器(输入锁存、并行三态输入/输出)	74LS598、74HC598
	4D 寄存器(三态输出)	4076
	4 位双向移位寄存器(三态输出)	40104、74HC40104
锁存器	8D 锁存器(三态输出、公共控制)	74LS373、74HC373
	4 位双稳态锁存器	74LS75、74HC75
	RS 锁存器	74LS279、74HC279
多谐振荡器	可重触发单稳多谐振荡器(清除)	74LS122
	双重触发单稳多谐振荡器(清除)	74HC123
	双单稳多谐振荡器(带施密特触发器)	74HC221

参 考 文 献

[1] 阎石.数字电子技术基础[M].5版.北京:高等教育出版社,2006.
[2] 王忠庆.电子技术基础(数字部分)[M].北京:高等教育出版社,2001.
[3] 吕国泰,吴项.电子技术[M].2版.北京:高等教育出版社,2001.
[4] 王桂馨,张惠敏.数字电子技术[M].北京:中国铁道出版社,2002.
[5] 李忠波.电子技术[M].北京:机械工业出版社,2001.
[6] 关旭东.硅集成电路工艺基础[M].北京:北京大学出版社,2003.
[7] 王廷才.电子技术[M].北京:高等教育出版社,2006.
[8] 孙津平.数字电子技术[M].西安:西安电子科技大学出版社,2002.
[9] 刘守义.数字电子技术[M].西安:西安电子科技大学出版社,2001.
[10] 曾晓宏.数字电子技术[M].北京:机械工业出版社,2007.
[11] 马俊兴.数字电子技术[M].北京:科学出版社,2005.
[12] 王毓银.数字电路逻辑设计[M].北京:高等教育出版社,2003.
[13] 刘勇.数字电路[M].北京:电子工业出版社,2000.
[14] 杨志忠.电子技术基础[M].北京:电力出版社,1999.
[15] 陈梓城,孙丽霞.电子技术基础[M].北京:机械工业出版社,2001.
[16] 付值桐.电子技术[M].北京:高等教育出版社,2000.